천국의 발명

# HEAVENS
# ON EARTH

## 천국의 발명

사후 세계, 영생, 유토피아에 대한
과학적 접근

마이클 셔머 지음 | 김성훈 옮김

arte

일러두기

- 단행본은『 』, 논문이나 장 제목, 텔레비전 프로그램 편명은「 」, 신문, 잡지 등 정기간행물
  은《 》, 시, 강연과 텔레비전 프로그램은 " ", 영화 제목은〈 〉로 묶었다. 기업명과 단체명은 별
  도의 문자표 없이 붙여 썼다.
- 국내에 번역된 도서나 개봉된 영화는 번역서나 개봉작 제목을 그대로 썼고, 그 밖의 작품은
  상황에 따라 우리말로 옮기거나 소리 나는 대로 썼다.

빈센트 리처드 월터 셔머에게 이 책을 바친다.
자신의 내면을 바라봄으로써 자기만의 지상낙원을 찾을 수 있기를 ….

따라서 가장 두려운 악인 죽음이라 한들 우리에게는 아무것도 아니다.
우리가 존재하는 동안 죽음이 함께하지 않고, 죽음이 찾아오면
그때 이미 우리는 존재하지 않기 때문이다.
죽음은 산 자에게나 죽은 자에게나 아무런 의미도 없다.
산 자는 죽음이 함께하지 않고, 죽은 자는 어차피 더 이상 존재하지 않는다.

— 에피쿠로스Epikuros, 『메노이케우스에게 보내는 편지』, 기원전 3세기 [1]

# 차례

# 메멘토 모리(죽음을 기억하라)

삶은 짧아서 머지않아 끝날 것이다.
죽음은 어느새 찾아오고 사람을 가리지 않는다.
죽음은 모든 것을 파괴하고 동정 따위는 없다.
우리는 서둘러 죽음을 향하고 있으니 죄를 삼갈지어다.

—"우리는 서둘러 죽음을 향하고 있다 Ad mortem festinamus",
  중세의 메멘토 모리, 『몽세라의 빨간 책 Libre Vermeil de Montserrat』, 1399

기원전 5만 년과 기원후 2017년 사이에 사람이 약 1080억 명 태어났다.[2] 현재 살아 있는 사람은 대략 75억 명 정도다. 그렇다면 죽은 사람과 살아 있는 사람의 비율이 14.4 대 1 정도가 나온다.[3] 지금까지 살았던 모든 사람 중 현재 살아 있는 사람의 비율이 7퍼센트 정도밖에 안 된다는 말이다.[4] 지금까지 왔다가 사라져 간 1005억 명 중 다시 돌아와 사후 세계의 존재를 확인해 준 사람은 단 한 명도 없다. 적어도 과학적 증거라 할 만한 기준에 부합하는 경우는 없었다.[5] 이것이 인간 조건human condition의 현실이다. 메멘토 모리memento mori. 즉 "당신도 언젠가 죽어야 한다는 사실을 기억하라."

**인생은 짧다.** 공중위생이 개선되고 의학 기술이 발전한 덕분에 서구인의 경우 기대 수명이 두 배 이상 길어져 지금은 80세에 이른다. 하지만 인간 개체 중에서 약 125세를 넘은 사람은 아직까지 없다. 더 오래 산 사람이 있다는 엉성한 보고도 있지만 현재까지 최장수 기록은 프랑스인 잔 칼망Jeanne Calment의 122년 164일이다. 그래서 나는 수명의 상한선을 125년으로 정했다.[6] 내가 이 책을 쓰는 동안 세계 최고령자가 116세의 나이로 사망하고, 다른 100세 이상 고령자가 그 자리를 차지했는데 그 사람의 나이 역시 116세다.[7] 제일 나이가 많은 사람의 자리는 이런 식으로 무한히 이어질 테지만 수명을 늘릴 획기적인 의학적·기술적 돌파구(이것에 대해서는 적절한 시점에 가서 다루겠다)가 마련되지 않는 한 인간 수명이 125세를 넘길 가능성은 희박하다. 메멘토 모리!

**인생은 한 번으로 끝이다.** 시인 딜런 토머스Dylan Thomas는 이렇게 촉구했다. "순순히 어둠에 발을 들이지 말라." 대신 "저물어 가는 빛에 분노하고 다시 분노하라." 하지만 대다수는 이보다 존 던John Donne의 신념을 택한다. "짧은 잠이 지나고 나면 우리는 영원히 깨어나리니."[8] 하지만 그렇게 영원히 깨어나려면 먼저 죽어야 한다. 메멘토 모리!

죽음이 끝이 아니라는 믿음은 압도적이다. 1990년대 말 이후 실시된 갤럽 여론조사를 보면 미국인 중 72에서 83퍼센트 정도가 천국을 믿어 왔다.[9] 1999년 한 연구를 보면 개신교도의 천국에 대한 믿음은 수십 년 동안 85퍼센트 정도를 꾸준히 유지해 온 반면, 가톨릭교도와 유대교도의 사후 세계에 대한 믿음은 1970년대부터 1990년대 사이 강해졌다.[10] 퓨포럼Pew Forum에서 2007년 진행한 한 설문 조사에서는 전체 미국인 가운데 74퍼센트가 천국의 존재를 믿는다고 답했고, 그중 모르몬교도의 비율이 95퍼센트로 1위를 차지했다.[11] 해리스여론조사소Harris Poll의 2009년 설문 조사에 따르면 미국인의 75퍼센트가 천국을 믿었다. 그중 유대교도는 48퍼센트로 낮았고, '복음주의 기독교도born-again christian'*는 97퍼센트로 높았다.[12] 악마와 지옥의 강림에 대한 믿음이 진보 진영 교회와 보수 진영 교회 모두에서 점진적으로 감소해 왔음은 시사하는 바가 크다.[13] 모든 여론조사에서 지옥에 대한 믿음은 천국에 대한 믿음보다 20 내지 25퍼센트 정도 적었다. 이는 사람들의 과도한 낙관주의 편향overoptimism bias을 확인해 준다.[14] 전 세계적으로 미국 외 국가에서 천국을 믿는 사람의 비율은 미국보다 낮지만 믿음 자체는 강력하다. 그 예로 2011년 로이터입소스Reuters-Ipsos 여론조사에서 23개 국가, 1만 8829명의 조사 대상 중 51퍼센트가 사후 세계의 존재를 확신한다고 답했다. 나라별로 보면 인도네시아인은 62퍼센트, 남아프리카공화국인과 터키인은 52퍼센트로 사후 세계의 존재를 믿는 비율이 높았고, 브라질인은 28퍼센트, 종교가 없는 스웨덴인은 겨우 3퍼센트에 불과했다.[15]

이런 확신은 워낙 강력하고 널리 퍼져 있어서 심지어 불가지론자와 무신론자의 3분의 1도 사후 세계를 믿는다고 주장했다. 잠깐, 뭐라고? 2014년 오스틴가족문화연구소Austin Institute for the Study of Family and Culture 만 18에서 60세 사이 미국인 1만 5738명을 대상으로 진행한 설문 조사에서 13.2퍼센트가 자신을 무신론자나 불가지론자라고 답했다. 그중 32퍼센트는 "죽음 이후에도 삶이 존재하거나 일종의 의식적 존재가 남아 있을 거라고 생각하십니까?"라는 질문에 긍정적으로 답했다.[16] 분명 이 수치는 조사에 참가한 미국인의 전체 평균인 72퍼센트보다 낮은 값이다. 하지만 무신론자나 불가지론자는 대부분 신이 존재하지 않으니 사후 세계도 존재하지 않는다는 세계관을 갖고 있으리라는 일반적인 가정을 고려하면 이 비율은 깜짝 놀랄

---

* born-again이란 영적인 체험을 통해 거듭남을 의미한다. 종파로는 '복음주의evangelicalism'를 의미한다.

정도로 높다. 어쩌면 이런 상식은 주제넘은 생각인지도 모른다. 사람들이 설문 조사를 작성하고 나서 무슨 생각을 할지 누가 알겠는가? 하지만 무신론자와 불가지론자 중 6퍼센트가 죽은 사람의 육체적 부활도 믿는다는 사실에 비추어 보면(전체 조사 대상 중 37퍼센트가 육체적 부활을 믿는다) 어쩌면 신에 대한 믿음과 영생에 대한 믿음은 완전히 별개인지도 모른다. 사후 세계는 믿지만 신은 믿지 않거나, 둘 다 믿거나, 둘 다 믿지 않을 수도 있다.

## '죽도록' 가고 싶은 천국

저 높은 곳에 있다는 천국은 실제로 있을 수도 있고, 없을 수도 있다. 하지만 지상의 천국들은 실재한다. 적어도 그것을 믿는 사람들의 마음속에는 실재한다. 이런 의미에서 믿는 자의 뇌 속에 자리 잡은 최고천(最高天, empyrean)*은 지상의 그 어떤 왕국 못지않게 실재적이다. 신념은 사람을 행동하게 만드는 막강한 힘을 가졌다. 정치적, 경제적, 이데올로기적 신념을 대할 때와 마찬가지로 이러한 신념을 대할 때도 진지한 태도로 임해야 한다. 2016년 사우디의 종교 지도자 압둘라 무하이시니Abdullah Muhaisini는 함락된 알레포 시의 재탈환을 촉구하기 위해 눈빛이 영롱한 아름다운 여자들이 가득한 천국을 전투 중 죽음에 대한 보상으로 언급하며 시리아에 있는 휘하의 반란군에게 이렇게 외쳤다.

---

* 고대 우주론의 오천五天 중 가장 높은 하늘이다. 신과 천사들이 사는 곳으로 믿었다.

아름다운 아내 72명을 원하는 자 그 어디에 있는가? 그대를 위한 아내다. 오, 천국의 순교자여. 그녀가 뱉은 침에 바다가 달콤해지고, 그녀의 키스에 그대의 입안 가득 꿀이 차오른다. … 그녀가 흘린 땀에 천국은 향기로 넘치는구나. 그렇다면 그녀의 품에 안기면 대체 어떤 기분일까? [17]

　9·11 테러 이후 서구인들은 자연스럽게 자살 테러리스트 공격에서 천국에 대한 믿음이 어떤 역할을 하는지 궁금해졌다. 이슬람교도 학자 대부분은 쿠란Qur'an이 자살을 금하고 있다고 말한다(더군다나 민간인을 죽이는 자살 폭탄 공격이라면 더더욱). 그러나 폭탄이 달린 조끼를 입고 사람이 많은 공공장소에서 자신의 몸을 내던져 순교자가 되려는 젊은 남성(그리고 일부 여성)이 급증하는 것을 보면 분명 이런 금기를 피해 갈 방법이 있다는 이야기다. 사실 이슬람교에서 연옥과 비슷한 심판의 단계를 생략하고 천국으로 직행할 수 있는 사람은 순교자뿐이다. 종교학자 앨런 시걸Alan Segal은 이렇게 말한다. "'성전聖戰'에서 이슬람 전사 무자헤딘mujahidin은 샤히드shahid라는 순교자의 지위를 얻을 수 있다. 그뿐만이 아니다. 초기 하디스Hadith** 는 순교를 독려한다. 순교를 추구하는 사람을 의미하는 탈라브 알샤하다talab al-shahada는 찬양과 모방의 대상이 된다. 이슬람교도는 이런 순교자를 위해서 진심 어린 기도를 하고, 자신도 이런 순교자가 되기를 간절히 바라는 것이다." [18]
　사실 이단자를 공격하다가 죽은 이슬람교도 전사는 천국으로 직

---

** 무함마드의 행동과 말을 수록한 문헌으로 이슬람교에서는 쿠란 다음 가는 권위를 갖는다.

행한다는 원칙을 세운 사람은 바로 무함마드Muhammad 자신이었다. 물론 그는 자신의 군대가 훨씬 규모가 큰 병력과 싸운 624년 3월 15일 바드르 전투battle of Badr에서 이러한 약속이 아군의 사기를 얼마나 북돋아 주는지를 보고 이런 말을 했을 것이다. 기나긴 철야 기도 끝에 무함마드는 불안에 떨고 있는 자신의 병사들에게 대천사 가브리엘이 찾아와 천사의 전군이 같은 편에 서서 싸울 것이며 그날 죽은 전사는 누구든지 곧장 천국에서 눈을 뜨리라 말했다고 전했다. 전설에 따르면 우마이르Umayr라는 15세 소년이 그 말에 이렇게 외쳤다고 한다. "놀랍고도 놀라운 일입니다! 저자들이 나를 죽이기만 하면 내가 천국에 들어갈 수 있단 말입니까?" 무함마드의 군대는 그 전투에서 승리를 거두었다. 전해지는 이야기로는 그날 죽은 병사가 14명밖에 없었는데 역설적이게도 그중 한 명이 우마이르였다고 한다. 미국 서부 개척 시대 이야기처럼, 전설이 사실이 되자 사람들은 전설을 선택한 것이다.[19]

　이런 전쟁의 보상이 현대 자살 공격 임무로 넘어오면 싸워 무찔러야 할 침략군은 '적군'인 대사탄(Great Satan, 여기서는 이스라엘과 미국을 말한다)이고, 자칭 이슬람교 순교자에게 이들은 싸워야 할 대상이다. 규모는 작지만 세상의 이목을 끄는 이 이슬람교 소수 집단에게 정의상 이스라엘이나 미국을 지지하는 자는 누구든 이단자이다. 이런 맥락에서 보면 대사탄을 대상으로 이루어지는 폭력 행위는 모두 자기방어에 해당한다. 그리고 사탄과도 같은 서구 문명은 정의상 반이슬람적 존재다. 따라서 이슬람 테러리즘은 정치적 대의뿐만 아니라 보상으로 천국을 약속받는다는 종교적 동기로 기꺼이 목숨을 내던진다는 점에서 20세기 초반 정치적 무정부주의 테러리즘이나 20세기

후반 마르크스주의 혁명가 테러리즘과는 다르다. 9·11 테러의 비행기 납치범 모하메드 아타Mohammed Atta가 남긴 글은 이런 현대적 신념을 대표적으로 보여 준다. 그의 유서에는 다음과 같은 구절이 포함되어 있었다(이 유서는 그가 사건 당일 아메리칸 항공 11번 비행기로 세계무역센터 건물을 들이받기 전 사용했던 렌터카 안에 남겨 둔 짐에서 발견되었다).

대치가 시작되면 이 세상에 돌아오고픈 마음이 없는 전사처럼 치고 나가라. "알라후 아크바르(신은 위대하다)"를 외쳐라. 이 외침이 이단자들의 심장에 공포를 심어 주리니. 천국의 정원이 한껏 아름다운 모습으로 그대를 기다리고 있음을 알라. 그리고 천국의 여자들이 가장 아름다운 옷으로 갈아입고 이렇게 외치며 그대를 기다리고 있다. '이리로 오소서, 신의 친구여!' [20]

이런 종교적 확신은 ISIS에서 발행하는 출판물인 《다비크Dabiq》(2016년)에 "우리가 너희를 미워하는 이유, 우리가 너희와 싸우는 이유Why We Hate You, Why We Fight You"라는 제목으로 실린 한 기사를 통해 더욱 강화되었다. 이 기사에는 여섯 가지 이유가 나열되었다. [21]

1. 우리가 너희를 미워하는 이유는 제일 먼저 너희가 불신자이고, 너희가 알게 모르게 신과 나란한 자들을 만들어 예배함으로써 알라의 유일성oneness of Allah을 거부하고, 신에게 아들이 있다고 주장하며 그의 신성을 모독하기 때문이다.
2. 우리가 너희를 미워하는 이유는 너희의 세속적이고 자유방임적인 사회가 알라가 금지한 것은 허용하면서 알라가 허용한 수많은 것은 금지하고 있기 때문이다.
3. 비주류 무신론의 경우 우리가 너희를 미워하고 너희와 전쟁을 벌이는 이유는 너희가 창조주의 존재를 믿지 않기 때문이다.

4. 우리가 너희를 미워하는 이유는 너희가 이슬람을 상대로 저지른 범죄 때문이고, 너희와 전쟁을 벌이는 이유는 너희들이 우리의 종교를 상대로 벌인 범죄행위를 벌하기 위함이다.

5. 우리가 너희를 미워하는 이유는 너희가 이슬람교도를 상대로 저지른 범죄 때문이다. 너희의 드론과 전투기는 전 세계에서 우리 사람들을 죽이고 불구로 만들어 놓았다.

6. 우리가 너희를 미워하는 이유는 너희가 우리 땅을 침략했기 때문이고, 너희와 싸우는 이유는 너희를 물리쳐 쫓아내기 위함이다.

이름을 밝히지 않은 이 필자는 독자에게 부차적인 정치적 동기에 흔들리지 말 것을 상기시킨다. "사실 너희들이 우리에게 폭탄을 투하하고, 투옥하고, 고문하고, 비난하고, 우리의 영토를 찬탈하는 일을 멈춘다고 해도 우리는 계속해서 너희를 미워할 것이다. 너희가 이슬람을 받아들이지 않는 한 우리가 너희를 미워하는 가장 큰 이유는 사라지지 않을 것이기 때문이다." 필자는 또 이렇게 말한다. "더 중요하지는 않아도 그만큼 중요하게 이해해야 할 부분은 우리가 너희와 싸우는 이유가 그저 너희를 벌하고 단념시키기 위함이 아니라 너희가 이승에서 진정한 자유를, 그리고 저승에서 구원을 누릴 수 있게 하기 위함이란 점이다."

드디어 저승Hereafter이 나왔다. 돈, 섹스, 모험, 미국의 외교정책 [22] 등 자살 테러리스트들이 폭력을 행사하는 이유가 무엇이든 간에 사람을 죽이는 순교 행위가 천국으로 보상되리라는 깊은 종교적 확신을 지닌 그들의 진정성을 의심하는 사람은 진실을 부정하며 살아가는 것이다.

# 천국의 복수형

이 책의 원제목을 '지상의 천국들Heavens on Earth'이라고 복수형으로 지은 이유는 사후 세계와 영생에 대한 믿음이 다양하고도 많기 때문이다. 이런 믿음이 지상에서 발생했다는 것은 믿음이 인간의 본성과 문화에 뿌리를 두었음을 말한다. 이 책은 인간 조건에 관한 가장 심오한 질문 중 하나에 대한 책이다. 이 질문은 신학자, 철학자, 과학자, 그리고 모든 생각 있는 사람들로 하여금 죽을 운명인 우리의 삶이 어떤 의미와 목적을 가지는지 이해하고 우리의 유한한 운명을 초월할 방법을 찾도록 한다. 이 책은 우리의 죽을 운명과 결점에 대한 자각이 어떻게 천국과 지옥, 사후 세계와 영적·육체적 부활, 유토피아와 디스토피아, 진보와 퇴보, 인간 본성의 완전성perfectibility과 불완전성fallibility에 대한 믿음을 낳게 되었는지 다룬다. 천국과 지상의 천국들에 대한 개념은 우리가 죽은 후에 무슨 일이 일어나고, 우리가 살아 있는 동안 어떻게 하면 삶을 완벽하게 만들 수 있을지 진지하게 고민해 본 사람 수만큼이나 많다. 이런 초월성은 결국 천국에서의 영적인 영생, 지상에서의 육체적 영생, 그리고 지금 당장 우리 눈앞에 있는 사회의 완전성에 대한 추구로 이어진다.

이 책에서 어떤 전문가들을 만나게 될지 알아보자. 우선 심리학자와 인류학자 들을 만나 죽음과 임종 그리고 죽을 운명의 자각이 우리에게 어떤 영향을 미치는지를 설명하는 그들의 이론을 알아본다. 자신의 죽을 운명을 처음으로 자각한 사람이 누구이고, 이런 자

각이 어떻게 신화와 종교의 창조로 이어졌는지를 연구하는 고고학
자와 역사가 들을 만난다. 유대교, 기독교, 이슬람교에 대해 알아
보고 천국과 지옥, 육신과 영혼의 부활, 우리가 죽은 후에 일어나
는 일 등에 관한 이 종교들의 유일신 개념에 대해 알아본다. 디팩 초
프라Deepak Chopra 같은 현대의 영적 지도자와 변화된 의식 상태altered
state of mind를 통해 영생을 추구하는 다른 종교 전통에 뿌리를 둔 영적
구도자들을 알아본다. 초월의식transcendent consciousness을 통해 영생을
구할 수 있다는 그들의 믿음에 대해 알아본다. 기이한 심리적 체험
anomalous psychological experience을 설명하려 노력하는 인지과학자들과 죽
은 자와 이야기를 나눌 수 있다고 믿는 영매들을 만나 본다. 그리고
임사체험near death experience과 환생reincarnation을 사후 세계가 존재한다
는 증거로 취급하는 학자와 과학자, 이런 것들을 좀 더 유물론적인
관점에서 해석하는 회의론자들을 만나 본다. 또한 근본적 수명 연
장radical life extension, 노화의 최소화minimal senescence, 항노화 처치법, 인
체냉동보존술cryonics, 트랜스휴머니즘transhumanism 생활 방식, 특이점
기술singularity technologies, 컴퓨터 정신 업로드computer mind uploading, 혹은
무신론자를 위한 대안을 통해 영생을 추구하려는 비종교 철학자와
과학자 들을 만나 본다. 완벽한 사회를 마음속에 그리는 상상력 넘
치는 작가들, 유토피아를 건설하려 시도하는 몽상가들, 문명의 쇠퇴
를 애통해하는 비관주의자, 사람들의 공포를 이용해서 자신이 생각
하는 천국의 모습으로 사회를 다시 세우려 하지만 현실과의 피할 수
없는 충돌 이후에 그 사회가 붕괴하는 모습을 바라보며 결국 유토피
아의 꿈을 디스토피아의 악몽으로 바꾸어 버리는 독재자와 정치 선
동가 들을 만나 본다.

마지막으로 이 여정의 끝에서 우리가 왜 죽을 운명을 타고났는지, 우리 종種이 영생을 누릴 방법은 무엇인지, 하늘 위에도, 여기 땅 위에도 천국이 존재하지 않는다면 그것이 무슨 의미인지, 무의미해 보이는 우주에서 어떻게 의미를 찾을 수 있는지와 같은 궁극적인 의문들을 고찰해 보겠다. 우리가 이성, 정직, 용기를 가지고 이러한 질문에 대해 숙고한다면 아무리 심오한 의문이더라도 과학적인 해답을 구할 수 있을 것이다.

영생은 흔한 일이다.
인간을 제외한 모든 생명체는 영생을 누린다.
죽음에 대해 무지하기 때문이다.
죽을 운명을 안다는 것은
신성하면서도 끔찍하고 도저히 이해할 수 없는 일이다.

— 호르헤 루이스 보르헤스Jorge Luis Borges,
『불멸The Immortal』, 1943

1부

✕

# 죽음체험과
# 영생 추구의 다양성

# 1장

## 고귀한 생각

죽을 운명에 대한 상상

아예 태어나지 않는 것.
그 누가 이보다 더 고귀한 생각을 품을 수 있으랴!
그리고 그 차선책은 이것이다. 일단 태어났으면
신속히 먼지로 되돌아가는 것.

— 소포클레스Sophokles, 『콜로노스의 오이디푸스』, 기원전 406 [1)]

태어나기 전에 당신은 어디에 있었나? 뭐라고? 우리 대부분은 이 질문이 말도 안 된다고 생각할 것이다. 태어나기 전에는 우리가 존재하지도 않았으니까 말이다. 그런데 자신의 죽음을 상상할 때도 이와 똑같은 문제가 생긴다. 한번 상상해 보라. 어떤 장면이 떠오르는가? 관 속에 누운 당신을 장례식에 온 가족과 친구들이 둘러싸고 있는 장면에서 당신의 죽은 몸이 보일지도 모르겠다. 혹은 병원에서 병으로 사망한 후에 침대에 누워 있는 모습이 보일 수도, 심장마비로 방바닥에 쓰러진 모습이 보일 수도 있을 것이다. 하지만 이런 시나리오를 비롯해서 당신의 상상력이 빚어내는 그 어떤 시나리오도 불가능하다. 어느 경우든 이런 장면을 관찰하거나 상상하려면 살아서 의식이 있는 당신이 존재해야 하기 때문이다. 당신이 이미 죽어 있다면 살아 있을 수도, 의식이 있을 수도 없다. 태어나기 이전의 자신의 모습을 머릿속에 그릴 수 없는 것처럼, 죽은 이후의 자신의 모습을 머릿속에 그리는 것 역시 불가능하다.

장폴 사르트르Jean-Paul Sartre가 실존주의 운동existentialist movement의 초

석이 된 한 문헌에서 추측한 것처럼 실존existence은 단순히 본질essence 에 앞서는 것이 아니다. [2] 실존이 곧 본질이다. 실존이 없으면 본질 도 없다. 독일의 시인 겸 철학자 요한 볼프강 폰 괴테Johann Wolfgang von Goethe는 이 문제를 다음과 같이 규정했다. "생각하는 존재가 사고 thought와 삶life이 멈춘, 비존재nonbeing를 상상하는 것은 불가능한 일이 다. 이런 면에서 모든 이는 자신 안에 자신의 불멸의 증거를 지니고 있는 셈이다." [3] 지그문트 프로이트Sigmund Freud도 비슷한 맥락에서 죽음에 대해 깊이 고민했다. "정말이지 우리는 스스로의 죽음을 상 상할 수 없다. 그렇게 하려고 할 때마다 구경꾼으로 되살아나기 때 문이다." [4]

무언가를 체험하려면 반드시 살아 있어야 한다. 따라서 죽음을 몸 소 체험하기는 불가능하다. 그럼에도 우리는 죽음이 실재하는 것임 을 안다. 우리보다 앞서 살았던 수천억 명이 한 명도 빠짐없이 다 세 상을 떠났기 때문이다. 이 사실이 우리에게 일종의 역설을 제시한다.


## 죽을 운명의 역설

1973년 출간되어 지금은 고전이 된 퓰리처상 수상작 『죽음의 부 정』에서 인류학자 어니스트 베커Ernest Becker는 자연에서 우리가 차지 하고 있는 이중적dualistic 위치를 다음과 같이 표현했다.

인간은 하늘 높이 별 위에 있으면서 동시에 심장이 뛰고 숨이 헐떡거리는 육신 속에 들어가 있는 존재다. 한때는 물고기였고, 그것을 입증하려는 듯 여전히 아가미의 흔적을 달고 있는 육신 속 말이다. 인간은 말 그대로 둘로 쪼개져 있다. 인간은 장엄하게 우뚝 솟은 탑처럼 자연에서 단연 돋보이는 존재라는 점에서 자신이 얼마나 대단하고 독특한 존재인지 안다. 하지만 인간은 결국 다시 흙으로 돌아가 앞도 못 보고 아무 말도 없이 썩어 영원히 사라져 버린다. 이런 끔찍한 딜레마에 빠져 이것을 평생 안고 살아야 한다는 것은 정말 두려운 일이다. [5]

이것이 두려울 일일까? 나는 그리 생각하지 않지만 그렇게 생각하는 사람이 많다. 예를 들어 영국의 철학자 스티븐 케이브Stephen Cave는 그의 저서 『불멸에 관하여』에서 자신의 죽을 운명을 알면서도 정작 자신이 존재하지 않는 상황을 상상하기가 불가능하다는 역설을 해소하려는 시도가 네 가지 불멸의 서사를 낳게 되었다고 주장했다. (1) **영생 Staying Alive**: "모든 생명체와 마찬가지로 우리 역시 죽음을 피하기 위해 몸부림침. 이승에서 육신을 가지고 영원히 살고 싶다는 꿈. 그야말로 가장 기본적인 불멸 이야기." (2) **부활Resurrection**: "비록 육체적인 죽음을 피할 수는 없지만 그럼에도 자신이 살아생전에 알던 그 육신을 가지고 다시 육체적으로 소생할 수 있다는 믿음." (3) **영혼Soul**: "일종의 영적 존재로 살아남을 수 있다는 꿈." (4) **유산Legacy**: 명예, 평판, 역사적 영향력, 자손 등 "좀 더 간접적인 방법을 통해 자신을 미래로 연장하는 방법." [6] 이렇게 네 부분으로 구성된 케이브의 분류는 유익한 내용을 담고 있으니 역설의 잠정적 해소를 위해 그 내용을 간략하게 검토해 보자.

첫 번째 서사인 **영생**은 지금 당장 가능한 일이 아니다. 다양한 의료 기술을 이용해 수명 연장의 한계를 넘어서기 위해 연구하는 과학자들이 있다. 하지만 현재로서는 지금 살아 있는 사람 중에 125세를 넘길 사람은 없으리라는 것이 중론이다. 설사 의학으로 수명을 몇 년이나 몇십 년 정도 늘릴 수 있을지는 모르겠으나 몇백 년, 몇천 년을 살겠다는 꿈은 허황한 욕심에 불과하다.

두 번째 서사인 **부활**은 종교적인 방식이든 과학적인 방식이든 간에 두 가지 논리적 모순을 안고 있다. (1) **변형 문제**Transformation Problem: 당신의 예전 모습을 있는 그대로 가져오면서 동시에 질병과 죽음에 끄떡없는 모습으로 부활할 수 있을까? 질병이나 죽음 같은 문제를 피하려면 지금 모습과 상당히 다른 상태로 부활해야 한다. 따라서 새로이 획득하는 정체성은 사실상 원래 당신이라고 보기 어렵다. 이 문제를 피해 갈 한 가지 방법은 당신의 생각, 기억, '자아'가 저장되는 곳인 **커넥톰**(connectome, 뇌의 유전체에 해당하는 것)을 보존해서 그 정보를 모두 컴퓨터에 업로드하는 것이다. 나는 이 연구의 한 방면에 관여하고 있는데 이 부분은 7장에서 자세히 다루겠다. 여기서는 이러한 선택 방안에 기술적 난관이 존재하며, 이 방안이 두 번째 문제를 야기한다는 점 정도만 언급하겠다. (2) **복제 문제**Duplication Problem: 사람을 복제하면 그것이 쌍둥이와 다를 게 무엇일까? 즉 먼 미래에 사실상 무한에 가까운 디지털 능력을 갖춘 신과 같은 슈퍼컴퓨터가 나타나 당신을 완벽하게 복사하더라도, 그것은 복사본에 불과하다. 이 복사본은 당신과 똑같은 생각과 기억을 갖고 있지만 독립적으로 존재하기 시작하는 순간 그런 동일성은 사라진다. 그 시점에 가서 복사본은 별개의 경험과 기억을 가질 것이고 당신과 당신의 복사본은 논리적으로 일란성쌍둥이와 구분하기 불가능해진다. 법적으로 우리는 일란성쌍둥이를 개인을 복제한 똑같은 존재가 아니라 둘 다 자율적으로 행동하는 개인으로 대한다.

세 번째 서사인 **영혼**은 전통적으로 육신과 별개의 존재('영혼의 요소soul stuff')로 여겨 왔지만 신경과학은 정신(의식, 기억, 그리고 '당신'에 해당하는 자아감)이 뇌 없이 홀로 존재할 수 없음을 입증해 보였다. 부상, 뇌졸중, 알츠하이머병Alzheimer's disease 등의 결과로 뇌의 일부가 죽으면 우리가 '정신'이라고 부르는 해당 기능도 함께 죽는다. 뇌 없이 정신도 없고, 육신 없이 영혼도 없다. 커넥톰의 보존 방법을 연구하는 과학자들은 커넥톰이 온전히 보존된 얼린 뇌를 다시 깨우는 기술(인체냉동보존술)이나 뇌 속의 시냅스를 마지막 하나까지 모두 스캔하고 디지털정보로 만들어서 책처럼 읽거나 컴퓨터 속에서 다시 깨우는 기술도 고려하고 있다. 이런 **과학적 영혼**을 만드는 데 성공한다면 '영혼의 요소'로 판정받는 최초의 형태가 될 것이다. 그러나 뒤에서도 살펴보겠지만 이런 형태의 영생을 달성하기까지 장애물이 만만치 않다. 내 살아생전에 이런 기술을 구경하지는 못할 것 같다. 어쩌면 그 누구도 구경하지 못할지 모른다. 그럼 이제 우리에게 남은 가능성은 네 번째 서사밖에 없다.

네 번째 서사인 **유산**은 엄밀히 말하면 영생의 한 형태로 볼 수 없고, 일종의 기억(한 사람의 삶에 대한 추모)이라 보아야 한다. 우디 앨런 Woody Allen은 이런 재치 있는 말을 했다. "나는 내 작품으로 영생을 누리기보다 **죽지 않음으로써** 영생을 누리고 싶다. 나는 내 동포들의 마음속에 살기보다 내 아파트에서 살고 싶다."[7] 하지만 현재로서는 유산을 남기는 것이 우리가 할 수 있는 최선이다. 우리의 삶이 우리가 아는 사랑하는 사람들(과 알지도 못하고 사랑하지도 않는 사람들)의 삶에 얼마나 중요하게 작용하는지 고려한다면 그래도 의미 있는 대안이다. 하지만 말 그대로 영원히 살고 싶은 욕망에 비하면 이 대안이 그리 위안이 되지 않는 점도 충분히 이해할 만하다.

케이브는 우리가 스스로에게 말하는 **유산**의 서사가 미술, 음악, 문학, 과학, 문화, 건축, 그리고 문명이 낳은 다른 인공물을 뒷받침하는 원동력이라 주장함으로써 이 역설을 해소했다. 유산의 원동력은 **공포**다. 공포는 이제 **공포 관리 이론**Terror Management Theory이라는 완전히 진행된 연구 패러다임을 갖추고 있다. 심리학자 셸던 솔로몬 Sheldon Solomon, 제프 그린버그Jeff Greenberg, 톰 피진스키Tom Pyszczynski는 과학 논문 여러 편을 통해 이 이론을 제안하고 『슬픈 불멸주의자』라는 책에서 그 내용을 좀 더 폭넓게 다루었다.[8] 이 책의 원제는 "The Worm at the Core(중심에 자리 잡은 벌레)"다. 이 이상한 제복은 어니스트 베커에게 영감을 받은 저자가 윌리엄 제임스William James의 고전인 1902년 작품 『종교적 체험의 다양성The Varieties of Religious Experience』에서 따온 것이다. 이 책에서 심리학자 윌리엄 제임스는 이렇게 추측했다. "동물의 흥분성과 본능을 살짝만 가라앉히고, 약간 짜증나는 약점인 동물의 거친 속성을 조금만 줄이고, 고통의 역치를 낮추면 평소 우리를 채우고 있는 기쁨의 샘 중심에 자리 잡은 벌레가 완전히 시야에 드러나면서 우리를 우울한 형이상학자로 바꾸어 줄 것이다."[9] 공포 관리 이론에 따르면 자신의 죽을 운명을 자각하면 정신은 죽음과 마주하는 공포를 피하기 위해 긍정적인 감정(그리고 창작품)을 만들어 낸다. 솔로몬은 이 이론을 이렇게 설명한다.

인간은 우리가 의미 있는 우주 속에 존재하는 가치 있는 개인들이고, 따라서 말 그대로 영생이나 상징적인 영생을 누릴 자격이 있다는 느낌을 서로에게 전하기 위해 문화권의 구성원끼리 공유하는 문화의 세계관(실재에 대한 믿음)을 받아들임으로

써 이 공포를 '관리한다'. 이에 따라 사람들은 대단히 무의식적일지라도 자기 문화의 세계관에 대한 신념과 자신의 가치에 대한 자부심, 즉 자존감을 유지하려는 강력한 동기를 부여받는다. 그리고 소중히 여기는 신념이나 자존감을 위협하는 것이 있으면 자신의 세계관과 자존감을 강화하려는 방어적 노력을 하게 된다. [10)

따라서 우리는 자신의 죽을 운명을 생각할 때 따르는 공포를 희석하기 위해 무언가를 창작하고, 발명하고, 건설하고, 구축하고, 쓰고, 노래하고, 공연하고, 시합을 벌인다. 문명은 야망의 산물이 아니라, 두려움의 산물이라는 것이다.

나는 이런 주장이 의심스럽다. 첫째, 어째서 죽음을 생각할 때 사람들이 공포를 경험하고, 자기 문화의 세계관을 방어하려는 태도를 보이고, 자존감을 고양할 필요를 느끼게 된다는 것인지가 분명하지 않다. 죽음에 대한 생각은 사람들로 하여금 결국 자신과 같은 실존적 배에 몸을 싣고 있는 타인을 향해 더욱 연민을 느끼게 만들 수도 있다. 둘째, 오히려 이런 절망이 사람들로 하여금 건물을 쌓아 올리고 예술을 창작하는 등의 활동을 포기하게 만들지 않을까? 단기적으로는 몰라도 장기적으로 보면 결국 이 모든 활동이 아무 의미도 없을 테니까 말이다. 셋째, 공포 관리 이론을 주장하는 과학자들은 그들의 이론 중 상당 부분이 정신의 **무의식** 상태에 좌우된다는 점을 인정한다. 이런 무의식 상태는 포착하기 어려운 것으로 악명 높고, 또 뇌를 정교하게 점화priming*할 때만 이런 상태가 만들어진다.

공포 관리 이론 옹호자들은 심지어 구석기시대 선조들이 죽음에

---

* 시간적으로 먼저 제시된 자극이 나중에 제시된 자극의 처리에 부정적 혹은 긍정적 영향을 주는 현상.

대한 공포 때문에 이른 나이에 죽었다고까지 추측한다. 아니, 대체 어떻게? 이런 죽음의 공포를 누그러뜨릴 종교적 의식을 발달시킨 유원인(類猿人, hominid) 집단은 생존 가능성이 더 높았다. "자신의 죽을 운명을 서서히 깨닫기 시작했지만 여기에 따른 공포를 가라앉힐 종교적 신념 체계를 갖추지 못한 존재들은 자신과 자기 집단의 생존에 필요한 위험을 과감히 감수할 가능성이 낮았다." 솔로몬과 그의 동료들은 이렇게 추측한다.

영적 보호에 대한 믿음이 있는 유원인은 가혹하고 위험한 환경에서 살아남기 위해 반드시 해결해야 할 위험한 과제에 더욱 과감하고 자신 있게 도전한다. 이는 죽을 운명에 대한 자각이 싹트면서 강력한 영적 종교를 갖추고, 여기에 대한 신념을 유지할 수 있는 개인들로 구성된 유원인 집단이 적응상의 이점을 갖게 되었다는 의미다. [11]

이 이야기는 아주 흥미진진하기는 하나 실증적 증거가 없다. 그렇기 때문에 문화와 종교, 그리고 이것들의 바탕이 되는 심리학적 과정의 진화론적 기원이라는 경쟁 가설만큼 그럴싸해 보이지 않는다. 인간의 행동은 인과관계에서 다양한 변수가 작용한다. 설사 죽음에 대한 공포가 창의성과 생산력을 이끄는 요인이라고 해도, 수많은 요인 중 하나에 불과하다. 추론 능력은 우리 선조가 처한 환경에서 생존하고 번식하는 데 도움이 되도록 패턴과 상관관계를 파악하기 위해 진화된 뇌의 특성이다. 이성은 우리의 인지를 구성하는 일부분이다. 일단 추론 능력이 자리를 잡으면 원래 이성이 고려하도록 진화된 것이 아닌 다른 문제를 분석하는 데도 사용할 수 있다. 심리학자 스티븐 핑커Steven Pinker는 이것을 **확장 가능한 조합 추론 시스템**open-ended combinatorial reasoning system이라고 부르며 이렇게 지적한다. "이 시스템은 음식을 장만하고 동맹을 결성하는 등의 세속적인 문제를 해결하기 위해 진화한 것이지만 이 시스템이 원래 목적에서 벗어나 다른 문제에서 비롯된 문제를 푸는 데서 즐거움을 찾으려 해도 막을 방법은 없다."[12] 추론 능력과 상징을 통해 소통하는 능력은 사냥에 이용되었다. 이것은 분명 죽음의 공포를 관리하는 것보다 더욱 기본적인 생존 기술이다. 공포 관리 이론가들은 이렇게 주장한다. "초기 호모사피엔스Homo sapiens는 사냥을 나가거나 새로운 영역을 탐험하러 가기 전에 의식을 치르면서 정령들이 매머드, 표범, 곰을 잡을 수 있게 돕고, 물질세계의 잠재적 위험으로부터 보호해 주리라는 이야기를 나누었을지 모른다."[13] 그럴지도 모른다. 일부 사람들은 들소, 말, 야생소, 사슴 같은 동물이 등장하는 알타미라Altamira, 라스코Lascaux, 쇼베Chauvet의 선사시대 동굴벽화 이미지를 '사냥 주술hunting magic'과 관련지어 해석하기도 한다. 하지만 이런 주장을 회의적으로 바라보는 사람들은 이 벽화 속 동물 중 상당수는 해당 지역에서 사냥되는 종류가 아니며(그 지역에서는 이런 짐승들의 뼈가 발견된 적이 없다), 흔히 사냥되는 다른 동물(이런 동물은 동굴이나 그 근처에서 뼈가 많이 발견되고 그 뼈에 사냥의 흔적도 남아 있다)은 동굴벽화에 등장하지 않는다고 지적한다.[14] 하지만 어느 쪽 말이 맞든 간에 상징적인 사냥 주술이 죽음의 공포와 무슨 상관이 있단 말인가?

여기서는 좀 더 실용적인 인지 기술이 작동하는지도 모른다. 동물 추적 전문가 겸 과학역사가인 루이스 리벤버그Louis Liebenberg가 주장한 내용이 그 예다. 그는 추론과 상징을 통해 소통하는 우리의 능력은 우리 선조가 사냥감을 추적하기 위해 발전시킨 기본 기술의 산물이며 이 기술은 가설 검증에서 시작한다고 주장한다. "추적 과정에서 새로운 사실 정보가 모이면 가설을 재검토해서 더 나은 가설로 대체할 필요가 있었을 것이다. 동물의 행동을 가설을 통해 재구성해봄으로써 추적자는 동물의 이동을 예상하고, 예측할 수 있었을 것이다. 이런 예측은 지속적으로 가설을 검증하는 역할을 했다." [15] 추적 기술의 발달에는 **마음 이론**theory of mind, 혹은 독심술mind reading이라는 인지 과정도 관여했다. 독심술이란 추적자가 자신이 추적하는 동물의 마음속으로 들어가 그 동물이 무슨 생각을 하고 있을지 상상해서 그 행동을 예측하는 기술을 말한다.

내가 보기에는 상징을 처리하는 이성의 진화를 설명하는 데는 죽음에 대한 공포보다 이쪽이 훨씬 그럴듯해 보인다. 예를 들어 "지난밤에 사자가 여기서 잤어"라고 추론할 수 있는 신경 구조가 작동하기 시작하면 '사자'는 다른 임의의 동물이나 대상으로 치환하고, '여기'는 '저기'로, '지난밤'은 '내일 밤'으로 바꿔치기할 수 있다. 추론 과정에 등장하는 대상과 시간 요소는 대체 가능하다. 핑커가 『마음은 어떻게 작동하는가』에서 설명하였듯 이런 대체 가능성은 먹을 것을 구하기 위해 동물을 추적하는 등의 기본적 추론 능력을 얻도록 진화한 신경계가 낳은 부산물이다. [16] 이것은 상향식 조합 추론 과정bottom-up combinatorial reasoning이다. 여기에는 **귀납법**(구체적 사실로부터 일반적 원리를 추론하는 과정)과 **연역법**(일반적 원리로부터 구체적 예측을 이끌어 내는 과정)이 포함된다. 이 덕분에 인간은 수렵과 채집 같은 기본 생존 기술에서 한 단계 올라가 죽음, 사후 세계, 영혼, 신 같은 더욱 추상적인 개념으로 추론의 범위를 확장할 수 있었다. 이런 면에서 종교는 생활 조건에 대한 직접적인 적응이라기보다 이런 추상적 추론 능력에 뒤따르는 부산물인 셈이다.

창의성과 문화를 이끌어 내는 훨씬 더 기본적인 진화의 원동력은 성과 짝짓기, 즉 진화론의 용어를 빌자면 성선택sexual selectioin이다. 성선택 때문에 바우어새*에서 총명하고 자유분방한 예술가에 이르기까지 다양한 생명체들은 짝의 마음을 얻기 위해 멋진 작품 생산에 몰두한다. 수컷이 지은 크고 파란 둥지는 암컷의 관심을 끈다. 둥지가 크고 파랄수록 조만간 더 많은 자손을 보게 될 가능성이 높다. 이와 마찬가지로 큰 뇌를 가진 예술가들 역시 이성의 마음을 얻고 사회적 지위를 차지하겠다는 욕망이 동기가 되어 오케스트라 음악, 서사시, 사람의 마음을 뒤흔드는 소설, 엄청난 건축물, 과학적 발견 등을 이루는 것일지 모른다. 진화심리학자 데이비드 버스David Buss는 공포 관리 이론을 비판하는 글에서 이렇게 지적했다. "공포 관리 이론은 생존은 강조하나 번식은 무시하는 한물 간 진화생물학에 기반을 두고 있다. 이 이론은 가설로 세운 심리 메커니즘이 생존과 번식이라는 실제 적응 문제를 해결하는 데 어떻게 도움이 되는지 정확하게 해명하지 못한다. 그 대신 거의 내면에만 눈을 돌려 심리적 보호psychological protection에 초점을 맞춘다. 이 이론은 불안 그 자체가 진화한 이유를 고려하지 않고 사회적 동기 부여social motivation, 사망률과 그 원인 등에서 알려진 성차를 설명하지 못한다." [17] 진화심리학자 제프리 밀러Geoffrey Miller는 『메이팅 마인드The Mating mind』라는 책에서 이런 주장을 더욱 뒷받침한다. 창조하고, 발명하고, 건설하고, 구축하고, 글 쓰고, 노래 부르고, 공연하고, 시합에서 승리하는 사람은 가

---

* 오스트레일리아에 서식하는 새로 수컷이 암컷을 끌기 위해 멋진 둥지를 짓는다.

장 효과적으로 더 많은 자손을 남긴다. 따라서 미래 세대에 자신의 창조적 유전자를 전할 수 있다.[18] 탁월한 문예 작가 크리스토퍼 히친스Christopher Hitchens가 내게 말했듯이 글발이나 말발이 완벽하다는 것은 절대 혼자 밥 먹거나 혼자 잘 필요가 없다는 의미다.

　나는 공포 관리 이론 지지자들이 실험에서 그들이 측정한다고 생각하는 대상을 측정하고 있기는 한 것인지 확신이 서지 않는다. 내가 보기에 사람들이 죽을 운명을 생각하면 '공포'를 느낀다는 주장은 하나의 주장일 뿐 관찰된 사실이 아니다. 이런 느낌은 정신의 무의식적 상태에 좌우되기 때문에 실험이 대체 무엇을 검증하는지 결정할 때 더 큰 문제가 생긴다. 심리학자 프랭크 설로웨이Frank Sulloway에게 공포 관리 이론에 대해 문의하자 그는 이렇게 말했다. "이런 이론에서 통계적 반증을 어떻게 처리할 것인지보다 소위 말하는 통계적 확증을 어떻게 처리할 것인지가 정말 까다로운 부분이죠. 예전 정신분석학에서 이런 문제가 생겼었습니다. 한스 아이젠크Hans Eysenck와 다른 사람들이 훗날 쓴 책에서 정신분석학의 열성 추종자들이 정신분석학적 주장을 체계적으로 검증할 때 사용한 증거로 자신이 검증하려던 이론 외에 다른 이론의 정당성도 입증할 수 있음을 고려하지 않았다는 것을 보여 주었죠." 결국 핵심은 맥락이다. 설로웨이는 이어서 이렇게 말했다. "맥락을 살짝 바꾸면 인간의 행동에 관한 연구에서 아주 다른 결론이 나올 때가 많습니다. 따라서 통계적 검증을 할 때는 자신이 실제로 검증한다고 생각하는 대상이 맥락에 따라 어떻게 변하는지 고려할 필요가 있습니다. 이 문제는 한 증거가 어떤 경쟁 이론의 정당성도 함께 입증하는지 고려할 때 발생하는 문제와 비슷합니다."[19]

예를 들어, 설로웨이와 내가 사람들이 신을 믿는다고 말하는 이유, 그리고 그들이 생각하는 **다른 사람들**이 신을 믿는 이유에 대해 진행한 연구에서 우리는 공포 관리 이론을 검증하는 것이 아니었음에도 공포 중심의 공포 관리 이론 모형과 상반되는 결론으로 해석할 만한 내용을 발견했다.[20] 우리는 설문 조사에서 개인적, 가족적 배경과 종교적 신념과 헌신도 등에 대한 자료를 수집하는 데 더해, 설문 응시자들이 신을 믿거나 믿지 않는 이유와 아울러 본인이 생각하기에 **다른 사람들**이 신을 믿거나 믿지 않는 이유를 주관식으로 적어 달라고 요청했다. 설로웨이와 나는 이 연구의 목적을 알지 못하는 독립적인 심사위원과 함께 이런 내용을 설문 문항에 담았다. 우리는 함께 모든 응답을 14가지 신앙 범주와 6가지 비신앙 범주 중 하나 혹은 그 이상에 해당하는 것으로 평가했다. 이후 이 범주들을 역시 실험의 목적을 알지 못하는 심사위원 다섯 명으로 구성된 두 번째 집단으로 하여금 설문 문항에 담게 했다. 그리고 이 20가지 범주를 다음의 세 가지 요약 집단 중 하나로 재분류했다. 감성적 반응emotional response, 지적 반응intellectual response, 분명치 않는 반응undetermined response. 〈그림 1-1〉은 첫 번째 범주에서 나온 결과를 보여 준다. 이 범주에는 죽음의 공포가 포함되어 있다.

응답자 중 자신이 신을 믿는 이유로 '죽음에 대한 공포' 혹은 '미지에 대한 공포'를 지목한 사람이 3퍼센트에 불과하다는 점에 주목하자. 나는 공포 관리 이론의 중심 원리를 맥락이라 본다면 이 결과가 시사하는 바가 대단히 크다고 생각한다. 오히려 '죽음에 대한 공포'와 '미지에 대한 공포'를 **다른 사람들**이 신을 믿는 이유로 꼽는 경우가 많다는 점도 흥미로운 사실이다. 공포 관리 이론은 연구 대상이 느끼는 공포보다는 이론가가 타인에게 투영한 공포를 드러내는 것인지도 모른다.

종교사회학자 케빈 맥카프리Kevin McCaffree에게 공포 관리 이론에 대해 문의했더니 그도 죽음의 공포를 맥락 속에서 파악하면서 비슷한 부분을 지적했다. 첫째, 과거의 진화 역사에서 불안은 사냥, 짝짓기, 공동체에서 좋은 평판 유지하기 등 생존과 관련된 부분으로 관심을 유도하기 위해 진화했다. 맥카프리는 이렇게 말했다. "이런 관심은 생존과 **관련되어** 있지만 그 **자체**가 생존(혹은 죽음)에 관한 관심

| 그림 1-1 | 사람들이 신을 믿는 감정적 이유와
본인이 생각하기에 다른 사람들이 신을 믿는 감정적 이유

| 일반 범주 | 흔한 사례 | 자신 | 다른 사람 |
|---|---|---|---|
| 신앙 | 무언가 믿어야 할 필요성<br>그냥 믿어야 하니까 | 13% | 16% |
| 감정 | 일상생활에서 접하는 신의 느낌 때문에 | 10% | 5% |
| 위안 | 신앙은 마음에<br>위로/안도감/위안을 주므로 | 9% | 35% |
| 의미 | 신앙이 삶에 의미를 부여해 주므로 | 6% | 15% |
| 죽음의 공포 | 죽음의 공포/미지에 대한 공포 | 3% | 20% |
| 도덕성 | 신이 없다면 도덕도 존재하지 않을 테니까 | 3% | 9% |
| 사회적 요인 | 또래 압력 등의 사회적 측면 | 1% | 17% |
| 무지 | 어리석음, 교육의 부족, 게으름,<br>도덕적 태만, 책임 회피 | 0% | 15% |

사는 아니라는 점에 주목해야 합니다. 수렵 채집인들의 관심사는 더욱 실용적이었죠. 오늘날에도 우리의 불안은 그와 마찬가지로 실용적입니다. 자동차 할부금, 학자금 대출, 이혼 서류 처리, 실직 등에 대한 불안이죠. 우리는 분명 이런 불안을 처리해야 할 동기를 부여받지만 역시나 이런 불안도 생존해서 잘 먹고 잘 사는 관심에 대한 것이지 생존(혹은 죽음) 그 자체에 대한 불안은 **아닙니다.**" 또한 맥카프리는 연구에서 스웨덴이나 덴마크처럼 독실한 종교 인구의 비율이 가장 낮은 편에 속하는 나라 사람들은 죽음에 대한 불안이 전혀 커 보이지 않는다는 점을 지적한다. "이들이 죽음을 좋아해서 나온 결과가 아니라 어차피 죽음은 어찌할 수 없는 것임을 이해하기 때문입니다. 이들은 차라리 자기가 즐기고 통제할 수 있는 삶의 측면에 집중하기로 한 것이죠."[21]

## 죽음에 직면했을 때 사람들은 무엇을 생각할까?

노벨상물리학상 수상자이자 재담꾼이었던 리처드 파인만Richard Feynman은 책 세 권을[22] 채울 정도의 기발한 말과 매력적인 이야기로 인생을 채웠지만 암으로 죽어 가며 의식이 오락가락하던 때에는 간신히 이 마지막 말만을 남겼다. "두 번 죽기는 싫어. 정말 지루하거든."[23] 크리스토퍼 히친스도 식도암을 치료하는 동안 자신의 마지막 생각을 《베너티 페어Vanity Fair》에 일련의 에세이(「암이라는 주제Topic of Cancer」, 「암의 도시Tumortown」)로 기록하면서 죽음에 관해서 파인만과 거의 비슷한 결론에 도달했다. 그가 남긴 에세이들은 그의 사후에

『신 없이 어떻게 죽을 것인가』라는 책으로 엮어 나왔다. 이 책은 원래 'Mortality(죽을 운명)'이라는 삭막한 원제로 나왔다. 그는 엘리자베스 퀴블러로스Elisabeth Kübler-Ross의 그 유명한(그리고 결함도 있는) 죽음의 단계 이론stage theory of dying을 재빨리 처치한 후에(예를 들어 모든 사람이 부정-분노-타협-우울-수용의 다섯 단계를 모두 거치지도 않고, 거친다 해도 꼭 이런 순서를 따르는 것은 아니다) 이런 생각을 했다.

> 어떤 의미에서 나는 어느 기간 동안 '부정' 상태에 있었는지 모르겠다. 양쪽으로 불을 붙인 양초처럼 일부러 나를 빨리 타들어 가게 만들며 거기서 나오는 빛이 참 사랑스럽다 생각할 때도 있었다. 하지만 내가 충격으로 이마를 찌푸리거나 이 모든 게 불공평하다며 흐느끼는 내 모습을 볼 수 없는 것도 바로 그 이유 때문이다. 나는 죽음의 신을 조롱하며 나를 향해 죽음의 낫을 휘두르게 만들었고, 지금은 지극히 예측 가능하고 따분해서 나조차도 지겨워지는 무언가에 무릎을 꿇은 상태다. [24]

안타깝게도 히친스의 마지막 순간은 너무 빨리 찾아왔다. 그는 죽기 얼마 전 우리 두 사람 다 참가했던 한 대중 행사에서 청중들에게 이렇게 말했다. "저는 죽어 가고 있습니다. 하지만 여러분도 마찬가지죠."

죽어 가는 과정에서 이루어지는 삶에서 죽음으로의 이행은 일생에서 정말로 중요한 것이 무엇인지 일깨워 준다. 이것이 바로 내게 학부 시절에는 천문학, 철학, 심리학을, 수십 년 후에는 인생에 대해 가르쳐 준 리처드 하디슨Richard Hardison 교수가 분명하게 말해 준 내용이었다. 그는 내가 알고 지낸 사람 중에서 가장 똑똑하고 인지적으로 뛰어난 사람 중 한 명이었다. 그러나 그 세대의 수많은 사람들

과 마찬가지로(1925년에서 1945년 사이에 태어난 '침묵 세대silent generation')
그는 자기 감정을 잘 드러내지 않았고 가장 가까운 친구들에게조차
애정 표현하는 경우가 드물었다. 그는 죽음에 가까워졌을 때 자신
의 이런 성격적 특성을 인식하고 고통스러워했다. 자신이 87세의 나
이로 죽어 간다고 생각했을 때 쓴 작별 편지에는 자신의 그런 성격
에 대한 이야기도 포함되어 있었다. 그는 회복해서 3년을 더 살다 떠
났고, 그의 추도식에서 또 다른 제자이자 친구였던 러셀 워터스Russell
Waters가 그 편지를 돌렸다. 편지는 자신이 자다가 죽을 가능성을 인
식한 것에 대한 고백으로 시작했다. "이상하게도 나는 아무런 공황
도, 두려움도 느끼지 않았다. … 다만 혹시나 내 삶의 질을 드높인 놀
라운 일들을 해 준 내 친구와 가족에게 고마운 마음을 전할 시간도
없이 가면 어쩌나 하는 걱정만 들었다." "죽음의 기운이 지나가고 평
소처럼 아침이 밝았다." 하지만 "이것이 마치 늦잠을 깨우는 모닝콜
처럼 내게 더 이상 지체 말고 편지를 써야 한다는 사실을 일깨워 주
었다." 그래서 그는 그렇게 했다. 편지에서 친구와 가족이야말로 자
신에게 가장 중요한 존재였음을 고백하고, 그에 감사하며 이렇게 적
었다. "글을 쓰고 있으니 벌써부터 흘러나오는 눈물을 주체하기 어
렵다." 눈물 자국이 어린 그의 편지는 이렇게 끝을 맺는다.

마지막으로 한마디 하자면 '사랑'이란 단어는 미국 남성들이 쉽게 입에 올리는 단어
가 아니었다. 이제 돌이켜 보니 그 말을 좀 더 많이 사용하지 않았던 것이 참으로 불행
한 일이었다. 나는 내가 그들을 얼마나 아끼고 사랑하는지 훨씬 더 자주 표현했어야
했다. 하지만 적어도 이별을 앞둔 지금이라도 내 친구와 가족 모두 그대들이 내 삶에
서 맡았던 중요한 역할에 내가 얼마나 깊이 감사하고 있는지 알아주었으면 한다.

우리 세대 미국 남성은 그래도 사랑이란 단어를 수월하게 입에 올리는 편이다. 나도 그리 무뚝뚝한 사람은 아니라 감히 이렇게 말해 본다. 당신을 사랑합니다, 리처드 하디슨 교수님.


## 사형수 감옥에서의 사랑: 감정 우선 이론의 검증

자신의 마지막이 한참 후가 아니라 가까운 시일 안에 찾아오리라는 것을 알고 나면 죽음을 날카롭게 인식하고 인생의 가장 깊은 의미를 명확하게 행동에 옮겨야 한다는 동기가 생긴다. 이것은 공포 때문이 아니라 촉박한 시간, 그리고 사랑 때문이다. 공포 관리 이론의 대안으로 **감정 우선 이론**Emotional Priority Theory이라 부를 만한 것이 있다. 죽을 운명과 마주하면 그 사람의 감정을 가장 우선시한다는 이론이다. 새뮤얼 존슨Samuel Johnson은 이렇게 지적했다. "믿어 보십시오, 선생님. 사람은 자기가 2주일 후에 교수형에 처해진다는 것을 알면 정신 집중이 엄청나게 잘됩니다."[25] 죽음에 직면하면 사람의 마음은 인생에서 가장 중요한 감정에 초점을 맞추게 된다. 십중팔구 그중 가장 깊은 감정은 사랑이라 할 수 있을 것이다. 사실 사랑은 너무도 강력한 감정이어서 초콜릿이나 코카인처럼 중독성 있고, 그와 관련한 신경화학neurochemistry 추적이 가능하다.[26] 성욕은 도파민dopamine에 의해 고조된다. 도파민은 시상하부에서 만들어 내는 신경호르몬으로 학습 및 긍정적 강화와 관련이 있다. 이 감정은 성욕과 긴밀한 관련이 있는 또 다른 호르몬인 테스토스테론testosterone 분비도 촉발한다. 사랑은 애착의 감정이고 옥시토신oxytocin에 의해 강화되는 타인과의 유대감이다. 옥시토신은 시상하부에서 합성되어 뇌하수체에서 혈액 속으로 분비되는 호르몬이다. 이 두 호르몬이 뒤섞여 뇌 속을 흘러 다니면 사람들은 강력한 유대감을 느껴 사랑을 위해 기꺼이 죽을 수도 있는 상태가 된다.

암으로 진단받거나 한밤중에 죽을 것 같은 불길한 예감을 느끼는 것보다 사형수 감옥에서 사형 집행일을 기다리는 것이 사람을 더 집중하게 만든다. 1982년에서 2016년 사이 텍사스주에서는 수감자 537명에게 사형을 집행했고, 그중 425명이 최후의 구두 진술을 남겼다. 텍사스주 사법부는 이 구두 진술 내용을 사형수의 이름, 나이, 교육 수준, 이전 직업, 전과 기록, 그리고 이들이 사형에 처해지게 된 범법 행위 등의 구체적 내용과 함께 웹사이트에 게시한다.[27] 이렇게 해서 생각지도 않게 이 사람들(대부분 남성이고 537명 중 여성은 7명에 불과했다[28])이 사형 집행 바로 전, 팔뚝에 주삿바늘을 꽂고 독물이 들어오기를 기다리며 마지막으로 어떤 생각을 했는지에 관한 데이터베이스가 만들어졌다. 어떤 경우에는 무의식으로 빠져들면서 자신의 마지막 순간을 이야기했다. "옵니다. 오는 게 느껴져요. 그럼 안녕." 그리고 "느껴집니다. 이제 자려고요. 모두 잘 자요. 하나, 둘, 이제 갑니다." 일부는 자신의 운명을 따르며 이렇게 짧은 욕설로 채워진 말을 남기기도 했다. "까짓것 해 버립시다. 장전해요. 인생이란 게 다 ×× 아닌가?" "그저 더도 말고 덜도 말고 검찰 놈과 빌 스콧Bill Scott이 빌어먹을 개자식이란 걸 온 세상 사람들이 좀 알아줬으면 좋겠네요." 아주 품위 있는 말을 남기는 경우도 있다. "나는 숨을 쉬기 위해 태어나고, 죽기 위해 태어난 아프리카의 전사입니다." 하지만 이런 경우들은 내가 425건의 최후 진술을 대상으로 진행한 분석에서 분명하게 분출된 사랑, 슬픔, 용서, 그리고 사후 세계에 대한 행복한 기대 등과 비교하면 무척 드물다.

나는 세라 히르슈뮐러Sarah Hirschmüller와 보리스 에글로프Boris Egloff가 이 데이터를 조사한 2016년 자료를 읽은 후 이 사형수들의 최후 진술에 대해 호기심이 생겼다. 이 두 사람은 이 최후 진술을 '언어 조사와 단어 수linguistic inquiry and word count, LIWC'라는 컴퓨터 텍스트 분석 프로그램으로 돌려 조사해 보았다. 죄수들이 내뱉은 감정적 단어 수는 편차가 대단히 넓어서 항목당 긍정적인 감정 단어는 0에서 50개 사이, 부정적인 감정 단어는 0에서 27개 사이였다. 이런 변동을 통제하기 위해 두 심리학자는 각각의 사형 수감자를 대상으로 전체적인 긍정 지수positivity index를 계산해 보았다. 이들 중 82.3퍼센트에서 긍정적인 감정 단어 사용 지수가 0점 이상이었다. 긍정적 감정 단어와 부정적 감정 단어의 사용을 비교했을 때 가장 중요한 발견 내용은 긍정적 감정 단어(9.64)와 부정적 감정 단어(2.65) 사이에 통계적으로 유의미한 차이가 있다는 점이다.[29] 무엇과 비교해서 유의미하다는 말일까? 이것을 알아내기 위해 히르슈뮐러와 에글로프는 광범위한 출처에서 글로 옮긴 말을 조사한 또 다른 연구 내용과 이 결과를 대조해 보았다. 글의 출처는 과학 기사, 소설, 블로그, 일기 등으로 2만 3173명의 사람이 쓴 1억 6800만 개가 넘는 단어로 이루어져 있었다.[30] 이 데이터에서 각 항목 당 긍정적인 감정 단어 지수의 평균은 2.74로 죄수들의 지수보다 통계적으로 상당히 낮았다. 사실 이 사형수들의 감정 단어 지수는 학생들에게 자신의 죽음에 대해 깊이 생각하고 그 생각을 글로 적어 보라고 한 경우보다도 긍정적이었다.[31] 유언을 남기고 자살을 시도하거나 자살한 사람들과 비교하면 훨씬

더 긍정적이었다. [32]

　막 자살을 하려는 사람이 사형을 기다리는 죄수와 마음 상태가 다르다는 사실에 비추어 보면 이런 연구 결과는 말이 된다.『왜 사람들은 자살하는가?』에서 심리학자 토머스 조이너Thomas Joiner는 이렇게 말했다. "사람들은 두 가지 기본적 욕구가 완전히 좌절되었을 때 죽음을 욕망한다. 즉 타인과 관계를 맺고 소속되고 싶은 욕구와 자신이 타인에게 영향을 미친다는 느낌을 받고 싶은 욕구다." [33] 반면 사형수는 훨씬 사회 지향적social-orientation 단어를 사용했다. 특히 친구와 가족을 지칭하는 단어의 사용이 많았다. [34] 사형수로 수감된 지 10년이나 그 이상의 시간이 지나면 사람들은 다른 수감자와 인간관계를 맺고, 밖에 있는 친구와 가족과도 관계를 유지한다. 이 모든 인간관계 덕분에 사형수는 자살을 시도하는 사람들이 전형적으로 느끼는 동기를 느끼지 않게 된다. [35] 텍사스주의 사형수들이 다가오는 죽음 때문에 공포에 질리기는커녕 사랑의 감정을 분출하는 최후 진술을 남겼다는 사실은 공포 관리 이론보다는 감정 우선 이론의 손을 들어 준다.

　나의 논지를 뒷받침하려고 사례를 입맛대로 선별하지 않았음을 분명히 하기 위해 나는 심리학자 동료 아논다 사이드Anondah Saide, 케빈 맥카프리와 협력하여 모든 진술을 데이터베이스에 입력했다. 그후 두 평가자(앨버트 리Albert Ly와 리아나 페트라키Liana Petraki)는 내가 직접 모든 진술을 읽어 본 후에 작성한 예비 범주preliminary category를 바탕으로 각각의 진술을 코딩하게 했다. 세 번째 평가자(마리사 몬토야Marisa Montoya)는 다른 두 평가자 사이에서 생기는 모든 불일치를 조정하게 했다. 이를 통해 우리는 코딩 담당자 사이의 평가자 간 신뢰성 상관관계를 계산할 수 있었다. 이 상관관계는 0.50에서 0.83 사이로 나왔고, 모두 0.01 신뢰도에서 통계적으로 유의미했다. 바꿔 말하면 각각의 코딩 담당자와 내가 원래 분석한 것이 상당히 비슷한 방식으로 진술을 일관되게 해석했다는 뜻이다.[36)]

감정 우선 이론을 확인해 주듯 최후 진술을 남긴 사형수 425명 중 68.2퍼센트가 여자 친구, 아내, 가족, 친구, 심지어는 동료 수감자를 지명하며 '사랑' 혹은 사랑의 동의어를 사용했다. 신, 예수, 알라 등을 사랑한다고 한 내용은 여기서 제외하고 '종교' 범주에 포함시켰다. 이들 중 자신의 어머니를 사랑한다고 말한 사람이 몇 명이나 되는지 세어 보지 않아서 모르겠지만 자기 아버지를 사랑한다고 말 한 사람이 몇 명인지는 금방 눈에 띄었다. 한 명밖에 없었기 때문이다. 확실한 이유는 알 수 없지만 이들 중 아버지가 없는 가정에서 자란 남성이 많다는 것이 그 이유가 아닐까 짐작해 본다. 아버지가 없는 가정환경은 범죄 행위 발달의 한 요소로 작용한다.[37)] 〈그림 1-2〉는 텍사스주 사형수 최후 진술을 내용 분석content analysis한 결과를 정리한 것이다. 각 범주에 대해서는 아래에 해설을 덧붙여 놓았다.

여기 나오는 사형수들의 최후 진술을 읽고 스스로에게 물어보자. 이 사람들이 의식적으로든 무의식적으로든 공포에 질려 있는 사람들로 보이는가? 내가 보기엔 그렇지 않다. 이 진술들은 인간에게 가장 중요한 것은 사랑이라는 최후의 증언을 신에게 바치는 감정의 표현으로 보인다. 이런 정서를 설명하기에는 감정 우선 이론이 더 낫다.

**사랑하는 나의 가족, 그리고 어머니. 모두 사랑합니다. 신의 은총이 함께하기를. 강해**

1부 | 죽음체험과 영생 추구의 다양성

지셔야 해요. 이제 저는 갑니다.

─ 구스타브 가르시아, 2016년 2월 16일


사랑해요, 르네. 당신의 마음을 간직할게요. 당신도 마음속에 항상 나를 간직해 주세요. 저는 이제 준비되었습니다.

─ 리처드 마스터슨, 2016년 1월 20일


저를 사랑하고 지원해 준 모든 분께 감사드립니다. 여러분 모두 강해지셔야 해요. 제게 사랑을 보여 주시고, 사랑하는 법을 가르쳐 주신 모든 분에게 감사드립니다.

─ 케빈 와츠, 2008년 10월 16일


제 아들들에게 사랑한다고 말해 주고 싶습니다. 저는 아들들을 언제나 사랑했고, 그 아이들은 신이 제게 주신 최고의 선물이었습니다. 그리고 제 목격자 타니, 레베카, 알, 레오, 블랙웰 박사님께 모두를 사랑하고, 도와주신 데 깊이 감사드린다고 말하고 싶습니다.

─ 힐튼 크로포드, 2003년 7월 2일


바다가 항상 자기 자신에게 돌아오듯, 사랑도 언제나 자신에게 돌아옵니다. 그렇듯이 의식도 언제나 자신에게 돌아오죠. 저 또한 입술에 사랑을 담아 돌아옵니다.

─ 제임스 로널드 미니스, 1998년 12월 15일


제 아들과 딸, 그리고 아내에게 사랑한다고 말하고 싶습니다.

─ 제시 제이콥스, 1995년 1월 4일

| 그림 1-2 | **텍사스주 사형수 최후 진술의 내용 분석**

1982년에서 2016년 사이 텍사스주에서 사형 집행된 수감자 537명 중 425명은 최후 진술을 남겼다. 내 동료 아논다 사이드와 케빈 맥카프리 그리고 나는 모든 진술을 데이터베이스에 입력했다. 그리고 두 평가자에게는 내가 직접 모든 진술을 읽어 본 후에 작성한 예비 범주를 바탕으로 각각의 진술을 코딩하게 했고, 세 번째 평가자는 다른 두 평가자 사이에 생기는 불일치를 조정하도록 했다. k라는 기호는 코딩 담당자들 사이의 평가자 간 신뢰도 점수를 지칭하고, p < 0.01 값은 코딩 담당자들의 평가가 통계적으로 유의미한 상관관계가 있음을 의미한다. 각각의 범주에서 세 번째 수치는 이렇게 표현된 감정과 생각을 포함하는 진술의 비율을 나타낸다.

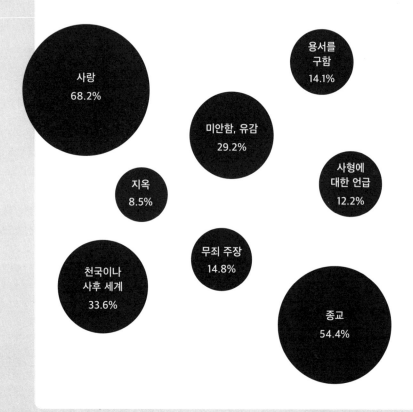

**사랑** (k = 0.832, p < 0.01): **68.2%**
가족, 친구, 다른 수감자를 지명하며 '사랑'이라는 단어를 사용한 경우(신, 예수, 알라를 사랑한다는 표현은 이 항목에서 제외.)

**미안함, 유감** (저지른 범죄에 대해) (k = 0.790, p < 0.01): **29.2%**
저지른 행동이나 범죄를 언급하며 '미안하다'는 단어나 그 동의어를 사용한 경우. 다만 유죄를 인정한 경우만 포함시켰다. 뜻하지 않은 '사고'였지만 유감이라거나, 다른 사람이 저지른 범죄지만 유감이라거나, 범죄와 관련 없는 다른 사람(예를 들면 교도소 관리인)에게 사과한 경우는 제외했다.

**용서를 구함** (k = 0.786, p < 0.01): **14.1%**
희생자 가족에게 '용서'를 구한 경우. 이 가족들 중에는 사형 집행을 참관하러 나왔던 사람이 많다고 한다.

**종교** (k = 0.831, p < 0.01): **54.4%**
예수, 신, 알라, 무함마드, 혹은 전반적 종교에 대해 언급했고 다른 범주에는 포함되지 않은 경우.

**천국이나 사후 세계** (k = 0.751, p < 0.01): **33.6%**
천국, 사후 세계 혹은 내세에 대한 다른 동의어를 언급한 경우.

**지옥** (k = 0.496, p < 0.01): **8.5%**
자신의 범죄에 따르는 결과를 언급하면서 '지옥'이나 '악마' 혹은 그 동의어를 사용한 경우.

**무죄 주장** (k = 0.842, p < 0.01): **14.8%**
자신이 무죄라고 주장하는 경우.

**사형에 대한 언급** (k = 0.577, p < 0.01): 찬성: 2.8%; 반대: 12.2%

제가 사랑하는 모든 이에게 영원히 변치 않을 제 사랑을 보냅니다. 그리고 저와 가까운 모든 분이 부디 제가 모두를 빠짐없이 진심으로 사랑한다는 것을 알아주셨으면 합니다.

— 로널드 클락 오브라이언, 1984년 3월 30일

매달 연재하는 《사이언티픽 아메리칸Scientific American》 칼럼 중 하나에 내가 초기에 분석한 내용을 예비 논의[38]로 실은 후에 루이스 캄니처Luis Camnitzer라는 이름의 화가 겸 작가로부터 편지를 한 통 받았다. 그는 2008년 〈마지막 말Last Words〉이라는 제목으로 뉴욕 알렉산더 그레이 어소시에이츠 갤러리New York Gallery Alexander Gray Associates 에서 전시를 열었다. 이 전시에는 적갈색 잉크로 인쇄한 사람 크기의 작품 여섯 점이 전시되었다. 이 책에 등장하는 사랑 관련 인용문 중 일부가 작품으로 소개되어 있었다.[39] 이 전시에서 강력하게 표현된 감정의 중요성에 관한 화가의 직관이 데이터에서도 입증된 것이다(이 전시 작품의 일부를 〈그림 1-3〉에 실었다). 둔감해진 범죄자들이라 해도 사랑은 중요하다.

감정 우선 이론을 사후 확인이라도 하듯이 2016년에는 1995에서 2011년 사이에 사형 집행된 미주리 주의 사형수 46명의 최후 진술을 다룬 비슷한 연구가 발표되었다. 이 연구에서 연구자들은 진술을 16가지 범주로 분류했다. 그중 가장 많이 나온 범주는 **사랑**으로 54퍼센트를 차지했다. 예를 들면 "사랑하는 아이들아. 내가 너희를 정말 사랑했다는 것을 알아주었으면 좋겠다", "내 아이들, 가족, 그리고 친척들에게 사랑한다고 전해 주세요", "내 아내가 내게 얼마나 큰 의미인지, 그리고 내가 그녀를 얼마나 사랑하는지는 아무리 표현해도 모자랍니다"[40] 등이다.

최후 진술에서 사랑 표현에 덧붙여 우선적으로 드러난 다른 감정으로는 저지른 범죄에 대한 **슬픔**의 감정(29.2퍼센트)과 희생자 가족에게 구하는 **용서**(14.1퍼센트)가 있었다.[41] 여기 그 대표적인 사례들을 소개한다.

제 가족을 비롯해서 여러분 모두에게 가한 고통과 괴로움에 대해 사과하고, 용서를 구합니다. 모든 분에게 정말 미안합니다. 사람은 심판받아 죽기를 바라게 되는 시점이 있습니다. 제 심판은 자비로웠지만 여기에 관계된 모든 분, 그리고 여러분에게 내려질 심판이 저의 심판보다 더 자비롭기를 바라고 또 기도합니다. 모두에게 신의 은총이 내리길. 모두의 성공을 빕니다. 사랑합니다. 약해지지 마시고, 신에게 자비를 구하십시오. 모두 사랑합니다. 정말 미안합니다. 이제 저는 가야 해요. 사랑합니다.

— 존 글렌 무디, 1999년 1월 5일

이 진술들 속에 얼마나 많은 종교적 언어가 등장하는지도 분명하다. 다수의 사람들(54.5퍼센트)이 자신에게 종교가 있음을 보여 주었고, 대부분은 기독교도였다.[42] 여기 대표적인 진술들을 소개한다.

제 죄를 대신하여 십자가 위에서 돌아가신 예수님께 감사드립니다. 제 영혼을 구해 주심에 다시 한 번 감사드립니다. 그리하여 제 몸은 비록 무덤에 누울지라도 제 영혼은 주와 함께하리라는 것을 압니다. 신을 찬양합니다. 부디 오늘 밤 제 목소리를 듣는 이는 누구든 하나님께 의지하시기 바랍니다. 제 영혼을 그에게 다시 돌려드리니. 주를 찬양하고, 예수를 찬양합니다. 할렐루야.

— 하이 브엉, 1995년 12월 7일

**| 그림 1-3 |  루이스 캄니처의 전시 〈마지막 말〉**

2008년 뉴욕 알렉산더 그레이 어소시에이츠 갤러리에서 열린 전시에서 개념미술 작가 루이스 캄니처는 사람 크기의 종이 위에 텍사스주 사형수들이 사랑의 표현으로 남긴 마지막 말에서 발췌한 인용문을 소개했다. (사진: 알렉산더 그레이 어소시에이츠 갤러리와 루이스 캄니처/ 시각예술가 권익 협회Artist Rights Society, ARS) [43]

주여, 당신에게 제 영혼을 맡깁니다. 아멘.

― 피터 미니엘, 2004년 10월 6일


여러분을 사랑합니다. 여러분 모두 천국에서 뵙겠습니다. 여러분을 정말 사랑합니다. 예수를 찬양하십시오.

― 트로이 컨클, 2005년 1월 25일


예수님, 제게 주신 사랑과 미덕에 감사드립니다. 저를 위해 십자가에 못 박힌 손에서 흘리신 피에 감사드립니다. 예수님, 제게 보여 주신 사랑에 감사드립니다.

― 조지 하퍼, 2005년 3월 8일


이런 종교적 정서가 대단히 강력함을 생각하면 죽음에 직면한 이런 사람들 중에 상당수가 다가온 죽음을 앞두고 **공포에 휩싸이지 않았을** 뿐만 아니라 저세상으로 넘어가기를 고대했다는 것이 그리 놀랄 일은 아니다. 구체적으로 보면 진술 중 33.6퍼센트가 사후 세계를 희망적인 용어로 언급했다. 예를 들면 '집으로 간다', '더 좋은 곳으로 간다', '천당other side에 간다', '더 좋은 어딘가로 간다', '우리 다시 만날 날을 기다린다', '영원한 곳에서 만나자', '너도 거기 올 때 보자', '먼저 가서 기다리고 있을게', '이것은 끝이 아니라 시작일 뿐이야' 등이다. 물론 천국heaven에 대한 언급도 있다(하지만 지옥에 대해 언급한 경우는 8.5퍼센트밖에 없다). 다음의 예를 보자.


**여기 와 계신 분들 대부분이 내가 고통 속에 죽는 모습을 보려고 와 있다는 것을 압니다. 하지만 여러분 앞에는 큰 실망이 기다리고 있습니다. 오늘은 기쁨의 날이기 때문**

이죠. 오늘은 제가 이 모든 고통과 괴로움에서 해방되는 날입니다. 오늘 저는 천국의 집으로 들어가 하늘에 계신 아버지 예수 그리스도와 영원히 함께 살게 될 것이고, 저는 여기 누워 마지막 숨을 쉴 때 여러분 모두를 위해 기도하려고 합니다. 여러분은 지금 마음 한가득 품고 있는 분노와 미움 때문에 사탄의 유혹에 빠져 자기가 지금 옳고 공정한 일을 하고 있다고 속고 있으니까요.

— 클리프톤 벨류, 1997년 5월 16일

그동안 나를 뒷받침해 준 모든 사람들에게 감사하고 사랑한다는 말씀을 전하고 싶습니다. 그리고 엄마한테 사랑한다고, 천국에서 만나자고 말하고 싶습니다.

— 드마르코 마키스 맥클럼, 2004년 11월 9일

모두들 잘 지내세요. 모든 이에게 안부를 전합니다. 사랑해요. 저세상에서 봐요. 아버지께서 저를 집으로 인도하십니다. 저는 이제 갈 준비가 됐습니다.

— 로니 존슨, 2007년 7월 24일

여기 나오는 글은 모든 감정적 요소를 짧은 글 속에 잘 요약해서 보여 준다.

웨스트 패밀리에게. 여러분이 느낄 상실감을 생각하니 미안하다고 말하고 싶습니다. 부디 나를 용서해 주기 바랍니다. 내 가족과 사랑하는 이들 그리고 친구들에게. 내게 힘을 주신 모든 분에게 감사드리고 싶어요. 저 때문에 받은 고통과 상처에 정말 죄송한 마음입니다. 모두들 사랑해요. 저세상에서 다시 만나요. 이제 됐습니다. 교도관님.

— 도널드 알드리치, 2004년 10월 12일

## 죽음과 사형: 도덕주의적 처벌과 도덕의식

우리의 내용 분석에서 드러난 또 한 가지 흥미로운 점은 자신은 결백한데 다른 범죄자의 함정에 걸려들었거나, 경찰이 잘못 기소했거나, 법정에서 착오를 일으켜 엉뚱한 유죄판결을 받아 자기가 저지르지도 않은 일로 사형을 선고받아 죽게 되었다고 말하는 사람들의 숫자였다. 이런 사람은 전체의 14.8퍼센트였다(자기가 저지른 살인이 그냥 '사고'였기 때문에 자기는 죄가 없다고 말하는 몇 명은 포함시키지 않음). 그런 사례를 소개한다.

저는 결백합니다. 결백하다고요. 정말입니다. 나는 사회에 빚진 것이 없어요. 계속해서 인권을 위해 싸워 왔고, 결백한 사람들, 특히 그레이엄 씨를 도우며 살아왔습니다. 저는 결백한 사람입니다. 오늘 밤 무언가 아주 잘못된 일이 벌어지고 있어요. 신께서 여러분 모두에게 은총을 내리시기를. 저는 준비되었습니다.

— 레오넬 토레스 에레라, 1993년

배심원들을 고발합니다. 이 유죄판결을 이끌어 내기 위해 사기를 친 재판관과 검찰을 고발합니다. 그리고 무고한 사람을 살인한 당신들 모두를 고발합니다. 연방 순회 항소 법원CCA, 연방 법원, 미국 항소법원, 대법원까지 싹 다요. 신은 당신들이 무고한 사람에게 사형을 집행했음을 아시고 당신들에게 책임을 물을 것입니다. 부디 신께서 당신들에게 자비를 베푸시길⋯. 진행하세요. 교도관님. 어서 저를 살인하세요. 예수님께서 저를 집으로 데려가실 겁니다.

— 로이 피핀, 2007년 3월 29일

여기까지 오니 인간은 천사가 아니니까 인간과 사회의 완벽을 추구할 방법을 생각해 보는 의미에서 사형 제도라는 어려운 주제를 꺼낼 수밖에 없다. 일부 수감자(15퍼센트)는 사형에 대해 자신의 의견을 표현했고, 12.2퍼센트는 사형에 반대 입장을, 2.8퍼센트는 사형에 찬성 입장을 보였다. 여기 자신의 사형 집행을 지지하는 수감자의 진술 사례를 소개한다.

저의 죽음은 1991년 8월 2일에 이미 시작되었고, 제가 앗아 간 아름답고 무고한 생명을 보는 순간부터 계속되었습니다. 정말, 정말 미안합니다. 제가 얼마나 미안한 마음인지 보여 줄 수만 있다면 두 번이라도 죽고 싶습니다. 제가 면담에서 말했듯이 당신이 나를 해치고 싶고, 목을 조르고 싶은 마음이 든다면, 그것이 바로 제가 이 범죄를 저지르기 전에 느꼈던 끔찍한 기분입니다. 부디 신께서 우리 모두와 함께하시길. 신께서 우리 모두에게 자비를 베푸시기를. 저는 준비가 됐습니다. 제발 그 누구도 미워하지 마세요. 왜냐면 …[진술 끝]
— 칼 체임벌린, 2008년 6월 11일

사형 제도에 반대하는 수감자의 진술 사례도 소개한다.

부디 사람들이 텍사스 주가 저지르는 일이 얼마나 부당한지 알아주기를 바랍니다. 사형을 기다리는 사형수 300명이 있습니다. 이들이 모두 괴물은 아닙니다. 텍사스 주는 대단히 비인간적이고 부당한 일을 저지르고 있습니다. 내가 당신네 사람들을 죽였다는 이유만으로 누군가를 죽이는 것은 옳지 않습니다. 모든 사람은 변하지 않습니까? 인생에서 중요한 것은 경험이고 사람은 변합니다.
— 리 테일러, 2011년 6월 16일

이 사형 집행은 공정하지 못합니다. 이 사형 집행은 복수 행위에 불과해요! 이것이 정의라면 정의는 눈이 먼 겁니다. 나를 죽인다고 죽은 사람이 되돌아오지 않습니다. 이것은 그저 "눈에는 눈, 이에는 이"를 합리화해 줄 뿐입니다.

— 리처드 J. 윌커슨, 1993년 8월 31일

희생자 가족이 인과응보를 바라는 것은 당연하다. 이 가족의 관점과 인과응보에 대한 욕망은 어떨까? 내가 읽어 본 여러 사형수의 최후 진술에 따르면 감옥은 지옥과 같고, 죽음은 오히려 그러한 지옥에서 벗어나게 해 주는 존재였다. 어쩌면 사형 집행보다 감옥에서 사는 삶이 **더 끔찍한 것인지 모른다.** 정의를 열망하는 것은 자연스러운 일인데 여기에는 고려할 부분이 있다.

당신이 천국과 지옥을 믿든 안 믿든, 사형 제도에 대한 입장이 무엇이든 상관없이, 이런 맥락에서 우리 모두 정의가 저승 대신(혹은 저승과 함께) 바로 여기 이승에서 실현되어야 한다고 믿는 것은 분명하다. 공포 관리 연구 중 이러한 맥락으로 설명할 수 있는 잘 알려진 연구가 있다. 자신의 죽을 운명에 대해 생각해 보도록 미리 조치한 판사들은 그렇지 않은 판사들보다 더 혹독한 형벌을 선고했다.[44] 어쩌면 이 판사들이 이렇게 한 이유는 개인이 느끼는 죽음의 공포를 희석시킬 수단으로서 문화적 가치관을 강화하기 위함(이 연구에서 주장한 설명)이라기보다는 원래 인간은 사회적 조화를 유지하기 위해 범법자를 처벌해야 한다는 욕망이 마음 깊숙이 자리 잡고 있기 때문인지도 모른다.

인류학자 크리스토퍼 보엠Christopher Boehm은 자신의 책『도덕의 기원Moral Origins』[45]에서 구석기시대 선조의 **도덕주의적 처벌moralistic** punishment 정서가 진화한 것은 무임승차자가 제도를 악용해서 자기가 투자한 것보다 많은 몫을 챙겨 갈 수 있을 때 어떻게 하면 비교적 공평한 수렵 채집인 사회를 안정적으로 유지할 것이냐는 문제를 해결하기 위함이었다고 주장한다. 만약 모든 사람이(혹은 집단 구성원 대다수가) 사기를 치고, 거짓말하고, 훔치고, 집단 괴롭힘을 한다면 사회의 조화는 붕괴되고 말 것이다. 보엠이 연구한 총 50곳의 현시대 수렵 채집인 집단은 이 문제를 피해 가기 위해 일탈 행동, 무임승차, 괴롭힘 등에 대한 처벌과 제재를 가하는 방법을 택했다. 이 방법에는 사회적 압력과 비난을 비롯해서 망신 주기, 사회적 매장, 추방 등이 있었고, 자신의 행동에 부끄러움을 모르고, 구제도 불가능한 자에 대해서는 사형을 집행하기도 했다. 물론 그 어떤 형법 체계도 사회적 정의 위반 행위를 100퍼센트 예방할 수는 없다. 진화적 맥락에서 무임승차자와 사기꾼 들 중 이러한 제재에 부응하는 사람들은 자신의 유전적 적합도를 유지하면서 적당한 수준의 무임승차 유전자와 사기 유전자를 전달할 수 있다. 오늘날 모든 사회에 보이는 무임승차와 사기가 바로 이러한 결과다. 이런 시스템으로부터 우리는 **도덕적 양심**moral conscience, 즉 자제력을 발휘하게 만드는 '마음의 소리 inner voice'를 진화시켰다.

감정 우선 이론 맥락에서 보면 죽음의 공포를 관리하기보다 어쩌면 판사들에게 임박한 죽음을 생각해 보도록 조치한 것이 이들의 도덕적 양심을 자극하여 우리 모두가 선조로부터 물려받은 도덕주의적 처벌의 감정을 우선시하도록 일깨운 것인지도 모른다.

자신의 죽을 운명에 대한 자각은 우리가 품을 수 있는 가장 심오한 생각 중 하나일 수 있지만, 이것이 인간의 생각과 행동, 창의성과 생산성을 뒷받침하는 일차적인 원동력은 아니다. 우리가 자신의 비존재를 상상할 수 없다는 사실은 자신의 죽을 운명을 궁극적으로 이해하기란 영원히 불가능하며 저승이 우리에게 이리 오라고 손짓하더라도 우리는 결국 지금 이 순간에 충실하며 살 수밖에 없음을 의미한다. 그럼 자신의 죽을 운명을 처음으로 자각하고 영생을 꿈꾸었던 사람은 누구일까?

# 2장

## 이뤄질지도 모를 꿈

영생을 상상하다

어느 쪽이 더 고귀한 삶인가?

이대로 가혹한 운명의 돌팔매와 화살을 참아 내는 삶인가

아니면 파도처럼 몰려오는 고난과 맞서 싸워 거기에 종지부를 찍는 삶인가?

죽는 것은 잠드는 것.

잠드는 것? 어쩌면 꿈을 꾸는 것인지도! 아아, 그것이 문제로다.

그 죽음의 잠에서 대체 어떤 꿈이 찾아올까

— 셰익스피어William Shakespeare, 『햄릿Hamlet』 3막 1장

누군가 죽는 모습을 본 적이 있는가? 나는 있다. 우리 어머니가 낙상으로 머리에 외상을 입고 긴 시간 소모성 혼수상태에 빠져 몸이 약해지다 마지막 숨을 거두실 때 그 옆을 지키고 있었다. 낙상 자체도 수십 년 동안 뇌종양을 앓으며 수술, 방사선치료, 화학요법이라는 공격적 치료법 3종 세트를 받으면서 몸이 황폐해질 대로 황폐해져서 생긴 결과였다.[1] 마침내 임종 순간이 다가오니 처음에는 상실감과 비탄의 마음이 잠깐 동안 밀려왔다 사라지고, 안도감 같은 것이 뒤따랐다. 실제로 일이 벌어졌을 때보다 그 일을 예상하며 기다릴 때가 더 힘들었다. 방금 전까지만 해도 살아 계셨던 어머니가 어느 순간 살아 있지 않았다. 그 순간 대체 무슨 일이 일어난 것일까? 나는 알 수 없다.

우리 아버지는 출근길에 차 안에서 돌아가셨다. 주차장에 차를 주차하고 시동이 걸려 있는 채로 변속기를 '주차'에 놓고 돌아가셨다. 아버지도 분명 무언가 몸이 이상하다는 것을 아셨을 것이다. 아버지는 죽을 것을 알고 계셨을까? 나는 그게 늘 궁금했다. 나는 이제 돌아가실 때의 아버지보다 나이가 많아졌다. 내가 죽기 전에 죽음의 신이 죽음의 아우라 같은 어떤 경고 신호를 보내 줄지 궁금하다. 나는 삶에서 죽음으로 넘어가는 과정을 경험하게 될까? 불빛이 보이고 어떤 터널을 지나 다른 장소로 나오게 될까? 아니면 그냥 불이 꺼지듯 끝나는 것일까? 얼마 전 수술을 받으려고 전신마취를 했는데 어쩌면 이것이 죽는 것과 비슷한 경험일지 모른다고 상상했다. 의식이 있다가 99, 98, 97…, 숫자를 세는 도중에 갑자기 의식이 사라진다. 다만 잠깐 의식을 잃었다가 다시 돌아오는 마취와 달리 죽음은 절대로 깰 일이 없을 뿐이다. 죽음에는 잃어버린 시간이 없다. 시간 자체가 멈추었기 때문이다. 죽는다는 것은 이런 것일까?

'임상적 사망clinical death'*이라는 용어는 죽는 과정이 온·오프 스위치 조명보다 밝기를 서서히 조절할 수 있는 조광기가 달린 조명과 더 비슷하다는 단서를 제공한다. 어떤 사람은 빨리 죽는다. 심장마비로 돌아가신 듯 보이는 내 아버지가 그런 경우다. 반면 어떤 사람은 서서히 죽는다. 소모성 질환으로 혼수상태에서 서서히 돌아가신 내 어머니가 그렇다. 의사 셔윈 뉼런드Sherwin Nuland는 『사람은 어떻게 죽음을 맞이하는가』라는 간단한 제목으로 죽어 가는 과정의 모든 양상을 아우르는 명쾌한 책을 썼다.[2] 이 과정은 소름 끼칠 정도로 사람의 마음을 사로잡는다. **임상적 사망**은 심장이 박동을 멈추고, 폐가 호흡을 멈출 때 일어난다. 심장이 박동할 때마다 산소를 싣고 온몸을 순환하던 적혈구 세포가 없어지면 기관과 세포의 퇴화가 시작된다. 하지만 시간이 걸린다. 몸 안에 이미 들어와 있는 산소

---

* 임상적으로 혈액순환과 호흡이 정지된 상태.

가 마지막 호흡 이후에도 4에서 6분 정도 남아 있다. 심장마비나 익사 혹은 기타 외상에서 응급처치 적기가 절대적으로 중요한 이유도 이 때문이고, 인위적으로 심장을 박동시키고 폐에 호흡을 불어넣는 심폐소생술로 목숨을 구할 수 있는 것도 이 때문이다. 실온에서는 6에서 8분 정도, 그리고 얼음이 깨지면서 차가운 호수나 강에 빠져서 체온이 급격히 떨어진 경우가 아니면 드물게 길게는 10분 정도 지나면 나머지 장기가 작동을 멈추고 세포가 죽으면서 **생물학적 사망**biological death이 시작된다.

이 시점 이후 음식의 소화를 돕고 다른 필수 기능을 제공해 주던 몸속 수십조 마리 세균이 우리 몸의 세포와 조직을 먹어 치우기 시작한다. 그렇게 약 1시간 후에는 **사후체온하강**algor motis이 시작된다. 처음 한 시간 동안 체온이 섭씨 2도 하강하고, 그 후로는 한 시간마다 섭씨 1도씩 떨어져 결국 체온이 주변 실온과 같아진다. 약 서너 시간 후에는 **사후경직** rigor mortis이 시작되어 칼슘이 근육 속 단백질과 결합하면서 근육이 뻣뻣하게 경직된다. 부패decay와 분해 disintegration는 화학적 시계와 같다. 이를 이용해서 법인류학자와 형사들은 사망 시간에 대한 많은 정보를 알아낼 수 있다. 이산화탄소 수치가 올라가면서 세포벽이 약해지다 터져서 세포내액intercellular fluid이 방출되고, 이 액체가 중력 때문에 몸통 아래쪽에 고인다. 영양분을 찾아 나선 수조 마리 세균이 만들어 내는 황, 암모니아, 황화합물이 포함된 악취 나는 가스의 부산물 때문에 부패가 일어난다. 그냥 내버려 두면 시신은 여러 달에 걸쳐 생물학적, 화학적으로 소모된다. 대다수 사람은 이런 과정을 머릿속에 떠올리고 싶어 하지 않는다. 시대와 공간을 통틀어 모든 사회에서 죽은 사람의 시신을 며칠 안으로 땅속에 묻는 이유도 바로 이 때문일 것이다. 죽은 자를 땅속에 묻은 것으로 보이는 최초 인류(이 부분은 뒤에서 다룰 것이다)의 사후 세계에 대한 고고학을 고려할 때 이들이 영적이고 종교적인 생각 때문에 시신을 묻었을 가능성과 함께 진동하는 악취 때문에 시신을 매장했을 가능성도 생각해 보아야 한다.

이렇듯 우리는 죽음과 함께 찾아오는 육체의 생리적 과정과 뇌의 신경학적 변화를 잘 이해하고 있지만 대체 생명의 '불꽃'이 무엇이고, 우리가 죽을 때 이것이 어디로 가는지 여전히 미스터리로 남아 있다. 우리는 그 순간에 대체 무슨 일이 일어나는지 궁금해질 수밖에 없다. 해답을 알지 못하지만 우리 대부분은 살아가다 어느 순간 이런 질문을 던진다. 그럼 삶이 영원하지 않음을 자각하는 나이는 몇 살일까?

## 아이들은 죽음과 영생에 대해 어떻게 이해할까?

죽음이라는 돌이킬 수 없는 최후를 인식한 첫 기억은 내가 사랑하던 강아지 윌리가 죽었을 때였다. 털이 지저분했던 중간 크기 정도의 잡종견이었던 윌리는 어린 사내아이였던 내게 장난기 넘치는 에너지 보따리였다. 또한 윌리는 삶에서 필요한 순간마다 사랑과 위로를 듬뿍 주었다. 우리 부모님은 내가 아주 어릴 때 이혼하시고 두 분 다 재혼하셨기 때문에 내게는 집이 둘이었고, 나는 그 두 집을 왕복하며 살아야 했다. 새로 생긴 두 가족 사이에도 서로 조정해야 할 부분이 많았다. 우리 양 부모님은 따뜻하고 사랑 넘치는 분이었고, 나를 친자식처럼 돌보아 주셨지만 그래도 이것은 당혹스러운 경험이었다. 조용한 시간이 찾아오면 윌리는 개가 아니면 보여 줄 수 없는 조건 없는 애정과 헌신을 내게 주었다. 어느 날, 내가 학교에서 돌아오자 엄마는 윌리가 죽었다고 말했다. 지금 떠올려 보면 집안에 슬픈 기운이 가득했다. 나는 내 침실에 틀어박혀 겨우 일곱 살밖에 안 된 아이만의 방법으로 비통함에 빠져들었다. 나는 울면서 딱 하루만 더 윌리와 보낼 수 있게 해 달라고 기도했다. 그 후로 한동안 나는 기분이 좋지 않았다. 그러다 새로운 강아지가 생겼다. 견딜 수 없을 정도로 너무 귀여운 보더콜리종 강아지 켈리였다. 켈리가 지구에 살았던 15년 동안 나는 이 강아지를 아끼고 사랑했다.

죽음이 돌이킬 수 없는 최후라는 인식은 약 만 4세의 미취학 아동부터 갖는 것으로 보인다. 그 이전 연령의 아이는 죽은 동물에게 먹이나 물, 약, 마법의 물약 같은 것을 주면 다시 살아날 수 있다고 믿는다. 아이들은 죽었던 만화의 등장인물이나 텔레비전 배우들이 다시 나타나는 것을 보면서 죽은 사람은 지하 무덤이나 하늘 위 천국 등 다른 어딘가에서 산다고 여기는 듯 보인다. 아이들은 이들이 그곳에서 여전히 음식과 물을 먹고 산소로 숨 쉬며, 보고, 듣고, 꿈 꾸는 등 상태만 달리해서 계속 존재하는 것이라 생각한다. 할아버지, 할머니가 돌아가실 때 이런 개념이 더욱 강화된다. 아이는 어른에게 이런 말을 듣는다. "할아버지가 더 좋은 곳으로 가셨어. 이제 그곳에서 우리를 지켜보고 계실 거야." (어쩌면 내가 윌리가 돌아와 나와 하루를 더 보낼 수 있을 거라 생각했던 이유도 이 때문인지 모르겠다) 어떤 나이대에 도달하기 전까지 아이는 모든 사람이 영생한다고 믿는다. 발달심리학자는 그 나이대가 만 5에서 10세 사이라고 말한다. 이때가 되면 아이는 죽음의 다섯 가지 특징을 인지하고 죽음이란 개념을 실제로 받아들인다.

1. **불가피성** Inevitability : 모든 생명체는 결국 삶을 마감한다.
2. **보편성** Universality : 죽음은 모든 생명체에게 일어난다.
3. **비가역성** Irreversibility : 죽음은 돌이킬 수 없는 최후이고, 생명은 일단 죽고 나면 되살아날 수 없다.
4. **비기능성** Nonfunctionality : 생명의 특징인 육체적 과정이 기능을 멈춘다.
5. **인과성** Causation : 죽음은 신체 기능의 붕괴에 따르는 결과다.

심리학에 등장하는 모든 단계 이론과 마찬가지로 단계의 시간과 순서, 아동이 이런 단계를 거치는 연령 등은 달라질 수 있다. 하지만 임상심리학자 버지니아 슬로터Virginia Slaughter와 마야 그리피스Maya Griffiths가 수행한 아동기에 죽음을 이해하는 방법 연구를 빌리면, 핵심은 이렇다. "만 10세가 되면 아동 대부분은 죽음이 모든 생명체에 불가피하게 일어나며 궁극적으로는 신체 기능의 비가역적인 붕괴에 의해 야기되는 근본적인 생물학적 사건이라는 개념을 이해하게 된다."[3] 즉 죽은 자는 부활할 수 없음을 이해한다는 이야기다. 슬로터와 그리피스는 유아기부터 만 10세에 이르는 아동이 죽음에 대해 이런 수준의 인식에 도달하는 과정을 연대순으로 요약했다.

**유아기부터 만 2세**: 부모나 자기를 돌봐 주는 사람의 죽음을 상실로 느끼고, 분리 불안separation anxiety을 경험하며, 울음으로 표현하거나, 먹기, 자기, 활동 등의 습관에서 나타나는 변화로 표현하지만, 죽음이라는 개념은 형성되지 않는다.

**만 2~4세**: 미취학 아동은 죽음을 영원한 것으로 생각하지 않으며 죽은 부모나 조부모가 언제 다시 돌아오는지 궁금해하기도 한다. 이들은 비통함을 분리 불안과 낯선이 불안stranger anxiety으로 표출하기도 하고, 사람에게 매달리기, 자다가 이불에 오줌 싸기, 엄지손가락 빨기, 울기, 짜증 내기 등이 평소보다 심해진다. 심지어 틀어박히기withdrawl 증상을 나타내기도 한다.

**만 4~7세**: 죽음은 여전히 가역적인 것으로 인식되고 죽은 자를 되살릴 목적으로 미신적인 것을 추구한다. 비통함은 "사람이 죽으면 어떻게 돼요?"나 "죽은 사람은 어떻게 먹어요?" 같은 질문의 반복 등으로 표현된다. 식사 패턴이나 잠자기 패턴도 바뀌는데 이런 변화는 자기도 죽을지 모른다는 두려움에서 나온 것일 수 있다.

**만 7~10세**: 죽음의 개념이 일시적인 것에서 영구적인 것으로, 가역적인 것에서 비가역적인 것으로 바뀐다. 아동은 죽음과 그 원인에 대해 호기심을 느끼지만 죽음은 늙거나 아픈 사람, 그리고 자신이나 가족이 아닌 다른 사람에게만 일어나는 일이라고 이해하는 경향이 있다.

**만 10~12세**: 죽음이 감정적이기보다 지적인 개념이 되고, 비통함은 침묵, 무관심, 친구 및 가족과의 거리 두기 등으로 표현될 수 있다.

다양한 연령의 아동을 대상으로 '죽은 주체의 생물학적, 심리적 기능the biological and psychological functioning of a dead agent'과 관련한 개념들을 검증해 본 세 번의 실험에서 심리학자 제시 버닝Jesse Bering과 데이비드 비요크런드David Bjorklund는 이런 사실을 발견했다. "만 6에서 8세 아동에게서 더 분명하게 드러나기는 했지만, 만 4에서 6세의 아동 역시 죽으면 생물학적 과정이 정지한다고 말했다." 예측과 일치하는 내용이다. 두 번째 실험에서 이 연구자들은 만 4에서 12세 아동에게 주체의 **심리적** 기능에 대해 물어보고 이런 사실을 발견했다. "제일 어린 아동은 죽어도 인지 상태cognitive state와 정신생물학적 상태 psychobiological state가 각각 이어진다고 말하는 경우가 서로 비슷한 반면, 나이가 제일 많은 아동은 인지 상태가 이어진다고 말하는 경우가 더 많았다." 이것은 시사하는 바가 크다. 생물학적으로 죽은 자들이 정신적으로(혹은 종교적 용어로는 '영적으로') 계속 살아남는 사후 세계에 대한 종교적 믿음이 생겨날 수 있는 뇌 속 인지구조가 존재할지 모른다는 것을 암시하기 때문이다. 세 번째 실험에서는 이 가설을 검증해서 부분적으로 입증했다. 이 실험에서 아동과 성인 모두에게 일련의 심리 상태를 물어보았다. "대부분의 심리 상태를 구분하지 못하는 미취학 아동을 제외하면 그보다 나이 많은 아동과 성인은 죽은 주체에게 인식epistemic, 감정emotional, 욕구desire를 부여하는 경향이 있었다."[4] 응답한 성인 대다수는 이 목록에 '영혼soul'을 더해 믿었다.[5]

아주 어린 아이조차 정신이나 영혼이 존재하지 않는 상황의 개념을 이해하는 데 어려움을 겪었다. 버닝과 데이비드 비요크런드는 쥐와 악어 모양 손가락 인형을 이용해서 악어가 쥐를 잡아먹는 이야기를 어린아이들에게 들려 준 후에 일련의 질문을 물어보았다. "이제 쥐는 더 이상 살아 있지 않은데 이 쥐가 다시 물을 마실 필요가 있을까?", "쥐가 아직도 목이 마를까?", "쥐의 뇌가 아직도 일을 하고 있을까?", "쥐가 아직도 악어에 대해 생각하고 있을까?" 아이들은 예외 없이 모두 쥐의 정신 상태가 육체가 죽은 이후에도 계속 이어진다고 주장했다. 이 증거는 정신적, 혹은 영적인 사후 세계에 대한 믿음이 자연스럽고 직관적이며, 과학적 귀무가설null hypothesis, 즉 사후 세계는 존재하지 않으며 모든 정신적 기능은 생물학적 죽음과 함께 중단된다는 것이 자연스럽지 못하고 반직관적이라는 주장을 강력하게 지지한다. 여성 심리학자 레슬리 랜던 매튜스Leslie Landon Matthews의 아버지는 유명 배우 마이클 랜던Michael Landon이다. 그는 그녀가 서른 살 때 사망했다. 그녀는 아버지가 사망한 당시 배다른 동생들의 1인칭 시점 경험담을 통해 개념적 차이를 가슴에 사무치게 보여 준다.

가역성의 개념이 서로 다른 나이의 아동에게 어떤 영향을 미치는지 살펴보자. 아빠가 죽는다. 아빠가 죽고 두 달 후에 네 살짜리 아들과 일곱 살짜리 딸, 그리고 엄마가 여행을 떠난다. 이들은 한 달 정도 나가 있다가 돌아온다. 집에 다 와서 차가 진입로로 들어서는데 네 살짜리 아들이 차고에 있는 아빠의 차를 보고 흥분해서 이렇게 소리 지른다. "아빠가 집에 있어! 아빠가 돌아왔어!" 일곱 살짜리 딸도 아주 잠시 함께 흥분하지만 이해력 수준이 더 높은 딸은 남동생의 말이 사실이 아님을 재빨리 깨닫고 흐느껴 운다. 아빠가 집에 없음을 알기 때문이다.[6]

나름대로 죽음에 대한 개념을 갖는 이런 나이대 범주는 문화와 사회 안팎에 따라 다양하게 나타난다. 여기서 핵심은 십 대가 되면 죽음이 불가피하고, 보편적이고, 비가역적임을 이해할 수 있다는 점이다.[7] 그와 함께 대다수 사람은 생명의 일부가 그다음 생으로 계속 이어진다고 믿는 경향이 있다. 이러한 경향은 대다수 종교에 의해, 그리고 부모가 아이들에게 사랑하는 사람이 죽었을 때 일어나는 일을 설명할 때 사용하는 언어적 표현에 의해 강화된다. 이런 표현으로 "잠들어 있어", "평화로운 곳에 가셨어", "하늘나라에 가셨어", "더 좋은 곳으로 가셨어", "이 세상을 떠나셨어", "천국에 가셨어", "약속의 땅으로 가셨어" 등이 있다.

이 때문에 또 다른 죽을 운명의 역설이 등장한다. 아이들은 죽음이란 현실을 이해하자마자 죽음이란 그저 다른 장소로 넘어가는 과도기적 단계에 불과하다는 말을 듣는다. 이것은 일종의 허위 광고다. 다른 영역에서 이런 일이 일어난다면 우리는 그냥 두고 보지 않았을 것이다. 슬로터와 그리피스가 미취학 아동을 대상으로 진행한 실험은 흥미로운 사실을 보여 주었다. 이 실험에서 두 사람은 아이들에게 장기 모형으로 장식된 앞치마를 입히고 장기의 기능을 설명하며 몸의 생물학적 사실을 가르쳐 주었다. 그랬더니 아이들은 죽음의 다섯 가지 특성(불가피성, 보편성, 비가역성, 비기능성, 인과성)을 더욱 신속하고 깊게 이해했다. 만 4에서 8세 아동을 대상으로 이루어진 후속 실험에서 슬로터와 그리피스는 아이들이 죽음의 다섯 가지 요소를 잘 이해할수록 죽음에 대한 공포를 표현할 가능성이 낮아진다는 사실을 발견했다.[8] 인지심리학자 앤드루 슈툴먼Andrew Shtulman은 이런 식으로 아이들이 죽음을 헷갈려 하도록 만들 때 생기는 파괴적 효과를 다음과 같이 암시적으로 표현한다. "아이들은 죽음을 이해하기 한참 전부터 죽음에 대해 알고 있다. 처음에는 죽음을 다른 형태의 삶이라 생각한다. 그럼 아이들은 죽은 사람을 매장하거나 화장하는 모습을 보며 먹을 것, 마실 것이 필요한 사람을 땅속에 묻고, 생각하고 고통을 느끼는 사람을 불에 태운다는 생각에 분명 겁 먹을 것이다. 자기가 사랑하는 사람이 집을 떠나 다른 어딘가에서 살고 있다고 생각하면 아이들은 분명 슬퍼질 것이다."[9]

# 포유류가 죽음을 비통해할 때

돌고래는 인간과 마찬가지로 포유류다. 돌고래는 자아 인식 거울 검사mirror test of self-awareness를 통과한 것으로 보인다. 돌고래 수조에 거대한 거울을 설치하고 돌고래 옆쪽에 표시해 놓으면 돌고래는 그 표시가 거기 있을 것이 아니라는 듯 쳐다본다. 이것은 돌고래가 자아 인식의 기본 요소인 신체 인지body awareness를 어느 정도 갖고 있음을 의미한다.[10] 이렇게 생각하면 돌고래가 무리에서 아프거나 상처 입은 동료를 숨 쉴 수 있게 하려고 수면으로 밀어 올린다거나, 이미 죽었거나 죽어 가는 새끼를 숨 쉬게 하려고 등으로 받쳐 준다는 어부들의 이야기가 그리 놀랍지 않다. 해양생물학자 필리프 아우베스Filipe Alves는 아프리카 북서쪽 해안에 떨어져 있는 마데이라섬Madeira Island 근처에서 구조에 나선 돌고래들이 다른 돌고래를 소생시키거나 살려내기 위해 힘을 합쳤다는 두 건의 사례를 기록했다.[11] 이것이 비통의 행동grieving behavior일까? 아우베스는 그렇다고 생각한다. "범고래나 코끼리처럼 모계사회를 이루어 살아가는 종이나 최고 4세대까지 함께 무리를 이루어 사는 둥근머리돌고래처럼 친척 관계의 개체와 무리를 이루어 사는 종의 경우 평생 함께 지내는 시간이 60년이 넘어가기도 합니다. 저는 이런 종은 죽음을 비통해한다고 믿습니다."[12]

생물학자 호안 곤잘보Joan Gonzalvo가 그리스 서쪽 해안의 암브라키코스 만Amvrakikos Gulf에서 병코돌고래를 관찰한 내용도 이런 행동을 뒷받침하는 정보를 제공한다. 한 어미 돌고래가 새로 태어난 새끼의 시체를 수면 위로 들어 올렸다. 곤잘보는 이렇게 말했다. "관찰하는 이틀 동안 이런 행동이 계속해서 반복되었고, 가끔은 이런 행동이 미친 듯이 이루어지기도 했습니다. 어미는 절대 새끼와 떨어지지 않았습니다. 새끼의 죽음을 받아들이지 못하는 것 같았어요." 1년 후 연구진은 숨을 쉬기 위해 떠 있으려고 몸부림치는 어린 돌고래와 우연히 마주쳤다. 이 돌고래와 같은 무리의 돌고래들은 눈에 띄게 당황한 모습이었다. "무리 전체가 스트레스를 받고 있는 듯 불규칙하게 헤엄치고 있었습니다. 어른 돌고래들은 죽어 가는 어린 돌고래를 수면 위로 띄우려고 노력했지만, 그 돌고래는 계속해서 가라앉았죠."[13]

이러한 비통해하는 행동이 죽을 운명에 대한 자각에 해당할까? 우리가 직접 돌고래가 되어볼 수는 없으니 확실히 알 방법은 없다. 하지만 뉴질랜드 투투카카에 있는 범고래연구재단Orca Research Trust 의 해양생물학자 잉그리드 비서Ingrid Visser는 그것이 가능하다고 생각한다. "고래목은 폰 이코노모 뉴런von Economo neuron을 갖고 있습니다. 이것은 사람의 비통함과 관련이 있다고 여겨지죠." 고래도 이 신경세포를 갖고 있다. 비서는 오도 가도 못하게 된 둥근머리돌고래를 관찰하고 이렇게 기록했다.

한 마리가 죽자 다른 돌고래들이 마치 그 돌고래가 죽었음을 인정하거나 확인하기라도 하려는 듯 지나가다 멈추었다. 우리가 그 돌고래들을 가다 멈추지 않고 그냥 지나치게 만들려고 했지만 기어코 다시 죽은 돌고래에게 돌아왔다. 이들이 죽음을 이해하는지는 나도 모르겠지만 행동만 놓고 보면 이 돌고래들은 분명 죽음을 비통해하는 것으로 보인다.[14]

1부 | 죽음체험과 영생 추구의 다양성

또한 고래는 부상당한 자기 무리의 구성원을 보호하거나 지키기 위해 위험을 무릅쓰고 고래잡이를 저지하려고 나서거나 부상당한 동료 주변을 맴돌면서 꼬리지느러미로 물을 치는 모습도 관찰되었다. 고래잡이는 이런 행동을 이용해 사냥 목표의 위치를 알아내기도 한다. 자기 파괴적으로 보이는 이러한 행동은 사실 동료가 죽을 가능성을 인식해서 나오는 협동 행동이다.

코끼리도 자아 인식 거울 검사를 통과했다. 이들 역시 죽음을 비통해하는 것으로 보인다. 코끼리는 오래전 죽은 코끼리의 뼈, 특히 머리뼈와 상아를 마주치면 가던 길을 멈추고 깊은 생각에 잠기며 코로 조심스럽게 뼈를 만져 보고, 움직여 보기도 한다. 이 행동은 깊은 호기심이나 관심으로 보인다. 동물행동학자 캐런 매콤Karen McComb은 이렇게 말한다. "코끼리가 자기 종의 머리뼈나 상아에 관심을 보이는 것은 자기 영역에서 죽는 가족의 뼈를 찾아가 볼 확률이 무척 크다는 의미입니다."[15] 이 가설을 검증하기 위해 매콤과 그녀의 동료들은 케냐 암보셀리 국립공원Amboseli National Park에서 연구 중이던 코끼리에게 무리로부터 25미터 떨어진 곳에 물체를 가져다 놓고 실험을 진행했다. 첫 번째 실험에서는 서로 다른 열일곱 코끼리 가족 근처에 코뿔소, 물소, 코끼리의 머리뼈를 가져다 놓았다. 코끼리들은 자기와 같은 종의 머리뼈를 꼼꼼히 살펴보고, 코로 냄새를 맡고 건드려 보면서 대부분의 시간을 보냈다. 두 번째 실험에서는 다른 열아홉 코끼리 가족에게 나무 조각, 상아 조각, 코끼리 머리뼈를 보여 주었다. 그랬더니 예측대로 코끼리는 상아, 머리뼈, 나무 조각 순서로 관심을 보였다. 하지만 매콤은 이렇게 지적한다. "상아에 대한 관심이 두드러졌습니다. 상아는 나무보다 더 큰 관심을 받은 것은 물론이고, 코끼리 머리뼈보다도 훨씬 자주 선택받았죠." 매콤이 내게 보낸 이메일에서 자세히 설명한 내용을 보면 코끼리는 습관적으로 예민한 발바닥 부분을 이용해 상아를 건드리거나 굴려 보았고, 코로 상아를 들어 올리거나 가지고 다니는 경우가 많았다. 왜 그럴까? "상아에 관심이 큰 이유는 코끼리가 살아 있을 때와 관련 있기 때문인지도 모릅니다. 코끼리는 사회적 행동을 할 때 코로 다른 코끼리의 상아를 만지기도 하니까요." 세 번째 실험에서 세 무리의 코끼리 가족에게 죽은 암컷 대장 코끼리의 머리뼈 세 개를 보여 주었다. 그중 하나는 세 무리중 한 무리의 대장이었던 코끼리의 뼈였다. 살아 있는 코끼리들은 특정 머리뼈를 선호하는 것 같지 않았다. 이것은 그저 그런 발견이 아니다. 상아를 통한 접촉의 중요성에 대해 매콤이 내린 결론은 훨씬 많은 부분을 시사한다(〈그림 2-1〉). "코끼리는 촉각이나 후각적 단서를 통해 살아 있을 때 자기가 알고 지냈던 개체의 상아를 알아볼지도 모릅니다." 당신과 알고 지내던 누군가의 유해를 두고 슬퍼하는 모습을 상상해 보라. 이 얼마나 인간적인가.

감동적인 회고록 『코끼리의 추억Elephant Memories』에서 신시아 모스Cynthia Moss는 코끼리 무리가 자기네 구성원 중 하나가 밀렵꾼 총에 맞은 것에 반응하는 모습을 기록했다. 부상을 당한 코끼리가 무릎이 휘어지며 쓰러지기 시작하자, 친구 코끼리들은 부상당한 코끼리를 일으켜 세우려고 애썼다. "코끼리들은 상아로 부상당한 동료 코끼리의 등과 머리를 받쳐 일으켜 세우려 했다. 한번은 일으켜 앉히는 데 성공했지만 코끼리는 다시 쓰러지고 말았다. 이 코끼리 가족은 코끼리를 깨우려고 무엇이든 했다. 발로 차고, 상아로 찔러 보고, 심지어 탈룰라Tallulah라는 코끼리는 자리를 뜨더니 코로 풀을 한 움큼 뜯어

와서는 쓰러진 코끼리의 입에 먹여 주려고까지 했다." 그 코끼리가 죽은 후에 친구와 가족은 시신을 흙과 나뭇가지로 덮어 주었다.[16]

과학 문헌에 이런 일화가 수백 편 나오고, 대중적인 글에는 수천 편이 등장한다.[17] 동물의 의인화를 염려하는 신중한 과학자들 중에는 이런 주장을 회의적으로 바라보는 사람이 많다. 이해할 만한 일이다. 하지만 인간 역시 동물이며 우리의 진화적 친척과 인간 사이에는 해부학적, 생리학적으로 분명한 연속성이 존재한다는 사실을 지적하고 싶다(이런 부분에 대해서 그 누구도 과학이 동물을 '의인화'한다며 비난하지 않는다). 따라서 우리 인간의 행동과 감정에 해당하는 것을 포유류, 그중에서도 특히 영장류와 고래목에서 어느 정도는 찾아볼 수 있을지 모를 일이다. 이런 사례에 **배고픔, 성욕, 텃세** 같은 기본 감정base emotion만 포함되는 것은 아니다. **애착과 유대감, 협동과 상호 협력, 동정심과 공감, 직간접적 호혜, 이타주의와 상호이타주의, 갈등의 해소와 조정, 사기와 사기 간파, 공동체에 대한 관심사, 타인이 자신을 어떻게 생각하는지에 대한 관심, 집단의 사회 규칙에 대한 인식과 반응** 등 훨씬 고차원적인 감정도 포함된다. 우리와 가장 가까운 진화적 친척에게 이런 감정이 존재한다는 사실은 이런 감정에 깊은 진화적 뿌리가 있음을 강력하게 뒷받침한다. 우리에게 죽음을 비통해하는 감정이 있다면 우리와 가까운 친척 관계에 있는 다른 포유류 역시 그런 감정을 가지고 있으리라 추측하는 것이 타당하지 않을까?

비통의 심리학자 러셀 프리드먼Russell Friedman도 그렇게 생각한다. 그는 비통을 "익숙한 행동 패턴의 종말이나 변화로 인해 야기되는 상충하는 감정"이라고 정의한다. 프리드먼은 이렇게 추론한다. "모

| 그림 2-1 | **비통해하는 코끼리**

동물행동학자 캐런 매콤은 코끼리들이 가족과 동료의 죽음을 애도하는 모습을 촬영했다. (사진: 캐런 매콤)

든 포유류는 습관의 동물이기 때문에 포유류가 무리 구성원의 죽음에 영향을 받으리라는 점은 의문의 여지가 없다. 그 죽음이 살아남은 구성원의 익숙한 상호작용의 종말을 의미한다면 말이다." 그는 이렇게 결론 내린다. "살아남은 구성원이 죽은 구성원과 개별적으로 맺었던 관계의 특성과 강도가 구성원이 죽고 난 후 살아남은 구성원의 적응 과정에 영향을 미칠 수 있다는 주장은 억지가 아니다."[18] 이것은 사람을 제외한 포유류 진화에 대해 우리가 아는 내용과 잘 부합한다. 그렇다면 인간은 어떻고, 우리의 진화적 과거는 어떨까? 우리 종은 언제 처음 우리가 죽을 운명임을 인식했을까?

## 우리 선조가 남긴 비통의 그림자

생각은 화석으로 남지 않지만 행동은 간혹 화석으로 남는다. 이를테면 죽은 사람을 꽃, 소지품, 혹은 다른 사람과 함께 매장하는 행동이 그렇다. 수십 년 동안 고고학자들은 이라크 북부 자그로스 산맥의 샤니다르 동굴Shanidar cave에서 발견된 유적지가 이에 해당하는 가장 오래된 사례라고 생각했다. 약 6만 년 전 것으로 추정되는 한 매장지에서 꽃가루가 흩어져 있는 무덤 속에 한 남성이 여성 두 명, 아이 한 명과 함께 태아 자세로 누워 있었다.[19] 화석 해석의 어려움을 대변하듯 이제 고고학자들은 매장지에 흩어진 꽃가루는 어떤 동물의 행동 때문에 매장지로 우연히 들어왔다고 생각한다. 근처에서 게르빌루스쥐와 비슷하게 생긴 설치류가 파 놓은 굴이 발견되었기 때문이다. 이 설치류는 씨앗과 꽃을 저장하는 습성이 있다고 알려져 있다. [20] 하지만 이 시신들은 어떻게 그런 자세로 그곳에 묻히게 되었을까?

2013년 《국립과학원회보Proceedings of the National Academy of Sciences》에 프랑스 남서부의 유명한 유적지 라샤펠오생La Chapelle-aux-Saints에서 발견된 5만 년 전 네안데르탈인의 유골이 의도적으로 매장한 것이라는 발표가 나왔다. 이 유골이 땅속 움푹 파인 곳에 묻혀 있는 것으로 보아 고고학자들은 의도적으로 땅을 파고 묻은 것이 분명하다고 결론 내렸다. 유골을 화석 생성론으로 분석해 보니 근처에서 발견된 들소나 사슴의 뼈와 달리 이 화석에는 금 간 부분이나 풍화작용의 흔적이 보이지 않았다. "이런 다양한 증거는 의도적 매장 가설을 뒷받침한다." 이것이 발표된 결론이다. [21] 다른 네안데르탈인 유적지에서 나온 증거들은 사람들이 안료로 자신을 장식하고, 형형색색의 조개껍질과 깃털로 꾸민 장신구를 착용했음을 보여 주었다. [22] 샤니다르 동굴에서 발견된 것과 비슷하게 일부 사람들은 다치거나 나이가 든 이후에 다른 사람의 보살핌을 받았던 흔적이 있었다. 예를 들어 한 남성은 치아를 대부분 잃고, 골반과 등 쪽에 심각한 문제가 있었던 것으로 보아 다른 사람의 도움이 있어야 살아남을 수 있었을 것이다 (〈그림 2-2〉). [23] 네안데르탈인의 뇌가 우리만큼이나 컸다는 것을 명심하자. 이들이 남긴 문화적 유물을 보면 발전 속도는 초기 현생인류에 견줄 수는 없다. 그래도 충분히 정교했던 것으로 보아 이들이 죽을 운명을 어느 정도 자각하고 느끼는 유원인이었다고 추론할 수 있다.

호모사피엔스 유적지에서 매장 의식 특성은 적어도 10만 년 전부터 나타난다. 예를 들어 이스라엘 카프제의 스쿨 동굴Skhul cave에서

| 그림 2-2 | **라샤펠오생 동굴에서 나온 네안데르탈인의 두개골**

(촬영: DEA / A. Dagli Orti, 사진제공: Getty Images)

고고학자들은 의식용 물품과 사슴뿔을 손에 쥔 채 매장된 10만 년 된 아이의 유골을 찾아냈다. 근처에 다양한 자세를 취한 몇몇 시신이 있었고, 또 다른 아이의 손에는 야생 수퇘지 아래턱이 쥐여져 있었다. [24] 이런 매장지 중 1만 년 된 것에서부터 3만 5,000년 된 것까지 85곳을 검토한 2013년의 한 연구를 보면 대부분 매장지에는 비교적 평범한 일상 용품이 있었지만 돌, 치아, 조개껍질로 만든 장신구같이 호화로운 부장품도 몇몇 있었다. 그런데 이상하게도 도구나 다른 유물과 달리 이런 호화로운 부장품에는 시간의 흐름에 따른 발전 흔적이 보이지 않았다. 이 연구의 주저자인 쥘리앵 리엘살바토레 Julien Riel-Salvatore는 이렇게 설명한다. "인간의 행동이 항상 단순함에서 복잡함으로 움직이지 않는다는 것을 의미한다. 생활 조건에 따라서 인간의 행동은 복잡하고, 단순하기를 거듭한다." 또한 흥미롭게도 이 유적지들은 초기 네안데르탈인의 무덤과 큰 차이가 없었다. 이는 네안데르탈인이 적어도 죽을 운명에 대한 자각이라는 부분에서 현생인류와 똑같은 인지능력을 가지고 있었음을 암시한다. [25]

모스크바에서 북쪽으로 약 190킬로미터 떨어진 순기르 유적지는 3만 년에서 3만 4000년 전의 것이다. 여기에는 펜던트 20개, 반지 25개, 구슬 2936개와 함께 묻힌 성인 남성 유해가 있었다. 이것들은 모두 매머드 상아로 만들어졌고, 분명 그의 옷에 바느질로 꿰매져 있던 것으로 보인다(〈그림 2-3〉). 근처에 열 살짜리 소녀와 열두 살짜리 소년이 상아 구슬 1만 개와 매머드 상아로 만든 창이나 북극 여우의 치아 수백 개 등의 부장품과 함께 매장된 또 다른 무덤이 있다. [26] 약 2만 9000년 전 것으로 추정되는 이탈리아 리구리안 해안의 아레네 칸디데 동굴Arene Candide cave에서도 이와 비슷한 부장품이 발견되

| 그림 2-3 | **러시아 순기르에서 발견된 구슬과 함께 매장된 남성**

약 3만에서 3만 4000년 이전 사람으로 보이는 이 남성은 펜던트 20개, 반지 25개, 구슬 2936개와 함께 매장되었다. 이것들은 모두 매머드 상아로 만들어져 그의 옷에 꿰매져 있었지만, 옷이 부식되면서 이런 놀라운 광경을 남겼다. (사진: 호세마누엘 베니토 알바레스José-Manuel Benito Álvarez)

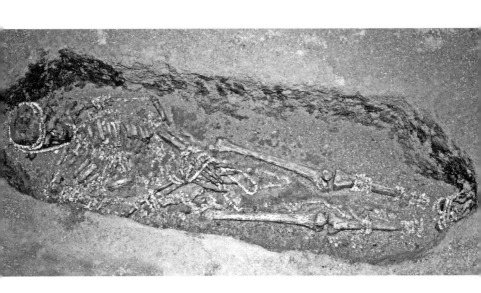

었다. 이 동굴 안에는 청소년기 남성이 구멍이 뚫린 사슴 이빨 수백 개와 조개껍질을 머리 주변에 두르고 누워 있었다. 추측하건대 원래 천이나 가죽으로 된 모자 같은 것에 실로 꿰어져 있다가 지금은 이 모자가 다 분해되어 사라진 것으로 보인다. 그와 함께 매머드 상아 펜던트, 사슴뿔로 된 막대가 있었고, 그의 오른손에는 의식에 사용하는 긴 돌칼이 쥐여 있었다.[27] 이렇게 정교하게 조각된 물품을 만드는 데는 상당한 시간이 필요했을 것이다. 용도가 무엇이었던 간에 세상을 떠난 사랑하는 이가 다음 생에서 사용할 수 있도록 이런 물품을 마련해 주는 것이 이 플라이스토세의 사냥꾼 겸 약탈자들에게는 분명 중요한 일이었을 것이다.[28]

2015년 '호모 날레디Homo naledi'라는 이름으로 발표된 뇌가 작은 유원인 종에 대해서는 훨씬 논란이 많다. 호모 날레디의 화석 잔해는 남아프리카에 있는 거의 접근 불가능한 동굴 깊숙하고 후미진 곳에서 발견되었다. 이 시신들은 어쩌다가 그렇게 후미진 곳에 자리잡게 되었을까? 고인류학자 폴 덕스Paul Dirks, 리 버거Lee R. Berger 및 동료들은 이 유적지가 '의도적 시신 처리deliberate body disposal'의 첫 사례에 해당한다고 주장한다.[29] 이 논문이 발표되고 머지않아 '의도적 시신 처리'는 무언가 영적으로 더욱 초월적인 행위로 탈바꿈했다. 예를 들어 로이터는 이렇게 발표했다. "최초의 화석: 인류의 고대 친척은 죽은 자를 매장했을지도 모른다."[30] PBS는 과장된 질문을 던졌다. "호모 날레디는 왜 죽은 자를 매장했나?"[31] 이 발견은 몇 가지 이유로 논란을 불러일으켰다. 우선 이 화석 잔해가 유원인의 혈통 중 어디에 해당하는지 뼈의 분류가 불확실하고 연대를 알 수 없다는 사실이다.《사이언티픽 아메리칸》의 한 칼럼에서 나는 의도적 매장은 애도의 결과가 아니라 살인의 결과일지 모른다고 주장했다.[32] 이런 가설은 더 많은 회의론을 이끌었다. 대부분의 과학자은 더 많은 연구가 진행될 때까지 이 발견에 대한 판단을 유보하고 있다. 하지만 사망 원인이 무엇이고, 이 유원인이 얼마나 오래전에 죽었던지 간에 이렇게 뇌가 작은 영장류가 죽은 자의 시신을 의도적으로 처리했다는 사실은 놀라운 발견이다. 우리 선조가 죽음을 대하는 방식의 깊은 진화적 역사를 말해 준다.[33]

이 고대의 유원인은 죽은 자를 매장하며 무슨 생각을 했을까? 어쩌면 순전히 위생 문제 때문에 매장했을지 모를 일이다. 다른 수많은 동물과 마찬가지로 이들도 자신의 둥지(혹은 동굴)를 더럽히면 건강에 좋지 못하다고 여겼을 테다. 그렇다면 여기에 따른 적절한 행동은 시신을 매장하는 것이었을 테니까 말이다. 하지만 더 나아가 이들은 우리가 갖고 있는 영혼이란 개념과 비슷한 것을 믿었는지도 모른다. 고대 선조의 머릿속에서 사람이 이승을 초월해서 도달하게 될 사후 세계에 대한 개념이 싹텄을까? 우리로서는 알 수 없지만 오랜 과거 어느 시점에서 사후 세계에 대한 최초의 믿음과 개념이 생겨났다. 그로부터 시간이 흘러 약 5000년 전 문자가 발명되고 사람들이 사후 세계에 대한 이야기와 신화를 만들어 내는 것은 그저 시간문제일 뿐이었다. 이 사후 세계가 바로 유대교, 기독교, 이슬람교 등 세계의 주요 일신교에서 말하는 천국이다. 우리의 다음 여정은 바로 이 천국들로의 여정이다.

# 3장

## 하늘 위의 천국들

일신교의 사후 세계

또 내가 새 하늘과 새 땅을 보니 처음 하늘과 처음 땅이 없어졌고
바다도 더 이상 있지 않더라. 하나님께서 모든 눈물을
그 눈에서 닦아 주시어 다시는 죽음, 슬픔, 울음, 고통이 있지 아니하니
앞선 것들이 다 지나갔음이라.

—「요한계시록」21장 1, 4절

사후 세계afterlife, 내세afterworld, 아르카디아 Arcadia*, 꿈나라dreamland, 에덴Eden, 영원한 집eternal home, 영원한 안식처eternal rest, 저 세상hereafter, 더 높은 곳higher place, 성스러운 곳holy place, 천국kingdom come, 젖과 꿀이 흐르는 땅land of milk and honey, 다음 세상next world, 열반nirvana, 다른 세상otherworld, 파라다이스paradise, 도원경Shangri-la, 원더랜드wonderland, 시온Zion 등 이름을 어떻게 붙이든지 **천국** heaven**은 신, 그리고 천사, 악마, 유령, 영혼 등 다른 초자연적 존재가 머무는 최고천이다. 몇 가지 흔한 관용구를 덧붙이자면 이런 존재들은 초월하고transcend, 넘어가고cross over, 지나가고pass through, 원혼을 포기하고give up the ghost***, 육신의 길을 다하고 이승에서 저승으로 옮겨 간 존재들이다. 수천 년 동안 학자, 신학자, 종교철학자, 그리고

---

* 고대 그리스 펠레폰네소스 반도의 한 지역으로 그리스신화에 따르면 숲의 신, 나무의 요정, 자연의 정령 등이 자연과 조화를 이루며 살던 목가적 이상향이다.

** 이번 장에서는 'heaven'을 맥락에 따라 '천국' 혹은 '하늘'로 번역한다.

*** 죽는다는 의미의 관용적 표현.

성직자들은 사람 대부분이 자기가 죽은 뒤에 가게 되리라 생각하는 (그리고 가기를 바라는) 이 장소를 이해하기 위해 많은 시간과 에너지, 자원을 투자했다.

## 천국(하늘)은 무엇이고 어디에 있을까?

일신교 전통에서 '천국 또는 하늘heaven'은 세 가지 넓은 개념을 나타낸다. (1) 우주의 물리적 일부(하늘) (2) 신이 머무는 곳 (3) 죽은 자들이 올라가는 장소. 히브리어에서는 천국에 해당하는 단어 '샤마임shamayim'이 가끔 '궁창firmament'이란 뜻으로 사용된다. 우주론적으로 보면 궁창은 땅을 돔 모양으로 둘러싸는 덮개로 천상의 물heavenly waters을 그 아래 지상의 물(earthly waters, 여기서 노아의 대홍수의 물이 나왔다)과 구분한다. 「창세기」 1장 6에서 8절에는 이렇게 설명하고 있다 (킹 제임스 성경).

하나님이 이르시되 물 가운데 궁창이 있어 물과 물로 나뉘라 하시고 하나님이 궁창을 만드사 궁창 아래의 물과 궁창 위의 물로 나뉘게 하시니 그대로 되니라. 그리고 하나님이 궁창을 하늘Heaven이라 부르시니라.

이러한 천국(하늘)의 개념은 그 당시 고대 근동, 그중 기원전 8에서 6세기 사이에 존재했던 수메르Sumer, 바빌론Babylon, 고대 유대Judea의 메소포타미아 우주론에서 받아들인 것이다. 당시는 초기 구약성경이 쓰이던 때다. 성서학자들이 야훼Yahwist, 엘로힘Elohist, 「신명기

Deuteronomist」문서와 함께 유대교 율법 토라Torah를 토대로 언급하는 6세기 제관 문서(Priestly Sources, 혹은 P 문서)는 유대인이 메소포타미아에 억류되어 있는 동안 히브리 제사장이 만들었을 가능성이 가장 높다. 고대 세계에는 인접한 정치적 단위의 경계 너머로 문화가 확산되는 일이 꽤 흔했다. 하늘의 덮개는 땅을 하늘과 나누고, 하늘의 물을 땅의 물과 나누는 역할 말고도 달, 태양, 별이 심어진 바탕 역할도 한다고 믿었다. "하늘의 궁창에 빛이 있어 낮과 밤을 나누어라."(「창세기」 1장 14절)

아주 개략적으로 보면 초창기 히브리 우주론은 땅보다 위에 있는 모든 것을 나타내는 하늘, 중간에 있는 땅, 그리고 땅 밑 지하 세계인 스올Sheol로 이루어진 3부 체계였다. 기원전 4세기 즈음 고대 히브리인은 그리스 우주론을 접목해서 구형求刑의 땅을 항성과 행성이 박힌 천구가 동심원의 형태로 둘러싸고, 신은 가장 먼 천구 바깥에 존재한다는 우주론을 만들었다. 몇 세기가 흐르고 장비와 관찰 방법의 발전과 함께 과학 이론이 진화하면서 종교적 하늘도 그와 함께 진화했다. 그에 따라 신학적 의미도 조정이 이루어졌다. 이런 의미에서 성경은 주변 문화에서 영향을 받은 작가와 필경사 들에 의해 수 세기에 걸쳐 편집된 일종의 위키피디아Wikipedia라 할 수 있다. 성경은 만족스러운 계율로 집대성되기에 이르렀다. 이후 해석하는 사람의 문화적 개념에 따라 재해석되었다. 현대 천문학에서 끊임없이 변화하는 발견과 이론을 성경의 우주론에 끼워 맞추기 위해 고군분투하는 오늘날의 지적 설계 창조론자Intelligent Design creationist는 3500년이나 거슬러 올라가는 아주 오랜 전통을 따르는 셈이다. 바꿔 말하면 구약성경의 저자들은 별로 더 정교한 것도 아닌 우주론을 갖고 있던 다른 문화와 다른 문화권의 사람들로부터 개념을 빌려 와 썼던 것이다. 〈그림 3-1〉은 이 고대인들이 우주를 어떤 모습으로 생각했는지 보여 준다.

구름 한 점 없는 밤에 밖으로 나가서 이 세상이 고대인들의 눈에 어떻게 보였을지 상상해 보자. 고개를 들어 하늘을 보면 땅 위로 수정처럼 투명하고 둥근 큰 천구가 덮고 있고, 그 덮개 위에 모든 별이 박혀 있는 모습을 머릿속에 그려 보자. 달이나 행성처럼 별을 배경으로 움직이는 천체가 각각 자체적인 천구에 고정된 채 큰 천구 아래 독립적으로 자전한다고 생각해 보자. 당신은 지금 고정된 납작한 원반 위에 서 있고, 그 주변으로 천구가 돌고 있다. 이것이 직관적으로 다가오는 세상의 그림이다. 우리는 땅의 움직임을 느끼지 못하기 때문이다. 언어는 직관을 반영한다. '해가 진다', '별이 뜬다'라는 말에도 그런 직관이 스며들어 있다. 하지만 세상에 대한 수많은 개념이 그렇듯 여기서 우리의 직관은 틀렸다.

그럼에도 이 천상 우주론 모형은 고대인들에게 중요한 역할을 했다. 특히 신의 거처이자 영속되는 사후 세계 속에 영혼들을 모아 둘 장소로서 천상을 인식하는 데에 깊은 영향을 미쳤다. 사후 세계로서 천상에 대한 생각은 천체로서 하늘만큼이나 문화적 영향력에 좌우되는 개념이다. 천국과 관련해서 여기서는 유대교, 기독교, 이슬람교의 일신교를 집중적으로 살펴보겠다.

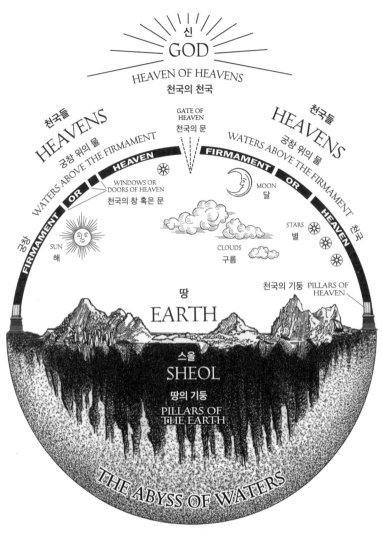

| 그림 3-1 |  **성경의 우주론**

히브리인의 창세기 우주론은 기원전 8세기에서 6세기 사이의 고대 근동 메소포타미아 우주론에 영향을 받았다. 대부분은 수메르, 바빌론, 고대 유대의 우주론에서 영향받았을 것이다. (그림: 패트 린스Pat Linse)

## 사후 세계에 관한 유대교 신앙

세 가지 일신교 신자 중 영생을 믿는 비율은 유대교도가 제일 낮다. 미국의 유대교도는 절반 이하, 이스라엘 유대교도는 56퍼센트만이 사후 세계를 믿는다고 말하고, 사후 세계가 있다고 절대적으로 확신하는 비율은 16퍼센트에 불과했다(절대 다수가 사후 세계를 믿는 기독교도, 이슬람교도와 비교된다). [1] 하늘 위 천국과 지상의 천국들이 역사적으로 종종 하나로 융합되었다는 나의 논지를 뒷받침하듯 유대교도는 저승보다 **이승**에 초점을 맞춘다. 이들이 신과 맺은 신성한 계약이 그 첫 번째 사례다. 히브리 성경에 설명되어 있듯이 유대인이 하나님의 계명을 잘 따른다면 살아남아 번영을 누리고 많은 자손을 거느리는 축복과 함께 결국 이스라엘 땅을 받게 될 것이다. '다가올 세상'이라는 의미의 **'올람하바Olam haba'**는 **저승**이 아니라 **이승**에서 세워지리라 기대하는 공명정대한 사회를 말한다.

죽음 이후의 또 다른 세상으로 주로 언급되는 것은 스올Sheol이다. 스올은 이승의 특징을 전혀 찾아볼 수 없는 지하 세계를 말한다. 이것은 기독교에서 말하는 지옥이 아니라 한마디로 아무것도 존재하지 않는 **무無**를 말한다. 「전도서」 9장 5절을 쓴 사람은 이렇게 생각했다. "무릇 산 자는 자기가 죽을 것을 알되, 죽은 자는 아무것도 모르고, 그 무엇도 보상받지 못하니, 이는 그들의 기억이 잊히기 때문이라." 오래도록 고통받은(그리고 충격적일 정도로 인내심이 강했던) 욥 Job은 신에게 이렇게 애원했다 "제가 살 날이 얼마 남지 않았나이다. 이제 멈추시고 저를 내버려 두어 잠시나마 쉴 수 있게 하소서. 저는 곧 다시 돌아오지 못할 곳, 어둡고 죽음이 그늘진 땅으로 떠납니

1부 | 죽음체험과 영생 추구의 다양성

다. 어둠 그 자체만큼이나 어두운 땅, 그 어떤 질서도 없이 칠흑 같은 어둠이 빛 노릇을 하는 곳으로 떠납니다."(「욥기」 10장 20~22절) 스올은 게힌놈Gehinnom과 다르다. 게힌놈은 원래 고대 예루살렘의 바깥 지역으로 비유대인이 다른 신을 섬기고, 아이를 제물로 바치고, 제물로 바친 시신을 태우기도 했던 곳이다. 이곳이 불구덩이 지옥 신화의 기원인지도 모른다. 기독교도는 나중에 이 신화를 죄인과 나쁜 짓을 한 자 들을 심판하고 벌하는 우주의 법정으로 바꾸었다. 15세기 네덜란드 화가 히에로니무스 보스Hieronymus Bosch는 〈최후의 심판The Last Judgment〉이라는 삼단화triptych, 그중 특히 세 번째 판에 그려진 고문을 당하는 영혼의 영원한 지옥살이 장면에서 이 장면을 섬뜩하게 그렸다(〈그림 3-2〉).

사후 세계의 경우, 기원전 2세기경에 쓰인 「에스겔」에서 신은 이렇게 선언한다. "내 백성들아. 내가 너희 무덤을 열고 너희로 거기서 나오게 한즉, 너희가 나를 여호와인 줄 알리라."(37장 13절) 이 표현에 따르면 사후 세계는 (영원히) 버려질 육신으로부터 영혼을 빼냄으로써 달성되는 것이 아니라 육신의 물리적 부활을 통해 달성된다. 이러한 개념은 마찬가지로 기원전 2세기경 쓰인 「다니엘」을 통해서 강화된다. "땅의 티끌 가운데서 자는 자 중에 깨어 영생을 얻는 자도 있겠고, 부끄러움과 영원한 멸시를 얻을 자도 있으리라."(12장 2절)

12세기 즈음 존경받는 유대교 철학자 모지스 마이모니데스Moses Maimonides는 이렇게 공식화했다. "죽은 자의 부활은 우리의 스승인 모세의 모든 장대한 원칙의 토대다. 이것을 믿지 않는 자에게는 종교도, 유대교 신앙에 대한 충성도 없다."[2]

중세에는 육신과 영혼이 불가분의 관계라 어느 한쪽의 죽음은 다

| 그림 3-2 | **최후의 심판**

기독교의 세계관을 보여 주는 히에로니무스 보스의 삼단화 〈최후의 심판〉. 왼쪽 판에는 에덴
동산과 함께 보좌에 앉아 있는 하나님, 착한 천사와 악한 천사 사이의 전투, 아담의 갈비뼈로
만들어지는 이브, 선악과로 이브를 유혹하는 뱀, 에덴동산에서 추방당하는 아담과 이브 등이

그려져 있다. 중간 패널은 그리스도 최후의 심판이 그려져 있다. 그리스도 곁에는 성모 마리아, 세례 요한과 사도들이 함께하고 있다. 그 아래는 지옥에 떨어진 자들이 찔리고, 태워지고, 목 매달리고, 고문당하고 있다. 오른쪽 판은 지옥 그 자체를 묘사한 것이다. 이곳에서는 지옥에 떨어진 자들이 불구덩이에서 영원히 불탄다.

른 한쪽의 죽음이며, 어느 한쪽의 부활은 곧 다른 한쪽의 부활인지 여부를 두고 많은 논란이 있었다. 하지만 18세기에 접어들면서 유대교도는 죽음 이후에도 영혼이 혼자 살아남는다는 데카르트René Descartes와 다른 철학자들의 이원론dualism을 받아들이기 시작했다. 그런데 제2차 세계대전 이후 발견된 사해문서Dead Sea Scrolls 중 다마스쿠스 문서Damascus Document라고 하는 1세기 문서가 있다. 이 문서에는 다음과 같은 선언이 있다. "하나님께서 티끌 속에 자고 있는 이들과의 약속을 지켜 죽은 자를 부활시키리라." 이는 육신의 물리적 부활을 암시한다.[3] 육신의 물리적 부활에 의한 영생이든 그냥 영혼만 살아남는 영생이든, 영생의 메커니즘은 영생의 가능성 그 자체, 그리고 죽을 운명과 삶의 의미에서 이것이 의미하는 것보다 덜 중요하다. 이것은 기독교에서 더욱 강조하는 부분이다.


### 사후 세계에 대한 기독교 신앙


기독교도는 예수가 부활을 통해 메시아가 되었고, 그로써 우리의 구세주이자 영원에 이르는 길이 되었다고 믿는다. 이것은 「요한복음」 3장 16절에 표명되어 있다. "하나님이 세상을 이처럼 사랑하사 독생자를 주셨으니 이는 그를 믿는 자마다 멸망하지 않고 영생을 얻게 하려 하심이라." 예수의 육체적 부활을 보며 사람 역시 천국에서 원래 몸을 통해 육체적으로 환생하리라는 증거로 받아들이는 기독교도가 많다. 다른 많은 기독교도는 영원한 것은 영혼밖에 없다고 믿는다. 의심 많은 사도 도마Thomas는 예수의 가슴 상처를 자신의 손가락으로 찌르고 나서야 의심을 가라앉혔다. 이는 사후의 예수를 육체적 존재로 보았다는 의미이다. 수많은 기독교도는 이것을 예수가 온전한 인간이었던 만큼 우리도 육체적 부활이 가능하다는 증거로 받아들인다. 하지만 사람들은 예수가 온전한 신이었다고도 믿기 때문에 인간으로의 비유가 반드시 뒤따를 필요는 없다.

기독교도는 영원히 산다는 것의 본질을 말해 줄 단서를 찾아 성경을 샅샅이 뒤져 왔다. 예를 들어 「욥기」 19장 25에서 26절에는 육신이 죽으면 육신의 복사본이 천국에서 부활한다고 암시한다. "내가 알기로 나의 구세주께서 살아 계시니 후일에 그가 땅 위에 서실 것이라. 비록 내 살갗의 벌레들이 이 몸을 파괴하더라도 나는 육신\*으로 하나님을 보리라.'" 권위 있는 『앵커 바이블 사전Anchor Bible Dictionary』에 따르면 성경에 나오는 인물 중 하늘의 궁창으로 올라갔다고 전해지는 이는 에녹Enoch(「창세기」 5장 24절), 엘리야Elijah(「열왕기하」 2장 1-12절), 예수Jesus(「누가복음」 24장 51절), 바울Paul(「고린도후서」 12장 2-4절), 요한(「요한계시록」 4장 1절) 등 다섯이다. 그리고 모세Moses, 아론Aaron, 이스라엘의 장로들, 미가Micaiah, 이사야Isaiah, 에스겔Ezekiel 등 신의 보좌throne of God를 보았다고 전해지는 다른 이들의 추가 경험담도 있다. [4] 아마도 이 보좌는 천국에 있을 것이다. 구약성경의 사후 세계 주제가 당시 다른 고대 근동 지역 종교의 주제와 유사하다는 사실은 시사하는 바가 크다. 하늘은 오직 신만을 위한 자리였다. 대다

---

\* 원문에 나온 'in my flesh'를 저자의 논리를 따라 자신의 육신을 갖춘 상태로 하나님을 만난다는 뜻으로 번역했지만, 우리말 성경에서는 대부분 '육체 밖에서 하나님을 보리라'로 번역되어 있다. 이 영어 원문 자체도 히브리에서 번역된 것인데 이것을 'in my flesh육신으로' 혹은 'without my flesh육신 없이'로 보느냐에 대한 논란이 존재하지만 대다수는 'in my flesh'로 쓰여 있다.

수 사람이 죽은 후에 올라가는 장소가 아니었다. 「시편」 115편에는 이렇게 나와 있다.

> 하늘은 여호와의 하늘이라도
> 땅은 사람에게 주셨도다
> 죽은 자들은 여호와를 찬양하지 못하나니
> 적막한 데로 내려가는 자들은 아무도 찬양하지 못하리로다

"적막한 데로 내려가기"는 그 누구도 돌아올 수 없는 무無의 장소인 스올에 대한 또 다른 언급이다. 우리가 '불의 호수lake of fire', '하데스가 다스리는 죽은 자들의 세상Hadean world of the dead' 등으로 알고 있는 스올은 성경의 마지막 책인 「요한계시록」 전에 등장하지 않는다. 「요한계시록」은 스올을 죽은 자들이 심판을 받고서 천국에서 부활로 보상받거나 영원한 지옥살이로 벌을 받는 장소로 묘사한다.

영생을 누리는 천국으로의 승천은 처음에는 특별한 사람들(모세, 아론, 에녹, 엘리야, 예수, 바울 등)에게만 일어났지만 나중에는 자격을 갖춘 모든 사람의 영혼으로 범위가 확대되었다. 신약성경의 저자들은 다른 문화로부터 개념을 받아들였다. 특히 땅 위에서의 삶은 잠깐 스쳐 지나는 것일 뿐 사람은 천국에 속한 존재라는 개념을 받아들였다. 성경학자 제임스 타보르James Tabor는 『앵커 바이블Anchor Bible』에 이렇게 썼다. "헬레니즘 시기 유대교와 기독교 문헌을 보면 죽은 자가 스올에서 영면한다는 오랜 개념이 죽은 자가 부활한다는 개념이나 영혼이 영생을 누린다는 개념, 혹은 양쪽이 결합된 개념으로 점차 대체된다." '의로운 자'는 영생을 약속받는다는 개념이 자리를 잡

고 예수의 죽음과 부활로 더욱 공고해졌다. 그 후 이 개념은 '예수를 따르는 모든 의로운 자'를 위한 패러다임이 된다.[5] 〈그림 3-3〉에 나온 〈신성한 승천의 사다리The Ladder of Divine Ascent〉라는 그림은 12세기 말의 상징적 미술 작품이다. 기원후 600년에 같은 이름으로 발표된 수도승 요한 클리마쿠스John Climacus의 글을 그림으로 옮긴 것이다. 이 그림에서 수도승들은 천국의 계단을 오르고 예수가 꼭대기에서 그들을 반기고 있다.

처음에 기독교인들은 선택받은 소수만이 천국에 갈 수 있다고 믿었지만 나중에는 누구라도 승천할 수 있음을 받아들였다. 이런 개념상 발전은 고대 이집트의 신 오시리스의 구원 개념과 유사성을 보인다. 오시리스는 기원전 2400년경에 피라미드 텍스트*에 처음으로 등장한다. 오시리스는 이승에서는 생명을 주는 자이고 저승에서는 구세주이자 죽은 자를 심판하는 자비로운 존재로 일컬어진다. 이집트 왕들은 오시리스가 죽음으로부터 되살아나듯, 자신들도 오시리스와 함께라면 영생을 얻을 수 있으리라 믿었다. 고대 이집트 신왕조 시대 즈음에는 오시리스를 신으로 받아들이면 죽은 자들로부터 부활하리라고 모두 믿었다. 이런 식의 사후 세계 민주화는 더 많은 교인을 끌어들이는 효과적인 도구로, 여러 종교가 그 덕을 보았다.

12세기 가톨릭교회는 **연옥purgatory**의 교리를 추가했다. 연옥은 이를 테면 영혼의 목욕탕으로 사람들이 하늘나라Kingdom of Heaven에 들어가기 전에 영혼을 정화하러 가는 곳이다. 이것이 결국 면죄부 판매로 이어졌다. 최근 세상을 떠난 사랑하는 이가 하늘나라로 여행

* 고대 이집트의 장례 문서.

| 그림 3-3 | **신성한 승천의 사다리**

12세기에 그려진 이 그림은 사다리에 붙어 있는 가로대 서른 개는 금욕 생활의 서른 단계를 나타낸다. 수도승들을 끌어내리는 악마들은 하나님, 예수와 함께하는 내세의 삶에 도달할 수 없도록 막는 현세의 수많은 유혹을 상징한다. 오른쪽 위에는 예수가 가로대를 오른 수도승들을 환영하고, 왼쪽 위의 천사와 오른쪽 아래의 수도승 들은 구도자들이 단호히 계단을 오르도록 응원하고 있다. 왼쪽 아래에서는 사탄이 떨어진 수도승을 먹어 치우고 있다. (출처: 시나이산 성 카타리나 수도원Saint Catherine's Monastery, Mount Sinai)

을 가기 전에 거쳐야 하는 정화 과정을 단축하려면 면죄부라는 기도문을 구입해야 했다. 면죄부나 다른 종교적 남용을 두고 마틴 루터Martin Luther가 바티칸과 관계를 단절하면서 이것이 종교개혁Protestant Reformation과 파멸적인 유럽 종교전쟁으로 이어진 것은 유명하다. 연옥을 **지옥의 변방**limbo과 혼동해서는 안 된다. 지옥의 변방은 교황 비오 10세Pope Pius X가 자신의 1905년 교리문답서에서 인정한 13세기 개념이다. 지옥의 변방은 지옥과 천국 사이에 있다. 세례 받기 전에 죽은 유아나 예수 이전에 살았던 구약성경의 유대 민족 장로 등 예수를 믿을 기회가 없었던 이를 위한 장소다.

끝없이 진화하는 종교적 신념의 속성은 1999년에 잘 드러났다. 교황 요한 바오로 2세Pope John Paul II가 천국과 지옥은 실제의 물리적 장소가 아니라 하나님과 교감하거나 교감하지 않는 영혼의 상태라 결정했다. "우리가 자신을 발견하게 될 '천국'이나 '행복'은 추상적 존재나 구름 속에 들어 있는 물질적 공간이 아니라 살아서 삼위일체와 몸소 맺는 관계입니다. 이것은 성령과의 교감을 통해 이루어지고 부활하신 예수님 안에서 일어나는 하나님 아버지와의 만남입니다."6) 장폴 사르트르는 『출구 없음No Exit』에서 "타인은 지옥이다Hell is other people"라는 유명한 말을 남겼다. 여기서 하나님과의 결별은 지옥이다. 가톨릭에서 진실이라 선언한 내용에 항상 고개를 끄덕이지 않는 개신교도는(어쨌거나 그냥 안락의자에 앉아서 지나가는 생각으로 해 보는 것이라면 모를까, 천국과 지옥이 실제 장소인지 아닌지를 어떻게 교황이 결정한단 말인가?) 이러한 해석을 거부한다. 그들은 천국과 지옥이 실제로 존재하며 사람들은 천국에 가기를 고대하고, 지옥을 두려워해야 한다는 교리를 고수했다.

기독교에서 말하는 천국에 가면 그곳은 어떤 모습일까? 지금까지 그곳에 갔다가 반박 불가능한 증거를 가지고 되돌아온 사람은 없었다. 천국을 믿는 사람은 순전히 화자의 상상력에서 비롯된 성경 이야기나 신학 이야기에 다시 한 번 만족해야 한다. 어떤 성인聖人은 천국의 비전을 보았노라고 주장하기도 하지만 비전은 또 다른 형태의 허구일 뿐 믿을 만한 것이 못 된다. 「요한계시록」 22장 5절에서 천국에 대해 이렇게 말한다. "다시 밤이 없겠고 등불과 햇빛이 필요 없으니 이는 주 하나님이 그들에게 비치심이라. 그들이 세세토록 왕 노릇 하리로다." 「요한계시록」에는 저자인 요한이 본 천국의 비전이 다량 수록되어 있다. "24 장로들이 흰옷을 입고 앉아 있는데 머리에는 금관을 쓰고 있더라", "보좌 앞에 횃불 일곱 개가 불타고 있더라", "수정 같아 보이는 유리 바다가 있고, 그 보좌 한가운데에, 그리고 보좌 주위로 앞뒤로 눈이 가득 박힌 네 마리 짐승이 있으니, 첫째 짐승은 사자 같고, 둘째 짐승은 송아지 같고, 셋째 짐승은 사람의 얼굴을 하고 있고, 넷째 짐승은 하늘을 나는 독수리 같더라. 그리고 네 짐승은 저마다 날개 여섯 개가 있고 그 날개 안과 주위에는 눈들이 가득하더라."(「요한계시록」 4장 일부) 요한의 말에 따르면 천국은 땅과 그 위에 사는 것들을 그대로 옮겨 놓은 듯 보였으나 땅 위의 안 좋은 것들은 없다고 했다. "하나님께서 모든 눈물을 그 눈에서 닦아 주시어 다시는 죽음, 슬픔, 울음, 고통이 있지 아니하니 앞선 것들이 다 지나갔음이라."(「요한계시록」 21장 4절) 「요한계시록」은 물개, 말, 일식, 지진, 불, 우박, 짐승, 천사, 용, 피의 바다 등 이런 식으로 계속 이어진다.

크게 보면 기독교도는 자신이 신과 함께 영원히 살리라 믿는다. 이것이 정확히 무슨 의미인지는 분명하지 않다. 변화가 없는 정적인 경험일까, 아니면 사람은 그곳에서도 계속 자라고 배우는 것일까? 천국은 이미 존재하는 것인가, 아니면 예수의 재림 이후에 찾아올 미래의 상태일까? 천국이 물리적인 장소라면 그곳은 3차원일까, 아니면 다른 어떤 차원일까? 천국에 해당하는 히브리어 '샤마임'이 복수형이라는 점을 생각하면 천국은 여러 장소이거나 한 장소가 여러 개의 방으로 나뉘어 있음 직도 하고, 여러 차원일 수도 있을 거라는 생각이 든다. 어쩌면 「예레미야」 23장 24절에 표현된 것처럼 천국은 순수한 하나님의 편재성omnipresence of God인지도 모른다. "내가 하늘과 땅을 가득 채우고 있지 않더냐? 여호와의 말씀이다." 하지만 훨씬 더 높은 천국이 존재하는 듯하다. 「에베소서」 4장 10절에서 예수는 이렇게 말한다. "나는 모든 천국보다 훨씬 높은 곳으로 올라갔도다." 천국보다 높은 곳?

말 그대로 천국에 관심이 적은 사람들은 히브리어로 '간 에덴 Gan Eden' 즉 에덴동산 쪽으로 마음이 더 끌릴 것이다. 에덴동산은 사람들이 타락하여 죄가 생겨나기 전에 완벽한 조화 속에서 살던 좀 더 형이상학적인 장소다. 이 낙원 같은 동산은 사막에 사는 사람들의 몽상에나 나올 법하다. 사막은 신선한 생선, 무르익은 과일, 풍성한 곡물, 무성한 채소, 그리고 먹을 수 있는 발굽 달린 가축의 무리, 젖과 꿀, 기름과 와인 등을 찾아보기 어려운 곳이니까 말이다. 'paradise(낙원)'라는 단어는 사실 '벽으로 둘러싸인 정원'이라는 의미의 'pairidaeza'에서 유래했다. 사람들의 머릿속에 그려진 '새 예루살렘New Jerusalem'은 벽으로 둘러싸인 도시다. 여기서 한 가지가 궁금해진다. 낙원 같은 완벽한 세상에서 벽은 왜? 혹시 천국은 땅 위에서만 찾을 수 있기 때문에 완벽하지도, 낙원 같지도 않아서 그것을 보호해 줄 방어벽이 필요한 것이 아닐까?

## 사후 세계에 대한 이슬람교 신앙

이슬람교의 신과 유대교, 기독교의 신이 같다고 하지만[7] 이들 종교 사이의 차이점은 이슬람Islam이라는 단어의 의미에서부터 명확하다. 이슬람은 '복종'이란 뜻이다. 심판의 날the Day of Judgment이 오면 이슬람교도의 영혼은 신앙의 세 가지 핵심 교리에 복종한 정도를 기준으로 평가받는다. 세 가지 핵심 교리란 이렇다. (1) 쿠란의 권위와 완벽성 (2) 알라에 대한 일신교적 믿음 (3) 이슬람교의 교리인 "신은 오직 알라뿐이며 무함마드는 알라의 예언자다"[8]에서 보듯 무함마드를 알라의 예언자로 인정함. 그럼 그다음엔 어떻게 될까? 쿠란 22장 7절에 따르면 이렇다. "알라가 무덤 속에서 들어 있는 자들을 부활시킬 날이 실로 다가오고 있으며, 거기에는 의심할 여지가 없노라." 죽은 자들을 육체적으로 부활시킨 후에 지금은 익숙해진 천국 아니면 지옥의 이분법적 모형에 따라 심판해, 그들의 운명을 결정한다. 종교학자 무라타 사치코村田幸子와 윌리엄 치틱William Chittick은 『이슬람의 비전Visions of Islam』이라는 책에서 이렇게 말한다. "내세에서 낙원은 사람의 왕국이지만, 지옥은 인간으로 시작했으나 인간답게 살지 못한 자들을 위한 왕국이다. 천국은 항상 땅과 대비되는 반면 이슬람교에서 낙원은 항상 지옥과 나란히 등장한다. 낙원과 지옥은 신에게로 돌아가는 것과 관련 있다. 낙원과 지옥은 최후 심판의 날Last Day이 지나기 전까지는 온전히 체험해 볼 수 없다."[9] 성경과 마찬가지로 쿠란은 '멸망의 날hour of doom'의 날짜는 지정하지 않지만 종말이 다가왔을 때 어떤 모습일지 설명하고 있다.

> 태양이 빛을 잃을 때,
>
> 별들이 떨어질 때,
>
> 산들이 움직일 때,
>
> 새끼를 밴 낙타가 방치될 때,
>
> 사나운 야수들이 모여들 때,
>
> 바다가 끓어오르기 시작할 때,
>
> 지옥이 타오르기 시작할 때,
>
> 낙원이 가까이 다가올 때,
>
> 비로소 영혼은 자신이 무엇을 생산하였는지 알게 되리라.
>
> (81장 1~14절)

히브리 세계관이 다른 근동 지역 사람들의 우주론 모형에 영향을 받았듯이 쿠란의 경문들을 수집하고 편집한 필경사들 역시 7세기 근동 문화의 우주론을 받아들여 맨눈으로 보이는 '행성'(수성, 금성, 화성, 목성, 토성, 그리고 태양과 달까지) 일곱 개에 해당하는 천국 일곱 개를 언급했다. 사실 대천사 가브리엘이 무함마드의 손을 잡고 아담을 만나러 갔던 곳은 달의 천국이었다. 연이어 천국 여섯 곳을 돌면서 이들은 아브라함Abraham, 모세, 예수를 비롯한 다른 예언자들을 만났다. 이들은 또한 낙원Janna과 지옥Jahannam에도 방문했다. 이슬람교도가 죽고 나서 어디로 갈지는 그가 살아생전에 어떤 선택을 했느냐에 달려 있다. 세상에는 올바른 행동과 올바른 믿음, 그리고 사악한 행동과 사악한 믿음이 존재한다. "각각의 사람이 했던 올바른 행동을 한 그릇에 담고, 사악한 행동은 다른 그릇에 담는다. 만약 올바른 행동이 훨씬 많으면 그 사람은 낙원으로 가지만, 사악한 행동이 많으면 지옥으로 내동댕이쳐진다." 심판의 도구인 **미잔**(mizan, 저울)은 그리스신화에 나오는 정의의 여신 유스티티아Justitia의 양팔 저울과 비슷해 보인다. 이슬람교도가 종교적 신성함에서 쿠란 다음으로 여기는 **하디스** 중 하나에 따르면 이렇다.[10] "그 다음에는 저울의 한쪽에 수많은 악행의 목록을 적어 놓은 두루마리 아흔아홉 권을 올려놓고, 반대쪽에는 '알라가 유일한 신이며 무함마드는 그의 예언자임을 증언합니다'라고 적힌 종잇조각 한 장을 올려놓으면 두루마리는 가볍고 종이는 무거울 것이다. 무게로 따지면 신의 이름에 비할 것이 없기 때문이다."

사람이 죽으면 육신은 무덤 속에 남지만 죽음의 천사Angel of Death가 심판하기 위해 영혼은 데려간다. 부활이 이루어질 때까지 죽은 자는 영혼과 육신이 분리된 상태인 **바르자크**barzakh로 있다. 이 시간 동안 인생을 뒤돌아보면서 자신이 천국으로 갈지, 지옥으로 갈지를 예측할 수 있다. 문카르Munkar와 나키르Nakir라는 이름의 두 천사가 죽은 자를 찾아와 이렇게 묻는다. "너는 어느 신을 섬겼느냐?" 그리고 "너의 예언자는 누구냐?" 그럼 "신은 오직 알라가 유일하며, 무함마드가 알라의 예언자입니다" 하고 정답을 말하면 당신은 널찍한 무덤에서 최후의 심판을 받으며 살짝 곁눈질로 낙원을 볼 수 있을지도 모른다. 반면 정답을 못 맞히면(쿠란의 말씀에서 벗어나는 것은 거의 모두 오답이다) 당신은 좁고 사방이 막힌 무덤으로 가서 전갈과 거미의 공격을 받고, 그 창 너머로 지옥을 볼 것이다. 처음에는 그곳에서 질식하지 않더라도 불 때문에 무척 뜨거울 것이다. 쿠란에서 알라는 이렇게 말한다. "모든 산 자는 죽음의 맛을 보게 되리니, 우리는 악과 선으로 너를 시험할 것이다. 티끌만큼이라도 선을 행한 자는 누구든 그것을 보게 될 것이다. 티끌만큼이라도 악을 행한 자는 그것을 보게 될 것이다." 기독교와 달리 이슬람교에는 '원죄original sin'라는 개념이 없기 때문에 죄를 대신해 죽을 구세주가 필요하지 않다. 이슬람교는 예수를 메시아로 인정하지 않는다.

사막에 사는 다른 민족처럼 이슬람 경전은 흐르는 물과 함께 젖, 포도주, 꿀, 대추야자, 석류, 그리고 주변에 슈퍼마켓이 없는 곳에 사는 사람들이 갈망할 만한 세속적 즐거움이 가득한 정원으로 낙원을 묘사한다. 이것은 이들이 처한 환경을 생각하면 충분히 이해할 만한 욕망이다. 예를 들어 마크디시Maqdisi라는 10세기 아랍 지리학자는 메카를 "숨이 턱 막힐 정도로 뜨겁고, 바람이 미친 듯이 불어 대고, 날파리 떼가 구름처럼 몰려다닌다"라고 묘사했다. 메카의 견딜 수 없는 더위 때문에 사람들은 이곳을 '불타는' 도시로 묘사하기도 했다[11] 반면 이 낙원의 정원은 '푸른 초원', '시원한 정자', '물이 콸콸 쏟아지는 샘물' 등으로 이루어졌다. 쿠란에 따르면 자격이 있는 사람으로 심판받은 이슬람교도의 부활한 육신은 이곳에서 비단 옷과 황금으로 꾸며진다. 이들은 아름다운 집을 거처로 제공받고, "온갖 종류의 과일을 맛보고, 흐르는 개울에서 감각을 둔하게 만들지도, 취하게 만들지도 않는 맑고 맛있는 물을 떠서 돌려 마시며 의자 위에 얼굴을 맞대고 앉아 기쁨의 정원에서 예우받을 것이다." 당연히 낙원에는 섹스도 있다. 당신이 이승에서 결혼을 한 상태면 저승에서도 아내와 성적 관계를 계속 갖게 될 것이다 … 영원히 말이다!(이거

웃어야 할지, 울어야 할지) 만약 이승에서 독신이었다면 저승에서는 아름다운 반려자를 만나게 될 것이다. 어떤 이의 설명으로는 무려 72명이나! 당연히 모두 처녀. (혹시나 해서 설명하자면 한 **하디스**에 따르면 필요한 사람에게는 성적 잠재력이 추가로 주어진다고 한다. 아마도 천상의 비아그라인 듯싶다) 서문에서 살펴보았듯이 이런 판타지는 무장한 지하드 jihad* 전사에게 싸울 동기를 부여하는 원동력으로 사용됐다. 지하드 전사들은 말 그대로 천국에 가기 위해 죽는다.


## 천국의 불만


천국이라는 주제를 놓고 광범위한 학술 문헌 속에 빠져 있다 보면 불가피하게 깨닫는 것이 있다. 천국에도 역사가 있다는 것이다. 에드워드 라이트J. Edward Wright의 『천국의 초기 역사The Early History of Heaven』[12], 알리스터 맥그래스Alister McGrath의 『천국의 소망』[13], 제프리 버턴 러셀Jeffrey Burton Russell의 『천국의 역사A History of Heaven』[14], 그중에서 가장 주목할 만한 앨런 시걸의 권위 있는 책 『죽음 이후의 삶: 서구 종교에서 보는 사후 세계의 역사Life After Death: A History of the Afterlife in Western Religion』[15]와 콜린 맥다넬Colleen McDannell과 버나드 랭Bernhard Lang의 『천국의 역사』[16] 등은 천국이란 개념이 얼마나 역사와 뒤얽혀 있고, 유동적인지 보여 준다.[17] 앨런 시걸은 천국에 대해 철저하게 역사적으로 검토한 후에 그 내용을 요약했다. "천국을 상

---

* 성전聖戰

상하는 것은 천국에 대한 희망을 투사한 후에 거기에 부응하는 삶을 살기 위한 노력을 수반한다."[18] 맥다넬과 랭은 수천 년 전 과거로의 여정을 떠올리며 이렇게 말한다. "설교 속의 학술 신학 서적, 위로의 편지, 시, 시각 미술, 그리고 기록되지 않은 셀 수 없이 많은 대화 속에서 선지자들은 저 너머의 세상에 다녀왔다고 주장하고, 철학자들은 논리로 이끌어 낸 추측을 내놓고, 화가들은 자기 내면의 상상을 그림으로 그린다. 이들이 묘사한 내용은 놀라울 정도로 천차만별이다." 천국이라는 주제에서 나타나는 다양성은 사실 충격적이다. "어떤 사람은 영원히 지속되는 삶이 '영화로운glorified' 땅 위에서 이루어질 것이라 생각하고, 어떤 사람은 천국이 우리가 아는 우주 바깥에 존재하는 왕국이라 생각한다. 어떤 사람은 영생이 오직 신에만 초점을 맞추어 이루어지리라 생각하는 반면, 누군가는 개인적인 우정과 결혼에 대해 이야기한다. 영원한 휴식이 영원한 섬김과 경쟁하는 것이다." 이런 개념의 다양성을 우리는 어떻게 이해해야 할까? 맥다넬과 랭은 이렇게 결론 내린다.

> 기본적인 기독교적 가르침은 없고 무수히 많은 추측만 존재한다. 신학자 입장에서 천국에서 어떤 일이 일어나는지에 대한 공통 의견이 존재하지 않는다는 것이 실망스러울 수 있다. 철학자 입장에서는 천국에 대한 교리가 변치 않는 존재론적 구조 ontological structure를 전혀 제공하지 않는다는 개념이 불만스러울 수 있다. 하지만 역사가의 입장에서 그런 변화와 다양성이야말로 크나큰 즐거움이다. [19]

과학사가인 나도 이런 다양성 덕분에 아주 즐겁다. 과학자의 입장에서 믿음이 이렇게 다양하다는 것은 그 믿음 중 어느 것도 존재론적 의미에서 진리가 아닐 가능성이 높다는 이야기다. 이런 믿음은 분명히 문화적으로 얽혀 있고 지리적으로 결정된다. 그뿐만 아니라 그중 어느 쪽이 실제와 비슷할지 결정할 방법도 없다. 예를 들어 우주론cosmology도 역사가 있다. 우주론의 역사는 한 가지 중요한 면에서 천국의 역사와 다르다. 우주는 실제로 존재하며 더 나은 데이터와 정교한 이론들이 등장하면서 우주에 대한 이해가 실제로 발전해왔다는 점이다. 하지만 천국의 역사는 여기에 견줄 만한 것이 없다. 사후 세계의 진정한 본질에 대한 이해를 밝혀 줄 중요한 발견이 이루어졌다는 날짜 하나 나와 있지 않다.

천국은 역사와 문학에서 여러 가지 형태로 모습을 드러냈다. 천국은 신이 머무는 장소만이 아니다. 천국은 법정cosmic courthouse이기도 하다. 이승에서 착한 일을 한 사람에게는 보상을 해 주고, 그렇지 않은 죄인에게는 벌을 내리는 궁극의 정의가 실현된다. 이곳은 육신을 벗어난 영혼을 모아 놓는 보관소일 뿐만 아니라 일부 기독교 종파에서는 이상적인 나이(어떤 곳에서는 33세라고 설명한다. 예수가 십자가에서 죽었을 때의 나이라서 그렇다)와 완벽한 건강함(못 보는 자 앞을 보고, 귀가 먼 자 소리를 듣고, 불구인 자는 걷게 되리라)으로 부활한 육신의 보관소라고 설명하기도 한다. 천국은 육신의 모든 기억을 안고 부활했으나 그 영혼을 담던 그릇은 없는 신령한 몸spiritual body이나 영혼의 보관소다. 여론조사에서 나온 것처럼 대다수 사람은 천국을 재판, 시련, 근심 걱정, 질병, 고통, 슬픔, 측은함이 없는 곳으로 생각한다. 사후 세계는 기쁘고 즐거우며, 더없는 행복과 평화, 사랑으로 가득할 것이다.[20] 천국은 지옥의 반대라고 한다. 노래 「호텔 캘리포니아」의 가사처럼 당신은 원하면 언제라도 체크아웃할 수 있지만 결코 천국을 떠날 수는 없다. 천국은 인생의 종점에 있는 최종 목적지이자, 이승에서 이루어진 역사의 마무리이자 종말이다.

유대교, 기독교, 이슬람교의 천국에 대한 비전은 사실 인생의 가장 어려운 질문에 대답하고, 당근과 채찍이라는 일차원적이고 이분법적인 도덕 제도로 대중을 통제하기 위해 버전 1.0의 운영체제를 설치하던 고대 사막 거주민에게 기대할 법한 내용이다. 지금부터 수천 년 후에 나올 컴퓨터에 윈도우98을 깔아서 운용한다고 상상해 보라. 소프트웨어 프로그램은 하드웨어 장비와 함께 진화해야 한다. 과학과 이성이 지배하고, 권리와 정의의 가치관도 그에 맞게 세속적으로 변한 현대사회와 고대 종교의 관계는 인터넷이 가능한 현대 컴퓨터와 톱니바퀴, 기어, 종이 펀치 카드로 돌아가던 찰스 배비지 Charles Babbage의 19세기 해석 기관Analytical Engine과의 관계와 비슷하다. 과학과 기술이 진보하면 도덕 기준도 그에 맞게 진보해야 한다.

도덕적 우주가 궤도를 달리한 덕분에 도덕적 고려 사항의 모든 영역에서 포용주의가 확대되었다. 누가 천국에 들어갈 수 있을 것인가의 문제를 두고 기독교도 사이에서 포용주의inclusivism가 힘을 얻고 있다. 기독교 역사 대부분은 오직 기독교도만이 구원받을 자격이 있다고 믿는 **배타주의**exclusivism가 지배했다. 하지만 신앙이 다른 사람도 천국에 갈 수 있다고 믿는 **포용주의**가 점점 더 기반을 넓힌다. 예를 들면 20세기 초에는 기독교도 중 10퍼센트 미만이 누가 천국으로 가는지에 대한 믿음에서 포용주의자였으나, 2008년 퓨포럼 설문 조사에서 복음주의자의 57퍼센트, 가톨릭교도의 79퍼센트, 개신교도의 83퍼센트가 "많은 종교가 영생으로 이어질 수 있다"라는 데 동의했다. 전체적으로 보면 기독교인 중 29퍼센트만이 "내 종교야말로 영생으로 이어지는 하나뿐인 진정한 신앙"이라고 말했다. 이 설문 조사에서 교회 출석률과 배타주의 사이에 양적 상관관계가 발견되었다는 점은 시사하는 바가 크다. 정기적으로 교회에 출석하는 사람은 예배에 잘 가지 않는 사람들보다 자신의 종교가 영생으로 이어지는 하나뿐인 진정한 종교라고 믿는 비율이 두 배 이상 높았다. 그리고 그 효과는 복음주의자 사이에서 가장 크게 나타났다.[21]

천국과 사후 세계(거기에 가는 방법)의 설명은 종교마다 다르다. 이 집트인들은 지구 위 높은 곳, 별이 존재하지 않는 우주의 '어두운 영역'에 있는 물리적 공간을 상상했다. 바이킹들은 발할라Valhalla에 열광했다. 어떤 사람들은 맥주를 마시며 다시 싸울 준비를 하는 커다란 홀을 발할라로 포함시켰다. 이슬람교도는 강물, 샘, 그늘진 계곡, 나무, 젖, 꿀, 포도주가 가득한 정원을 꿈꾸었다. 이런 것들은 모두 사막에 사는 사람들이 갈망할 만한 것들이다. 물론 기독교도는 천사들과 함께 하나님의 보좌에서 영생을 누리는 꿈을 꾸었다. 어느 쪽이 옳을까? 서로 충돌하며 경쟁하는 이 수많은 천국의 가설을 어떤 기준으로 평가할 수 있을까? 과학자는 서로 대립하는 가설들을 보면 실험을 해 보거나 데이터를 비교해서 참일 가능성이 가장 높은 것, 혹은 거짓일 가능성이 가장 낮은 것을 찾아낸다. 하지만 신학자는 이런 도구가 없다. 걸출한 중세의 유대교 철학자이자 천문학자였던 모지스 마이모니데스는 『미슈네 토라Mishneh Torah』(기원후 1170~1180)에 이렇게 적었다. "영혼이 내세에서 누리게 될 지복의 상태에 관한 한 우리가 그것을 이해하거나 알 방법이 이승에는 존재하지 않는다."[22]

심지어 천국이 과연 바람직한 것인지도 전혀 확실치 않다. 미국의 코미디 및 버라이어티 쇼 프로그램 "새터데이 나이트 라이브Saturday Night Live"의 코미디언 줄리아 스위니Julia Sweeney는 모르몬교 선교사에게 천국에서는 육신이 원래 상태로 되돌아간다는 말을 듣고 이렇게 말했다. "코 성형 수술을 받은 사람은 어떡해요? … 수술한 코가 맘에 들면요? 그래도 꼭 옛날 코로 돌아가야 하나요?" 그녀는 자신의 대화 상대에게 자기가 암이 생긴 자궁을 수술로 제거했다고 설명했는데, 그 자궁을 다시 돌려받게 된다는 말을 듣고 이렇게 대답했다. "난 그거 되돌려 받기 싫어요!"[23] 19세기 민족학자 엘리 르클뤼Élie Reclus는 기독교 선교사들이 기독교와 비슷한 천국을 약속하며 에스키모를 개종시키려고 했을 때 직면했던 저항을 이렇게 묘사한다.

에스키모: 물개는요? 물개에 대한 이야기는 하나도 없네요. 당신네 천국에는 물개가 없나요?

선교사: 물개요? 물개는 없죠. 천사와 대천사가 있습니다. 그리고 사도 12명과 장로 24명이 있어요.

에스키모: 그럼 됐습니다. 당신의 천국에는 물개가 없군요. 물개가 없는 천국은 우리를 위한 천국이 아닙니다.[24]

대학 시절 나를 처음 가르쳐 주었던 교수 리처드 하디슨은 천국에 대해 의문을 품고 있었다. "천국에도 테니스장과 골프장이 있을까?" 바꿔 말하면 그곳에도 도전이 있을까? 천국에 질병도, 아픔도, 늙음도, 죽음도 없고 극복해야 할 장애물도, 무언가를 위해 일할 목적도 존재하지 않는다면 대체 무슨 할 일이 있을까? 영원이란 시간은 지복 속에 지겨워하기에는 너무도 길다. 크리스토퍼 히친스는 만약 기독교에서 말하는 천국이 옳고, 당신이 생각하고, 행동하고, 말하는 모든 것을 알고 통제하는 전지전능한 신과 영원한 시간을 함께 보내야 한다면 천국은 "결코 도망칠 수 없는 하늘나라의 북한celestial North Korea" 25)이나 마찬가지이며 "칭송과 경배가 끝없이 이어질 뿐, 자신을 무한히 거부하고 소외시키는 곳" 26)이 되고 말 것이라는 유명한 말을 남겼다. 2011년 사망하기 얼마 전에 연단에서 펼친 그의 마지막 강연 중 하나에서 히친스는 UCLA의 청중에게 이렇게 말했다.

어느 시점에서 우리 모두가 겪게 될 일이 있습니다. 누군가가 여러분의 어깨를 두드리면서 말합니다. 이제 파티가 끝났다고 말이죠. 하지만 사실 파티는 계속 벌어지고 당신만 그 자리를 떠야 하는 것입니다. 아마도 대부분은 자신의 죽음에 대해 생각할 때 이런 부분을 제일 속상하게 생각하지 않을까 싶네요. 좋습니다. 그럼 이번에는 그 반대를 생각해 보죠. 누군가 여러분의 어깨를 두드리면서 좋은 소식이 있다고 말합니다. 이 파티는 영원히 이어지고, 여러분은 이 파티에서 벗어날 수 없다고 말이죠! 27)

유한한 존재가 무한을 이해할 수 없는 것처럼 영생이란 개념조차 죽을 운명인 우리에게 결코 이해 불가능한 개념이다. 영원히 존재한다는 것은 대체 무슨 의미일까? 우디 앨런은 이렇게 말했다. "영원은 끔찍할 정도로 긴 시간이다. 특히 막판에 가면." 28) 어쩌면 종교에서 표현하는 낙원이 어둠, 포식자, 굶주림, 고통, 고된 노동, 괴로움 등의 부정적인 요소만 빠져 있을 뿐 세속적인 장면을 닮은 이유도 이 때문인지 모른다. 천국에 가는 데 성공한 모든 이에게 풍부한 자원과 편안한 삶이 제공된다. 천국의 이런 비전이 속세에서 비롯되었음이 분명하다는 것은 사실 이 이야기 모두 전적으로 일상의 괴로움에 고통받는 사람에 의해 꾸며진 이야기임을 강력히 암시한다. 「이사야」에 나오는 다음의 유명한 구절을 고려해 보자.

보라 내가 새 하늘과 새 땅을 창조하나니 이전 것은 기억되거나 마음에 생각나지 아니할 것이라.

거기는 며칠만 살고 죽는 아이와 명을 다하지 못하는 노인이 다시는 없을 것이라.

아이는 100살을 채우고 죽을 것이요, 100살 못 되어 죽는 자는 저주받은 것이리라.

그들이 집을 짓고 그 안에 살 것이며, 포도나무를 심고 열매를 먹을 것이라.

그들의 수고가 헛되지 않으며, 그들이 낳은 자손은 재난에 처하지 아니하리니,

그들은 여호와의 복된 자의 자손이요 그 소생도 그들과 함께 될 것임이라.

늑대와 어린 양이 함께 먹을 것이며 사자가 소처럼 짚을 먹을 것이며 뱀은 흙으로 먹이를 삼을 것이니.

나의 성스러운 산에서는 해함도 없겠고 상함도 없으리라, 여호와의 말이니라.

(65장 17~25절 부분 발췌)

이것은 과연 하늘의 낙원을 표현한 것일까, 아니면 지상의 낙원을 표현한 것일까? 권위 있는 『해설자의 성경Interpreter's Bible』에 따르면 이런 구절 속에서 "그 의미는 현재의 세상이 완전히 파괴되고 새로운 세상이 창조된다는 것이 아니라 현재의 세상이 완전히 탈바꿈된다는 것이다. … 여기에는 우주론적 추측이 있지 않다."[29] 실제로 히브리 성경에서 계율에 제일 마지막으로 추가된 「다니엘」이 나오기 전까지 사람이 천국으로 올라간다는 언급은 찾아볼 수 없었다. 고대의 신앙인들에게 천국은 죽은 이후에 찾아가는 장소가 아니라 이 지상에 있는 것이었다.

지상낙원에서 우주 궁창으로의 이동은 「다니엘」에서 시작해서 신약성경에서 강화되었다. 특히 억압받는 백성에게 구원이 머지않았다고 말한 예수에 의해 강화되었다. 하지만 예수조차 '너희에게 임한 하느님의 나라'에 대해 흥미로운 언급을 했다(「누가복음」 11장 20절, "하나님의 나라가 이미 너희에게 임하였느니라"). 특히 「누가복음」 17장 20에서 21절에는 예수가 천국이 마음의 상태라고 암시하는 듯 보인다. "바리새인들이 하나님의 나라가 어느 때에 임하나이까 묻거늘 예수께서 대답하여 이르시되 하나님의 나라는 볼 수 있게 임하는 것이 아니요, 또 여기 있다 저기 있다고도 못하리니 하나님의 나라는 너희 안에 있느니라."

어쩌면 이 해석은 「마태복음」 16장 28절에 나오는 감질나는 구절의 의미를 밝혀 줄지 모르겠다. 여기서 예수는 제자들에게 이렇게 말한다. "내가 진정으로 너희에게 이르노니 여기에 서 있는 사람들 가운데에는 죽음을 맛보지 않고 살아서, 사람의 아들*이 자신의 왕국을 차지하고 오는 것을 볼 사람들도 있느니라." 이 구절은 종말이 다가왔고, 예수의 재림이 우리 앞에 있으며, 예수가 언제 어느 때라도 돌아오리라는 기독교의 주장에 대한 반응으로 회의론자들이 오랫동안 인용해 왔다. 어쩌면 기독교도는 수백 년 동안 이 구절을 잘못 해석해 왔는지도 모른다. 어쩌면 예수가 언급한 '왕국'은 우리 안에 있는 천국이고, 우리가 여기 지상에서 쌓아 올린 천국 같은 공동체인지도 모른다. 천국은 저승에 존재하는 낙원 같은 상태가 아니라 이승에서의 더 나은 삶이다. 천국은 가야 할 장소가 아니라 바로 지

---

* 예수가 스스로를 일컬은 말.

**114**          1부 | 죽음체험과 영생 추구의 다양성

금 이곳의 존재 방식이다. 그 누구도, 심지어 독실한 종교인조차 우리가 죽고 난 후에 무슨 일이 일어나는지 확실히 알지 못한다. 그러니 유대교도, 기독교도, 이슬람교도 들은 차라리 지상의 천국 만들기에 힘을 쓰는 편이 나을 것이다.

인간은 하루하루 살아가는 것만으로 만족하지 못한다.
우리는 초월하고, 이동하고, 탈출할 필요가 있다. 우리는 의미와 이해,
설명이 필요하다. 우리는 삶의 전체적인 패턴을 바라볼 필요가 있다.
우리는 희망, 미래에 대한 느낌이 필요하다. 우리는 망원경이나
현미경을 통해서든, 끊임없이 성장하는 기술을 통해서든, 다른 세계로
떠날 수 있는 마음의 상태를 통해서든 우리를 둘러싼 환경을
극복하고 우리 자신을 뛰어넘을 자유(아니면 적어도 그런 자유가 있다는 착각)가 필요하다.

— 올리버 색스Oliver Sacks, 〈변화된 상태Altered States〉, 《뉴요커The New Yorker》, 2012

2부

✕

# 영생의 과학적 탐구

# 4장

# 내면의 천국
영적 구도자들의 사후 세계

나는 무기물로 죽어서 식물이 되었다.
나는 식물로 죽어서 동물로 승격되었다.
나는 동물로 죽어서 인간이 되었다.
두려워할 것이 무엇인가? 내가 죽어서 전보다 못한 존재가 된 적이 없는데.

— 루미Rumi, 「위로 오르는 영혼The Ascending Soul」[1]

초프라 센터Chopra Center의 의료 담당자가 나의 도샤(dosha, 기질)는 피타Pitta라고 말했다. 초프라 센터는 캘리포니아 해안가 도시 칼즈배드에 자리 잡은 화려한 라코스타 리조트La Costa Resort의 복합건물이다. 나는 2016년 2월 영적 구도자spiritual seeker의 세계와 세계관을 직접 체험해 보고자 그곳에 갔다. 특히 이곳의 사람들은 이 운동을 지지하는 가장 저명한 미국인인 디팩 초프라Deepak Chopra에게 직접 수련을 받고 있었다. 의사 겸 저자, 연설자, 명상가이자 보완의학complementary medicine과 대체의학alternative medicine 종사자이기도 한 초프라는 마이클 잭슨Michael Jackson과 오프라 윈프리Oprah Winfrey를 비롯한 수백만 명에게 영적 지도자 역할을 하는 등 오늘날 뉴에이지 운동New Age movement의 가장 유명한 인사라 해도 과언이 아니다. 수많은 사람이 이러한 영적 전통에 의지해서 서구의 종교나 과학으로 찾을 수 없는 무언가를 찾아 나선다.

예를 들어 같은 달에 나는 디팩 초프라, 그리고 에크하르트 톨레Eckhart Tolle(엄청난 인기를 끈 『지금 이 순간을 살아라The Power of Now』라는 책으로 유명하다)라는 이름의 또 다른 뉴에이지 영적 구도자가 주최하는 행사에 참여했다. 이 행사로 로스앤젤레스 슈라인 오디토리움Shrine Auditorium의 6300개 좌석이 두 사람을 존경하는 추종자와 할리우드의 저명인사로 발 디딜 틈 없이 빼곡히 들어찼다. 한 시간 반에 걸쳐 두 현자는 명상, 의식적 자각conscious awareness, **지금** 이 순간을 사는 것의 좋은 점을 극찬했다. 인지심리학자들은 '지금'이 대략 3초 정도의 인식을 나타낸다고 판단한다. 톨레의 세계관에서 **지금**보다 앞서 있었던 모든 일은 우리가 바꿀 수 없는 과거이고, **지금** 이후 찾아올 모든 일은 아직 일어나지 않은 미래일 뿐이다. 우리가 경험할 수 있는 것은 오직 **지금**뿐이다. 따라서 당신의 힘이 머무는 때와 장소는 바로 지금 여기다.

나는 이런 것들이 대체 무슨 의미인지 종잡지 못했다. 한번은 캘리포니아 빅서Big Sur의 에살렌 연구소Esalen Institute에서 긴 주말을 보냈다. 이곳은 명상, 마사지, 요가, 개인적 성장personal growth, 유기농 식품, 옷을 입지 않아도 되는 천연 온천 등의 용도로 지어진 수련원이다. 그곳에서 금요일 오후부터 토요일 저녁까지 **지금** 이 순간에 충실하게 사는 삶을 실천해 보았다. 하지만 그다음 월요일 아침 출근 준비를 위해 집으로 돌아가야 했다. 내 모기지 대출을 갚아야 할 **지금**이 곧 다가왔기 때문이다. 주말은 **지금**에 충실한 삶을 살기 좋지만 평일은 별로 그렇지 못하다. 영적인 것을 추구하는 이 현자들이 바꾸고 싶어 하는 것이 바로 이런 서구식 생활 구조다. 왜냐하면 천국은 하늘에 있지 않고 우리 내면에 있기 때문이다.

우리가 《스켑틱Skeptic》에 표지 기사로 디팩 초프라에 대한 이야기를 실었던 1990년대 중반 이후로 나는 줄곧 그의 세계관을 이해하려 노력했다. 그 후로 우리는 존경이 담긴 대화를 나누다가 경멸에 찬 악담을 주고받기를 반복하며 롤러코스터 같은 관계를 이어 왔다. 우리는 학회에서, 텔레비전 쇼, 그리고 사석에서 식사를 함께하면서 과학, 종교, 신에 대해 토론했다. 나는 오래도록 그의 세계관을 비판했다. 그는 내 세계관을 비판했다. 나는 그에게 근거 없는 잡설 woo-woo nonsense*이나 내뱉으며 사이비 과학을 한다고 비난했다. 그는 나의 사고방식이 편협하고, 독단적인 유물론과 과도한 과학 만능주의에 빠져 있다고 비난했다. 우리의 관계가 교착상태에 빠져들자 그 간극을 메우고 내가 그의 세계관을 더 잘 이해할 수 있도록 초프라는 나와 나의 아내를 초프라 센터 3일 수련회에 초대했다. 이 수련회는 마사지, 요가, 명상을 동양철학 및 베다 과학Vedic science과 통합해서 진행됐다. 이 장에서는 이런 영적 전통의 관점에서 바라본 사후 세계와 영생의 개념을 살펴보겠다. 특히 이 개념들은 과학자들이 영생의 달성을 위해 진행하는 연구와 맥을 같이하고 있다. 과학자들의 연구에 대해서는 이어지는 장에서 살펴볼 것이다.

## 세계관 전쟁: 이원론 대 일원론

세계관에서 근본적으로 구분해야 할 차이 중 하나는 바로 **이원론** dualism과 **일원론**monism이다. **이원론자**는 우리가 육신과 영혼, 뇌와 정신이라는 두 실체로 이루어졌다고 믿는다(철학자의 용어로는 '실체이원

---

* 'woo-woo'는 과학적 근거가 없는 초자연적, 신비주의적 현상 등을 믿는 경우를 표현할 때 쓰는 말이다.

론substance dualism'). **일원론자**는 오직 하나의 실체만 존재하며(육신과 뇌) 그로부터 의식이 창발성emergent property*으로 등장한다고 주장한다. '정신'은 그저 뇌가 하는 일을 묘사하기 위해 사용하는 용어일 뿐이고, '영혼'이란 우리의 생각, 기억, 개성을 나타내는 정보의 패턴에 불과하다. 그래서 일원론자는 물질로 이루어진 육신이 해체되고 뇌 속에 담겼던 기억 패턴이 분해되는 육신의 죽음이 곧 영혼의 죽음을 의미한다고 주장한다. 이와 대조적으로 이원론자들은 영혼이 정신처럼 육신과 별개의 존재이기 때문에 육신이 죽은 이후에도 영혼은 계속 이어진다고 주장한다.

대다수는 이원론자다. 이원론이 직관적이기 때문이다. 우리 안에 무언가 다른 존재가 있는 듯한 기분이 든다. 우리 머리뼈 속에 떠다니는 생각들이 우리 뇌와 별개인 정신처럼 느껴지듯이 말이다. 심리학자 폴 블룸Paul Bloom은 우리를 '선천적 이원론자natural-born dualist'라고 부른다. 이런 점은 언어에도 반영된다. 우리는 "나 아파I ache"보다는 "몸이 아파my body aches**"라는 표현을 쓰고, "내가 지금 뒤죽박죽이야I am muddled"보다는 "내 정신이 뒤죽박죽이야my mind is muddled***"라는 표현을 쓴다. 마치 '나', '몸', '정신'이 모두 개별 존재인 것처럼 말이다. 2) 『심슨네 가족들의 심리학The Psychology of the Simpsons』에 나온 「호머의 영혼Homer's Soul」이라는 재미있는 장에서 블룸은 호머(TV 만화 "심슨네 가족들"의 아버지)가 전화 요금이 너무 나온 이유를 알아보는

---

* 하위 계층에는 없으나 상위 계층에서 자발적으로 돌연히 출현하는 특성이나 행동이다. 전체는 부분의 합보다 크다는 의미로 이해할 수 있다.

** 우리말로는 '몸이 안 좋아' 정도의 표현에 해당한다.

*** 우리말로는 '지금 정신이 없어' 정도의 표현에 해당한다

에피소드를 통해 이원론이 대중문화에 얼마나 만연해 있는지 보여준다.

> 호머: 부르키나파소(아프리카 서부의 공화국)라고요? 분쟁 지역이라고요? 누가 그런 이
> 상한 데 전화했나요?
> 호머의 뇌: 조용히 해. 네가 했는지도 모르잖아! 나는 기억이 안 나.
> 호머: 아니요, 마지(호머 심슨의 아내)한테 물어봐야겠네요.
> 호머의 뇌: 아니지, 아니야! 뭐 하러 우리 둘 다 곤란하게 만들어? 그냥 수표나 끊어
> 줘. 그럼 내가 엔도르핀을 조금 더 분비해 줄게.
> [호머가 수표에 서명을 휘갈긴 다음 기쁨의 한숨을 내쉰다.]

이 장면이 재미있는 이유는 직관적 이원론자로서 우리는 이것이 무슨 농담인지 알아듣지만, 일원론자로서 우리는 호머와 호머의 뇌가 이원론적으로 분리되어 있지 않다는 것을 알고 있기 때문이다. 여기에는 그저 스스로에게 말을 거는 호머의 뇌가 존재할 뿐이다.[3]

블룸과 연구진은 실험실에서 어린아이의 인지 발달을 검사하면서 아이들에게 돼지 머리에 이식한 사람의 뇌 이야기를 들려주었다. 선천적 이원론자인 아이들은 이 동물이 더 똑똑해지기만 했지, 돼지의 성격과 기억을 그대로 간직하고 돼지처럼 행동하리라 생각한다. 블룸은 이 실험 결과를 바탕으로 영생에 대한 이원론적 믿음이 어떻게 발달하는지 추론한다.

**이것이 나이가 더 많은 아이나 성인에게 흔히 보이는 더욱 명확하게 표현된 사후 세**
**계관을 뒷받침하는 토대다. 아이들은 뇌가 생각과 관련됨을 배운 후에도 뇌가 정신을**

만드는 원천이라는 증거로 생각하지 않는다. 즉 유물론자가 되지 않는다는 이야기기다. 오히려 아이들은 '생각'을 좁은 의미로 해석한다. 뇌는 영혼의 계산 능력을 강화하기 위해 덧붙여진 인지 보철물cognitive prosthesis로 결론 내린다.[4]

이원론은 직관적으로, 일원론은 반反직관적으로 다가오는 한 가지 이유는 뇌가 자신의 신경 과정을 인지하지 못하기 때문이다. 정신적 활동이 뇌와 별개로 존재하듯, 다른 원천, 즉 '정신'이나 '영혼', 혹은 '의식'에서 비롯된다고 여길 때가 많다. 이와는 대조적으로 나를 비롯해서 서구식 교육을 받은 과학자 대부분은 이원론적 직관을 신뢰하지 않는 일원론자다. 이원론적 직관을 신뢰하지 않는 이유는 직관적으로는 지구가 고정되어 있고, 태양이 그 주위를 도는 듯 느껴지고, 또 그렇게 보이지만 그런 직관을 신뢰하지 않는 이유와 같다.

접근 방식을 놓고 따지면 모든 영적 구도자들이 엄격한 이원론자는 아니다. 상당수는 의식 혹은 정신이 일차적인 것이고 나머지 모든 것은 의식이나 정신의 파생물이라고 믿는다. 이것을 대다수 과학자가 지닌 **물질일원론**matter monism과 대비해서 **정신일원론**mind monism이라고 부르자. 디팩 초프라도 그런 **정신일원론자** 중 한 명이다. 반면 나는 **물질일원론자**다(관념이 일차적이라 믿으며 일종의 정신일원론을 주장하는 서구식 '관념론' 철학자도 있다[5]). 나와 대화할 때 초프라는 과학적으로 물질일원론이 훨씬 앞서 있다는 점을 인정하면서도 이렇게 지적하면서 반박했다. "신경전달물질neurotransmitter이 시냅스 간극을 가로지를 때나 경험에 의해 호르몬 분비가 촉발될 때마다, 우리는 정신이 물질을 만들어 내는 것을 봅니다. 공포증이 있는 사람은 거미를 보면 스트레스 호르몬 수치, 심박수, 혈압 상승 등의 변화를 통해 격렬하게 반응합니다. 이런 물리적 상태는 전적으로 정신이 해로울 것 없는 벌레 한 마리를 공포의 원인으로 해석했기 때문에 만들어진 것이죠." 디팩은 자신의 정신일원론을 뒷받침하기 위해 로저 펜로즈Roger Penrose나 베르너 하이젠베르크Werner Heisenberg 같은 유명한 물리학자의 말을 즐겨 인용한다. "의식은 우주의 존재 자체를 알게 하는 현상이다(로저 펜로즈)." "원자나 소립자 자체는 실제하지 않는다. 이것은 사물이나 사실의 세상이 아니라 잠재력과 가능성의 세계를 형성한다(베르너 하이젠베르크)."[6] 2017년 펴낸 책 『당신이 곧 우주다You Are the Universe』에서 초프라는 이렇게 주장한다.

> 의식은 근본적이며 다른 어떤 것에서 비롯된 것이 아니다. 의식은 존재의 바닥상태 ground state다. 의식을 갖춘 존재인 인간은 의식이 없는 상태에서는 어떤 실제를 경험할 수도, 가늠할 수도, 상상할 수도 없다.[7]

뭐, 정의만 놓고 보면 맞는 말이다. 무언가를 경험하려면 의식이 있어야 한다. 따라서 어떤 우주라도 실제를 인지하는 인간의 정신적 능력을 통해서만 파악 가능하다는 부정할 수 없는 사실을 놓고 보면 의식과 우주가 동등하다는 초프라의 주장은 지극히 당연하다. **의식을 경험하려면 의식이 있어야 한다.** 이것을 **약한 의식 원리Weak Consciousness Principle**라고 부르자. 하지만 초프라는 여기서 한발 나아가서 "인간의 모든 앎이 의식에 뿌리를 둔다면 우리는 뇌의 한계를 바탕으로 실제가 아닌 우주를 보고 있는지도 모른다. 겉으로 드러난 빅뱅 이후의 우주 진화도 완전히 인간의 의식에 좌우되어 온 것인지도 모른다." 이것은 인과의 화살을 거꾸로 뒤집는 것이다. 인지

perception에서 결정determination으로, 우주를 인식하고 이해하는 의식에서 우주를 탄생시키는 의식으로 뒤집힌다. 이것을 **강한 의식 원리** Strong Consciousness Principle라고 부르자. 비유를 해 보자. '소리'를 공기의 진동이 지각을 가진 존재의 청각기관을 자극하는 것이라 정의한다면 숲에서 쓰러지는 나무를 관찰하는 이가 아무도 없을 때 나무가 쓰러지면 소리는 나지 않을 것이다. 하지만 의식을 가진 모든 존재를 방정식에서 **뺀**다고 해서 나무, 원자, 우주가 존재를 멈추지 않는다. 그저 소리, 나무, 원자, 우주의 정의가 달라지는 것뿐이다. 이와 마찬가지로 원자나 거미의 존재를 정의할 때 의식이 있는 뇌에서 개념을 형성하는 지각표상percept*이라 정의할 수는 있지만, 지각하는 뇌가 없다고 해서 원자와 거미가 존재하지 않는다는 의미는 아니다. 지금 우리는 두 가지 다른 분석 수준에서 말하고 있다. 양쪽 다 정당하지만 어느 쪽도 다른 한쪽을 부정하지 않는다. 이들은 서로 모순 contradictory되지 않고 상호보완적complementary이다.

초프라와 동료들은 서구의 과학과 동양의 영적 전통의 융합을 시도하는 과정에서 양자역학과 의식의 신경과학을 통해 **정신일원론**으로 나아갈 길을 찾았다고 믿는다. 그는 힉회에서도 종종 이 주제를 탐구한다. 예를 들어 '2012년 현자와 과학자 학술 토론회2012 Sages and Scientists symposium'에서 초프라는 의식이 뇌와 별개로 존재한다고 생각해 보라고 요구했다. 나는 이런 질문으로 응수했다. "우리 밀리 이모의 뇌가 알츠하이머병으로 죽었을 때 그 정신은 대체 어디로 간 겁니까?" 우리는 알츠하이머병이 악화되어 신경반plaque과 신경섬유

---

* 대상에 대한 지각의 결과로 형성된 정신 표상.

다발tangle이 신경세포를 둘러싸 침범해 들어올 때 뇌에서 어떤 일이 일어나는지 안다. 뇌가 수축하면서 알츠하이머병 환자의 사고 능력과 기억도 함께 쪼그라든다. 알츠하이머병은 생각하고 기억하기 위해서 반드시 신경세포가 필요함을 증언하는 질병이다. 초프라는 나의 질문에 이렇게 응수했다. "밀리 이모는 우주의 비영구적 행동 패턴이었고, 자신을 낳았던 잠재력으로 되돌아갔죠. 동양철학 전통에 따르면 자아 정체성ego identity은 환상입니다. 깨우침의 목적은 초월해서 좀 더 보편적이고, 비국소적nonlocal이고, 비물질적인 정체성으로 넘어가는 것입니다." 토론회에 참석했던 몇몇 양자물리학자는 의식이 뇌 바깥의 비국소적 양자장nonlocal quantum field에 존재할지도 모른다는 추측을 내놓았다. 이 양자장에서 아원자입자들이 아인슈타인이 "유령 같은 원격작용spooky action at a distance**"이라고 표현했던 비물리적인 방식으로 연결되어 있는 것으로 보인다. 하지만 나는 양자적 비국소성quantum nonlocality처럼 의식도 유령같이 작용한다고 해서 그 둘이 인과적으로 연결된다는 의미는 아니라고 소리를 높여 주장했다. 유령 같은 속성spookiness은 개념과 개념을 이어 붙이는 접착제가 아니다.

의식이 우선한다고 주장하는 사람들은 뇌는 텔레비전 장치와 비슷하고 의식은 텔레비전 방송 신호와 비슷하다고 응수한다. 방송 신호를 수신하려면 텔레비전이 필요한 것처럼 의식을 표현하는 데는 뇌가 필요하다. 네덜란드의 임사체험 연구자 핌 판 롬멜Pin van Lommel은 이렇게 주장한다.

---

** 두 입자가 양자 얽힘이 일어날 경우 둘 중 어느 하나의 상태가 확정되면 떨어진 거리에 상관없이 나머지 입자의 상태도 즉각적으로 확정되는 현상.

우리는 텔레비전, 핸드폰, 노트북의 스위치를 켜고 나서야 이런 전자기 정보 장electromagnetic informational field을 인식할 수 있다. 그 장치 속에는 우리가 수신하는 정보가 없다. 하지만 수신기 덕분에 전자기장에 포함되어 있던 정보를 우리 감각으로 관찰할 수 있고, 그리하여 우리 의식에서 지각이 일어난다. 우리가 텔레비전을 끄면 수신이 이루어지지 않지만 신호는 계속 전송된다. 전송되는 정보는 계속해서 전자기장 안에 존재한다. 임상적 사망처럼 뇌가 기능을 상실하는 순간 연결은 차단되지만 정보가 사라져 버린 것은 아니다(비국소성). … 기억과 의식은 여전히 존재하지만 정보 수신 기능이 사라져서 연결이 차단된 것이다. [8]

따라서 죽음이 의식의 종말을 의미하지 않는다고 판 롬멜은 말한다. 이 비유를 소리 높여 주장한 설명이 2009년 에드워드 켈리Edward Kelly와 에밀리 켈리Emily Kelly가 엮은 책 『환원불가능한 정신Irreducible Mind』에 등장한다. 이 책에서 이들은 이렇게 주장한다. "자서전적 기억autobiographical memory, 의미 기억semantic memory, 절차 기억(procedural memory =기술 기억skill memory)은 때때로 육체가 죽어도 살아남는다. 만약 이것이 사실이라면 아마 살아 있는 사람의 기억도 적어도 부분적으로는 통상적으로 이해하는 뇌와 육체의 **외부**에 존재할 것이다." 우리가 뇌와 기억이 신경 패턴으로 저장되는 방식에 대해 아는 것이 있는데 어떻게 이럴 수 있을까? "뇌의 진짜 기능은 예를 들어 석궁을 발사하는 방아쇠처럼 **승인**을 해 주거나, 더 중요하게는 광학렌즈나 프리즘, 혹은 파이프오르간의 건반처럼(아니면 좀 더 현대적인 용어를 빌려 라디오나 텔레비전에 들어 있는 수신기처럼) **전달**해 주는 것인지도 모른다."[9]

이런 비유는 통하지 않는다. 텔레비전 스튜디오에서 방송 신호를 만들어서 송출하면 텔레비전에서 그 신호를 포착한다. 만약 뇌가 텔레비전과 비슷한 기능을 한다면 텔레비전 프로그램과 방송 시설에 해당하는 의식은 대체 어디 있단 말인가? 의식을 방송으로 내보내는 주체는 누구인가? 바꿔 말하면 뇌가 의식의 원천이 아니라면 무엇이 그 원천이란 말인가? 사실 의식을 방송으로 내보내는 주체는 존재하지도 않고, 뇌도 텔레비전과 전혀 닮지 않았다. 영혼을 믿는 사람들은 의식이 어디에나 존재한다는 막연한 개념 말고는 이런 의문에 대답하지 못한다. 신경과학자들이 밝혀낸 바로는 정신(혹은 영혼)이 하는 모든 일은 그에 동반하는 뇌 영역이 망가지면 함께 망가진다.[10] 생물학자 중 사후 세계를 믿는 사람이 7.1퍼센트에 불과한 이유도 아마 그 때문일 것이다.[11]


## 언어 문제

의식의 본질에 관한 논쟁 중 상당수는 서로 다른 세계관의 언어 때문에 생긴다.[12] 명확하게 소통하기 위해서 자신의 세계관을 표현할 때 사용하는 단어를 제대로 이해해야 한다. 서구식 교육을 받은 많은 과학자들이 동양의 영적 전통을 접할 때 언어에서 비롯된 문제를 겪기도 한다. 서구 사람들이 듣기에 어떤 언어들은 말도 안 되기 때문이다. 예를 들어 초프라는 트위터에 이런 현학적이고 난해한 글을 꾸준히 올린다.

**시간과 공간 너머의 더욱 깊은 실체 속에서 우리 모두가 하나의 육신과 하나의 정신**

을 이루는 구성원입니다.

**의식은 당신 몸속의 에너지와 정보의 흐름을 조절하고 그 흐름 자체가 됩니다.**

'wisdomofchopra.com/quiz.php'라는 웹사이트에 가 보면 정말로 디팩 초프라가 한 트윗과 컴퓨터 프로그램을 이용해 무작위로 만든 가짜 메시지를 구분하는 시험을 볼 수 있다. 이 둘은 구분하기 어려운 경우가 많다(예를 들어 "진정한 정체성은 덧없는 속성을 표현합니다True identity expresses ephemeral belonging"는 가짜 메시지다). 심리학자 고든 페니쿡Gordon Pennycook과 동료들이 2015년 발표한 논문을 보면 이런 트윗은 그들이 '심오한 듯하지만 엉터리인pseudoprofound' 헛소리 사례, 혹은 '의미나 사실에 대한 명확한 설명을 희생하는 대신 독자에게 무언가 심오한 말을 하는 듯한 인상을 남기기 위해 구축된' 언어 사례다. [13] 내가 초프라의 말을 근거 없는 잡설woo-woo nonsense이라 표현했다는 이야기도 이 논문에 등장한다. 'woo-woo nonsense'라는 말은 2010년 디팩 초프라와 내가 캘리포니아공과대학교에서 벌였던 토론에서 나온 말이다(당시 샘 해리스Sam Harris는 내 편에 섰고, 진 휴스턴Jean Houston은 초프라의 편에 섰다). 이 토론은 ABC의 토론 프로그램인 "나이트라인 Nightline"을 통해 방송되었다. 시청자 질의응답 시간에 초프라는 의식의 본질에 관한 대화에 물리학자 겸 과학저술가 레너드 플로디노프 Leonard Mlodinow를 끌어들였다. 초프라는 의식의 본질을 '가능성의 중첩superposition of possibilities'으로 정의했다. 이 말에 플로디노프는 이렇게 대답했다. "각각의 단어들이 갖는 의미는 잘 알고 있습니다만 정작 당신이 말하는 의식의 의미는 모르겠군요." [14]

여기서 초프라가 정의하는 의식은 분명 심오한 듯 엉터리인 현학적 표현으로 보인다. 그 후 나는 그와 잘 알고 지냈기에 그가 독자를 혼란에 빠뜨리려고 일부러 그런 말을 지어낸 것은 아니라고 분명하게 말할 수 있다. 과학자들은 아직도 의식을 설명하지 못한다. 적어도 의식의 질적인 측면, 즉 **감각질**qualia은 설명 못한다. 초프라와 일부 사람들은 양자역학이 의식을 설명하는 데 도움이 된다고 믿는다("가능성의 중첩"이란 표현도 아원자 세계에서의 양자 효과에 대한 이야기다). 따라서 다른 사람이 듣기에 그의 말이 터무니없어 보이겠지만 그의 생각에는 의식을 설명할 때 양자역학의 용어를 끌어들이는 것이 터무니없지 않다.

사람들에게 자신의 생각을 이해시키려면 내용을 명확하게 전달할 수 있어야 한다. 나는 자신의 개념을 명확하게 전달할 책임은 초프라에게 있다는 입장을 오랫동안 고수해 왔다. 하지만 내 아내는 소통은 양방향으로 일어나기 때문에 초프라의 말을 잘 이해하고 싶다면 그의 세계로 들어가 볼 필요가 있다고 설득했다. 그래서 칼즈배드에 있는 초프라 센터까지 오게 된 것이다.


## 의식의 내부

초프라 센터 체험은 성격, 생활 방식, 식단, 의료 관련 요인들을 종합적으로 평가하는 것으로 시작되었다. 그곳에 상주하는 의사와 상담을 한 후에는 수석 교육관에게 베다 과학에 대한 설명을 들었다. 수석 교육관은 만줄라 나다라자Manjula Nadarajah라는 이름의 여성이었다. 우리가 받을 아유르베다Ayurvedic 치료를 뒷받침하는 이론에는 바타Vata, 피타Pitta, 카파Kapha라는 세 가지 도샤가 있는데, 나의 도샤는 주로 피타라고 설명했다. 피타는 '중간 정도의 체격, 날카로운 지성, 뛰어난 의사 결정 능력, 밝고 따뜻한 성질' 등으로 특징 지워진다. 흠, 내가 뭐라고 이런 뛰어난 통찰에 반박할 수 있겠는가? 하지만 균형이 깨지면 나는 '화를 내고, 짜증을 내고, 비판적으로' 변할 수 있다고 한다. 오호.

식단, 운동, 명상을 통해 몸, 정신, 영혼을 통합하는 데서 균형이 잡힌다. 피타는 '뜨겁고, 날카롭고, 시큼하고, 톡 쏘고, 꿰뚫고 들어가는 성질'을 갖고 있기 때문에 균형을 맞추기 위해서 '차분하고, 달콤하고, 안정감을 주는 선택'을 내릴 필요가 있다. 실생활에서 이것을 어떻게 적용할까? 매일 자유 시간 만들기, 불필요한 시간적 압박 느끼지 않기, 식사 거르지 않기, 달콤하고, 쓰고, 톡 쏘는 맛의 음식을 즐겨 먹기, 오이, 달콤한 과일, 멜론같이 열을 식히는 성질의 음식 고르기 등이다. 나는 자연에서 시간을 보내고, 숲속이나 물가를 따라 산책하고, 정기적으로 마사지를 받고, 샌들우드, 장미, 재스민, 민트, 라벤더, 회향, 캐모마일같이 열을 식혀 주는 달콤한 성질의 아로마 오일을 자주 사용하라는 조언을 받았다. 아, 매일 여러 번 웃어야 한다. 나에게 유익한 말 같다. … 그리고 모든 사람에게 유익한 말이다. 이런 것은 **어느 누가** 해도 좋을 일 아닌가? 이런 조언을 따르고 기분이 나아지지 **않을** 사람이 누가 있을까?

명상은 영적 구도자의 주요 훈련 중 하나다. 명상은 더 깊은 의식으로 들어가는 길이라고 한다. 나도 나만의 맞춤형 만트라Mantra를 가지고 세 번에 걸쳐 명상했다. 나는 피타 기질이니까 '4-7-8' 호흡 패턴을 사용하라고 했다. 4초 동안 들이마시고, 7초 동안 숨을 참은 다음 8초에 걸쳐 내쉬는 패턴이다. 나는 주말 과정 동안 세 번에 걸쳐 한 번에 30분씩 이 명상을 했다. 명상에 통달하는 데는 여러 해가 걸리기 때문에 내가 하는 명상은 맛보기에 불과하다는 말을 들었다. 어쨌거나 고작 몇 분일지언정 스트레스와 불안을 야기하는 생각의 홍수와 부정적인 감정을 밀어낼 수 있었다.

제일 마음에 드는 것은 아유르베다식 마사지 치료였다. 그중 하나인 간다르바Gandharva는 따뜻한 오일과 수정으로 만든 노래하는 그릇singing bowl을 사용하는 치료였다. 내 힐링 아트 마스터(Healing Arts Master, 우리 같은 머글에게는 마사지 치료사라는 이름으로 더 잘 알려져 있다)는 이 노래하는 그릇을 이용해서 깊은 소리 진동을 만들어 낸다. 나는 이 진동이 내 몸을 관통하는 것을 느꼈다. 듣자 하니 이것을 베다 과학으로 설명할 수 있다고 한다. 〈그림 4-1〉은 만줄라와 나의 아내, 그리고 초프라 센터 로비에서 찍은 사진과 사람의 에너지를 조정하는 데 도움을 준다는 아유베르다식 마사지 오일을 찍은 사진이다. 내 것은 기본적으로 피타 오일이다.

나는 '베다 과학'이라는 말이 불편했다. 내가 생각하는 과학이 아니기 때문이다. 나는 만줄라에게 이것이 어떤 식으로 작동하는지 정보를 더 달라고 보챘다. 그녀는 이렇게 설명했다. "명상을 하는 동안 우리는 내적 기준점internal reference point을 국소적인 것local에서 비국소적인 것nonlocal으로, 구축된 의식constructed awareness에서 확장된 의식expanded awareness으로, 피부에 갇혀 있는 자아skin-encapsulated ego에서 언제나 존재하며 목격하는 의식의 장field of ever-present witnessing awareness으로 확장합니다." 단어 자체의 의미는 이해할 수 있지만 무슨 말인지 여전히 혼란스러웠다. 만줄라는 계속해서 설명했다. 의식은 "일차적이고primary, 무형이고nontangible, 비국소적"이며 과학적으로 기술하면 "상호연관성의 양자역학장quntum mechanical field of interrelatedness"으로 표현할 수 있다고 했다. 내가 초프라에게 좀 더 명확하게 설명해 달라고 졸랐더니 똑같은 점을 반복했다. 뇌와 정신, 그리고 다른 모든 것은 의식적 자각의 서로 다른 발현이다. 바위는 조용한 자각quiet awareness 상태에 있고, 식물은 깨어나고 동물은 돌아다니고, 사람은 자기 인식self-aware을 한다. 생명은 물리적 형태를 띤 의식이다. 탄생과 죽음은 의식의 물리적 발현physical manifestation of consciousness으로 들어

| 그림 4-1 | 초프라 센터의 수석 교육관 만줄라 나다라자와 나, 나의 아내. 오른쪽은 사람의 에너지를 조정하게 도와준다는 아유베르다식 마사지 오일. (사진: 저자 제공)

오고 나가는 의식 상태의 이행이다. 그리고 영혼은 그 특정한 의식적 발현의 정수essence다. 신은 의식consciousness이다. [15]

이 세계관을 이해하는 핵심은 의식이다. 초프라는 이렇게 설명한다. "베다 과학은 의식을 우주의 근본적인 속성으로 여깁니다. 모든 경험은 의식에서 일어나죠. 모든 경험은 의식을 통해 알려지고, 모든 경험이 의식에서 만들어집니다." 공간, 시간, 에너지, 정보, 물질은 모두 의식의 발현이다. "경험은 우리가 아는 모든 실제의 근간입니다." 이 세계관에서 보면 말도 안 되는 듯 보이던 초프라 트윗의 의미가 통하기 시작한다. 예를 들어 2012년 6월 11일 그는 이런 트윗을 올렸다. "의식은 시간, 공간, 에너지, 정보, 물질로 분화합니다. 분화differentiation는 분리separation가 아닙니다. 이것들은 하나입니다." 정신과 의식을 뇌 속에서 복잡한 패턴으로 흥분하는 신경세포가 만들어 내는 창발성으로 바라보는 세계관에서 의식은 이차적 속성이다. 그렇다면 초프라의 트윗은 말이 안 된다. 하지만 의식이 일차적인 세계관에서는 말이 된다.

정신일원론과 물질일원론 중 어느 세계관이 옳을까? 이 질문 자체가 잘못되었다. 초프라는 이렇게 설명한다. "과학적 패러다임은 의식의 물리적 발현(바위, 식물, 동물)을 기술하는 데 옳을지 모르지만 주체subject와 객체object를 인위적으로 분리한다는 점에서 편향되어 불완전합니다." 의식이 일차적이라는 것은 어떻게 알까? 초프라는 명상이 그 사실을 알아내는 한 가지 방법이라 믿는다. 그러나 자신의 내면을 들여다보는 내성introspection과 마찬가지로 명상 역시 전적으로 개인적인 경험이기 때문에 외적 검증external validation이 불가하다.

하지만 명상의 **효과**는 측정 가능하다. 2016년 초프라는 자신의 센터를 하버드대학교 의과대학, 캘리포니아대학교 샌프란시스코 캠퍼스, 마운트 시나이 아이칸 의과대학의 과학자들에게 개방해서 건강 및 행복 수준에 대한 자기 보고를 비롯해 노화 생체 지표aging biomarker, 스트레스 지표stress indicator, 전반적인 생물학적 과정 등 여러 가지 건강 지표에서의 명상 효과를 실험해 보았다. 라코스타 리조트와 온천에서 30에서 60세 사이 건강한 여성들을 무작위로 다음 두 집단 중 하나에 배정했다. (1) 휴가만 즐김(n=31) (2) 초보 명상 참여(n=33), 이 두 집단을 이미 6일 코스에 등록하고 규칙적인 명상을 하던 세 번째 집단(n=30)과 비교해 보았다. 이것은 흥미롭고도 중요한 연구였다. 누구든 화려한 장소에 오면 경험하는 휴가 효과를 통제해서 과학자로 하여금 명상을 처음 접하는 사람과 명상 경험이 있는 사람을 대상으로 명상의 효과를 좀 더 구체적으로 비교할 수 있게 했기 때문이다.

예상대로 세 집단 모두 더욱 큰 활력을 느끼고 스트레스가 감소했으며 스트레스 및 면역 경로와 관련된 분자 네트워크에 즉각적인 효과가 나타났다. 따라서 휴가를 보내는 것은 몸과 마음에 모두 좋았다. 하지만 휴가 집단과 비교했을 때 초보 명상 집단은 최대 1개월까지 행복의 느낌이 오래 지속되었다. 10개월 후에도 초보 명상 집단은 우울 증상에서 임상적으로 유의미한 개선 효과를 유지했다.

물론 피실험자 스스로 보고하는 심리 상태는 해석이 어렵기로 악명 높다. 측정 방법과 심리 상태의 의미가 주관적이기 때문이다. 연구진은 리조트에서 머물기 전과 후의 변화를 결정하기 위해 2만 개 유전자에 생긴 변화도 조사했다. 집중적인 명상 수련과 휴가를 통한 휴식 모두 스트레스 및 염증과 관련된 유전자 네트워크에 이로운 변화를 일으켰다. 규칙적으로 명상을 한 사람의 경우 일주일 동안 집중적 명상을 통해 유전자 발현과 노화 관련 단백질에서 다른 집단에서는 볼 수 없는 이로운 변화가 추가적으로 나타났다. 휴가 집단과 비교하면 초보 명상 집단은 알츠하이머병 관련 표지에 이로운 변화가 있었고, 한 달 후에도 스트레스 감소 상태를 유지했다. 좀 더 구체적으로 살펴보면 "규칙적으로 명상을 한 집단은 유전자 네트워크에서 단백질 합성 조절과 바이러스 유전체 활성 저하를 특징으로 하는 차이post-intervention difference가 나타났다. 무작위로 뽑은 여성들은 혈장 Aβ42/Aβ40 비율과 종양괴사인자 알파tumor necrosis factor alpha, TNFα 수치가 높아졌다. 규칙적으로 명상을 한 집단은 그에 비해 말단소체복원효소telomerase의 활성화되는 경향이 나타났다.

이 후자의 발견 내용은 세 가지 이유로 중요하다. (1) 말단소체복원효소는 말단소체telomere 유지에 관여하는 효소다(이 효소에 대해서는 뒤에서 설명). 말단소체는 세포가 계속해서 분열할 수 있도록 해 준다. 짧아진 말단소체는 당뇨병, 심혈관 질환, 특정 암 등 노화에 따르는 만성질환의 조기 발병을 예측하는 지표 역할을 한다. (2) Aβ42/Aβ40 비율이 높아지면 치매, 알츠하이머병, 주우울증major depression 위험이 낮아지고 수명이 연장되는 경향이 있다. (3) TNFα는 암세포 증식을 억제하는 과정에서 면역세포의 조절에 관여한다. [16) 공동 저자인 하버드대학교의 루디 탄지Rudy Tanzi는 내게 보낸 이메일에서 이 연구의 중요성을 이렇게 말했다.

**지금까지만 해도 명상이나 휴가를 통한 휴식에서 얻는 긍정적인 효과는 스트레스 감소와 관련된 순수하게 심리적 효과라고 생각했습니다. 하지만 우리는 이런 효과가**

이로울 것으로 예측되는 생화학적 사건뿐만 아니라 유전자 발현 프로그램의 변화도 동반되는 신체적 기원을 입증해 보였습니다. 본질적으로 보면 평상시에 우리를 보호하기 위해 풀가동하는 유전자, 예를 들면 염증 및 감염 관련 유전자들이 속도를 낮추기 시작하는 겁니다. 이런 유전자의 활성이 과도해지면 조직의 손상과 기능 저하로 이어질 수 있습니다. 따라서 규칙적인 명상을 통해 이런 유전자의 활성을 낮출 수 있다면 심리적이고 영적인 이로운 효과에 덧붙여 건강도 더 좋아지겠죠. 심리적, 영적인 효과 역시 지속적인 것으로 보입니다. [17]

앞으로 연구에서 이러한 효과가 재현된다면 이 명상 수련자들이 강력하다고 믿는 몸과 마음의 연결 관계가 더욱 강화될 것이다. 그러나 규칙적으로 명상을 하는 사람들은 몸에 좋은 다른 일상 활동에 참여할 가능성도 그만큼 높다는 점을 염두에 두어야 한다. 어쩌면 규칙적으로 명상하는 사람들은 일상생활에서 식단도 신중하게 관리하고, 담배나 술도 덜 하고, 운동도 더 열심히 하고, 위험한 행동은 피하는 성향이 있을지도 모른다. [18] 하지만 초프라는 나를 이렇게 안심시켜 주었다. "꼭 이 철학을 받아들이지 않아도 명상의 혜택을 누릴 수 있습니다." 다행스러운 일이다. 그럼 내가 의식이 존재의 기반이고 우주의 근본 요소라는 주장을 회의적으로 바라보는 동안에도 명상의 혜택은 볼 만큼 봤다는 이야기니까 말이다.

## 삶, 그리고 사후 세계

이것이 죽음, 영생, 천국과 무슨 상관일까? 초프라에 따르면 그 해답은 감각질, 즉 삶의 질적 체험과 상관이 있다. "모든 주관적 경험은 감각질입니다. 몸의 경험은 감각질 경험이죠. 정신 활동의 경험도 감각질 경험입니다." 따라서 이 감각질은 탄생하기 전에도 존재하고, 죽은 이후에도 계속 이어진다. "탄생은 특정 감각질 프로그램의 시작입니다. 죽음은 특정 감각질 프로그램의 종료죠. 감각질은 의식 내부에 자리 잡은 잠재적 형태 상태로 돌아갑니다. 그 의식 내부에서 감각질은 새로운 살아 있는 존재로 개조되고 재활용되죠. 의식의 장consciousness field과 그것의 감각질 모체matrix of qualia는 비국소적이고 불멸입니다." [19] 따라서 죽을 운명과 영생에 대한 이해는 의식에 대한 이해에 달려 있다. 초프라는 자신의 책 『죽음 이후의 삶』에 이렇게 적었다. "정의상 죽음은 육체적 삶에 종말을 가져오기 때문에 죽음 이후의 삶에 대한 증거를 온전히 이해하려면 의식의 경계를 확장해서 자신에 대해 더 잘 알 수 있어야 한다. 당신이 시간과 공간을 초월한 존재임을 알면 당신의 정체성이 확장하면서 죽음까지도 아우르게 될 것이다." [20]

이것은 신경과학을 통해 밝혀진 내용에서 자연스럽게 뒤따르는 결론이 아니다. 신경과학은 우리의 정신이 영혼과 마찬가지로 우리 뇌 속에 들어 있다고 말한다. 예를 들어 측두엽temporal lobe의 방추이랑fusiform gyrus에 손상을 입으면 안면실인증face blindness이 생긴다. 이와 똑같은 영역에 자극을 주면 있지도 않은 얼굴이 저절로 보인다. V1이라는 시각겉질visual cortex 영역이 뇌졸중으로 손상을 입으면 의식적 시지각conscious visual perception이 상실된다. 뇌의 다른 영역에 뇌졸중으로 문제가 생긴 환자는 감정 능력을 잃거나 심지어 의사 결정 능력을 잃어버리기도 한다. 앞이마겉질prefrontal cortex에 손상을 입으면 높은 위험을 감수하고 규칙을 깨뜨리는 행동을 한다. 갑자기 소아성애 증이 생긴 한 남자의 눈확이마겉질orbitofrontal cortex 바닥 부분에서 종양이 발견된 사례는 유명하다. 종양이 한 남성의 오른쪽 앞이마 영역을 압박했다. 이 영역은 충동 조절과 관련 있는 곳이다. 이 종양을 제거하자 그의 소아성애증도 사라졌다. 그런데 몇 달 후 다시 소아성애증이 도졌다. 알고 보니 이 종양이 도로 자라 있었다.

의식적 경험의 변화는 기능적 자기공명영상fMRI, 뇌파검사EEG, 단일신경세포기록single-neuron reconrdings 등의 방법을 이용해 직접 측정할 수 있다. 신경과학자는 피실험자가 스스로 어떤 결정을 내렸는지 의식적으로 자각하기도 전에 뇌 스캔 활성만 보고도 피실험자가 어떤 선택을 내릴지 예측할 수 있다. 신경과학자는 뇌 스캔만을 이용해서 그 사람이 무엇을 보는지 컴퓨터 화면 위에 재구성할 수 있다. '뇌 활성 = 의식적 경험'이다. 뇌종양, 뇌졸중, 사고, 부상 등의 형태로 자연적으로 이루어지는 실험과 아울러 연구실 실험 수천 건을 통해 신경화학 과정이 주관적 경험을 만들어 낸다는 가설이 확인되었다. '신경 활성 = 감각질'이다. 어느 물리주의 이론physicalist theory이 정신을 가장 잘 설명할 수 있느냐를 두고 신경과학자들의 의견이 모두 일치하지는 않는다. 그렇다고 의식이 물질을 만들어 낸다는 가설이 곧 물리주의 이론과 대등한 위치에 있다는 의미는 아니다.

의식이 얽히고설킨 복잡한 문제라는 것을 부정하는 사람은 없다. 하지만 의식을 뇌와는 별도의 실재를 창조할 능력이 있는 독립적인 주체로 구체화해서 생각하기 전에 뇌가 어떻게 정신을 만드는지에 관한 현재 가설에 조금 더 시간을 주자. 우리는 뇌가 죽을 때 측정 가능한 의식도 함께 죽는다는 것이 사실이라 알고 있다. 그와 반대로 증명되기까지 뇌가 의식을 만들어 낸다는 것을 기본 설정 가설default hypothesis로 삼아야 한다. **나는 존재한다. 고로 나는 생각한다.**

영적 구도자와 영혼을 믿는 사람들은 사실 임사체험과 환생의 형태로 사후 세계의 과학적 증거가 존재한다고 대답한다. 임사체험과 환생에 대해서는 다음 장에서 자세히 살펴보겠다. 뒤에서 입증해 보이겠지만 이런 이야기는 흥미롭더라도 사후 세계의 적절한 증거가 되지 못한다.

# 5장

# 영생의 증명
## 임사체험과 환생

죽을 운명은 인간의 가장 기본적인 경험인데도 인간은 한 번도
그 운명을 받아들이고, 이해하고, 그에 걸맞게 행동했던 적이 없다.
인간은 죽을 운명을 어쩌해야 할지 모른다.

— 밀란 쿤데라Milan Kundera, 『불멸』, 1990 [1)]

유대교, 기독교, 이슬람교에서 제시하는 천국의 비전처럼 대부분의 종교가 예시화해서 보여 주는 사후 세계는 증거나 증명을 요구하지 않고 무조건 받아들여야 하는 신념이다. 하지만 영생에 대한 과학적 추구는, 증거가 핵심일 뿐만 아니라 '임사체험'과 '환생'이라는 형태로 이미 그 증거가 존재한다는 믿음에 근거를 둔다. 이 두 가지 천국의 계단은 실제로 어떤 일이 벌어지는지 각각 다른 설명을 제시하니 이 둘을 따로 살펴보자.

## 천국의 계단으로서 임사체험

임사체험은 흔히 다섯 가지 공통 요소로 특징 지워진다. (1) 자신의 몸 위로 떠올라 아래를 내려다보는 느낌이 드는 유체이탈체험 out-of-body experience (2) 몸으로부터 분리 (3) 터널이나 복도를 통해 어둠으로 들어감 (4) 어딘가로 이어지는 통로 역할을 하는 터널 끝에서 밝은 빛을 봄 (5) 빛, 신, 천사, 사랑하는 이, 그리고 그곳으로 '건너간' 사람들이 죽어 가는 사람을 환영하는 '저세상'.

임사체험 대부분은 때로는 삶을 뒤돌아보게 하며 긍정적이다. 사람들로 하여금 감사의 마음과 즐거움을 경험하게 한다. 그러나 국제임사체험연구협회International Association of Near-Death Studies에 따르면 9에서 23퍼센트 정도는 공포, 공허, 허무, 고통, 심지어 비존재 nonexistence 등으로 특징 지워지는 **부정적인** 임사체험을 한다. 이런 사람 중 일부는 천국으로 가는 대신 지옥에 있는 자신을 발견하기도 한다.[2] 본인이 직접 임사체험을 해 봤고, 일부 사람들이 보고하는 부정적인 경험을 전문적으로 연구하는 필리스 애트워터Phyllis Atwater 라는 임사체험 연구자에 따르면 지옥 같은 임사체험은 "깊숙이 억압된 죄책감, 공포, 분노를 가진 사람이나 죽은 이후 일종의 처벌을 예상하는 사람들"이 경험한다.[3] 바꿔 말하면 임사체험을 설명할 때는 그 형태가 대단히 다양하기 때문에, 이것들이 실제로 나타내는 것이 무엇이든 간에 하나의 획일적 이론으로 전체를 설명할 수 없음을 인정해야 한다.

임사체험과 유체이탈체험이 대중의 의식 속에 등장한 것은 1975년 레이먼드 무디Raymond Moody의 베스트셀러『삶 이후의 삶』덕분이다. 이 책은 사례 수백 건을 소개했고, 많은 사람이 이 사례를 사후 세계의 증거로 받아들였다. 임사체험의 발생 빈도를 신뢰할 만한 수치로 정확히 꼬집어 말하기는 어렵다. 예를 들어 프레드 슌메이커Fred Schoonmaker라는 심장병 전문의는 18년 이상 동안 2000명이 넘는 자신의 환자 중 50퍼센트 정도가 임사체험을 보고했다고 했다.[4] 하지만 1982년 갤럽 여론조사는 그 10분의 1 수준인 5퍼센트 정도가 임사체험을 겪었다고 했다. [5] 또 다른 심장병 전문의 핌 판 롬멜은 소생술에 성공한 심장마비 환자 344명 중 12퍼센트가 임사체험을 겪었다고 주장했다. [6] 그의 책 『삶 너머의 의식Consciousness Beyond Life』에서 그는 대부분이 믿는 내용을 그대로 되풀이한다. 임사체험은 뇌 없이도 정신이 살아남을 수 있다는 증거라는 것이다. [7]

가장 유명한 임사체험은 1984년에 있었다. 마리아Maria라는 이름의 이주 노동자가 심장마비를 겪고 나서 시애틀의 한 병원에 입원했다. 중환자실에서 그녀는 다시 한 번 심장마비를 겪었다. 심폐소생술로 살아난 그녀는 자기가 몸에서 빠져나와 천정으로 떠올라 자기에게 의학 처치를 하는 의료진의 모습을 내려다보았다고 말했다. 가장 놀라운 부분은 그녀가 이후 병실 밖으로 빠져나와 3층 창가 선반에 놓인 테니스화를 보았다고 한 것이었다. 중환자실 사회복지사인 킴벌리 클라크Kimberly Clark라는 여성은 자기가 3층으로 올라가 보니 창가 선반에 신발이 있었다고 전했다. "마리아가 바깥으로 떠올라 테니스화와 아주 가까운 거리에 있던 것이 아니라면 마리아가 그 관점에서 신발을 바라볼 수 없었을 거예요. 저는 그 신발을 회수해서 마리아에게 가져갔죠. 이것이 제게는 아주 구체적인 증거였어요." [8] 대체 무엇의 증거란 말인가? 최근 쏟아진 수많은 베스트셀러들은 이 체험자들이 임사체험이 입증하는 바가 무엇이라 믿는지, 이들이 그 체험 동안 어디에 갔는지를 다룬다. 이런 책으로 『천국은 진짜로 있다 Heaven Is for Real』, 『외과의사가 다녀온 천국To Heaven and Back』, 『천국에서 돌아온 소년The Boy Who Come Back from Heaven』, 그중 가장 주목할 만한 것으로 하버드대학교 신경외과 전문의 이븐 알렉산더Eben Alexander의 『나는 천국을 보았다』 등이 있다.

## 임사체험에 적용할 만한 흄의 격언

**증명.** 이것은 아주 강력한 말이다. 임사체험이 과연 사후 세계의 증명에 해당할까? 우리는 이 질문에 스코틀랜드의 위대한 계몽주의 사상가 데이비드 흄David Hume이 1758년 쓴 『인간 오성의 탐구』에서 기적을 분석했던 방식을 적용해 볼 수 있다. 이 책에서 흄은 기적 등 초자연적 현상으로 보이는 경험담을 접할 때 적용해 볼 수 있는 격언을 소개했다.

분명한 결론은 이렇다(그리고 이것은 관심을 기울일 가치가 있는 보편적인 격언이다). "증언을 통해 규명하려는 사실보다 그 증언이 거짓이라는 게 오히려 더 큰 기적인 경우가 아니면 그 증언만으로 기적을 규명하기는 충분하지 않다."

기적이 일어났을 가능성과 기적의 **경험담**이 틀렸을 가능성 중 어느 쪽이 더 가능성이 높을까? 기적의 증거는 거의 없지만 사람들이 스스로 목격하거나 경험했다고 생각하는 것을 잘못 이해하고, 잘못 인지하고, 과장하고, 심지어 거짓으로 꾸며낸다는 증거는 차고 넘친다. 흄이 예로 들었던 증거는 죽은 자의 부활이었다. 어느 쪽의 가능성이 높을까? 죽은 사람이 되살아날 가능성일까? 죽은 사람이 부활했다는 경험담이 틀렸을 가능성일까? 흄은 이 질문에 이렇게 대답한다.

누군가 내게 죽은 사람이 되살아나는 것을 보았다고 말하면 나는 바로 이렇게 생각한다. 이 사람이 나를 속이려 하거나, 혹은 다른 누군가에게 속았을 가능성이 클까,

아니면 그 사람이 말하는 사실이 정말로 일어났을 가능성이 더 클까? 나는 한 기적을 다른 기적과 비교해 본 후에 어느 쪽이 더 큰 기적인지에 따라 판단을 내리는데, 항상 더 큰 기적을 거부한다. 만약 그 사람이 증언하는 기적보다, 그 사람의 증언이 거짓인 경우가 더 큰 기적이라면 그는 내 믿음이나 동의를 얻을 수 있다. [9]

흄의 격언을 임사체험에 적용해서 이렇게 물을 수 있다. 임사체험 경험담이 틀렸을 경우와 이 경험담이 진짜일 경우 중 어느 쪽이 더 큰 기적일까? 이렇게도 물어볼 수 있다. 임사체험 경험담이 실제 사후 세계 여행에 대한 묘사일 가능성과 뇌의 활성이 빚어낸 경험에 대한 묘사일 가능성 중 어느 쪽이 더 클까? 수많은 증거들이 결국 임사체험은 뇌가 만들어 낸 현상이지 천국의 계단이 아니라는 이론을 뒷받침하는 쪽으로 수렴한다. 이런 증거를 자세히 살펴보자. 우선 체험자가 사람을 속이고 있거나, 다른 사람에게 속았을 수 있음을 파악했던 흄의 경우부터 알아보자.

## 허구적 이야기로서 임사체험

내가 학생과 청중에게 들려주는 격언이 있다. **때때로 사람들은 그냥 없는 이야기를 지어낸다**는 것이다. 이런 이야기를 허구라고 부른다. 〈반지의 제왕〉, 〈나니아 연대기〉, 〈해리포터〉 시리즈, 〈스타워즈〉 등은 모두 가짜 이야기다. 이것들은 모두 허구이고 이것을 논픽션과 혼동하는 사람은 없다. 이것을 혼동한다면 사후 세계에 대한 상상력 넘치는 비전에서 서구 문학의 최고봉으로 꼽히는 단테 알리기에리Dante Alighieri의 1320년 시『신곡神曲』을 누군가 실제로 사후 세계에 갔다가 돌아와 자신이 본 것을 이야기한 경험담으로 착각하는 것과 비슷하다. 1892년판『신곡』에 실린 귀스타브 도레Gustave Doré의 작품 〈그림 5-1〉은 중세 기독교 신학자들이 상상한 하나님의 최고천을 그려 내려 했다. 이 상상이 작품에 영감을 불어넣었지만 이것이 실제 천국을 묘사한 것이라고 그 누구도 생각하지 않는다.

사실 인간은 문단, 페이지, 챕터, 책, 시리즈물로 계속 이어질 만큼 생생하고 구체적으로 환상적인 이야기를 창조해 내는 놀라운 능력이 있다. 이야기에 그림처럼 생생한 표현을 덧붙인다고 해서 그 이야기가 진실에 가까워지는 것은 아니다. 창가 선반에 놓인 테니스화 같이 구체적인 내용을 포함하는 임사체험 경험담이나 터널 끝 밝은 빛 너머의 저세상이 생생한 색깔, 낭랑한 소리, 활기찬 환경으로 가득하다는 경험담은 내가 듣기에는 외계인에게 납치되었다고 주장하며 외계인 우주선 내부의 구체적 특징을 설명하는 사람들한테 듣는 이야기와 다를 바 없다. 그래서 뭐? 조지 루카스George Lucas의 상상력은 한 솔로의 **밀레니엄 팔콘호**나 제국의 데스스타Death Star에서 기적을 만들어 냈다. 하지만 책 제목에 '실화nonfiction'라는 말을 덧붙인다고 해서 그 이야기가 진짜가 되지 않는다. 이런 면에서『천국에서 돌아온 소년』의 저자 알렉스 말라키Alex Malarkey가 이 책의 내용이 실화라던 주장을 철회하고 모두 꾸며낸 이야기라고 인정한 것은 참으로 시사하는 바가 크다. [10]

임사체험을 하는 동안 창가 선반에 놓인 테니스화를 보았다는 놀라운 이야기는 어떨까? 우선 증거는 그런 일이 있었다고 말하는 마리아와 그 사회복지사의 말밖에 없다. 탐사 보도 기자 가디언 리치

| 그림 5-1 | **신의 최고천**

단테가 1320년 발표한 시 『신곡』은 중세 기독교 신학자들에게 영감을 받아 탄생한 상상력 넘치는 사후 세계의 비전이다. 화가 귀스타브 도레는 1892년판 『신곡』의 신의 최고천 삽화를 그렸다.

필드Gideon Lichfield는 「임사체험의 과학The Science of Near-Death Experiences」 이라는 주제로《애틀랜틱Atlantic》에 실린 한 기사의 이야기를 추적해 보았다. 이야기를 뒷받침할 증거가 너무 허술했다. 이 이야기를 확인하려고 했더니 마리아는 치료를 받고 몇 년 후에 사라져 버려 아무도 그녀에게서 이 경험담을 추가적으로 확인해 볼 수 없었다고 한다.[11]

임사체험 분야에서 테니스화 이야기가 상징적인 아이콘으로 자리 잡으면서 현재 샘 파르니아Sam Parnia와 동료들은 미국, 영국, 오스트리아에 있는 병원 열다섯 곳의 병실에서 실험을 진행하는 중이다. 이 병실들은 심장마비 환자가 심폐소생술을 받을 가능성이 높은 곳이다. 이들은 높은 선반에 천장과 마주 향하도록 그림을 붙여 두었다. 만약 임사체험 동안 유체이탈이 일어나 환자가 위쪽 천장에서 아래를 내려다본다면 그것이 무슨 그림이었는지 말할 수 있도록 했다. 지금까지 연구자들이 기록한 심장마비 사례는 총 2060건이었고, 그중 생존자는 330명, 인터뷰를 한 사람은 140명, 임사체험을 기억하는 사람은 아홉 명, 그리고 유체이탈체험을 한 사람은 단 한 명이었다. 이 환자는 방 한쪽 구석으로 떠올라 자기를 살려 내려 애쓰는 의료진을 지켜보았다고 말했다. 파르니아와 동료들은 그 환자가 구체적으로 묘사한 내용이 불가사의할 정도로 정확하다는 결론을 내렸다. 그런데 무엇이 그렇게 불가사의할 정도로 정확하다는 말인가? 선반에 붙여 놓은 그림에 대한 묘사는 아니었다. 사실 그 환자는 자신에게 심폐소생술을 하던 의사들을 묘사했다. 하지만 대다수 사람들은 텔레비전 프로그램이나 영화에서 심장마비가 일어나면 의사들이 제세동기defibrillator를 이용해서 심장을 다시 뛰게 하는 모습

2부 | 영생의 과학적 탐구

을 본 적이 있다. 임사체험이 진짜이기를 바라는 사람들이 듣기에는 조금만 비슷한 이야기가 나와도 '불가사의할' 정도로 정확하다고 느낄 것이다.

## '거의' 죽은 것은 죽은 것이 아니다

임사체험은 말 그대로 '거의 죽는 체험near death experience'이다. 이 체험을 설명할 때 **'죽은'** 앞에 **'거의'**라는 꾸밈말이 붙는 데 이유가 있다는 사실부터 반드시 설명해야 한다. 임사체험을 하는 사람은 **실제로는 죽은 것이 아니다**. **거의** 죽어 있을 뿐이다. 이런 상태에서는 뇌가 스트레스를 받고, 산소가 고갈되어 마약 복용자가 겪는 환각체험을 흉내 내는 신경화학물질을 분비하거나, 신경학자나 신경과학자들이 보고한 수십 가지 기이한 신경학적 이상과 장애 중 하나를 경험할 수 있다. 각각의 임사체험이 모두 고유하다고 해서 그중 일부는 진짜로 천국이나 지옥으로 여행을 다녀온 것이고, 나머지는 그저 환각에 빠진 뇌가 만들어 낸 부산물에 불과하다는 의미는 아니다. 이러한 체험은 그저 뇌가 지금 당장 처한 환경과 개인의 삶의 궤적에 따라 폭넓은 경험을 할 수 있는 능력이 있음을 말해 줄 뿐이다. 뇌가 처한 환경과 개인적 삶의 궤적은 필연적으로 사람마다 고유할 수밖에 없지만, 이 역시 뇌 안의 상태가 야기하는 것이다.

이들이 설명하는 임사체험을 보면 체험자들은 자신의 경험을 기적적인 현상이나 초자연적인 현상으로 몰아가기 위해 자신이 죽었다거나, 확실하게 죽었다거나, 임상적으로 죽었다고 강조할 때가 많다. 하지만 오리건주 포틀랜드의 응급의 마크 크리슬립Mark Crislip은 과학자들이 죽었다고 주장한 몇몇 환자 뇌파검사 원본 판독 내용을 검토해 본 결과 이 사람들이 죽었던 것이 전혀 아님을 발견했다. "뇌전도를 보니 그래프가 느려지거나, 약해지거나, 다른 변화가 생겼지만 그래프가 완전히 일직선으로 뻗은 환자는 소수에 불과했고, 10초 정도의 시간이 걸렸습니다. 신기한 점은 일부 환자는 극소량의 혈류만 남아 있어도 뇌전도가 정상적으로 나왔다는 겁니다." 또한 크리슬립은 핌 판 롬멜과 동료들이 영국의 일류 의학 학술지《랜셋Lancet》에 발표한 임사체험 연구도 분석했다. 이 연구에서 저자들은 임상적 사망을 이렇게 정의했다. "임상적 사망이란 부적절한 혈액순환이나 부적절한 호흡, 혹은 양쪽 모두에 의해 뇌로 공급되는 혈액이 부족할 때 발생하는 무의식 기간이다. 이 상황에서 심폐소생술을 5분에서 10분 내로 시작하지 않을 경우 뇌에 비가역적인 손상이 일어나 환자는 죽는다." [12] 하지만 크리슬립이 지적한 대로 이런 심장병 환자들은 대부분 심폐소생술을 **받았고**, 정의에 따르면 이러한 처치는 산소가 든 혈액을 뇌로 보낸다(심폐소생술을 하는 이유가 바로 이것이다). "《랜셋》에 실린 논문에 제시된 정의에 따르면 임상적 사망을 경험한 사람은 아무도 없습니다." 크리슬립은 이렇게 결론 내리면서 여러 번 심폐소생술 처치를 해 본 의사로서 이렇게 덧붙였다. "코드 99번 *상태에 놓여 있는 환자를 죽었다고 할 의사는 한 명도 없을 겁니다. 하물며 뇌가 죽었다고는 더더욱 하지 않을 거고요. 심장이 2분에서 10분 정도 멈추었다가 즉각적으로 소생했다고 해서 임상적으로 사

---

* 병원에서 장내 방송 설비를 통해 발송하는 경보 메시지로 소생술이 필요한 응급 환자가 발생했음을 의미한다.

망한 것은 아닙니다. 그저 심장이 박동하지 않고 의식이 없을 수 있다는 의미죠."[13]

따라서 임사체험을 한 사람들이 죽어서 저승을 다녀왔다는 주장은 이들이 실제로 결코 죽지 않았다는 사실로 반박할 수 있다.


## 환각으로서 임사체험

임사체험 경험담 중 상당수는 약에 취해 환각체험을 했다는 사람의 경험담과 구분이 불가능했다. 뇌수막염으로 혼수 상태에 빠져 있는 동안 사후 세계로 여행을 다녀왔다는 이븐 알렉산더의 임사체험 이야기를 예로 들어 보자.[14] 그곳에서 그는 광대뼈가 불거지고, 깊고 파란 눈을 하고, '황금빛 갈색 머리를 땋아 내린' 한 젊은 여성을 만났다. 두 사람은 함께 나비를 타고 여행을 했다. "나비 수백만 마리가 우리를 둘러쌌어요. 이 나비는 날개를 퍼덕이며 거대한 파도를 이루었고, 숲속으로 급히 내려갔다가 다시 돌아와 우리를 에워쌌고요. 이것은 공기를 관통해 흐르는 생명과 색깔의 강이었어요. 그 여성의 옷은 농부의 것처럼 소박했지만 연한 청색, 쪽빛, 살구빛을 띤 옷감은 다른 나머지 것들과 마찬가지로 생생한 활기가 넘쳤어요." 그러다가 알렉산더는 파도처럼 밀려오는 사랑의 감정에 압도되었다. 이것은 우정이나 로맨틱한 사랑이 아니라 "어쩐 일인지 이 모든 것을 넘어 우리가 지상에서 경험하는 모든 사랑을 초월하는 사랑이었습니다. 이것은 다른 온갖 사랑을 그 안에 품으면서, 그 사랑을 모두 합친 것보다도 훨씬 더 큰 고귀한 사랑이었어요." 이 여성이 그에게 보내는 메시지는 단순했다. "당신은 영원히 큰 사랑을 받을 소중한 존재입니다."

이븐 알렉산더의 체험을 신경과학자 샘 해리스가 친구와 함께 MDMA(엑스터시라는 이름으로 더 잘 알려져 있다)라는 약물을 복용하고 체험했던 것과 비교해 보자. 그는 이 경험담을 자신의 책 『나는 착각일 뿐이다』의 앞부분에서 자세히 다루었다. [15] 해리스는 이렇게 말한다. "문득 내가 내 친구를 사랑한다는 생각에 사로잡혔다." 이 느낌은 우정이나 로맨틱한 사랑이 아니었다. "이 감정은 윤리적 암시가 담겨 있었다. 바로 나는 **내 친구가 행복하기를 바란다는 것**이다. 이렇게 글로 적어 놓으니 지금은 진부하게 들리지만 이 윤리적 암시가 갑자기 심오하게 느껴졌다." 더 나아가 해리스는 이렇게 말한다. "더불어, 인간의 삶이 얼마나 좋아질 수 있는지에 대한 평소 생각을 돌이킬 수 없이 바꾸어 놓은 통찰이 찾아왔다. 내가 가장 아끼는 친구 중 한 명에게 무한한 사랑을 느꼈다. 갑자기 깨달았다. 그 순간 낯선 이가 문을 열고 들어온다고 해도 그 사람이 오롯이 이 사랑에 포함되리라는 것을 말이다."

다른 기이한 심리적 체험뿐민 아니라 임사체험에서도 '사랑'은 공통 테마로 등장하는 듯 보인다. 이를 테면 내가 『믿음의 탄생』에서 소개했던, 1966년 2월 11일 새벽 4시에 내 친구 칙 다르피노Chick D'Arpino에게 일어났던 일도 그렇다. 당시 아이 양육권을 잃으며 고통스러운 이혼 절차를 밟던 그는 누이의 집 침대에 혼자 누워 절망과 외로움에 빠져 있었다. 그런데 갑자기 남자도 여자도 아닌 목소리가 들려왔다. 그에게는 이 목소리가 이 세상이 아닌 다른 곳에서 오는 소리로 들렸다. 이것은 너무도 강력한 메시지였기 때문에 칙은 이

메시지를 백악관에 있는 린든 존슨Lyndon Johnson 대통령에게 전해야 한다는 책임감을 느꼈다. 그 결과 그는 정신병원 신세를 지게 되었다. 칙은 그 메시지가 정확히 무엇인지, 혹은 그 메시지가 온 근원이 어디라고 생각하는지 누구에게도 말한 적이 없었다. 그가 내게 말하기를 그 핵심은 **사랑**이라고 했다. "그 근원은 우리가 여기 있다는 것을 알 뿐 아니라 우리를 사랑하고, 우리는 그 근원과 관계를 맺을 수 있어요."16)

환각성 약물도 비슷한 감정적 효과를 낼 수 있다. 근래 들어서 우울증, 외상후스트레스장애PTSD, 말기 환자의 죽음 불안death anxiety 치료를 위해 환각제를 실험적으로 사용하고 있다. 예를 들어 뉴욕대학교 의과대학에서 정신과 의사 스티븐 로스Stephen Ross가 암 환자에게 실로시빈psilocybin, LSD을 일 회 투여했더니 우울증과 불안이 감소했을 뿐만 아니라 그 효과가 워낙 극적이었다. 로스는 이렇게 말했다. "첫 열 명에서 스무 명 정도까지는 장난치는 줄 알았습니다. 분명 가짜로 그러는 것이라고 말이죠. '사랑이 지상에서 가장 강력한 힘이라는 것을 이해했습니다' 모두들 이런 비슷한 말을 했거든요. … 일 회 투여한 약물이 그렇게 오랜 시간 효과를 나타낼 수 있다는 사실은 유례 없는 발견입니다. 정신의학에서 이런 일은 한 번도 없었어요."17)

이븐 알렉산더의 임사체험과 비교해 볼 만한 또 다른 유익한 사례로 신경학자 고故 올리버 색스가 살아생전 체험했던 약물 유도 환각 체험drug-induced trip이 있다. 그는 자서전 『온 더 무브』에서 이 경험을 소개했다. 1965년 11월 색스는 쉼 없이 몇 주째 업무에 매달렸다. 일하는 시간에는 잠을 쫓기 위해 많은 양의 암페타민amphetamine을 복용하고, 잘 시간이 되면 수면유도제 클로랄수화물chloral hydrate을 넉넉하게 복용하며 마무리 지었다. 어느 날 한 식당에서 커피를 젓고 있는데 "갑자기 커피가 초록색으로 변하더니 이어서 보라색으로 변했다." 색스가 고개를 들어 보니 계산대 옆에 있는 손님이 "코끼리바다물범 비슷하게 생긴 커다란 머리를 하고 있었다." 이 장면에 충격을 받은 색스는 식당에서 나와 길 건너편 버스로 달려갔다. 버스 승객 모두 커다란 계란 같은 매끄럽고 하얀 머리에 곤충의 겹눈 같은 크고 반짝이는 눈을 하고 있었다. 그 순간 이 신경학자는 자기가 환각을 겪고 있음을 깨달았지만 뇌에서 일어나는 일을 멈출 수는 없었다. 그는 곤충의 눈을 하고 자기를 둘러싸고 있는 괴물 속에서 적어도 겉으로는 침착함을 유지하면서 공황에 빠져 비명을 지르거나 긴장성분열증catatonic*에 빠지지 않게 노력했다. [18]

나는 이븐 알렉산더와 몇 번 텔레비전 쇼 프로그램에 함께 출연한 적이 있다. 방송 시간 전후로 대기실에서 그가 자신에게 일어났던 일이 무엇이라고 생각하는지에 대해 꽤 많은 시간 토론을 한 적이 있다. 나는 이 대화가 즐거웠다. 그는 무척 서글서글하고 좋은 사람이었다. 환각, 그리고 다양한 조건 아래서 정신이 저지를 수 있는 여러 장난에 대한 문헌을 알 만큼 아는 신경외과의였다. 알렉산더는 왜 자신의 경험도 천상의 나라로 여행을 다녀왔다고 주장하는 수많은 사람들이 겪었던 일과 비슷한 것임을 인정하지 않을까? 그것은 그가 그 일을 **직접 겪었고**, 주관적 경험은 책에서 읽는 그 무엇과도 비교할 수 없을 만큼 강력하기 때문이다.

---

* 정신의 기능이 와해되는 정신분열증의 한 형태.

알렉산더의 주장에는 추가적인 문제점이 있다. 그는 자기가 임사체험을 하는 동안 자신의 겉질cortex이 완전히 꺼져 있었다고 말하며 이런 결론을 내린다. "내가 혼수상태에 빠져 있는 동안 흐릿하고 제한적으로나마 의식을 경험하고 있었을 가능성은 절대로 없다." 따라서 "뇌로부터 자유로워진 나의 의식이 더욱 큰 또 다른 우주의 차원으로 여행을 다녀온 것이다." 그날 밤 그의 담당의였던 로라 포터Laura Potter의 말에 따르면 그가 응급실에 실려 들어온 것은 맞지만 약을 강하게 쓰는 동안 그를 살아 있게 하려고 자신이 일부러 알렉산더의 혼수상태를 유도한 것이라고 한다. 의료진이 그를 깨우려 할 때마다 그는 몸을 허우적거리고, 몸에 꽂은 튜브를 잡아당기며 소리를 지르려 했다고 한다. 따라서 그의 뇌가 완전히 꺼져 있던 것은 아니다. 포터가 나중에 그에게 이런 문제를 제기하자 알렉산더가 포터에게 말하기를 자신의 경험담은 '시적 허용'에 해당하는 것으로 극적으로 과장된 부분이 있어서 실제와 다를 수 있지만, 독자의 흥미를 돋우기 위한 것이었다고 했다.[19] 바꿔 말하면 사실과 허구를 뒤섞어 놓은 이야기라서 실제로는 설명이 필요한 것이 아무것도 없다는 의미다.

이제 우리는 그런 환상적인 환각을 만들어 내는 몇 가지 요인을 안다. 이 부분 역시 올리버 색스가 자신의 책 『환각』에서 대가답게 설명했다. 색스는 스위스 신경과학자 올라프 블랑케Olaf Blanke와 동료들의 실험을 소개했다. 이들은 환자의 뇌에서 왼쪽 측두마루접합temporoparietal junction을 전기로 자극해서 '그림자 인간'을 만들어 냈다. "한 여성 환자가 누워 있는 동안 이 영역에 살짝 자극을 주었더니 이 여성은 자기 뒤에 누군가 있다는 인상을 받았다. 더 강한 자극을 주었을 때 그 '누군가'가 젊기는 한데 성별은 가늠할 수 없는 사람이라 정의할 수 있었다." 색스는 뇌염후파킨슨증Parkinsonian postencephalitic 환자 80명을 치료해 본 경험을 이야기하며(로빈 윌리엄스가 색스 역으로 출연했던 영화 〈사랑의 기적Awakenings〉에서 다루었던 내용) 이렇게 지적한다. "L-도파L-dopa가 도입되기 전에 이 환자들 중 3분의 1 정도가 여러 해 동안 시각적 환각을 경험했음을 알게 되었다. 이런 환각은 대부분 온화하고 친화적인 성격을 띠었다." 그리고 이렇게 추측한다. "환각은 어쩌면 그들이 고립되어 사회적 박탈social deprivation을 겪으며 세상을 그리워한다는 사실과 관련이 있을지도 모른다. 자기가 빼앗겨 버린 실제 세상을 대신할 가상현실을 환각을 통해 만들어 내려 하는 것이다."[20)]

편두통도 환각을 일으킨다. 오랫동안 편두통으로 고생했던 올리버 색스도 눈부시도록 밝은 불빛이 일렁이는 환각을 경험했다. "그 불빛이 팽창하면서 땅에서 하늘까지 뻗어 나가는 거대한 호를 만들어 냈다. 경계는 지그재그로 날카롭게 반짝였고, 색은 밝은 파랑과 주황색이었다." 색스의 경험을 이븐 알렉산더의 천국 여행과 비교해 보자. 천국의 경험담에서 알렉산더는 이렇게 말했다. "나는 구름의 왕국에 있었다. 뭉게뭉게 피어오른 연분홍빛의 커다란 구름이 짙은 남빛의 하늘 배경에서 도드라져 보였다. 가늠이 안 될 정도로 높은 구름 위로 투명하게 반짝이는 존재들이 뒤로 긴 띠 같은 자취를 남기며 무리를 이루어 호를 그리며 움직였다." 두 경험담 사이 유사성이 분명하게 드러난다. 이런 유사성은 두 사람 각자의 뇌에서 일어난 신경화학적 변화로 설명할 수 있다. 이런 체험에서 타인의 존재를 느끼는 이유에 대해서는 진화를 기반으로 설명할 수 있을지 모른다. 색스는 이렇게 추측한다. "따라서 위협을 감지하기 위해 진화했을 원초적이고 동물적인 '타인'에 대한 감각이 인간에게는 종교적 열정과 확신의 생물학적 토대가 되어 고귀하고, 심지어 초월적인 기능을 담당하게 되었는지도 모른다. '타인'의 '존재'가 신이 된 것이다."

색스는 알렉산더의 주장을 분석하는《애틀랜틱》2012년 12월 호 기사에서 이렇게 설명했다. "환각이 너무도 실제처럼 느껴지는 이유는 실제로 지각할 때와 똑같은 뇌 체계를 이용하기 때문이다. 환청이 들릴 때는 청각 경로auditory pathway가 활성화된다. 환시로 얼굴이 보일 때는 평소에 주변에서 접하는 얼굴을 인지하고 확인하는 방추형 얼굴 영역fusiform face area이 자극을 받는다." 이런 사실로부터 이 신경학자는 이런 결론을 내린다. "그렇다면 알렉산더 박사의 사례에 적용할 수 있는 가장 설득력 있는 가설은 그의 임사체험이 혼수상태에서 일어나지 않고 그가 혼수상태에 빠졌다가 의식이 돌아오면서 그의 겉질이 온전한 기능을 회복하고 있을 때 일어났다는 것이다. 그가 이 분명하고도 자연스러운 설명을 거부하고 초자연적인 설명을 고집하는 이유가 무엇인지 궁금하다."[21]

여기서 우리는 다시 무엇이 더 가능성이 높은지 따지는 흄의 질문과 만나게 된다. 알렉산더의 임사체험은 정말 천국에 다녀온 여행이지만 나머지 다른 환각들은 신경 활성이 만들어 낸 산물인 것일까? 아니면 그 경험들 **모두** 뇌가 만들어 내는 것이고 그저 각각의 경험자만 그것을 실제로 느끼는 것일까? 내가 보기에 이것은 천국의 증명이 아니라 환각의 증명이다.

## 뇌 이상으로서 임사체험

환각 말고도 임사체험을 촉발할 수 있는 다른 질병이 존재한다. 예를 들어 심리학자 수전 블랙모어Susan Blackmore는 임사체험과 유체이탈체험에서 나타나는 '터널' 효과는 망막으로부터 오는 정보를 처리하는 뇌 뒤쪽 시각겉질이 자극받아서 나오는 결과일지 모른다고 지적한다. 산소가 결핍되는 저산소증hypoxia이 일어나면 시각겉질에 있는 신경세포가 정상적인 발화 속도를 방해할 수 있으며 뇌의 다른 영역에서 이것을 동심원 형태의 고리나 나선 형태로 해석할 수 있다. 이 방해가 터널로 묘사될 수 있다. [22] 그와 비슷한 설명으로 신경학자 케빈 넬슨Kevin Nelson은 『뇌의 가장 깊숙한 곳』이라는 책에서 터널 효과는 시야 협착을 유발하는 스트레스나 외상 중 생긴 눈의 혈압 악화 문제로 야기될 수 있다고 주장한다. 또한 뇌줄기brain stem에서 시각겉질로 가는 시각 흥분 경로(pons-geniculate-occipital pathway, PGO, 뇌다리-무릎핵-뒤통수엽 경로)가 과도하게 자극되어 밝은 불빛을 보는 감각이 일어날 수 있다고 이야기한다. [23]

임사체험과 유체이탈체험과 관련 있어 보이는 또 다른 뇌 영역은 눈 위쪽 뒤에 자리 잡고 있는 측두엽의 오른쪽 모이랑angular gyrus이다. 간질 발작epileptic seizure으로 고생하던 43세 여성을 수술하는 동안 올라프 블랑케와 그 동료들이 이 신경 모듈을 전기로 자극해 보았다. 의식이 있는 그 여성이 이렇게 말했다. "침대에 누워 있는 내 모습을 위에서 내려다볼 수 있는데 다리와 아래쪽 몸통만 보여요." 이 영역의 인접한 부위를 자극했더니 침대 위 2미터 정도, 천장과 가까운 위치로 가볍게 떠오르는 느낌이 즉각적으로 들었다고 한다. 과학자들은 전기 자극 강도를 조절해서 환자가 침대 위로 몇 미터까지 떠오르는 느낌을 받는지도 조절할 수 있었다. 오른쪽 모이랑의 다른 지점을 건드려 보니 다리가 짧아지는 느낌이 들기도 하고 다리가 자기 얼굴을 향해 날아오는 느낌이 들어 회피 행동evasive action이 나오기도 했다. 이 신경과학 연구진은 이렇게 결론 내렸다. "이런 관찰 내용은 겉질의 전기 자극을 통해 유체이탈체험과 복잡한 체성 감각 환각somatosensory illusion을 인위적으로 유도할 수 있음을 암시한다." "자신이 육체로부터 분리되는 경험은 복잡한 체성 감각 정보와 전정 기관 정보vestibular information*를 통합하는 데 실패해서 생기는 결과일 가능성이 있다."[24]

제임스 위너리James Whinnery라는 한 공군 군의관은 '지포스에 의한 의식 상실G-Force Induced Loss of Consciousness, G-LOC'이라고 이름 붙인 현상을 발견했다. 그는 비행기 조종사들을 훈련용 원심분리기에 태워 산소 결핍으로 의식을 잃는 지점까지 가속해 보았다. 의식과 무의식의 희미한 경계에 머무는 동안 이 조종사들 중 상당수는 터널이 보이고 가끔은 그 끝에서 밝은 빛을 보기도 했을 뿐 아니라, 몸이 떠오르는 느낌, 때로는 마비의 느낌을 받았다. 다시 의식이 돌아왔을 때는 희열, 평온과 고요함을 종종 느꼈다.[25] 위너리 박사가 천천히 단계별로 가속하는 방식으로 원심분리를 가동해서 피실험자들을 G-LOC로 유도하자 산소 결핍이 처음에는 망막, 그다음에는 시각겉질 그다음에는 나머지 뇌에 일어나면서 피실험자들은 터널을 보았다. 그다음에는 시력을 상실하고, 이후 의식을 잃었다.[26]

* 몸의 균형을 담당하는 평형기관

환자가 수술을 받는 동안 마취 중 각성anesthesia awareness으로 불리는 현상이 1000명당 한 명꼴로 일어난다. 이 경우 환자는 마취하고 수술을 받는 동안 완전한 무의식 상태가 되지 않는다. 그래서 자기 주변에서 일어나는 일들을 희미하게나마 의식할 수 있다. 만약 수련병원인 경우에는 의사가 곁에 있는 레지던트들에게 수술에 대해 하는 이야기를 환자가 들어 두었다가 나중에 거기서 있었던 일들을 대략 엇비슷하게 묘사할 수 있다. 이런 이야기가 책이나 기사를 통해 나오면 마치 수술 과정을 위에서 내려다보고 말하듯이 들릴 것이다.

마지막으로 임사체험 경험담에는 불일치의 문제점이 있다. 이런 경험담 중 상당수는 유사한 구성을 가진다. 오죽하면 불변성 가설invariance hypothesis을 확인할 수 있을 지경이다. 하지만 사실 임사체험 이야기는 상당한 다양성을 보인다. 특히 문화별로 차이가 심하다. 그중 서구 전통과 동양 전통 사이의 차이가 가장 두드러진다. 예를 들어 인도에서는 임사체험에 유체이탈체험이나 터널을 통과하는 느낌, 삶을 되돌아보기, 살아 있는 사람들의 세상으로 돌아가고 싶은 욕구 등이 포함되는 경우가 드물다. 임사체험의 불일치 문제를 기록한 코리 마컴Cory Markum의 말을 빌려 보자. "임사체험을 객관적 사후 세계가 존재하는 증거로 이용하려는 사람들의 문제가 여기 있다. 이들의 경험담에서 묘사한 장소가 같은 장소가 아닌 것 같다는 점이다." 마컴은 이렇게 지적한다. "만약 이슬람교도, 무신론자, 힌두교도 **모두** 명백하게 **기독교적인** 천국을 보고 돌아와 예수와 성 삼위일체에 대해 이야기한다면 임사체험이 진짜 천국에 다녀온 여행이었다고 주장할 수 있을 것이다." 하지만 그렇지 않다. "그 대신 이들은 임사체험이 뇌의 내적 작용으로 만들어진 산물일 때 예상되는 체험을 하고 돌아온다. 기독교도는 예수의 모습을, 힌두교도는 죽음의 신 야마Yama와 그 부하들을 보고 온다. 아이들의 경우 어른들의 임사체험보다 훨씬 더 단순하다."[27]

## 천국의 계단으로서 환생

영생과 사후 세계의 증거로 자주 제시되는 두 번째 증거는 주로 불교나 힌두교 등 동양 전통에서 등장하는 환생reincarnation이다. 환생에 해당하는 고대 인도 산스크리트어 삼사라(samsara, 윤회)는 '방랑wandering' 혹은 '순환cyclicality'을 의미한다. 라틴어로는 '다시 육신으로 들어가기entering the flesh again'를 말한다. 좀 더 현대에 들어서는 환생이 '영혼의 환생transmigration of soul'을 의미한다. **이원론** 환생dualist reincarnation은 죽으면 영혼이 육체를 떠나 또 다른 육체에서 환생한다고 주장한다. 반면 **정신일원론** 환생은 영혼이 그냥 자신이 떠나왔던 우주의 의식으로 되돌아간다고 주장한다.

유대교, 기독교, 이슬람교 등의 주요 일신교는 영혼이 이승의 육신을 떠나 천국(혹은 지옥)의 사후 세계로 옮겨 간다는 것을 믿지만 대부분 환생의 교리는 부정한다. 하지만 할리우드에서는 〈브라이디 머피를 찾아서〉, 〈피터 프라우드의 환생〉, 〈저승에서 온 딸〉 같은 영화를 통해 환생의 개념을 받아들이기도 했다. 〈저승에서 온 딸〉에서 안소니 홉킨스Anthony Hopkins가 연기한 등장인물은 아이비 템플턴이라는 이름의 소녀가 자기 딸 오드리 로즈의 환생이라 믿는다. 아이비는 로즈가 끔찍한 교통사고를 당해 죽은 직후에 태어난다. 결국 아이비도 최면을 통한 심상유도요법hypnotic guided imagery을 통해 사고를 다시 체험하다가 죽게 되고, 두 소녀의 유골은 매장을 위해 인도로 간다. 영화의 마지막 장면에서 「바가바드기타Bhagavad Gita」*의 인용문이 스크린에 흐른다.

끝이 없으니 영혼은 나지도 않고 결코 죽지도 않으리라. 영혼은 생겨난 적이 없으며 존재를 멈추지도 않는다. 태어남이 없고, 영원불멸하는 이 태고의 영혼은 몸이 스러져도 죽지 않나니.

기원전 500년경에 엮은 힌두교의 「바가바드기타」는 수많은 사람이 목숨을 잃은 큰 전투를 배경으로 환생의 교리를 펼친다. 크리슈나Krishna가 아르주나Arjuna에게 이렇게 말한다.

자기가 사람을 죽였다고 생각하는 자, 자기가 죽임을 당했다고 생각하는 자는 진리를 알지 못한다. 사람 안의 영원한 존재는 무엇을 죽일 수도, 죽을 수도 없다. 이 존재는 태어난 적이 없고 결코 죽지 않으니 영원하다. 지나간 시간이나 다가올 시간에도 결코 태어나지 않고 영원하니 몸이 죽더라도 그는 죽지 않는다. 자기가 모든 파괴를 넘어 결코 태어난 적 없고, 변하지도 않고 영원함을 안다면 어떻게 그가 사람을 죽이거나, 다른 사람으로 하여금 누군가를 죽이게 할 수 있겠는가? 28)

환생의 교리는 적어도 「바가바드기타」에 표현된 것으로 보면 전쟁과 함께 찾아오는 상실, 죽음, 슬픔 등의 비극에 대한 반응이라 이

---

* 힌두교의 중요한 성전 중 하나.

해할 만하다. 전쟁에서 죽는 동포들이 정말로 죽는 것이 아니라고 한다면 슬픔이 줄어들 수도 있을 테니 말이다.

정확히 무엇이, 언제, 어디서, 무슨 이유로 환생하느냐를 두고 종교적 전통마다 구체적인 내용이 다르다. 그러나 일반적인 개념은 축적된 선행과 악행을 바탕으로 쌓이는 업karma이라는 요소가 관여하는 시간의 순환과 영원한 회귀eternal return를 의미한다. 이런 의미에서 환생은 궁극적으로 저울의 균형을 맞추는 일종의 우주적 인과응보이거나 잘못된 것을 바로잡고, 비뚤어진 것을 올곧게 펴는 삶의 구원이다. 이것은 **업의 법칙**the Law of Karma과 정확하게 맞아떨어진다. 업의 법칙은 세상이 **공정**해서 이승에서든 저승에서든 조만간 **정의**가 펼쳐지리라 주장한다. 세상의 모든 일은 일어나는 이유가 있다. 따라서 사랑하는 이의 죽음을 두고 슬퍼할 이유가 없다. 생명은 다가올 거대한 삶의 드라마에서 잠시 펼쳐지는 무대에 불과하다. 크리슈나는 이어서 말한다. "현명한 자는 살아 있는 이를 위해 슬퍼하지 않는다. 그리고 죽은 자를 위해 슬퍼하지도 않는다. 삶과 죽음은 사라질 것이기 때문이다."[29]

환생의 첫 번째 문제점은 **지리적 문제**geography problem라 부를 수 있다. 만약 환생이 진짜라면 새로운 몸을 찾아 나서는 영혼이 주로 인도아대륙 내부나 그 주변으로만 모여든다는 의미가 된다. 통찰력 있는 사람이라면 이것 자체로도 경각심을 느낄 것이다. 이런 믿음은 문화적 영향으로 결정된 것일 뿐 실제에서 아무런 근거가 없음을 말해주는 강력한 흔적이기 때문이다. 이는 마치 인도로 여행을 갔더니 그곳에는 물리학이 완전히 다르게 작동하더라는 것과 비슷한 이야기다. '영국 물리학'과 다른 '인도 물리학'은 존재하지 않는다. 과학 이론은 그것이 연구하는 세상에 대한 사실에 부합하기 때문에 그냥 물리학이 존재할 뿐이다. 이것은 환생 같은 종교 교리에는 존재하지 않는 일종의 진리대응론correspondence theory of truth*이다.

환생에서 두 번째로 나타나는 명확한 문제점은 **인구 문제**population problem다. 내가 이 책을 시작하면서 소개했던 인구 수치를 봐도 이 점은 분명해진다. 죽은 사람과 살아 있는 사람의 비율은 약 14.4대 1이다. 지금까지 태어났던 1080억 명 중 현재 살아 있는 사람은 75억 명 정도다. 현재 살아 있는 75억 명이 육신이 그 전에 살았던 사람들의 영혼을 담았다고 가정해 보자. 그럼 나머지 1005억 명의 영혼은 어디에 있을까? 오늘날 살아 있는 75억 명의 육신도 자신의 영혼을 갖고 태어났다면(분명 그럴 것이다. 그것이 과거부터 전해 내려온 사람에 대한 이론이니까) 그들의 원래 영혼은 어떻게 된 것일까? 그 영혼들은 자신의 육신에서 쫓겨나 빈 몸을 찾을 때까지 방황하는 처지가 된 것일까? 아니면 지금 살아 있는 사람들은 각자가 기존에 살았던 사람들의 영혼을 평균 14.4명 정도 품고 있는 것일까?

세 번째 문제점은 **개인 정체성**과 관련된 문제다. 만약 당신(당신의 자아. 즉 당신의 생각과 기억을 나타내는 당신의 정보 패턴)이 영혼에 담겨 있고, 죽음 이후에도 살아남는다면 애초에 육신이 있어야 할 이유가 무엇인가? 만약 육신이 필요하다면 각각의 영혼들이 환생할 육체도 영혼 자체만큼이나 고유하고 특별해야 한다. 그렇다면 환생이 독자적인 현상으로 존재할 필요성은 사라진다. 영혼이 방황하거나 이동해 다닌다는 것은 육신이 옷처럼 있어도 그만 없어도 그만인 일시적

---

* 한 진술의 참/거짓 여부는 그것이 세상과 어떻게 관련되어 있는지, 그리고 그 진술이 세상을 정확하게 기술하고 있는지 여부만으로 결정된다는 진리론.

인 그릇에 불과하다는 의미가 된다.

종교적, 신학적, 철학적 주장을 뛰어넘어 환생의 **실증적 증거**가 존재한다고 주장하는 사람도 있다. 최면술사 겸 전생체험론자past lives regressionist인 브루스 골드버그Bruce Goldberg는 자신의 책 『전생과 내세 Past Lives, Future Lives』에서 자신은 최면을 통해서 길 잃은 영혼과 소통할 수 있다고 주장한다. [30] 또한 그는 미래체험론자future life progressionist이 기도 하다. 그는 자신이 최면을 통해 3050년도에 시간 여행을 발견한 타아토스Taatos라는 사람을 만나 보았다고 한다. 주변에서 시간 여행자를 만나 보지 못한 이유를 그는 이렇게 설명한다. "그들은 차원들 사이로 하이퍼 스페이스를 여행하는 방법을 통달해서 벽과 고체를 통과할 수 있다. 그들은 5차원에 머물면서 우리를 관찰하기 때문에 우리 눈에 보이지 않는다." [31]

이 이론에는 수많은 문제점이 있다. 첫째, 최면은 믿을 만한 기억 회복 방법이 못 된다. 심리학자 엘리자베스 로프터스Elizabeth Loftus는 단순한 암시만으로 사람의 기억을 손쉽게 조작할 수 있음을 실험과 실제 사례를 통해 여러 번 입증했다. 예를 들어 보자. 자동차 교통사고를 증언할 때 사고를 묘사하는 꾸밈말로 '충돌한 차량' 대신 '박살난 차량'을 쓰면 목격자가 기억하는 자동차의 속도 추정치가 바뀐다. [32] 로프터스의 가장 유명한 실험은 어른에게 아이였을 때 쇼핑몰에서 길을 잃었던 가짜 기억을 심는 것이었다. 그녀의 실험 대상 중 3분의 1 정도는 쇼핑몰에서 길을 잃었던 것을 '기억'해 냈고, 대부분은 그 쇼핑몰이 어떤 모습이었는지, 언제 어떤 일이 일어났는지, 심지어 길을 잃었다가 다시 찾았을 때 어떤 감정이었는지를 아주 상세하게 기억했다. [33] 전생 여행과 관련해서 진행한 그와 비슷한 일련의 실험에서 심리학자 니콜라스 스파노스Nicholas Spanos는 환생에 대한 믿음이 강할수록 전생의 기억도 풍부하고 더 구체적이 되며, 최면에 빠진 사람들은 기억을 떠올리는 것이 아니라 마치 전생에 다녀온 것처럼 판타지를 구축하는 것임을 입증해 보였다. 최면에 빠진 사람이 최면술사의 암시나 환생에 관한 영화, 텔레비전 프로그램, 소설 등에서 따온 이미지와 정보를 이용한다는 사실도 이를 증명한다.[34]

환생의 실증적 증거라고 주장하는 두 번째 유형의 정보는 버지니아대학교 정신과의 고故 이언 스티븐슨Ian Stevenson의 연구에서 나왔다. 그는 1997년도에 2268페이지에 이르는 두 권짜리 방대한 책 『환생과 생물학Reincarnation and Biology』을 발표했다. 이 책에서 그는 살아 있는 사람과 죽은 사람 사이의 기이한 유사점을 기록했다. 특히 출생점birthmark, 선천적 결손, 흉터, 기억, 데자뷔 경험, 그리고 환생을 믿는 사람이나 그다지 분별력 없는 사람들이 말하는 수많은 일화 등을 주로 소개했다.[35] 환생을 믿는 사람들 사이에서 이런 이야기들이 차고 넘친다. 문헌을 그리 깊숙이 파고들지 않더라도 이런 과정이 **패턴성**patternicity의 전형적 사례라는 것을 어렵지 않게 파악할 수 있다. 패턴성이란 의미 있는 소음과 무작위 소음 모두에서 의미 있는 패턴을 찾아내는 성향을 말한다. 사실 우리 대부분은 진정한 무작위성을 직관적으로 이해하기 힘들다. 훈련이 안 된 눈으로 보면 무작위적인 사건 속에서도 패턴처럼 보이는 덩어리가 생기기 때문이다. 동전을 한 움큼 쥐어서 허공으로 던진 후 땅 위에 어떻게 떨어지는지 살펴보자. 동전들이 균일한 간격으로 완벽하게 분포되지 않고 여기저기 무리 지어 모여 있을 것이다. 사람들한테 연속으로 동전 던지기를 하면 어떤 결과가 나올지 상상해 보라고 하면 '앞뒤앞뒤앞뒤

앞뒤앞뒤앞뒤앞뒤' 같은 경우를 떠올린다. 반면 실제로 동전 던지기를 해 보면 '앞앞뒤뒤뒤앞앞앞뒤뒤뒤뒤뒤앞'처럼 앞면과 뒷면이 연이어 나오는 경우가 많다. 아이팟이 처음 나왔을 때 '무작위' 재생 옵션을 사용해 음악을 듣던 사람들은 어떤 곡이 생각보다 너무 자주 나온다고 불평했다. 애플사에서는 일부러 덜 무작위적인 순서로 재생되도록 프로그램을 수정했다.

이언 스티븐슨과 다른 사람들이 엮은 수많은 환생 사례 연구를 보면 일부 사람들은 출생점, 선천적 결손, 흉터, 기억, 데자뷔 경험 등이 무작위가 아니라 의미가 있다고 믿는다. 내가 볼 때 이들은 (1) 무작위성을 통해 자연적으로 나타나는 덩어리들을 실제보다 더 유의미한 것으로 오해하고 (2) 패턴이 존재하지 않는 곳에서 특정 패턴을 찾아내고 있고(A가 B와 연관되어 보이지만 실제로는 그렇지 않은 경우 - 긍정 오류false positive 혹은 1종 오류Type I error, 이 부분은 뒤에서 더 자세히 알아보겠다) (3) 이렇게 상관관계가 있어 보이는 대상에서 의미를 구성하는 것이 무엇인지 결정하는 합의된 규약을 확립하는 데 실패했다. 마지막에 지적한 내용은 초자연적 현상의 연구에서 오랫동안 문제를 일으켰던 방법론적인 문제다. 심리학자들은 가능한 경우 언제나 연구 주제를 **조작적으로 정의해서**operationally define 이 주제를 적절하게 측정하고 통계 분석할 수 있게 만든다. 한 심령술사가 이렇게 말했다고 해 보자. "여기 아버지 같은 존재father figure가 와 있는 것presence이 느껴집니다." 만약 심령술을 받으러 온 사람이 아버지, 할아버지, 삼촌, 가족의 친구, 혹은 아버지 같은 특성을 가진 어떤 사람을 잃은 경우라면 영매가 기가 막히게 맞춘 것처럼 보일 수도 있다. 그러나 '아버지 같은 존재'나 '와 있는 것'은 측정 가능한 것이 아니다.

예를 들어 환생 연구는 아이가 가진 출생점, 선천적 결손, 흉터 같은 것을 오래전에 특정 신체 부위에 치명적인 부상을 입고 죽은 군인과 연결시킨다. 일례로 이언 스티븐슨은 아이의 몸에서 죽은 병사의 상처와 일치하는 지점에 출생점이 나타날 확률을 계산해 보았다. 하지만 그런 점이 몇 개나 있어야 일치한다고 할 수 있을까? 한 개? 두 개? 열 개? 그리고 출생점과 상처의 위치가 얼마나 가까워야 일치하는 것으로 볼 수 있을까? 밀리미터? 센티미터? 일군의 사례에서 스티븐슨은 상처 부위와 출생점의 일치 여부를 결정하는 기준으로 10센티미터 정사각형을 이용했다고 주장했다. 하지만 철학자 레너드 에인절Leonard Angel이 스티븐슨의 데이터를 꼼꼼하게 분석해 보니 그가 이런 기준을 실제로 적용되했는지, 어디를 확인해 보았는지 거의 확인 불가능했다. 에인절은 스티븐슨의 10센티미터 일치 기준이 전혀 지켜지지 않아서 '하복부lower abdomen'처럼 너무 포괄적인 기준으로 묘사되었음을 알아냈다. 또한 스티븐슨은 아이의 출생점을 다음과 같은 과거의 사건들과 마구잡이로 연관 지으려 했다. (1) 죽은 사람의 외상이나 상처의 위치 (2) 수술 부위 (3) 두드러진 흉터 (4) '실험 흔적'(experimental mark, 매장하기 선에 시신에 고의로 만들어 놓은 재나 검댕의 얼굴 자국) (5) 전생에 두드러졌던 출생점이나 피부 위의 자국 (6) 신체 결함(예를 들면 상실된 손가락이나 발가락 혹은 선천적 결손) (7) 동물에게 물린 위치 (8) 문신 (9) 몸속에 박힌 총알. 에인절은 이렇게 지적한다.

스티븐슨은 일반적으로 죽은 사람에게 그런 부위가 다발적으로 존재한다는 것을 고려하지 못하고 '생일의 오류birthday fallacy'와 비슷한 초보적인 통계 오류에 빠지고

2부 | 영생의 과학적 탐구

말았다. (생일의 오류란 예를 들어 35명 중에 생일이 같은 사람이 있을 확률을 물었을 때 확률론을 제대로 알지 못하는 사람은 그 확률을 너무 낮게 짐작하는 오류를 말한다.) 스티븐슨은 출생점이 상처의 흔적과 대응한다는 점에 주목했지만 그 출생점이 다른 곳에 있었다면 다른 흉터, 흔적, 출생점, 선천적 결손, 문신, 실험 흔적 등과 대응했으리라는 점은 파악하지 못했다. 이것은 통계적 실수가 일어나기 쉬운 전형적인 설정인데 스티븐슨은 곧장 이런 실수에 빠지고 말았다. [36]

다음으로는 조사하지 않은 사례의 문제와 대수의 법칙law of large numbers 문제가 있다. 스티븐슨과 다른 환생 연구자들은 보통 아이로 환생한 죽은 사람이 누구인지 가족이 판단하고 난 **이후에** 사례 조사에 착수한다. 예를 들면 가슴이나 머리에 총을 맞고 죽은 병사의 총상 부위가 아이의 가슴이나 머리에 난 흉터나 출생점과 대응하는 것으로 보이는 경우다. 하지만 충분한 양의 표본을 조사해 보면 가슴이나 머리(혹은 그 어느 부위라도)에 출생점, 흉터, 선천적 결손을 안고 태어난 아이는 모두 과거 어느 시점에 총상을 입고 죽은 병사의 총상 부위를 그대로 재현한 것처럼 보일 수밖에 없다. 과거의 인물을 충분히 많이 뒤지다 보면 패턴이 정확히 맞아떨어지는 것으로 보이는 누군가가 나올 수밖에 없다. 사실 어떤 유사성이 **없다면** 그것이 오히려 놀라운 일이다. 특히 요즘 사례와 과거 사례 사이에서 출생점이 일치한다고 결정할 객관적인 기준이나 특정 지침이 마련되지 않은 경우라면 더욱 그렇다.

이런 것들은 환생 이론이 갖는 논리적, 실증적 문제점 중 일부에 불과하다. 철학자 폴 에드워즈Paul Edwards는『환생: 비판적 조사 Reincarnation: A Critical Examination』라는 책 한 권 분량의 분석을 통해 이런 문제점을 더욱 심도 깊고 철저하게 살펴보았다. 이 연구는 현재까지 해당 주제에 관한 최고의 연구로 꼽힌다. 에드워즈는 이렇게 수사적인 질문을 던진다. "환생에 대한 믿음은 거짓으로 봐야 할까? 아니면 개념적 일관성의 결여로 보아야 할까?" 자신은 환생에서 제안하는 내용을 진지하게 고려하는 순간 분명하게 드러나는 이유로 인해 후자의 관점에 마음이 기울었다고 대답한다. "누군가 죽으면 육체와 분리된 정신과 비육체적인 몸(nonphysical body, 이것이 의미가 무엇이든 간에)은 어떻게 그러는지 알 수는 없지만 이승에서의 기억과 자신의 특징적인 기량이나 특성을 계속 유지한다. 몇 달에서 몇백 년에 이르기까지 다양한 기간이 지나고 난 후에 뇌도 없고 그 어떤 신체 감각기관도 없는 이 순수한 정신, 혹은 비육체적 몸은 땅 위에서 적절한 한 여성을 다음 환생에서 자신의 어머니로 고른다. 새로운 태아가 잉태되는 순간 이 여성의 자궁으로 침입해 들어가 태아와 하나로 융합해서 완전한 인간이 된다." 여전히 더 큰 문제가 존재한다. 이 환생하는 영혼은 대부분 "비참한 삶을 살 가능성이 높은, 가난한 인구가 밀집된 국가에 사는 어머니의 자궁으로 들어가기를 원하는 것같다."[37] 이런 식으로 풀면 환생이라는 개념 자체가 완전히 미친 소리로 들린다.

그럼에도 과학적 회의론자로서 환생을 입증하는 증거라는 것들을 그냥 무시하거나 묵살할 수는 없다. 그 개념이 아무리 일관성이 없다고 해도 말이다. 내가 접해 본 것 중 가장 유명한 사례 중 하나를 통해 환생에 대해 진지하게 고려해 보려 한다(나는 이 가족을 텔레비전 토크쇼에서 만났다). 이 사례는 제임스 레이닝거James Leininger라는 소년의 이야기다. 제임스의 부모는 제임스가 제2차 세계대전에 참전한 전투기 조종사의 환생이라 믿는다. 이 이야기는 그 부모가 쓴 『영혼의 생존자Soul Survivor』라는 책에 소개되었다.[38] 제임스는 아주 어릴 때부터 비행기를 갖고 놀기를 좋아했다. 물론 사내아이에게 그리 유별난 일은 아니다. 하지만 이윽고 제임스는 악몽을 꾸기 시작했다. 그 엄마가 회상하기를 아이를 흔들어 깨우면 이런 말을 했다고 한다. "비행기에 불이 붙어 추락해요. 작은 사람이 빠져나오지 못해요." 제임스가 불이 붙어 추락하는 비행기와 상황에 대해 충분히 구체적인 내용을 제시했기 때문에 그 부모는 구글 검색과 기록 보관소 검색을 통해 제임스 휴스턴 주니어James M. Huston Jr.라는 21세의 미해군 전투기 조종사와의 연결 고리를 찾을 수 있었다. 이 조종사는 제2차 세계대전 당시 이오지마 전투에서 일본군 포병부대의 공격을 받고 전사했다. 부모는 제임스가 죽은 조종사의 환생이라고 생각했다.

레이닝거 부부는 어떻게 이런 결론을 내렸을까? 내가 만날 때 즈음 제임스는 만 11세였다. 그는 이런 내용이 아주 어렴풋하게만 기억난다고 말했다. 게다가 쇼 진행자가 채근하자 제임스의 엄마 안드레아Andrea는 이렇게 고백했다. "제임스가 기억을 직접 인식하는 것 같지는 않았어요. 이런 기억이 제임스의 머릿속에서 활성화되지는 않았죠. 보통 아이가 무언가를 보거나, 냄새 맡거나, 듣는 등 무언가 발생하면 계기가 되어 작은 정보를 내놓았죠. 그게 다예요." 안드레아는 이어서 고백하기를 제임스의 삶에서 잠깐 동안 이런 일이 있고 난 후에 그 기억은 대부분 영원히 사라져 버렸다며 말했다. "우리가 아이를 앉혀 놓고 이것저것 물어볼 수 있었던 경우는 아마 세 번에서 다섯 번 정도였던 것 같아요. 나머지는 우리가 뭔가를 물으면, 아이는 우리가 무슨 말을 하려는 것인지 모르는 얼굴이더군요. 아주 흥미로운 현상이었어요."[39]

정말 흥미로운 일임이 분명하다. 앞에서 언급했듯이 사람들의 마음에 가짜 기억을 심어 줄 수 있다는 문제점을 고려하면 말이다. 제2차 세계대전 조종사의 환생에 대한 믿음을 주도한 사람이 꼬마 제임스가 아니라면 대체 누구였을까? 그 시작은 안드레아의 엄마(제임스의 외할머니) 바버라 스코긴Barbara Scoggin이었다. 바버라는 제임스의 악몽이 부정적인 전생의 기억 때문일지 모른다고 말했다. 이렇게 씨앗을 심어 놓은 후에 바버라는 안드레아에게 아이를 환생 상담사 겸 전생 여행 치료사인 캐롤 보먼Carol Bowman에게 데려가 보라고 권했다. 보먼은 소년에게 비행기와 치명적인 사건에 대해 좀 더 구체적인 기억을 '되살리도록' 유도했다(보먼은 제임스의 부모가 낸 책에 서문도 썼다). 보먼은 안드레아에게 이렇게 말했다. "꿈을 꿀 때 우리의 의식적 정신은 깨어 있을 때와 다르게 자료를 걸러 냅니다. 그래서 전생의 기억을 비롯한 무의식적 자료가 등장하지요. 어린아이가 전생의 일을 꿈꾸는 경우는 드물지 않아요."[40] 보먼의 주도로 비행기와 치명적 사고에 대한 구체적인 내용이 재구성된 이후(제임스의 부모도 거들었다) 레이닝거 부부는 제임스 휴스턴의 여동생 앤 배런Anne Barron에게 편지를 썼고, 앤은 이런 답장을 보냈다. "꼬마 제임스가 오빠의 환생이 아니고서야 절대 알 길이 없는 모든 일을 대단히 설득력 있게 말하는군요."[41]

구체적인 내용은 아래서 살펴볼 테지만 먼저 인구 문제와 개인의 정체성 문제와 관련해서 꼬마 제임스가 태어나기 전에 제임스 휴스턴의 영혼은 어디에 있었는지 의문이다. 이 영혼은 또 다른 이의 몸을 차지하고 있었을까? 아니면 재이식될 날을 기다리며 영혼의 연옥에 해당하는 곳을 떠돌고 있었을까? 자신의 몸을 제임스 휴스턴의 영혼이 차지한 동안 제임스 레이닝거의 영혼은 무슨 일이 있었을까? 제임스의 원래 영혼은 지옥의 변방 같은 곳을 떠다니며 새로운 환생을 기다리거나, 휴스턴의 영혼이 몸을 비우면 자신의 원래 몸을 되찾으려 기다리고 있었을까? 아니면 제임스는 이제 두 개의 영혼을 갖고 있거나, 혹은 과거로부터 넘어온 더 많은 영혼을 품고 있었을까? 보면은 이렇게 설명한다. "제가 보기에 제임스 휴스턴의 의식 중 일부가 죽음에서 살아남아 지금은 제임스 레이닝거의 영혼 의식의 일부가 되었습니다. 현재의 환생은 지난번 환생의 판박이 복사본이 아니라 제임스 휴스턴의 개성과 경험 중 일부 측면을 담는 것입니다."[42] 그것이 대체 어떤 측면이고, 왜 하필 그런 측면만 남았을까? 이것은 대체 어떤 식으로 작동할까? 우리는 기억이 시냅스 연결을 통해 뇌 어디에 어떻게 저장되는지 안다. 다른 누군가의 영혼은 대체 어떻게 뇌로 침투해 들어와 기억의 시냅스를 새로이 연결하는 것일까? 새로운 기억이 형성될 때처럼 유전자를 켜고 끄고, 단백질 사슬 순서를 바꾸고, 신경세포의 가지돌기 가시dentritic spine를 따라 시냅스의 위치를 바꾸고, 다른 신경세포와의 연결을 재배열하는 것일까?

둘째로 제임스 휴스턴은 왜 레이닝거의 몸을 통해 현재로 돌아왔을까? 제임스의 아빠 브루스 레이닝거Bruce Leininger는 추측한다. "무언가 마무리하지 못한 것이 있어서 돌아왔겠죠."[43] 보면은 좀 더 일반화해서 말한다. "영혼이 '마무리 못 한 일'이 있거나 정신적 상처를 남기는 죽음을 맞이하면 이런 기억은 다음 생으로 넘어갈 가능성이 큽니다. 제임스 휴스턴의 경우 젊은 나이에 정신적 외상을 초래

할 만한 죽음을 맞이했죠. 거기서 남은 커다란 감정과 에너지가 이런 기억을 발전시켰을지 모릅니다." 44) 만약 그렇다면 인류사에서 벌어진 수많은 전쟁에서 꽃다운 나이에 죽어 간 수백만 명의 다른 젊은이에게 같은 동기를 적용해야 하지 않을까? 이오지마 전투에서만 미국 병사 6821명이 죽었다. 이들 모두 그곳에서 전사하지 않았다면 길고 충만한 삶과 아직 못다한 일들이 그들을 기다렸을 것이다. 이들 모두 그 후에 태어난 아이의 몸속에 들어가 살았을까?

셋째로 어린 소년이 비행기 조종사가 되는 꿈을 꾸는 일이 그렇게 드문 일인가? 나는 꼬마 시절 비행기 모형이나 배 모형을 만들고, 전쟁 보드게임을 하면서 군인이 되는 상상을 수없이 했다. 나는 침실에 있던 작은 배 모형과 비행기 모형을 복도에 가지고 나와 제1차 세계대전의 유틀란트 해전Battle of Jutland을 체험했고 제2차 세계대전의 미드웨이 해전Battle of Midway을 재현했다. 어린아이의 판타지 세계는 이렇게 풍요롭다. 제임스의 부모는 아들이 정상 소년의 판타지를 훨씬 뛰어넘는 특성을 보였다고 주장했지만 무엇이 정상이고, 무엇이 정상이 아닌지를 누가 결정한단 말인가? 그리고 이 부모는 제임스가 20개월밖에 안 되었을 때 텍사스 애디슨에 있는 카바노 비행박물관Cavanaugh Flight Museum에 데려갔다고 말했다. 꼬마의 상상력에 불을 지핀 것이다. 이들의 말로는 제임스가 비행기를 보고 완전히 넋을 잃었다고 한다. 특히 제2차 세계대전 비행기 코너에 빠져드는 바람에 거의 3시간 동안 그곳을 돌아다녔다고 했다. 그 박물관에는 코르세어Corsair 비행기가 눈에 잘 띄는 곳에 전시되어 있다. 제임스가 나중에 자기 꿈속에서 휴스턴이 타고 있었다던 그 비행기다. 박물관에서 나오는 길에 제임스의 아빠는 해군 블루 엔젤 비행기의 비디오테이프를 사 주었다. 아빠는 제임스가 하도 반복해서 보는 바람에 테이프가 다 닳다시피 했다고 말했다. 부모의 말로는 제임스가 악몽을 꾸다 말고 깨서 제2차 세계대전의 사고에 대한 이야기를 시작한 것이 이 여행 **이후**였다고 했다. 이런 시간 순서는 환생이 아니라 어린 시절의 환상을 야기하는 인과적 영향력이 작용하고 있음을 강력하게 시사한다.

솔직히 제임스라는 이름의 제2차 세계대전 전투기 조종사라든가, 그가 몰던 비행기 종류(코르세어), 그 비행기가 발진한 배(항공모함 나토마natoma호), 동료 비행기 조종사의 이름(잭 라슨Jack Larson), 추락하는 비행기 그림, 스케치에 "제임스 3"이라고 서명한 것(제임스 휴스턴 2세는 '제임스 2'였을 것이다), 식은땀이 나는 악몽을 꾸며 "비행기가 불이 붙어 추락해요. 작은 사람이 빠져나오지 못해요"라고 소리 지른 것 등의 구체적인 정황을 처음 들으면 귀가 솔깃해진다. 하지만 이런 일관성 있는 이야기를 낳은 이 소년의 경험과 악몽, 판타지가 구축된 시점이 결국 코르세어 비행기가 전시된 제2차 세계대전을 다룬 박물관으로 여행을 다녀온 **이후**, 할머니가 전생 때문에 악몽이 생기는지 모른다고 설명한 **이후**, 아이를 환생 치료사에게 데려가서 환상을 유도한 **이후**, 아빠가 소년에게 제2차 세계대전 전투기에 대한 책을 읽어 준 **이후**, 부모가 아이에게 비행기 장난감을 사 준 **이후**, 부모가 의심을 거두고 환생 시나리오를 뒷받침해 줄 증거를 찾아 나서기 시작한 **이후**였다는 점을 고려하면 좀 더 설득력 있는 설명이 등장한다. 제임스 레이닝거가 "제임스 3"이라고 서명했을 때 나이가 세 살이었다는 점도 명심하자. 따라서 세 살밖에 안 된 아이가 제임스 휴스턴 2세가 "제임스 2"라고 서명했을 거라 짐작해서 자신의 서명을

"제임스 3"으로 쓴 것이라기보다 자신의 나이를 함께 적은 것이라 추측하는 것이 더 합리적이다. 이 소년은 자신이 환생했다고 주장하는 조종사의 성인 '휴스턴'은 한 번도 언급하지 않고 제임스라는 이름만 말했다. 이것은 조종사 이름 제임스가 아닌 자신의 이름을 말하는 것이며 당시에는 아주 흔한 이름이었다.

더군다나 제임스 휴스턴이 포격을 받아 추락할 때 몰던 비행기는 '코르세어'가 아니라 '와일드 캣Wildcat'이었던 것으로 밝혀졌다.[45] 그리고 휴스턴이 비행기를 발진했다는 항공모함 **나토마**호의 이름은 사실 **나토마 베이**Natoma Bay호였다. 이러한 사소한 것까지 트집 잡느냐고 할 수 있다. 하지만 어쩌면 제임스의 아빠가 읽어 준 제2차 세계대전 책 중 하나에 **나토마 베이**호의 그림이 나와 있었고, 그 이름에서 특이한 부분만 아이의 뇌리에 박혔는지 모를 일이다. 마지막으로 정작 제임스 자신은 이 일에 대해 더 이상 믿을 만한 기억은 없다고 하니 주장을 입증할 증거가 그 부모의 말밖에 없음을 명심해야 한다.[46]

나는 여기서 임사체험과 환생을 초자연적인 현상을 끌어들일 필요 없이 자연현상에 국한해서 과학적으로 이해하려 했다. 그렇다고 겉보기에 현실 같고 감정적으로 중요하거나 삶을 송두리째 뒤바꿔 놓는 이런 경험의 힘을 깎아내리고 싶은 마음은 없다. 어쩌면 이런 것에 대한 믿음은 삶의 곤경과 죽음에 대처하는 한 방법인지도 모른다. 부활, 다시 태어남, **지상의 천국들**. 이것은 엄연한 자아변화self-transformation 신화다.

# 6장

# 사후 세계의 증거

기이한 심리적 체험과 사자와의 대화

나는 여러 해 전에 돌아가신 우리 부모님과 아주 가까웠다.
나는 부모님의 본질, 성격 그리고 내가 부모님에 대해 정말 좋아했던 점들이
정말로 여전히 어딘가에 존재하기를 믿고 싶은 마음이 간절하다.
분명 나의 안 어딘가에는 죽음 이후의 삶을 믿을 준비가 된 무언가가 존재한다.
그 무언가는 사후 세계가 존재한다는 객관적인 증거가 있는지에 대해서는
눈곱만큼도 관심이 없다.

— 칼 세이건Carl Sagan, 『악령이 출몰하는 세상』, 1996 [1)]

사반세기 동안 나는 기이한 심리적 체험을 조사해 설명하려 했다. 외계인에게 납치되는 느낌을 받았던 경험 (4800킬로미터에 이르는 대륙을 중단 없이 관통하는 미국 횡단 자전거 대회Race Across America에 참여했다가 잠을 못 자고 극도의 피로를 느끼던 중에 생긴 증상이었다)이나 감각 차단 탱크(Sensory Deprivation Tank, 빛도 소리도 없이 체온과 같은 온도의 물속에 떠 있으면 사람의 마음이 어디론가 방황하기 시작한다) 안에서 환각을 경험한 일, 전자기장으로 측두엽을 자극하는 동안 유체이탈체험을 한 일(마이클 퍼싱어Michael Persinger의 실험실에서 그의 '신의 헬멧'을 쓰고) 등 내가 직접 경험했던 일에 대한 글 몇 편을 썼다.[2] 사람들은 대부분 이런 일을 과학으로 설명할 수 없는 초자연적인 사후 세계, 심지어 신이 존재한다는 증거라 해석한다. 그 예로 작가 마크 트웨인Mark Twain이 자신의 형제 헨리Henry에 대한 꿈을 꾸고 난 다음 들려준 놀라운 일화를 생각해 보자. 트웨인은 헨리와 함께 세인트루이스에 정박된 배에서 일하고 있었다.

그날 아침 나는 꿈을 꾸다가 눈을 떴다. 어찌나 생생하고 현실 같던지 나는 깜박 속아 넘어가 그 꿈이 현실이라 생각했다. 꿈속에서 나는 헨리의 시신을 보았다. 금속관에 누워 있었다. 헨리는 내 옷을 입고 있었고, 그 가슴에는 커다란 꽃다발이 놓여 있었다. 꽃은 주로 하얀색 장미였고, 그 중앙에 빨간 장미 한 송이가 있었다.

사실 그 후 몇 주 뒤에 헨리는 배 위에서 보일러가 폭발해 화상을 입어서 아편을 과다 투여하는 바람에 사망했다. 트웨인은 이렇게 회상했다.

돌아와 영안실에 들어가 보니 내 옷을 입은 채 헨리가 열린 관 속에 누워 있었다. 우리가 마지막으로 세인트루이스에서 머무는 동안 나 모르게 헨리가 그 옷을 빌려 갔던 모양이다. 여기까지 내가 몇 주 전 꾼 꿈이 구체적인 부분까지 정확히 재현되었음을 깨달았다. 그중 한 가지는 빠졌다고 생각했지만 곧바로 그 부분까지 채워졌다. 한 할머니가 커다란 꽃다발을 들고 들어왔다. 하얀색 장미 가운데 빨간 장미 한 송이가 자리 잡고 있었다. 그 할머니가 꽃다발을 동생의 가슴에 올려놓았다.[3]

트웨인은 이 기이한 체험을 어떻게 해석할지를 두고 상반되는 입장을 취했다. 그는 사람들에게 이 이례적인 경험을 여러 번 반복해서 말하고 나서 글로 적은 것이라, 평범한 사건을 믿기 힘든 이야기처럼 만들기 위해 자기도 모르게 세부 사항을 꾸며 냈을 가능성도 있다고 고백했다. 게다가 우리는 하룻밤에 5편, 1년에 1825편 정도 꿈을 꾼다. 그중 10분의 1을 기억한다면 1년에 182.5편 정도의 꿈을 기억하게 된다. 꿈을 기억할 수 있는 미국인을 3억 명 정도로 어림짐작해 계산하면 미국인이 기억하는 꿈은 1년에 대략 547억 편 정도

된다. 사회적 관계망을 연구하는 사회학자들은 사람들이 각자 꽤 잘 알고 지내는 사람이 약 150명 정도 된다고 추정한다. 그럼 전체 네트워크에서 개인적 인간관계로 생기는 사회적 격자social grid가 450억 개쯤 된다. 온갖 연령대에서 별의별 이유로 사망하는 미국인이 1년에 240만 명 정도니까 사람들의 기억에 남는 547억 편 꿈 중에서 필연적으로 미국인 3억 명과 450억 개 인간관계 중에 발생하는 죽음 240만 건에 대한 꿈이 나올 수밖에 없다. 사실 죽음의 예지몽 중 일부가 현실에서 일어나지 않는다면 오히려 그것이 **기적**이다.

그럼에도 이런 기이한 체험을 사후 세계 시나리오가 진짜라는 증거로 해석하는 사람들이 있다. 라이스대학교의 종교학과 교수 제프리 크리팔Jeffrey Kripal도 그중 한 명이다. 그는 그가 말하는 '외상성 초월traumatic transcendence' 또는 '강렬한 인간적 고통의 중력에 영향을 받아 생기는 시간과 공간의 예지적 뒤틀림a visionary warping of space and time effected by the gravity of intense human suffering'의 사례로 트웨인이 꾼 죽음의 예지몽을 든다. 크리팔은 그런 꿈을 '현실부합 환각veridical hallucination' 또는 '실제 사건과 맞아떨어지는 환각'으로 특징 지웠던 초기 빅토리아 시대의 견해를 받아들이며 이렇게 지적한다. "사람들은 수천 년 동안 세상을 떠난 사랑하는 이들(혹은 멀리 떨어진 곳에서 이제 곧 죽으려고 하는 사랑하는 이들)을 보아 왔다. 이것은 트웨인 같은 이들의 경험이 우리 세상에서 실제로 일어나는 일이며 그저 문화에 의해 구축된 현상이 아님을 강력하게 시사한다." 크리팔은 이렇게 결론 내린다. "요즘에 이런 비교를 하면 아주 의심스러운 눈으로 바라본다. 가장 큰 이유는 이런 비교가 결국 어떤 일이 일어날 것을 일어나기도 전에 미리 아는 지력이나 잠이 든 아내의 꿈에 나타나는 세상을 등진 영혼 등 역사에서 일어나고 있지만 엄격한 유물론을 따르지 않는 내용을 암시하기 때문이다." 크리팔은 이렇게 주장한다. "사실 우리의 상황을 제대로 인식한다면 우리가 그런 이야기에 둘러싸여 있음을 알 수 있다. 우리는 그런 이야기가 얼마나 많은지도 모르고, 그것이 무엇을 의미하는지는 더더욱 모른다. 그것을 알아내려 실제로 노력해 본 적이 전혀 없기 때문이다."[4]


## 사후 세계 실험


사실 나를 비롯해서 과학계의 수많은 사람들이 책, 잡지 기사, 다큐멘터리, 블로그, 팟캐스트, 기타 매체를 통해 축적해 놓은 기이한 심리적 체험 관련 자료가 많다. 그레이엄 리드Graham Reed의 『기이한 체험의 심리학The Psychology of Anomalous Experience』[5], 레너드 주스네Leonard Zusne와 워런 존스Warren Jones의 『이상 심리학Anomalistic Psychology』[6], 그리고 특히 이런 내용을 종합적으로 다룬 심리학자 웨츨 카르데나 Etzel Cardena, 스티븐 린Steven Lynn, 스탠리 크리프너Stanley Krippner의 『기이한 체험의 다양성Varieties of Anomalous Experience』 등이 그 예다. 마지막에 소개한 책의 저자들은 과학자의 관점에서 이렇게 주장한다. "기이한 체험은 흔치 않은 체험(예를 들면 공감각synesthesia)이거나 상당히 많은 사람이 경험하기는 하지만(예를 들면 텔레파시로 해석되는 경험) 평범한 경험으로부터 비롯되었거나 실제에 대해 사람들이 일반적으로 받아들이는 설명에서 비롯되었다고 믿는 체험이다."[7]

바꿔 말하면 이상한 일들이 일어나고, 호기심 많은 사람들은 그 이유를 알고 싶어 한다는 것이다. 어떤 사람들은 그런 기이한 체험을 신이 존재한다는 증거로 해석하는 데 그치지 않고 더 나아가 사후 세계의 증거로 받아들이기도 한다. 그중 가장 주목할 만한 사람이 바로 스스로를 영매psychic medium라 부르는 제임스 반 프라그James Van Praagh, 존 에드워드John Edward, 로즈마리 알테아Rosemary Altea이다. 이들은 죽은 사람과 대화할 수 있다고 주장한다. 텔레비전 스튜디오나 호텔 회의실은 물론이고 심지어 스튜디오의 청중이나 세상을 떠난 사랑하는 이들과 접촉하고 싶어 하는 유료 고객 앞에서도 정해진 시간에 정확히 때를 맞춰서 대화가 가능하다. 이들은 심지어 천국이 어떤 모습인지도 안다고 주장한다. 예를 들어 반 프라그는 자신의 책 『천국에서 자라는 아이들Growing Up in Heaven』에서 세상을 떠난 아이들이 보게 될 천국의 모습을 이렇게 묘사한다.

> 학교에 다니는 것 말고도 아이들은 스포츠, 게임, 수공예 등의 다양한 활동을 하며 논다. 그리고 수영, 자전거, 정원 가꾸기, 야구, 목각, 요트, 그리고 자기가 하고 싶은 온갖 활동을 즐긴다. 어떤 아이들은 리더십, 팀워크, 미술, 대화술, 캠핑 같은 것을 가르치는 보이스카우트나 걸스카우트 비슷한 단체에 입회한다. [8]

천국에서 자전거를 탄다고? 나야 좋지만 과연 다른 사람들이 이런 이야기를 진지하게 받아들일까? 그렇다. 특히 아이와 사별한 부모는 그렇다. 이런 부모는 반 프라그가 전하는 메시지를 듣고 싶은 마음이 간절하다. "당신은 정말 최고의 아빠였습니다. 아이가 두 분 모두 정말 사랑한다고 말하네요. 두 분이 그 사실을 알기를 바라요. 아이가 두 분을 특별히 자신의 부모로 선택했다고 합니다. 두 분과 항상 함께하리라는 것을 알았으면 하고 바라고 있네요." 부모 중 한 쪽이 죄책감을 느끼는 것을 눈치채고 반 프라그는 이렇게 안심시켜 준다. "아이가 당신이 자신을 용서하기를 바랍니다. 당신은 잘못한 것이 없어요. 이해하시겠어요? 아이가 **당신에게 책임이 없다**고 합니 다."[9]

이런 빤한 미사여구를 굳이 여기서 공들여 반박할 필요는 없을 것 이다. 죽은 사람과 대화할 수 있다는 소위 영매라는 사람들이 콜드 리딩cold reading 기술을 사용하는 사기꾼에 불과하다는 것은 이미 내 가 예전에 펴낸 책들과 수많은 기사를 통해 입증했다. 콜드리딩이란 한 번도 만나 본 적 없고 사전 정보도 없는 상대의 속마음을 간파하 는 기술이다. 사실 누구든 죽은 사람에게 말을 걸 수 있다. 다만 죽은 사람의 대답을 이끌어 내기 어려울 뿐이다. 하지만 죽은 사람이 산 사람과 대화를 나누는 것처럼 **보이게 만들기**는 식은 죽 먹기다. 내가 빌 나이Bill Nye의 텔레비전 쇼 "나이의 눈The Eyes of Nye"에 출연해서 한 번도 만나 본 적이 없는 무작위로 뽑은 사람의 마음을 읽으며 하루 를 보내 보니 그것이 얼마나 쉬운 일인지 알 수 있었다. 내가 아는 바 가 진혀 없는 열 명이 넘는 사람을 대상으로 마음을 읽어 보았는데 대부분은 내가 소름 끼칠 정도로 정확히 맞힌다고 했다.[10] 이렇게 믿음에다가 이언 롤런드Ian Rowland의 『콜드리딩의 모든 것The Full Facts Book of Cold Reading』에 나온 백발백중의 기술이 합쳐지면 강력한 효과 를 낸다.[11]

롤런드의 설명을 간략하게 정리하면 심령술을 할 때는 부드러운 목소리를 내고, 차분한 행동을 보이고, 따지는 것처럼 보이지 않는 호의적인 보디랭귀지를 이용해야 한다. 기분 좋은 미소를 띠고, 계속해서 눈을 마주치고, 상대의 이야기를 듣는 동안 머리를 살짝 옆으로 기울이고, 대상자를 마주할 때는 다리를 모으고(꼬지 말 것) 팔짱은 끼지 않는다. 질문을 많이 던져야 한다. 이를 테면 "오늘 당신이 만나고 싶은 세상을 떠난 사람이 누굽니까?", "이게 이해가 되세요?", "이것이 당신한테 중요한 부분이군요. 그렇죠?", "당신은 이 존재와 닿을 수 있군요. 그렇죠?", "그럼 지금 말하는 사람이 누구일까요?" 등의 질문이다. 자기만 아는 구체적인 내용이 영매의 입에서 나오는 것을 보고 죽은 자와 실제로 연결되었다는 생각이 들겠지만, 사실 이런 내용은 굉장히 흔한 것들이다. 롤런드는 이런 사례들을 제시한다. 무릎에 난 흉터, 집 주소에 들어 있는 2라는 숫자, 물과 관련된 어릴 적 사고, 한 번도 입지 않았던 옷, 지갑이나 가방에 들어 있는 사랑하는 사람의 사진, 어린 시절 길렀던 긴 머리카락, 잃어버린 한쪽 귀걸이 등이다. 조금만 연습해서 자신감 있게 하면, 꽤 쉽게 거의 모든 사람에게 당신이 죽은 사람과 대화한다고 믿게 만들 수 있다.

안타까운 일이지만 이런 형태의 사후 세계 증거를 모두 회의적으로 바라보지는 않는다. 그중 중요한 인물로 애리조나대학교의 게리 슈워츠Gary Schwartz가 있다. 그의 책 『사후 세계 실험: 죽음 이후의 삶을 입증하는 획기적인 과학적 증거The Afterlife Experiments: Breakthrough Scientific Evidence of Life After Death』라는 제목에는 자신감이 넘친다. 이 책에서 그는 영매가 죽은 사람과 소통하는 동안 통제된 조건 아래서 그들을 연구해 사후 세계가 실존한다는 것을 증명했다고 주장했다.[12] 사실 마크 버라드Marc Berard가 이 연구를 꼼꼼히 분석해서 지적한 바와 같이 영매들을 실험한 슈워츠 연구실의 환경은 그리 이상적이지 못했다. [13] 영매가 상대방으로부터 직접 피드백을 받기도 했다. 어떤 경우는 상대방이 차단막 뒤에 앉아 영매의 말에 고개를 끄덕이거나 가로저으면 실험자가 그것을 보고 대신 대답해 주기도 했다. 이것 역시 피드백에 해당한다. 피드백이 차단된 경우 영매의 판독 정확성이 떨어졌다. 또한 슈워츠는 한 상대에게는 틀렸지만 다른 상대에게는 맞아떨어진 진술이 있으면 기꺼이 맞힌 것으로 쳤다. 통제된 실험에서는 이러면 안 된다. 한번은 이야기가 희한하게 전개되었다. 영매 한 사람이 상대방 여성의 남편이 죽었느냐고 물어보았다. 사실 죽은 사람은 그 여성의 아들이었지만 영매에게 그 여성의 남편이 죽었다고 잘못 전달된 것이다. 영매가 아직 살아 있는 남편을 저승에서 불러낸 셈이다. 그 여성의 남편은 나중에 사고로 죽었는데 슈워츠는 이것을 두고 영매의 심령술이 **예언**으로 적중했다고 주장했다. 하지만 이것은 영매의 예견prediction이 아니라 슈워츠가 나중에 끼워 맞춘 사후 추정postdiction에 불과하다.

더군다나 슈워츠는 콜드리딩의 본질을 이해하지 못해서 그것이 상대방의 보디랭귀지를 읽고 추측하거나, 사전 정보를 수집하는 것이라 믿었던 듯 보인다. 이것은 콜드리딩에서 사용하는 기본 방법이 아니다. 콜드리딩은 상황이나 시간에 상관없이 아무 사람이나 붙잡고 말해도 다 해당될 내용을 말하고 나서, 맞힌 경우에는 맞혔다는 사실을 강조하고, 틀린 경우에는 별것 아닌 듯 넘기는 방법을 사용한다. 예를 들어 슈워츠는 자신이 연구한 몇몇 영매가 상대방과 관련 있는 개를 언급했다는 사실을 크게 강조했다. 하지만 이것은 대단히 두루뭉술한 진술이다. 상대방이 지금 개를 키울 수도 있고, 어느 시점에 개를 **키웠을** 수도 있고, 개를 키우거나 키웠던 누군가와 아는 사이일 수도 있다. 이런 식으로 하면 맞힐 가능성이 당연히 높을 수밖에 없다. 반세기 동안 콜드리딩을 직접 해 보고 연구해 온 존경받는 심리학자 레이 하이만Ray Hyman의 견해는 이렇다.

> 슈워츠는 자신의 스타급 영매가 내놓은 판독은 콜드리딩과 아주 다르다고 거듭해서 주장한다. 그는 책 여기저기에서 판독 사례를 제시한다. 이 사례들은 분명 최고의 사례만 선별해 놓은 것일 테지만 내가 보기에는 평범한 일반 영매가 내놓은 판독과 전혀 다를 것이 없어 보였다. 콜드리딩과도 완벽하게 일치하는 양상을 보인다.

본인 역시 심리 연구 실험 설계 전문가이기도 한 하이만은 슈워츠의 실험 설정을 꼼꼼하게 검토한 이후 이 사후 세계 실험의 열 가지 문제점을 확인했다. (1) 부적절한 대조군 비교 (2) 사기나 감각 유출 sensory leakage*에 대한 경고 부족 (3) 표준화되지 않고 검증되지도 않은 종속 변수에 의존 (4) 이중맹검 절차double-blind procedure**를 거치지 않음 (5) 단순맹검single-blind***이라 주장한 실험에서도 맹검 효과를 제대로 적용하지 못함 (6) 상대방이 참으로 인정한 사실을 독립적으로 미확인 (7) 실질적인 통제 대신 그럴듯한 논증을 이용 (8) 예비 결론 exploratory finding을 확증 결론confirmatory finding과 혼동 (9) 조건부 확률의 계산이 부적절하고 오해의 소지가 큼 (10) 실패를 성공으로 재해석

* 초심리학 실험에서 정보의 전달이 실험에서 확인하려는 초자연적 전달 방식이 아닌 일반 감각을 통한 전달 방식으로 이루어지는 것.
** 실험에 편견이 개입하지 못하도록 실험자와 피실험자가 모두 실험의 실제 진행 내용을 알 수 없도록 한다.
*** 피실험자만 실험의 실제 진행 내용을 알 수 없도록 한다.

하여 반증이 불가능한 결과를 도출. [14] 영매들은 사후 세계의 존재를 증명하기는커녕 날카로운 반증이 존재함에도 불구하고 거짓된 믿음을 유지시키는 인지 부조화cognitive dissonance의 힘을 입증할 뿐이다.


## 제일 이상한 것을 찾아서 탐구하라

좀 더 회의론적으로 접근하는 사람들은 다양한 유형의 명상가, 영매, 심령론자 등을 대상으로 뇌파검사와 기능적 자기공명영상 뇌 스캔 같은 기술을 이용해서 사후 세계의 증거를 찾거나, 사후 세계와 접촉해 볼 가능성을 탐구한다. 그중 가장 주목할 만한 사람이 신경과학자 앤드루 뉴버그Andrew Newberg다. 『신은 왜 우리 곁을 떠나지 않는가』, 『믿는다는 것의 과학』, 『신은 어떻게 당신의 뇌를 변화시키는가How God Changes Your Brain』 등 그의 책 제목에는 신비한 세상이 존재한다고 보는 그의 낙관적 태도가 잘 드러난다. [16] 예를 들어 한 연구에서 뉴버그와 연구진은 사이코그래퍼psychographer 열 명의 뇌를 스캔해 보았다. 사이코그래퍼는 자동 글쓰기automatic writing라는 기술을 이용해 죽은 자의 영혼으로부터 메시지를 받아 적을 수 있다고 주장하는 영매다. 자동 글쓰기가 일어나면 영혼이나 저 너머에서 작용하는 힘이 영매의 손을 조종해서 메시지를 만들어 낸다. 연구진은 경력이 오래된 사이코그래퍼들은 훨씬 복잡한 메시지를 쓰는데도 글쓰기 및 그와 관련된 인지 과정에 관여하는 뇌 영역의 활성이 더 낮게 나타난다는 것을 발견했다. 이는 영매가 내용을 날조하거나 역할 놀이role playing를 하는 것이 아니라 실제로 영혼이 글을 쓰고 있음을 암시한다. [17) 뉴버그와 연구진은 이런 영적인 부분을 직접 주장하는 데는 조심스럽지만 그런 내용을 분명히 암시한다. [18) 하지만 나는 경력이 오래된 영매는 아주 오랫동안 하다 보니 이런 행동이 거의 자동화되어서(말 그대로 자동 글쓰기) 경력이 짧은 영매보다 인지적 부하가 덜하다고 보는 것이 더 신중한 해석이 아닐까 싶다. 경력이 오래 된 운동선수, 음악가, 예술가 들의 근육 기억muscle memory과 비슷한 경우다. 이런 사람들은 운동이나 공연에 몰입하면 자기가 무엇을 하고 있는지 생각할 필요도 없어진다.

이런 연구는 솔직히 마술사 해리 후디니Harry Houdini와 다른 사람들에 의해 마술이라는 정체가 폭로된 [19) 19세기의 자동 '슬레이트 글쓰기slate writing'에 대한 연구보다 정교해진 것이 사실이다. 그럼에도 그 함축적 의미는 사실상 영적이다. 즉 저승에 있는 죽은 사람이 우리와 대화를 나눌 수 있다는 것이다. 그게 정말 가능할까?

나는 여기에 회의적이지만 열린 마음을 갖고 있다. 과학자라면 누구든 설명할 수 없는 미스터리를 만났을 때 이런 접근 방식을 취할 테지만 꼭 그래서만은 아니다. 나 자신도 기이한 경험을 해 본 적이 있기 때문이다. 그중 가장 극적인 것은 2014년 초의 일이다. 당시 나는 도무지 설명할 길이 없는 기이한 경험을 했다. 그해 나는 《사이언티픽 아메리칸》 칼럼에 이 경험에 관해 썼다. 「드문 일Infrequencies」이라는 제목을 붙인 그 글로 나는 2001년 글을 쓰기 시작한 이후 내가 쓴 그 어떤 칼럼보다 많은 독자 편지를 받았다. [20) 사건을 간단히 설명하자면 이렇다. 당시 내 약혼자였던 제니퍼 그라프Jennifer Graf(지금은 아내다)가 독일 쾰른에서 남부 캘리포니아로 이사를 오면서 돌아가신 할아버지 월터Walter의 것이었던 1978년산 필립스 070 트랜지스터 라디오를 가져왔다. 제니퍼는 홀어머니 밑에서 자랐기 때문에 그녀에게 할아버지는 아버지를 대신했던 존재였다. 제니퍼가 할아버지와 함께 그 라디오로 음악을 듣던 다정한 추억 때문에 나는 그 라디오를 다시 살려보려 무진 애를 써 보았지만 헛수고였다. 새 배터리를 끼우고 전원 스위치를 '켜짐'에 놓아도 소리가 나지 않아서 우리는 포기하고 그 라디오를 침실 책상 서랍에 넣어 두었다. 라디오는 몇 달 동안 그 속에 잠들어 있었다. 집에서 조촐하게 결혼식을 치르고 결혼 서약을 하고 고요한 순간이 찾아왔다. 제니퍼는 가족, 친구들과 너무 멀리 떨어지게 되어 슬픈 기분에 젖어 있었다. 그리고 사랑하는 사람들, 특히 어머니, 할아버지와 어떤 연결 고리가 있어서 이 특별한 날을 함께할 수 있다면 얼마나 좋았을까 생각했다. 우리는 나의 가족을 남겨 두고 집안에서 둘만 조용히 있을 곳을 찾아 나섰다. 그 순간 침실에서 흘러나오는 음악 소리를 들었다. 알고 보니 책상 서랍에 두었던 라디오에서 흘러나오는 사랑의 노래였다. 정말 등골이 오싹해지는 경험이었다. 방송 주파수 다이얼을 따로 맞춰 놓지 않았으니 십중팔구 치직거리는 잡음만 나와야 정상이었다. 그런데 때마침 그날 분위기에 딱 맞는 음악을 내보내는 방송국 주파수에 완벽하게 맞춰져 있었던 것이다. 이 일은 결혼식 전후로 몇 달 중 그 어느 때라도 일어날 수 있었는데 하필 제니퍼가 그러한 연결 고리를 가장 필요로 하는 순간에 딱 맞춰서 일어났다. 라디오는 저녁 내내 비슷한 음악을 내보내다가 다음 날 잠잠해졌다. 내가 여러 번 다시 살려 내려고 해 봤지만 그 이후 라디오는 계속 침묵을 지켰다.

이 칼럼이 나온 이후 내 앞으로 독자 편지가 쇄도했다. 한 성깔 하는 몇몇 회의론자들은 나더러 회의론이라는 방패를 내팽개친 것이

냐며 비난했다. 특히 내 맺음말에 대한 반발이 컸다. "증거가 뚜렷한 해답을 내놓지 않거나 수수께끼가 풀리지 않았을 때는 마음을 열고 불가지론적 입장을 고수해야 한다는 과학의 신조를 진지하게 받아들이는 사람이라면, 경이로운 미스터리를 향해 우리 앞에 열려 있을지 모를 인식의 문doors of perception을 닫아 버리는 우를 범해서는 안 된다." 솔직히 말하면 이 글은 올더스 헉슬리Aldous Huxley의 책 제목『인식의 문The Doors of Perception』을 언급하며 살짝 말장난을 친 것이다. 나는 여기에 이런 단서를 붙였다. "이런 기이한 사건은 그 원인이야 어찌 설명하든 간에 그에 대한 정서적 해석 때문에 큰 의미가 있다."

이런 현상을 믿는 수많은 사람들도 격려의 쪽지를 보내 주었다. 그중 이해 못할 내용도 있었다. 한 심리학자가 보낸 쪽지에 담긴 감정도 이해하기 힘들었다. "잠재되어 방치되었던 공유된 영적 능력의 중요성을 정말로 감정을 웅변하듯 생생하게 펼쳐 보여 준 결혼식이었습니다. 그 결과 실재가 실제로는 다차원적임을 이해하는 데 놀라울 정도로 무능력한 세계 문화에 아주 값진 것을 공유해 주셨군요." 세상이 3차원이라는 것이 중요하다는 말인가? 한 신경생리학자는 내가 겪은 기이한 사건에 자연적인 설명이 뒤따르지 않을 경우 그 함축적 의미가 무엇일지 상상했다. "혹시라도 의식이 뇌의 죽음 이후에도 살아남는다면 살아 있는 뇌에서 의식이 맡는 역할과 관련해서 아주 흥미진진한 함축적 의미가 존재합니다." 물론 함축적 의미는 존재한다. 하지만 내 이야기의 인과관계를 설명할 수 없다고 해서 함축적 의미를 갖는 것은 아니다.

한 지질학자는 이렇게 주장하는 글을 보냈다. "여러 가지 설명을 상정해 볼 수 있습니다. 저라면 태양 표면 폭발solar flares이나 홀루브

Holub와 스므르즈(Smrz, 신경세포들 사이를 오가는 나노입자를 통해 양자장이 다른 뇌에 영향을 미칠 수 있을지도 모른다고 주장하는 논문의 저자)의 지오파티클geoparticles을 이용해 설명하고 싶습니다. 하지만 이런 우연한 사건의 경우 그런 설명을 추구하기보다 그냥 오래오래 행복하게 살라는 축복이었다고 과학적 설명이 불가능한 초자연적인 맥락에서 생각하고 즐겨야 할 것 같습니다." 나도 동감한다. 하지만 과학으로 설명할 수 없는 초자연적인 맥락에 동감하는 것은 아니다.

하지만 내가 받은 편지 대부분은 본인이 직접 겪고 개인적으로 큰 의미가 있던 기이한 체험에 대한 내용이었다. 그중 구체적인 부분까지 몇 페이지에 걸쳐 쓴 편지도 있었다. 한 여성은 자기가 가지고 있던 희귀한 파란색 오팔opal 펜던트 이야기를 들려주었다. 이 여성은 15년 동안 이 펜던트를 매일 빠짐없이 하루 24시간 착용하고 있었다. 그런데 이혼 과정에서 남편이 나쁜 마음을 먹고 그 펜던트를 훔쳐 가 버렸다. 이 여성은 너무 속이 상해서 발리로 휴가를 가 있는 동안 한 보석 세공인에게 그 복제품을 만들어 달라고 부탁했다. 이것을 계기로 이 여성은 보석 가게를 열었고, 여러 해 동안 꽤 크게 성공했다. 어느 날 루시Lucy라는 이름의 여성이 그녀의 가게를 찾아왔다. 어쩌다가 두 사람은 잃어버린 오팔 펜던트 이야기하게 되었다. 그때 갑자기 루시는 그 오팔 펜던트가 자신에게 있음을 깨달았다. "1990년 루시의 제일 친한 친구가 이혼 절차에 들어간 남자를 만나고 있었는데 그 남자가 그 친구에게 펜던트를 주었대요. 그런데 그 친구는 그 펜던트를 차고 있기 영 불편해서 루시에게 사겠느냐고 제안했죠. 그래서 루시가 그것을 사서 그다음 주 열린 자신의 결혼식 날 차고 갔어요. 그런데 머지않아 루시는 새 남편에게 여자 친구가 있는 것을 알고 그 오팔 펜던트에 재수가 옴 붙은 거라 생각해서 다시는 착용하지 않았어요. 그래서 서랍에 15년 동안 방치되어 있었죠. 제가 왜 팔지 않았느냐고 물었더니(지금은 아주 귀한 보석이 됐거든요) 이렇게 말했어요. '팔려고 했죠. 그런데 내가 감정을 받으러 가려고 서랍에서 그 보석을 꺼낼 때마다 꼭 정신을 딴 데 팔게 만드는 일이 생기더라니까요. 전화가 오지를 않나, 개가 싸우지를 않나, 택배 배달이 오지를 않나. 여러 번 시도했는데 한 번도 성공하지 못했어요. 이제 보니 그 이유를 알겠네요. 그 보석이 당신한테 되돌아오고 싶었던 거예요!'" 의학직관자medical intuitive* 겸 원격치유자remote healer라는 이 여성의 언니는 이 이야기를 '웅장한 동시성epic synchronicity'이라 불렀다. 이 언니는 이 이야기를 "통계적으로 도저히 있을 것 같지 않은 환상적인 일이지만 **설명이 가능하다**"라고 말했다.

나도 동감이다. 하지만 이 일, 혹은 이렇게 도저히 있을 것 같지 않은 사건을 대체 어떻게 설명할 것인가? 그 의미는 무엇인가? 제니퍼와 내가 겪은 기이한 경험은 라디오가 하필 제니퍼가 가족을 생각하던 바로 그 정확한 **시점**에 맞춰 되살아난 것이었다. 그 덕분에 이 사건은 정서적으로 강한 인상을 남기며 마치 사랑하는 할아버지가 그곳에 우리와 함께하는 듯한 기분을 느끼게 했다. 과연 이것으로 사후 세계가 증명되었을까? 그렇지 않다. 나는 이렇게 적었다. "이런 일화는 죽은 사람이 살아남는다거나 전자 기기를 통해 우리와 소통할 수 있다는 과학적 증거가 될 수 없다."

과학에서는 자신이 좋아하는 믿음을 뒷받침하는 일화만 쭉 늘어

---

* 현대의학 대신 통찰력을 이용해 몸과 마음에 병이 생긴 원인을 찾아내는 직관적 능력이 있다고 주장하는 대체의학 치료사.

놓고 충분한 증거라고 할 수 없다. 솔직히 자기 스스로나 자신이 사랑하는 사람의 몸이 죽은 이후에도 살아남아 영원히 다른 곳에서 산다고 하면 싫어할 사람이 누가 있겠나? 이 장을 시작하며 소개한 칼 세이건의 글에도 나와 있듯이 세상을 떠난 사랑하는 사람에게 닿고 싶은 마음은 누구나 있는 강력한 욕망이다. "가끔 부모님과 대화를 나누는 꿈을 꾼다. 그러다 꿈속에서 갑자기 부모님이 실제로는 죽지 않았다는 강력한 깨달음에 사로잡힌다. 이 모든 상황이 일종의 끔찍한 오해였다고 말이다." 세이건은 자신이 겪었던 환각도 이것으로 설명할 수 있다고 지적하며 자세하게 이야기를 풀어 나갔다.

> 부모님이 돌아가신 후로 나는 어머니나 아버지가 대화를 나눌 때 쓰던 말투로 내 이름을 부르는 소리를 아마 열 번도 넘게 들었던 것 같다. 물론 살아 계셨던 동안 부모님은 심부름을 시키시거나, 내가 책임져야 할 일들은 상기시켜 주시거나, 밥 먹으러 오라고 부르시거나, 대화를 나누자고 하시거나, 오늘 하루 있었던 일을 말해 보라고 하실 때마다 나를 종종 불렀었다. 나는 아직도 나를 부르는 이 목소리가 너무 그립다. 그래서 내 뇌가 가끔씩 부모님의 목소리에 대한 또렷한 기억을 다시 끄집어낸다고 해도 전혀 이상할 것이 없어 보인다. [21)]

이런 갈망이 존재하면 누구든 인지편향cognitive bias에 빠지게 된다. 특히 그중 **확증편향**confirmation bias에 빠지게 된다. 확증편향에 빠지면 자신이 원하는 결론을 확증하는 증거에는 눈을 밝히고 그렇지 않은 증거는 무시해 버린다. 우리는 자기에게 의미가 큰 아주 특이한 우연은 기억하고, 매일 우리의 감각을 스쳐 지나가는 셀 수 없이 많은 무의미한 우연은 모두 잊어버린다. **대수의 법칙**이란 것이 있다.

예를 들어 70억 명이 매일 열 가지 경험을 한다고 치자. 확률을 100만 분의 1이라 여겨도 매일 우연 7만 건이 일어난다. 그중 적어도 몇 가지가 사람들의 기억에 남아 전해지고, 보고되고, 어딘가에 기록으로 남아 '흔히 나타나는 보기 드문 기현상frequently infrequent anomalies'이라는 유산으로 남지 않는다면 그것이 오히려 이상한 일이다. 여기에 어떤 사건이 있은 후에야 그것이 얼마나 일어나기 어려운 일이었는지 생각하며 강한 인상을 받는 **사후확증편향**hindsight bias이 더해진다. 하지만 과학에서는 그 발생을 미리 예측했던 사건에 대해서만 강한 인상을 받아야 한다. **회상편향**recall bias도 잊지 말자. 회상편향이란 자신이 현재 어떻게 믿고 있는가에 따라 해당 사건을 유리하게 해석하는 쪽으로 기억을 끄집어내어 사건이 다르게 일어났다고 기억하는 것을 말한다. 그날이나 다른 어떤 중요한 날에 일어났다면 똑같이 등골이 오싹하게 정서적 영향을 크게 미쳤을 일이 하필이면 그날 **일어나지 않은 경우**도 존재한다. 나는 그랬던 경우가 한 건도 생각나지 않는다. 하필 일어나지 않은 일이니까 말이다. 마지막으로 단지 내가 무언가를 설명할 수 없다고 해서 그것이 과학으로 설명 불가능하다는 의미는 아니다. 무지에 의한 논증(argument from ignorance, 거짓임이 증명되지 않았으므로 분명 참이라는 논리)이나 리처드 도킨스Richard Dawkins가 말하는 **개인적 불신에 의한 논증**(argument from personal incredulity, 내가 자연적인 설명을 생각할 수 없으니까 그런 설명은 존재할 수 없다는 논리)은 과학 세계에서 통하지 않는다.

이 장을 시작하면서 기이한 경험에 대한 제프리 크리팔의 글을 살펴보았다. 진화생물학자 제리 코인Jerry Coyne이 이 글을 비판한 내용을 보면 이런 문제가 강조되어 있다. 코인은 이렇게 시작한다. "현실로 **실현되지 않았음에도** 알려지지 않은 '예지precognition'의 사례가 훨씬 더 많다. 크리팔은 이런 부분을 지적하지 않았고, 인간의 기억력이 저지르는 악명 높은 장난에 대해서도 지적하지 않았다." 그는 이런 사실을 상기시킨다. "예를 들어 사람들이 자신이나 타인이 믿고 싶어 하는 바를 따르기 위해 나중에 자신의 기억을 선별적으로 편집하는 사례는 아주 많다. 이런 점만 봐도 트웨인의 특이한 일화가 온전한 기억인지 대단히 의심스러우며, 적어도 과학적으로 확인할 필요가 있다." 코인은 또한 이렇게 핵심을 찌르는 지적을 한다. "크리팔은 사랑하는 이가 곁에 없는 상황에서 죽거나 고통받은 대다수 사람이 자신의 고통을 텔레파시에 실어서 보내지 않는 이유는 말하지 않는다. 이들에게 제대로 된 송신기가 없기 때문일까? 공기 중에는 분명 라디오 전파처럼 수많은 심령 신호가 어지럽게 날아다니고 있을 텐데 왜 우리는 그런 신호를 수신하지 못할까?"[22] 바꿔 말하면 크리팔은 물질세계 밖에 영적 세계가 존재한다는 자신의 가설을 뒷받침하기 위해 여러 인지편향에 빠졌음에도 어떻게 해야 자신의 가설을 반증할 수 있는지 제시하지 않았고, 분명 그런 노력도 기울이지 않았다. 반증 과정은 이런 여러 가지 이유로 과학의 핵심이다.

내 아내와 내가 겪었던 고장 난 라디오 경험에 대해 디팩 초프라는 그럴듯한 설명을 내놓았다. "라디오가 켜졌다 꺼졌다 하는 것은 분명 기계적인 설명(습도가 변하거나 녹슨 전선에서 먼지가 떨어지는 등)이 가능할 것입니다. 여기서 기묘한 부분은 그 일이 일어난 타이밍, 그리고 그 경험을 하는 사람에게 전해지는 감정적 중요성이죠. 사랑에 빠진 두 분도 공시성synchronicity의 일부입니다!" 동의한다. 나는 전자 기기의 작은 기계적 결함, 먼지 입자 하나, 배터리에서 생긴 전자기 요동 등 자연계에서 일어나는 무언가가 라디오에 생명을 불어넣는 모습을 어렵지 않게 상상할 수 있다. 하지만 그 경험이 우리에게 특별했던 이유는 그 일이 그 순간에 일어난 이유는 무엇이며, 하필 사랑의 노래를 틀어 주는 방송국 주파수가 완벽하게 맞춰져 있었고, 서랍 바깥으로 소리가 흘러나올 정도로 볼륨이 컸던 이유가 무엇이었나 하는 부분 때문이었다.

마이클 자우어Michael Jawer라는 심리학자는 편지를 보내 이렇게 설명했다. "기이한 현상에서 핵심적인 부분은 현상의 밑바탕에 깔려 있는 강력한 느낌입니다." 그는 이렇게 경고한다. "제 접근 방식은 제대로 이해하지도 못하는 엉터리 양자역학에 의존하지 않고, 느낌이 우리의 생물학과 생리학 안에서 어떻게 작용하는지, 감정이 어떻게 사람들을 긴밀하게 한데 묶는지를 평가합니다." 분명 타당해 보이는 설명이지만 감정의 에너지가 어떻게 몸에서(혹은 저승에서) 라디오로 전달될 수 있는지는 분명하지 않다. 하지만 그의 편지 말미에 인용한 물리학자 고故 존 휠러John Wheeler의 글은 높이 평가한다. "어떤 분야에서든 가장 이상한 것을 찾아서 탐구하라."[23]

## 미스터리를 즐기자

캘리포니아공과대학교의 저명한 물리학자 킵 손Kip Thorne이 과학 자문으로 참여한 블록버스터 영화 〈인터스텔라〉에서 한 일이 바로 가장 이상한 것을 탐구하는 일이었다. 매튜 맥커너히Matthew McConaughey가 연기한 등장인물 쿠퍼는 재앙 같은 기후변화로 인류가 지구에서 절멸할 날이 다가오자 인류를 구하기 위해 웜홀로 다른 은하에 찾아가 사람이 살 수 있는 적당한 행성을 찾아야 했다. 하지만 지구로 돌아오려면 그는 블랙홀의 중력을 이용해 가속해야 했다. 이 때문에 지구에 남은 자신의 어린 딸 머피에 비해 상대적으로 엄청난 시간 지연이 일어나(블랙홀 근처에서의 한 시간은 지구에서의 7년에 해당한다) 그가 돌아올 즈음에는 머피가 오히려 그보다 더 나이가 들어 있게 된다. 그사이 쿠퍼는 인류를 지구에서 구하기 위해 블랙홀 내부 특이점singularity 안에서 지금은 어른이 된 과학자 딸에게 양자 요동quantum fluctuation에 대한 정보를 보내야 했다. 그러기 위해 쿠퍼는 **4차원 정육면체tesseract**를 이용한다. 4차원 정육면체는 3차원 정육면체의 4차원 판인데 그 안에서 시간은 딸의 어린 시절 침대로 통하는 통로portal가 포함된 공간의 덧차원extra spatial dimension으로 나타난다. 영화 초반 어린 시절의 머피는 이것을 보고 유령과 귀신이 선반에서 책을 밀어내는 미스터리한 경험을 했다고 생각한다.

알고 보니 이 경험은 아빠가 딸의 관심을 끌기 위해 중력파를 통해 덧차원을 뚫고 미래에서 시간을 거슬러 찾아와 한 일이었다. 이렇게 관심을 끈 후 쿠퍼는 모스부호의 점과 대시를 이용해서 시계의 초침에 중요한 정보를 전송한다. 이 시계는 인류를 구하는 데 필요한 행동을 취할 수 있도록 그가 남긴 것이다. 좀 억지스러운 이야기이기이지만 킵 손의 책『인터스텔라의 과학』에 따르면 이 영화는 모두 자연의 법칙과 힘에 바탕을 두고 있다. 손은 이렇게 설명한다. "4차원 정육면체에 빠지면 쿠퍼는 정말로 머피가 나이 든 여성인 시절에서 머피가 열 살의 시절로 우리 브레인[brane, 우주]의 시간을 거슬러 올라갈 수 있다. 쿠퍼가 4차원 정육면체의 침실에서 머피를 바라

보면 열 살인 머피가 보인다는 의미에서 시간을 거슬러 올라간다는 것이다. 어느 침실을 들여다볼지 선택하면 다양한 침실의 시간에서 머피를 바라볼 수 있다는 점에서 쿠퍼는 우리 브레인의 시간(침실의 시간)을 앞뒤로 움직일 수 있다."[24]

이것은 초자연적이거나 과학으로 설명할 수 없는 것은 존재하지 않음을 돌려서 말한 것이다. 세상에는 자연적인 일과 정상적인 일, 그리고 우리가 아직 자연적이고 정상적인 설명을 찾아내지 못한 미스터리가 존재할 뿐이다. 어쩌면 제니퍼의 할아버지 월터가 다차원 정육면체 안에 존재하면서 손녀의 삶을 모든 시간에서 동시에 바라볼 수 있고 블랙홀이나 웜홀 근처에서 중력파를 이용해 손녀가 가장 필요로 하는 시간에 맞춰 자신의 낡은 라디오를 켰을지 모를 일이다. 그렇다면 이런 기이한 현상을 우리가 이해하는 물리 법칙과 물리학의 힘으로 온전히 설명할 수 있다. 그럼 이 일은 초능력이나 과학으로 설명 불가능한 초자연적 현상이 아니라 그저 물리학을 더욱 깊이 이해하는 계기가 될 것이다. 만약 사후 세계가 실제로 존재한다면 이런 식으로 그 존재를 설명할 수도 있을 것이다. 다만 지금 우리는 무엇을 모르는지조차 모르기 때문에 이것이 그냥 순수한 추측에 머물 수밖에 없다.

전혀 있을 것 같지 않은 사건까지도 과학으로 설명할 수 있는 시간이 오기 전에는 이런 이야기들을 어떻게 대해야 할까? 그냥 즐기면 된다. 그 안에 담긴 감정적 중요성을 인정하고 그 미스터리를 받아들이자. 설명이 안 되는 부분을 굳이 신이나 초자연적인 힘을 들먹이며 채우려 들 필요는 없다. 우리가 세상 모든 것을 설명할 수는 없는 노릇이다. 그냥 "나는 모르겠어"라고 말하고 자연스러운 설명이 등장할 때까지 그 상태로 내버려 두어도 문제 될 것 없다. 그때가 올 때까지 미스터리를 즐기고 미지의 것에 귀를 기울이자. 그곳은 과학과 경이로움이 만나는 곳이다.

# 7장

# 영혼의 요소

정체성, 복제, 부활

사후 세계의 진짜 문제는 그것이 존재하느냐, 존재하지 않느냐가 아니라,
설사 존재한들, 그것으로 대체 무슨 문제가 해결되느냐는 것이다.

— 루드비히 비트겐슈타인Ludwig Wittgenstein, 『논리철학논고』, 1921

"스타트렉: 넥스트 제너레이션"의 「또 한 번의 기회Second Chances」 편에서 우주선 엔터프라이즈Enterprise호의 사령관 윌리엄 라이커는 8년 전 우주선 포템킨Potemkin호에 타고 있을 당시 중위의 신분으로 방문했던 연구 기지에서 자료를 받아 오려던 행성으로 빔을 쏘아 순간 이동한다. 그런데 그곳에서 그는 자신과 똑같은 복제 인간을 만난다. 이 복제 인간은 포템킨호의 순간 이동 장치에서 쏜 빔이 우연히 둘로 갈라지는 바람에 원래의 라이커가 우주선으로 돌아온 후에 물질화되어 생긴 존재였다. 라이커가 그 행성에 오도 가도 못한 채 남아 있는 동안 그의 또 다른 자아는 스타플릿Starfleet 함대에서 자신의 삶의 궤적을 이어 가다 엔터프라이즈호의 사령관 자리까지 오르게 된다. 두 라이커의 DNA와 뇌 스캔을 확인해 보니 유전적으로 동일하고, 신경학적으로도 구분이 불가능했다. 진정한 복제 인간이었던 것이다. 순간 이동 장치의 사고가 있기 전 라이커 중위의 애인이었던 카운셀러 디애나 트로이는 엔터프라이즈호에 타고 있었지만 더 이상 라이커 사령관과 연인 관계가 아니었다. 이 에피소드의 상당 부분은 두 명의 라이커와 트로이가 어색하게 이별을 반복 경험하는 내용으로 채워진다. 결국 라이커 중위는 다른 우주선에서 지위를 맡고, 새로 발견한 자신의 쌍둥이와 자기를 구분하기 위해 자신의 가운데 이름을 첫째 이름으로 쓰기로 한다.[1)]

두 명의 라이커는 서로 다른 사람이었을까? 아니면 한 사람에서 나온 두 복사본이었을까? 만약 두 사람이 정말 복사본이었다면 이둘은 그 뒤로 각자의 삶을 영위하면서 새로운 기억과 정체성을 형성하기 시작한 순간부터 서로 다른 두 사람이 된 것일까? 이것이 **정체성 문제**identity problem의 본질이며, 종교적 부활이든 과학적 부활이든 모든 부활 시나리오를 푸는 데 핵심적인 부분이다.


## 정체성 문제

정체성 문제는 고대 그리스 철학자 플루타르크Plutarch가 '테세우스의 배ship of Theseus'라는 사고 실험에서 처음 구체적으로 제시했다. 신화에 따르면 포세이돈의 아들 테세우스가 크레타로 항해를 갔다가 그곳에서 사람의 몸에 소의 머리를 한 괴물 미노타우로스를 죽이게 된다. 그는 의기양양하게 아테네로 돌아온 후 이를 기념하기 위해 테세우스의 배를 보존하기로 결정한다. 하지만 배가 낡다 보니 썩어 가는 목재가 차츰 새로운 목재로 대체되었고, 결국 배 전체가 완전히 다른 재료로 만들어지게 되었다. 이 배를 여전히 테세우스의 배라 할 수 있을까?

해답은 한 존재의 진정한 정체성을 패턴으로 정의하느냐, 물질로 정의하느냐에 달려 있다.[2] 테세우스의 배를 정의하는 것이 패턴이라면 목재를 모두 바꾼다 해도 그 배의 정체성은 변하지 않는다. 하지만 이 배의 정체성이 그것을 구성하는 물질에 있다거나 패턴과 물질의 조합에 있다면 배의 물리적 구조가 바뀜에 따라 그 정체성도 일부 바뀌게 된다. 하지만 얼마나 바꾸어야 더 이상 같은 테세우스의 배가 아니라 할 수 있을까?

우리 몸을 예로 들어 보자. 우리 몸의 원자, 분자, 세포, 조직, 기관은 몇 년마다 바뀔 뿐만 아니라 우리 몸속에는 사람의 DNA나 RNA가 들어 있지 않은 이질적 세포인 세균이 엄청나게 많다. 이 세균이 만드는 화학물질 중에는 우리가 먹는 음식에 든 에너지와 영양분의 처리를 돕는 것도 있고, 면역을 강화해 주는 것도 있고, 아직 그 기능이 수수께끼인 것도 있다.[3] 우리의 정체성을 그보다 더 크게 뒤흔들어 놓는 사실이 있다. 우리의 몸을 이루는 복잡한 진핵세포eukaryotic cell는 수십 억 년 전에 훨씬 간단한 원핵세포prokaryotic cell로부터 진화한 듯 보인다는 것이다. 진화생물학자 린 마굴리스Lynn Margulis는 이 진화 과정을 **공생발생**symbiogenesis이라 불렀다. 공생발생이란 원시적이고 단순한 원핵세포들이 협동조합을 결성하여 현대의 복잡한 진핵세포가 된 것을 말한다.[4] 일례로 에너지 처리에 핵심적인 역할을 하는 우리 세포 속의 소기관 미토콘드리아mitochondria는 자체적으로 막을 가지고, 세포핵에 들어 있는 DNA와 다른 자체적인 DNA를 갖고 있다(수백만 년에 걸친 우리의 유전적 유산을 추적할 수 있게 해 준 그 유명한 미토콘드리아 DNA가 바로 이것이다). 요즘은 15억 년 전에 자유롭게 살던 이 세균(원핵세포)이 공생적으로 협력하여 우리 같은 오늘날의 유기체를 구성하는 복잡한 진핵세포를 형성했다고 믿는다. 따라서 진화의 시간을 아주 오래전으로 거슬러 올라가면 우리 세포의 내용물도 이질적인 존재들이었다.

그렇다고 해도 정작 우리는 스스로가 서로 다른 생명체의 집합체라 느끼지 않는다. 나는 온전한 나 자신으로 느낀다. 우리 유전체 안에 암호화된 생물학적 정보의 패턴, 우리 뇌의 커넥톰에 기록된 신경 시냅스 배열이 이런 본질의 연속성을 담보한다. 당신을 구성하는 물질은 계속 변하지만 시간과 장소가 달라져도 당신은 여전히 당신이다. 몸을 구성하는 성분이 바뀌어도 당신의 정체성은 온전히 유지되므로 우리의 고유성uniqueness은 물질이 아니라 패턴에 새겨져 있는 듯 보인다.

이런 분석을 따르자면 당신의 복사본 역시 당신일까? 당신이 한 명 이상이라는 의미더라도 각각의 복사본이 자신을 자율적 인간이라 느낀다면 원칙적으로는 그렇다. 이 때문에 정체성의 **패턴**과 **물질**에 덧붙여 **개인 시점**personal perspective 혹은 시점Point of View, POV이라는 추가적 요소가 등장한다. 다음 장에서 만나 볼 신경과학자 케네스 헤이워스Kenneth Hayworth는 이것을 시점자아POVself라고 불렀다. 그는 시점자아를 자기 기억의 전체집합을 의미하는 기억자아MEMself와 대비한다. 자립적self-contained이고 지각이 있는 모든 존재(**감정 표출, 지각, 감각, 반응, 의식** 등의 능력을 갖춘 존재라는 의미다)는 시점자아다. 이런 존재는 개인적인 시각을 가지고 각 사람에게 자율적 정체성을 부여한다. 이런 정의를 따르면 "스타트렉" 시나리오에서 두 라이커가 복제되는 순간 각각 동일한 기억자아를 갖고 있었으나 각자는 스스로의 시점자아다. 일란성쌍둥이가 심리적으로나 법적으로나 두 사람인 것과 마찬가지다.

하지만 복제 시나리오에는 중요한 조건이 있다. 당신과 당신의 복제된 기억자아(혹은 일란성쌍둥이)가 각자의 삶을 살기 시작하는 순간 둘은 독립적인 시점자아일 뿐만 아니라 독립적인 기억자아이기도 하다는 점이다. 시점이 달라질 뿐만 아니라 경험도 달라져서 각자 자기만의 기억과 성격을 형성하고, 나머지 정보 패턴의 구성도 달라지기 때문이다. 연구에 따르면 일란성쌍둥이의 이런 경험의 고유성은 태아가 위치, 소리, 영양 등에 각자 고유하게 노출되는 엄마 배속에서부터 시작된다고 한다. 일란성쌍둥이라 해도 유전적으로 완전히 동일하지 않다.[5] 유전학자 마이클 로다토Michael Lodato와 연구진은 뇌 속에 있는 수십 억 개의 각 신경세포는 세포분열과 복제 기간 동안 생기는 고유의 돌연변이를 1500개까지 담을 수 있다는 사실을 발견했다. 이런 돌연변이는 필요할 때든 필요하지 않을 때든 환경과 상황에 따라 환경적 요소(방사능, 화학물질)로부터 생기기도 하고 스위치를 켜고 끄는 과정에서 생기기도 한다. 이것이 다시 신경세포로 하여금 새로운 것을 배우거나, 정보를 암기하거나, 문제를 풀거나, 새로운 사람을 만나거나 사교 모임을 가질 때 등 어떤 조건에도 반응해서 새로운 시냅스 연결을 만들어 낸다.[6] 이런 유전자가 자기 할일을 하기 위해 펼쳐질 때 돌연변이가 일어나면서 다른 신경세포와 차별화되는 고유한 신경세포를 만든다.

우리 몸속 모든 세포가 동일한 DNA를 갖는다는 도그마도 도전을 받는다. 유전학자 마이클 매코널Michael McConnell과 동료들이 연구한 바에 따르면 뇌 속 신경세포의 40퍼센트까지는 복제되거나 삭제된 큰 DNA 덩어리를 포함한다. 어떤 경우는 다른 숙주 신경세포로 '뛰어넘은' DNA도 있고, 일부 신경세포 집단은 여러 곳이 수정된 대단히 비정상적인 유전체를 갖는다고 한다.[7] 매코널은 자신의 연구가 지니는 함축적인 의미를 이렇게 설명한다. "지금까지 한 개체 안의 유전체가 모두 동일하다고 가정해 왔습니다. 하지만 이제 이것이 잘못된 가정임을 알게 되면서 재검토하지 않을 수 없게 되었습니다."[8] 일례로 조현병schizophrenia은 가족력이기 때문에 유전된다고 가정해 왔지만 이 정신 질환에 걸린 사람 중 그 이유를 유전자로 설명할 수 있는 비율은 아주 낮다. 한 집안에 한두 명 정도는 이 질병에 걸려도 대다수는 그렇지 않은 이유를 유전적 상이함으로 설명할 수 있다. 이 질병이나 다른 질병으로 이어지는 유전자 서열은 각자가 살아온 삶의 역사에 따라 고유해질 수 있다. 타고난 유전적 유산뿐만 아니라 삶의 역사도 유전자에 영향을 미치기 때문이다.

## 영혼의 세 가지 특성

신경생물학자 겸 철학자인 오언 플래너건Owen Flanagan은 영혼의 세 가지 주요 특징을 이렇게 요약한다.[9] **경험의 통일성**(unity of experience, 평생 동안 자기가 동일한 인물이란 느낌), **개인 정체성**(personal identity, 자아감 혹은 '나'), 그리고 **개인적 영생**(personal immortality, 죽음에서 살아남음, 〈그림 7-1〉에서 윌리엄 블레이크가 묘사한 영혼을 참조할 것).[10] 여론조사를 하면 미국인 중 70에서 96퍼센트 정도는 영혼의 이런 특징에 대한 믿음을 일관되게 보여 준다.[11] 대다수 사람은 종교적 신념을 바탕으로 이런 믿음을 가졌으나 과학은 이 세 가지 특징 모두 착각이라 말한다.

| 그림 7-1 | **영혼**

윌리엄 블레이크William Blake가 묘사한 죽어서 육신을 떠나는 영혼의 모습. 사람이 죽을 때 일어난다고 대부분이 믿는 바가 잘 표현되었다. 이 그림은 로버트 블레어Robert Blair의 시집 『무덤The Grave』을 위해 블레이크가 그린 삽화 시리즈 중 하나로 1813년 〈마지못해 생명과 작별하며 육신 위를 맴도는 영혼The Soul Hovering over the Body, Reluctantly Parting with Life〉 이라는 제목으로 루이스 스키아보네티Louis Schiavonetti에 의해 판화로 새겨졌다. (메트로폴리탄미술관 소장)

P. 16.

*The Soul hovering over the Body reluctantly parting with Life*

............................. *How wishfully she looks*
*On all she's leaving, now no longer her's!*

London Published May 1 1813 by R.Ackermann at 101 Strand.

**경험의 통일성**. 어떤 갈등이나 내적인 모순 없이 변함없는 일관된 믿음을 만들어 내는 통일된 '자아'는 존재하지 않는다. 그 대신 우리는 서로 별개이면서 상호작용하는 모듈, 혹은 신경 네트워크의 집합체다. 이 모듈들은 서로 조화를 이루지 않을 때가 많다. 진화심리학자 로버트 커즈반Robert Kurzban에 따르면 뇌는 모듈식으로 다중 작업을 하는 문제 해결 기관으로 진화했다고 한다. 옛날식 비유를 빌자면 실용적인 도구를 모아 놓은 맥가이버칼, 커즈반식 비유로는 다양한 어플이 깔린 스마트폰인 셈이다.[12] 예를 들면 단기적으로 달콤하고 지방이 풍부한 음식을 갈망하게 만드는 모듈은 장기적으로 우리의 신체상body image과 건강을 감시하는 모듈과, 협동을 담당하는 모듈은 경쟁을 담당하는 모듈과 갈등을 일으킨다. 진실을 말하는 모듈은 거짓말을 하는 모듈과 갈등을 일으킨다. 물론 뇌는 자신이 어떻게 작동하는지 느끼지 못하기 때문에 다행히 우리는 독립적으로 작동하는 이 모든 네트워크에 대해 알지 못한다. 그래서 마치 통일된 자아가 존재하는 것처럼 느낀다.[13]

**개인 정체성**. 과학자들의 추정에 따르면 평생 살아가는 동안 우리 몸속 원자 대부분은 그와 비슷한 다른 원자로 대체된다. 수소 원자가 가장 빠른 속도로 대체되고(우리 몸의 72퍼센트는 물로 구성되어 있고, 물은 수소 원자 두 개와 산소 원자 한 개의 비율로 구성되어 있기 때문이다) 그다음으로는 탄소, 나트륨, 칼륨 같은 무거운 원소가 대체된다.[14] 원자가 대체되는 것처럼 분자, 세포, 조직, 기관 등도 대체된다. 일부 추정에 따르면 평균 7에서 10년마다 대체가 일어난다고 한다. 대체 과정에 걸리는 시간은 장을 감싸는 상피세포의 경우는 며칠, 피부 표피층은 몇 주, 적혈구세포는 2개월, 간세포의 경우 1에서 2년, 뼈와 근육의 경우 10에서 15년에 이르기까지 다양하다.[15] 따라서 자기가 몇 년 전과 물질적으로 똑같은 사람이고, 몇 년 후에도 그러리라는 믿음은 착각에 불과하다. 동일하게 유지되는 것은 기껏해야 정보의 패턴 정도인데, 이것조차 시간의 흐름 속에서 변한다.

**개인적 영생.** 종교인이 주장하는 사후 세계가 존재한다는 증거가 어디에도 없음은 이미 살펴보았다. 그렇다면 과학적 영생은 어떨까? 자아가 한 복사본에서 다음 복사본으로 연속적으로 이어지지 않는 한 복제는 영생의 선택 사항이 될 수 없다. 잠이 들거나 수술을 받기 위해 전신마취를 하면 몇 시간 동안 의식이 단절되지만 깨어날 때는 내가 그대로 나 자신인 것을 느낄 수 있다. 하지만 복제되거나, 부활하거나, 업로드된다면 그때는 대체 어떤 일이 일어날까? 만약 뇌를 냉동보존해서 한 1000년 후에 다시 깨울 수 있다면 아주 긴 잠을 자고 일어났을 때와 비슷할까? 그럴 것 같다. 그럼 뇌의 정보 커넥톰을 정교하게 기록해서 컴퓨터에 업로드하면 어떨까? 업로드한 컴퓨터를 켜면 그 사람의 개인 시점이 그 안에 존재할까? 아마도 그렇지 않을 것이다.

정체성 문제는 종교적, 비종교적 영생 추구자 모두가 직면한 문제다. 당신이 종교인이고 몸이나 영혼이 천국에서 부활한다고 믿는다고 해 보자. 신은 복제 과정이나 변화 과정을 어떤 식으로 진행해서 기억자아만이 아니라 시점자아도 계속 이어지게 할까? 부활하는 것은 당신의 원자와 패턴인가? 아니면 패턴만인가? 만약 양쪽 다 부활한다면 육체적으로 부활하는 것인데 그럼 신은 당신이 더 이상 병에 걸리지도, 늙지도 않도록 당신의 몸을 재구성할까? 만약 당신의 패턴만 부활한다면 그 정보를 담는 플랫폼은 대체 무엇일까? 천국에 컴퓨터 하드 드라이브나 클라우드 서비스에 해당하는 무언가가 있다는 말일까? 아니면 당신의 생각과 기억을 보존하는 천국판 양자장 같은 것이 있다는 말인가? 당신이 죽으면 마치 잠을 잤다가 일어난 것처럼 천국에서 깨어나게 될까? 그러니까 신이 당신의 기억자아를 복제하는 것이라면 시점자아는 어떻게 함께 따라올까? 당신이 종교가 없고(아니면 종교가 있어도) 언젠가 과학자들이 당신의 몸과 뇌를 복제하거나, 당신의 정신을 컴퓨터로 업로드하거나, 당신이 다시 살아날 수 있는 가상현실을 창조할 수 있다는 희망을 품고 있다고 하더라도 신이 당신을 천국으로 인도할 때와 똑같은 기술적 문제, 특히나 개인 시점 혹은 시점자아의 문제를 마주하게 된다.

따라서 우리의 자아는 우리의 물리적 구성, 정보 패턴, 고유한 경험, 개인 시점에 의해 정의된다. 이것이 자율적인 자아를 만들어 낸다. 이것이 진짜 당신이고, 당신의 **영혼**이다.


## 영혼 탐색

이런 사고 실험을 생각해 보자. 나는 자전거 타기를 엄청 좋아해서 남부 캘리포니아의 번잡하고 위험한 도로에서도, 지방 산악 도로의 위험한 내리막길에서도 거침없이 자전거를 탄다. 그래서 나는 '23앤드마이클론23andMyClone'이라는 회사에 내 DNA의 완전한 복사본을 저장해 두었다. 이 회사는 내가 끔찍한 사고로 죽었을 경우 내 완벽한 복사본을 만들 기술을 확보하고 있다. 나는 '마인드클라우드 컴퓨터MindCloud Computers'와도 계약을 맺어서 내 정신을 클라우드에 통째로 백업해 두었다. 이 회사는 매일 밤 자는 동안 이 백업 업데이트를 잊지 말라고 알려 준다. 이것은 생명보험과 비슷하다. 다만 내가 죽으면 내 아내는 많은 보험금 대신 내 생각과 기억을 온전히 담은 완벽한 나의 복사본을 받게 된다. 이것은 나의 완벽한 복제본이기 때문에 나의 가족과 친구들조차 차이를 구분할 수 없다.

어느 날 아내가 캘리포니아 고속도로 순찰대로부터 내가 월슨 산의 가파른 커브 길을 자전거로 내려오다가 절벽으로 떨어졌고, 협곡 바닥에서 심하게 짓이겨진 내 시체를 발견했다는 연락을 받는다. 아무래도 내가 죽은 것으로 보인다. 아내는 슬픔에 젖어(부디 그러기를 빈다) '23앤드마이클론'으로 전화해 복사본 제작을 주문한다. 회사 측은 내가 나이가 들어 장기가 필요할 경우를 대비해서 이미 복사본 하나를 준비해 놓은 상태였다. 그다음 아내는 '마인드클라우드 컴퓨터'에 연락해서 내 정신을 이 클론에 업로드한다. 며칠 후 아내는 남편을 다시 되돌려 받고, 모든 것이 괜찮아진다. 그런데 문제가 있다. 사실 나는 죽은 것이 아니었다. 헬멧을 착용한 덕분에 그냥 깊은 혼수상태에 빠졌던 것이다. 그날 눈이 내린 덕분에 뇌를 비롯해 내 조직들을 며칠간 유지할 수 있을 정도로 내 몸이 충분히 냉각되어 있었다. 며칠 후 깨어난 나는 집에서 슬픔에 잠겨 있을(아마도) 아내를 깜짝 놀래켜 주기로 마음먹는다. 내가 집으로 들어서는데 침실에서 사람 목소리가 들린다. 어리둥절해진 나는 조용히 계단을 올라 침실로 간다. 내 아내가 침대에 누군가와 함께 있다. 바로 나다!

제2의 마이클이 아무리 완벽하게 복사되었다 해도 제1의 마이클이 아님은 분명하다. 마이클 셔머는 **나**지, 지금 내 아내와 함께 있는 저 인간이 아니다. 저놈은 그냥 복사본일 뿐이고 나는 지금 내 눈 앞에 펼쳐진 상황이 내키지 않는다. 물론 제2의 마이클도 내 아내를 향해 나와 똑같은 사랑의 감정을 느낄 것이고, 마지막 백업했을 때까지의 내 생각과 느낌, 기억을 모두 갖고 있을 것이다. 그런데 제2의 마이클은 마지막 백업 이후 곧바로 내가 전혀 겪지 않은 일들을 경험하고 기억하기 시작했다. 제2의 마이클은 내 뇌와 몸의 복사본이지만 내가 잠이나 전신마취에서 깨어났을 때 경험하는 개인 시점의 연속성이 확보되지 않는 한 그것을 두고 **내**가 끊이지 않고 삶을 이어 가고 있다고 말할 수 없다. 23앤드마이클론과 마인드클라우드 컴퓨터가 제2의 마이클을 구축했을 때 내 내면의 자아는 그의 머리 안에서 깨어나지 않았다. 제1의 마이클과 제2의 마이클 사이에 연속성은 없다. 둘 사이에는 불연속적인 단절이 존재하기 때문에 종교적인 것이든, 과학적인 것이든 영생, 부활, 사후 세계에 관한 이론이라면 이런 간극을 어떻게든 메워야 한다.


## 부활은 어마어마어마어마하게 복잡한 문제다

복제나 부활 시나리오를 통해 영생을 달성하는 데 드는 총계도 결코 과소평가해서는 안 된다. 사람의 뇌에는 신경세포가 850억 개 정도 있고, 각각의 신경세포는 약 1000개 정도의 시냅스 연결을 갖는다. 즉 총 100조 개 정도의 연결을 정확하게 보존해서 복제해야 한다는 말이다. 이것만으로도 엄청나게 복잡한데 여기에 뇌의 아교세포glial cell가 추가되면 한층 더 복잡해진다. 아교세포는 신경세포를 지원하고 절연하는 역할을 하고 흥분하는 신경세포의 작용에 변화를 줄 수도 있다. 따라서 혹시 모를 일이니 사람을 복제하거나 부활시킬 때는 이 세포들도 함께 보존해야 안심할 수 있다.[16] 뇌의 아교세포와 신경세포의 비율은 대략 1대 1에서 10대 1 정도로 추정된다. 이것을 계산해 보면 뇌세포의 총 숫자는 대략 1700억에서 8500억 개 사이 어디쯤이 된다. 그다음 신경세포 850억 개 각각이 수백 개에서 수천 개 정도의 다른 신경세포와 시냅스로 연결되어 있다는 점을 고려해야 한다. 그래서 각각의 뇌마다 약 100조 개의 시냅스 연결이 추가된다. 여기서 끝이 아니다. 신경세포 하나에 단백질 약 100억 개가 들어 있는데 이 단백질은 기억이 저장되는 방식에 영향을 미친다. 게다가 뇌세포 수백억 개 사이에는 셀 수 없이 많은 세포외 분자extracellular molecule가 존재한다.

이런 추정치는 뇌만을 고려했을 뿐 머리뼈 밖에 존재하는 나머지 신경계는 포함시키지도 않았다. 이런 신경계를 신경과학자는 '체화된 뇌embodied brain' 혹은 '확장된 정신extended mind'이라 부른다. 정신을 연구하는 철학자 중에는 이 신경계가 있어야 정상적인 인지가 가능하다고 믿는 사람이 많다. 따라서 부활할 때 정신과 함께 이런 확장된 정신도 함께 부활시키거나 업로드하는 것이 좋을 것이다. 어쨌거나 당신은 육신과 분리된 내면의 생각과 감정만이 아니다. 당신의 생각과 감정 중 상당수는 몸이 환경과 상호작용하는 방식과 불가분의 관계로 얽혀 있다. 따라서 지각이 있는 존재가 되는 경험을 오롯이 다시 창조하려면 보존해 놓은 커넥톰을 육신에 담을 필요가 있다. 따라서 업로드해 둔 정신 신경 장치를 장착할 준비가 된 뇌 없는 클론이나 정교한 로봇이 필요할 것이다. 몇 개나? 엘리트주의라는 비판을 피하려면 지금까지 살았던 모든 사람을 부활시켜야 공평할 테니 한 사람에게 필요한 엄청난 데이터 패키지에 다시 1080억을 곱해 주어야 한다.

그다음 기억과 삶의 역사 사이의 관계가 있다. 우리의 기억은 스크린에 재생해 볼 수 있는 비디오테이프 같지 않다. 한 사건이 일어나면 감각을 통해 그에 대한 선별적인 인상이 뇌에 새겨진다. 이 감각인상sense impression은 서로 다른 신경 네트워크로 이동한다. 이것이 결국 어디로 가게 될지는 기억의 유형이 무엇이냐에 달려 있다. 기억을 처리해서 장기저장을 준비하는 동안 우리는 그 기억을 시연해 본다. 그 과정에서 기억은 변화를 겪는다. 이 편집 과정은 기존의 기억, 이후에 일어난 사건과 기억, 그리고 감정 등에 따라 달라진다. 이런 과정이 평생 동안 수조 번에 걸쳐 일어나기 때문에 결국 우리가 실제 사건의 기억인지, 그런 사건의 기억에 대한 기억인지, 아니면 그 사건의 기억에 대한 기억에 대한 … 기억인지 궁금해질 지경이다. '진짜' 기억은 무엇일까? 그런 것은 존재하지 않는다. 우리의 기억은 시냅스 수조 개의 신경 연결이 만들어 낸 산물이다. 그 연결은 끊임 없이 편집, 삭제, 강화되고, 꺼진다. 따라서 기억이 온전한 사람의 부활 여부는 한 개인의 삶의 역사에서 **어느 시점**에 복제나 부활이 시행되는가에 달려 있다.

우리는 대부분 시간의 흐름에 따라 기억을 잃는다. 그렇다면 신God, 오메가Omega, 특이성singularity, 혹은 머나먼 미래의 인류far future Humans(이 네 가지를 줄여서 GOSH라고 하자)가 당신의 기억 패턴을 재구축할 때 당신을 대표할 기억은 어느 것일까? 그 답은 **그 어느 것도 대표하지 않을** 수 있고, **일부가 대표할** 수도 있고, **모두가 대표할** 수 있다는 것이다. 어떤 절대적인 의미에서 일관되게 고정된 개인이란 존재하지 않는다. 우리의 자아, 우리의 **영혼**은 끊임없이 변화하는 특성과 기억 패턴의 망으로 이루어져 있다. 이 망이 충분히 일관되기에 우리는 자신이 자아-영혼을 갖고 있다고 느끼고, 타인도 우리가 자아-영혼을 갖고 있는 것처럼 대하는 것이다. 따라서 복제를 시행하는 존재는 당신 자신이나 타인이 당신을 알아볼 수 있도록 어떤 패턴 집합이 우리의 자아-영혼을 가장 잘 대표하는지 판단해야 한다. GOSH가 당신을 부활시킨다고 해 보자. 그럼 당신의 기억 중 어느 것을 어느 시점부터 포함시킬 것인가? 만약 인생의 어느 시점, 예를 들어 29세의 선별적 기억의 집합을 포함시킨다면 그것은 당신의 전체가 아니다. 만약 당신이 평생에 걸쳐 형성한 모든 기억을 포함시킨다면 아주 흥미로운 일이긴 하겠지만(그리고 많은 사실이 밝혀지겠지만!) 당신은 인생의 어느 시점에서도 **이런** 당신이었던 적이 없다.

다음으로 개인 시점의 연속성 문제가 있다. 아주 먼 미래에 GOSH가 마이클 셔머의 복제를 만든다면 이것이 앞에서 만나 본 가까운 미래의 두 마이클 셔머에 대한 정체성 사고 실험Gedanken experiment과 차이가 있을까? 내가 이 땅 위에서 마지막으로 눈을 감고 다시 눈을 떴을 때 아침에 잠이 깨는 것과 비슷한 방식으로 우주의 먼 미래를 보고 있을까? 그렇지 않을 것 같다.

마지막으로 역사와 잃어버린 과거의 문제가 있다. 나는 역사를 "선행 사건에 제약을 가함으로써 어떤 행동 궤적을 강요하는 사건들의 결합"이라 정의한 바 있다.[17] 제약을 가하는 선행 사건인 우발적 사건contingencies과 필연적 사건necessities, 혹은 우연과 법칙은 대부분 역사가들이 알 수 없는 부분이다. 이런 것들은 당시 살던 사람들에게도 분명하게 드러나지 않는다. 사람과 사회 모두 돌이킬 수 없는 과거 문제는 영생 이론에서 반드시 해결해야 할 심각한 문제다. GOSH가 누군가의 유전체와 커넥톰을 완벽하게 복제할 수 있다 해도 인생은 그보다 훨씬 복잡하다. 인생은 타인 및 **그들** 삶의 역사와 우리가 맺은 모든 관계, 그리고 거기에 더하여 환경 속 모든 요소들과 우리의 상호작용이 만들어 낸 산물이다. 이 환경 자체도 수많은 변수가 작용하는 복잡한 망 속에 있는 수없이 많은 시스템과 역사가 만들어 낸 산물이기 때문에 설사 이런 정보가 가용하다 한들 과연 슈퍼컴퓨터나 전능한 신이 그것을 복제할 수 있을지 의문이다.

물리학자 프랭크 티플러Frank Tipler는 자신의 책 『영생의 물리학The Physics of Immortality』에서 아주 먼 미래에 나올 오메가 포인트Omega Point 컴퓨터는 10의 10의 123제곱 (1 뒤로 0이 10의 123제곱 개 붙음) 비트의 정보를 담을 수 있으리라 계산했다. 그는 이 정도면 지금까지 살았던 모든 사람을 부활시킬 수 있을 정도로 막강하다고 말한다.[18] 그럴지도 모른다. 입이 딱 벌어질 정도로 큰 수다. 하지만 제아무리 오메가 포인트 컴퓨터라고 해도 한 사람이 살았던 시대의 모든 역사적 우발 사건과 불가피한 일을 재구성할 수 있을 정도로 막강할까? 우리의 유전체와 커넥톰을 복제하는 것에서 그치지 않고 날씨, 기후, 지리학, 경제 주기, 불경기와 대공황, 사회적 경향, 종교운동, 전쟁, 정치적 혁명, 패러다임 변화, 이데올로기 혁명 같은 것들까지 모두 가능할까? 불가능해 보이지만 가능하다고 해도 GOSH는 모든 개별 국면과 그 사람과 나머지 다른 모든 사람 사이에 일어나는 상호 작용까지 다 복제해야 할 것이다. 그들도 서로 상호작용하면서 평생 서로에게 영향을 미치니까 말이다. 게다가 지금까지 살았거나 지금 사는 사람의 숫자인 1080을 곱해야 한다. 그 값이 얼마인지 짐작도 안 간다. 분명 그 유명한 구골플렉스(googolplex, 10의 구골 제곱. 구골은 10의 100제곱이다)라는 값보다 훨씬 클 것이다. 사실 구글Google과 구글의 본사인 구글플렉스Googleplex의 이름도 여기서 따왔다.[19] 구골의 구골 플렉스 제곱으로도 충분하지 못할 것이다. 사실상 한 사람만 부활시키려 해도 우주 전체와 함께 수십억 년에 이르는 우주의 역사를 모두 부활시켜야 한다는 의미다. 상상하기도 힘든 일이다.

# 8장

# 무신론자를 위한 사후 세계
## 과학이 죽음을 이길 수 있을까?

흔히 영원히 살고 싶지는 않다고들 말합니다. 보통은 병들고 노쇠해져 생명 유지 장치에 의존해서 사는 전형적인 99세 노인의 모습으로 몇백 년씩이나 살고 싶지는 않다는 의미죠. 우선 우리는 지금 이런 것을 말하는 것이 아닙니다. 우리는 노화 과정을 역전시켜 자신의 이상적인 모습을 간직하며 오랫동안 젊고 건강하게 사는 것을 이야기합니다. 영원히 살고 싶지 않다는 말은 시간이 흐르면서 믿기 어려운 변화와 혁신을 얼마나 많이 목격하게 될지 모르고 하는 소리예요. 저는 어떻게든 이 세상에 남아 있고 싶습니다.

— 레이 커즈와일Ray Kurzweil, 〈초인적 인간Transcendent Man〉, 2009 [1]

20세기 후반 인간의 수명을 100년, 1,000년, 혹은 영원으로 늘리는 일에 전념하는 집단과 운동이 몇몇 등장했다. 여기에 등장하는 인물들은 그 면면이 참으로 화려하다. 이 중 여러 사람을 직접 만나 보고 막역한 사이가 되었다. 이들이 어떤 사이비 종교운동가도, 공포를 조장해서 사람들을 등쳐 먹는 사기꾼도 아니란 점은 내가 보장한다. 이들은 **인체냉동보존주의자**cryonicist, **생명무한확장론자**extropian, **트랜스휴머니스트**transhumanist, **오메가 포인트 이론가**Omega Point theorist, **특이점주의자**singularitarian, **마인드 업로더**mind uploader 등으로 죽음과 싸워 이기는 일에 대단히 진지한 자세로 접근한다.

### 얼리고, 기다리고, 되살려 낸다 —인체냉동보존주의자

세 가지 일이 계기가 되어 인체냉동보존술cryonics에 개인적으로 관심을 갖게 되었다. 관심은 냉동보존정지상태cryonic suspension로 냉동된 최초의 인간인 바로 글렌데일컬리지의 심리학과 교수 제임스 베드퍼드James Bedford로부터 시작되었다. 그는 암으로 쓰러진 후 영하 196도의 액체질소 속에 냉동되었다. 글렌데일컬리지에서 11년 동안 교편을 잡았던 나는 이 교수에 대한 일화와 그의 별난 성격에 대해 들어 본 적이 있다(그는 취업 준비 과목을 가르친 적이 있다. 거기서 학생들에게 무엇보다 일주일에 적어도 한 번은 속옷을 빨아 입으라고 충고했다고 한다). 그가 최초의 냉동인간이 된 것은 분명 앞뒤가 맞는 일이었다.

두 번째로 내 누이 숀 셔머Shawn Shermer는 캘리포니아 데이비스 근처 연구 실험실에서 동물을 대상으로 냉동보존술 실험을 하는 과학자들과 여러 해 동안 일했다. 미국 냉동보존학회American Cryonics Society의 후원을 받는 이 연구실은 개와 원숭이를 몇 시간 동안 얼려 두었다가 다시 되살리는 데 성공했다. "필 도나휴 토크쇼Phil Donahue talk show"에 등장한 비글 강아지 마일즈Miles와 미스티Misty 덕분에 사람들이 냉동보존술에 전국적으로 관심을 갖게 되었지만 이 강아지들의 체온을 어떻게 **낮추었는지는** 확실하지 않다. 이 강아지들은 베드퍼드나 다른 사람들 수십 명처럼 액체질소에서 냉동된 것은 아니었다.

세 번째로 우리가 《스켑틱》과 스켑틱협회Skeptics Society를 창립하고 캘리포니아공과대학교에서 매월 과학 강의를 할 때 냉동보존술에 회의적인 시각을 취하는 것은 자연스러워 보였다. 알코어생명연장재단Alcor Life Extension Foundation에서 온 마이크 다윈Mike Darwin이 우리 학회 구성원을 대상으로 친절하게 강의를 해 주었다. 우리는 《스켑틱》 두 번째 호에서 이에 대해 회의적으로 분석한 내용을 발표했다.

대다수 종교가 숭배할 신과 신성한 경전을 갖추고 있듯 인체냉동보존술에도 삼위일체라 할 만한 자기만의 신성한 인물과 창립 문서가 존재한다. 로버트 에틴거Robert Ettinger와 그의 책『냉동인간』, 에릭 드렉슬러Eric Drexler와 그의 책『창조의 엔진』, 랠프 머클Ralph Merkle과 그의 문헌「뇌의 분자적 복구The Molecular Repair of the Brain」가 바로 그것이다. 머클은 인체냉동보존술의 나아갈 방향과 그것이 바꾸어 놓을 우리 삶을 다음과 같이 요약한다.

질병, 장애, 노인성 질환 등을 찾아보기 힘들어질 것이다. 소아마비, 페스트, 천연두 같은 고대의 역병도 끊임없는 기술 발전으로 인해 마침내 완전히 사라질 것이다. 우리 중 일부는 이런 의학적 경이가 실현되는 날까지 건강하게 살아남는 행운을 누릴 테지만, 그렇지 못한 사람이라도 인체냉동보존술이 그 미래로 이어지는 다리가 되어 줄 것이다. 혹시 건강이 악화될 경우 냉동보존술로 우리를 액체질소의 온도까지 냉각할 수 있다. 그 온도에서 조직이 사실상 몇백 년 동안 변화 없이 유지된다. 나노의학nanomedicine이 우리의 부상을 치유하고 건강을 회복해 줄 날까지 남은 몇십 년 동안 우리 자신을 보존할 수 있는 것이다. 그럼 20대나 30대 때 누렸던 건강, 혹은 그보다 더 나은 건강을 누릴 수 있다.

《사이언티픽 아메리칸》 2001년 11월 호에 쓴 인체냉동보존술에 대한 컬럼을 올린 이후 머클과 나는 계속해서 편지를 주고받았다. 그는 내가 냉동보존술의 가능성에 대해 좀 더 열린 마음을 갖도록 설득하고 싶어 했다. 그는 2014년 편지를 써 나의 글을 인용한 한 뉴스 기사에 대해 이렇게 말했다. "당신은 아직도 냉동보존술을 부정하는 사람으로 인용되고 있습니다. 어둠에서 빠져나오세요. 아직 시간이 있습니다!"[2] 일례로 그는 요즘 뇌의 냉동보존과 유리화

(vitrification, 냉동보존된 뇌를 유리 같은 물질로 바꾸는 기술)에 사용되는 기술은 수십 년 전 얼리어답터에게 사용했던 오래된 기술보다 훨씬 좋아졌다고 지적한다. 머클은 관련 기사와 링크를 잔뜩 보내왔다. 사람의 '자아'는 기억에 저장되고, 냉동보존되는 것은 결국 기억이라고 주장하는 내용이었다.

> 정보이론적인 의미에서 현대의 냉동보존 기법이 실제로 인간의 장기 기억을 보존하기에 질적으로 부족함이 없다는 증거가 나왔습니다. 전前 시냅스 구조물 및 후後 시냅스 구조물과 관련된 단백질뿐만 아니라 시냅스 그리고 시냅스 틈synaptic cleft에 존재하는 단백질의 존재 유무도 오늘날 사용하는 냉동보존술로 보존하면 모두 추론 가능합니다. [3]

죽음에 대한 '정보이론적' 정의에 따르면 기억이 지워지지 않는 한 죽지 않은 것이라고 한다. 하지만 냉동보존술 이후에 과연 기억을 회복할 수 있을지는 여전히 두고 볼 문제다. 냉동보존된 뇌 조직 절편을 현미경으로 봤을 때 시냅스 구조가 온전하냐는 것과 그 시냅스가 제대로 직동해서 살아 있는 뇌에서 기억을 만들어 내느냐는 것은 완전히 다른 문제다. 아직까지 시냅스가 온전히 작동하게 만들지는 못했다. 하지만 머클이 말하는 핵심은 냉동보존술이 이론적으로 가능하다는 것이다.

> 인간의 뇌는 물질로 이루어져 있고, 인간의 장기 기억은 뇌의 물리적 변화와 관련되어 있습니다. 이런 변화의 존재 유무는 냉동보존술 이후에도 여전히 확인 가능하죠. 미래에는 컴퓨터의 계산 능력이 어마어마하게 커질 것이고, 냉동보존된 인간의 뇌에

서 일어난 변화를 영상으로 촬영해서 분석하는 능력도 대단히 발전할 것입니다. 우리의 뇌가 냉동보존되고 컴퓨터의 계산 능력과 영상 기술이 충분히 좋아지면 우리가 누구인지 정의하는 정보를 복구할 수 있을 것입니다. 냉동보존된 인간의 뇌를 온전히 기능하는 상태로 회복시킬 수도 있겠죠. 4)

현재 냉동되어 있는 사람 중에서 되살려 낸 사람이 아무도 없다는 사실을 고려할 때 이것은 관찰에 입각한 의견이 아니라 소신에 따른 주장에 불과하다. 저명한 신경과학자 크리스토프 코흐Christof Koch에게 이 문제를 문의했다. 그는 실험에서 흥미로운 사실이 드러날 것이라는 데 동의했지만 뇌의 유리화에 대해서는 회의적인 입장을 보였다.

현재 유리화 처리된 뇌를 나중에 깨워서 모든 기억을 되돌릴 수 있다는 증거는 없습니다. 이것을 쥐에게 테스트해 볼 수는 있겠죠. 예를 들어 쥐에게 특정 장소에 대한 혐오조건 형성aversive condition 등의 구체적인 기억을 유도한 다음 유리화 과정을 거친 이후에도 그 기억이 남아 있는지 테스트해 보는 것입니다. 유리화가 시냅스 접합 앞뒤로 존재하는 대략 10의 6제곱 개(단백질의 종류는 10의 3제곱 개 정도) 정도의 단백질 분자의 분포에 영향을 미치지 않는다는 주장은 어리석은 것입니다. 사실 대단히 공격적인 이런 과정이 이 분자들의 분포를 심각하게 교란하지 않는다면 그것이 진짜 놀랄 일이죠. 5)

저온생물학cryobiology에서 얻은 최선의 증거는 지금까지 냉동된 누구도 되살아날 가능성이 지극히 낮다는 것이다. 정자, 난자, 혹은 배아를 냉동했다가 되살려 내는 것과 뇌같이 큰 신체 기관을 얼렸다

되살리는 것은 엄연히 다른 일이다. 하버드대학교 의과대학의 의생물공학biomedical engineering 교수이자 매사추세츠 종합병원의 저온생물학자인 메흐메트 토너Mehmet Toner에 따르면 조직에 부동제(不凍劑, cryoprotectant)를 주입하는 최첨단 유리화 기술조차도 냉동보존주의자의 주장처럼 효과적이지 않다고 한다. 그는 나도 참여한 적이 있는 HBO의 다큐멘터리 시리즈 "바이스Vice" 중 제목을 참 잘 지었다 싶은 「얼어 버린 믿음Frozen Faith」 편에서 이렇게 설명했다. "덩치가 큰 물체는 **천천히** 얼고, **천천히** 녹을 수밖에 없습니다. 해동하는 동안 필연적으로 얼음이 형성될 수밖에 없어요." 뇌에서 이런 일이 일어나면 신경세포와 시냅스 연결이 산산이 부서진다. 이와 함께 그 안에 들어 있을지 모를 기억도 함께 날아갈 수밖에 없다. 뒤에서 살펴보겠지만 부동제의 농도가 충분히 높으면 해동 과정에서 얼음이 형성되지 않을 수 있다. 하지만 이런 결론을 지지하는 증거는 뇌보다 훨씬 더 단순한 조직이나 인간의 뇌보다 훨씬 작은 동물의 뇌에서 관찰한 내용을 바탕으로 나온 결과다.

더군다나 현재 나와 있는 부동제는 한 번에 한 종류의 세포에만 작용하기 때문에 세포 종류마다 다른 보호제가 필요하다. 하지만 인체와 뇌는 수많은 종류의 세포로 이루어져 있다. 한 종류를 결빙으로부터 보호하려면 다른 종류의 세포를 희생해야 한다. 예를 들어 신장의 많은 세포를 보호할 수 있지만 그와 동시에 뇌 같은 다른 기관을 함께 보호할 수는 없다. "바이스"는 한 종류의 세포는 비교적 온전히 남은 반면 똑같은 부동제로 처치한 다른 종류의 세포는 완전히 망가진 것을 보여 주며 이런 문제점을 입증해 보였다. 토너는 이렇게 말했다. "이것은 아주 복잡한 문제입니다. 사람들은 마치 유리화시키기만 하면 모든 것이 살아남을 것처럼 말하는데 그렇지 않습니다. 기억을 온전히 보존하면서 머리를 되살린다는 것은 아주 터무니없는 개념이죠. 저는 30년 동안 물체를 얼리는 방법에 대해서만 밤낮으로 생각하면서 살아온 사람입니다. 그래서 이런 방법이 효과가 없으리라는 것을 압니다."[6]

그러니까 냉동보존술을 증명해야 할 부담은 냉동보존술이 효과가 있다고 주장하는 사람들이 짊어져야지, 효과 없다고(혹은 가능성이 낮다고) 주장하는 과학자가 짊어질 것이 아니라는 말이다. 내 생각에 이렇게 하면 효과를 증명할 수 있을 것 같다. 개처럼 큰 포유류를 냉동보존하고 일주일 정도 섭씨 영하 130도에 얼렸다가 기억이 온전한 상태로 되살려 내는 것이다. 그래서 그 개가 자기 이름과 주인, 집을 알아보고, 앞발 들고 앉기, 막대기나 공 물어 오기 등 예전에 배웠던 기술을 그대로 기억하고, 개의 주인이 판단하기에 전반적으로 그 전과 똑같은 개처럼 행동한다면 성공으로 볼 수 있다. **이 정도면** 아무리 열렬한 회의론자라도 그 효과를 인정하지 않을 수 없을 것이다.

## 열역학 제2법칙을 거슬러 ─ 생명무한확장론자

그 이름이 암시하듯 생명무한확장론자는 엔트로피와 맞서 싸우는 사람들이다. 가공할 힘으로 우주를 지배하는 열역학 제2법칙(엔트로피의 법칙)에 맞서려는 것을 보면 생명무한확장론자는 정말 대담하기 짝이 없는 사상가들이다. 사람의 육신은 언젠가 필연적으로 부패될 수밖에 없다. 생명무한확장론자는 육신을 과학적 영혼으로 대체할 자신의 정보 패턴을 영구적으로 담는 운반 장치를 만들 기적의 기술이 나올 때까지 육신의 부패를 최대한 늦출 수 있는 생활 방식을 따른다. 위키피디아에서 '엑스트로피extropy' 항목을 보면 이 용어는 1988년에 만들어졌으며 "살아 있는 계나 조직 체계의 지능, 기능적 질서, 활력, 에너지, 생명, 경험, 그리고 개선과 성장의 능력과 욕구의 확대 [출처 확인 필요]"를 의미한다. 굳이 출처를 확인해 보지 않더라도 이런 운동에서 물씬 풍기는 기술낙관주의techno-optimism의 향기를 느끼기는 어렵지 않다. 이 운동의 창립자들의 필명만 봐도 그렇다. 톰 모로(Tom Morrow, '내일tomorrow'을 의미, 본명은 톰 벨Tom Bell), 맥스 모어(Max More, '최고, 그 이상'을 의미, 본명은 맥스 오코너Max T. O'Connor), 나타샤 비타모어(Natasha Vita-More, '더 많은 생명'을 의미, 본명은 낸시 클라크 Nancie Clark) 등이다. 나타샤 비타모어는 최초의 여성 트랜스휴머니스트transhumanist 철학자다(그녀는 자기가 마지막 여성 트랜스휴머니스트가 아니기를 바라고 있다). 맥스 모어(그는 현재 냉동보존술 기관인 알코어의 최고경영자다)는 창립 문서인 「엑소트로피의 원리The Principles of Extropy」에 엑스트로피 원리의 개요를 서술해 놓았는데 아주 합리적인 이야기로 가늠하다. 첫째, 생명무한확장론자는 영원한 진보를 믿는다. 영원한 진보란 "더 많은 지능과 지혜, 효율성, 수명의 연장 등은 추구하고, 지속적 발전을 제한하는 정치적, 문화적, 생물학적, 심리적 한계는 제거하는 것"을 의미한다. 둘째, 생명무한확장론자는 이렇게 단언한다. "비판적이고 창의적인 사고, 끊임없는 학습, 개인적 책임, 진취성, 실험을 통해 윤리적, 지적, 신체적으로 지속적인 자기 개선을 해 나간다." 셋째, 생명무한확장론자는 쉼 없이 진취적인 개인 및 조직과 함께 '긍정적인 기대'를 품고 행동한다. 넷째, 생명무한확장론자는 기술을 그 자체의 목적으로 삼지 않고 생명 개선을 위한 효과적 수단으로서 설계하고 관리한다. 다섯째, 생명무한확장론자는 "소통의 자유, 행동의 자유, 실험, 혁신, 문제 제기, 학습을 장려하는 사회질서를 지지한다."[7]

내가 뭐라고 자유를 향한 이런 고귀한 목표에 반기를 들겠는가? 하지만 실현 가능한 소박한 목표를 달성하리라는 희망으로 점진적으로 단계를 밟아 전진해 나가는 것과 모어가 머릿속에 그리는 생명무한확장론자의 고귀하기 이를 데 없는 목적을 달성하는 것은 완전히 별개의 문제다. "우리는 연금술사가 꾸었던 세 가지 꿈 중 두 개를 달성했다. 원소를 다른 원소로 바꾸어 놓았고, 하늘을 나는 법을 배운 것이다. 다음 차례는 영생이다." 이것 역시 출처를 확인할 필요가 있다.

원소를 다른 원소로 바꾸고, 하늘을 나는 법을 배운 것은 정말 대단한 업적이지만 죽음을 정복하는 데 필요한 상상 불가능할 정도로 큰 도약에 비하면 이런 업적은 변변치 않은 것으로 보인다. 죽을 운명은 우리 몸속의 모든 세포, 기관, 시스템 전체에 프로그램되어 있는 듯 보이니 영생을 달성하려면 복잡성의 여러 단계에서 수많은 문제를 모두 한꺼번에 해결해야 할 것 같다. 설사 우리가 이런 수많은 문제를 해결하고 약 125세로 추정되는 인간의 수명 한계를 깨뜨린다고 하자. 우리가 200년, 500년, 1000년까지 산다면 지금은 상상도 할 수 없는 또 다른 의학적 문제가 생길지 누가 알겠는가? 영생, 혹은 1000세까지 살자는 유토피아적 목표를 꿈꾸기보다 비교적 높은 삶의 질을 유지하면서 150세까지 사는 좀 더 현실적인 목표를 세우는 것이 훨씬 가치 있지 않을까 싶다.

# 인간에서 포스트휴먼으로: 트랜스휴머니스트

**트랜스휴머니스트**(transhumanist, H+라고도 한다)는 생명무한확장론자와 아주 긴밀한 관련이 있는 사람들이다. 이들은 우선 식이습관과 운동 등의 생활 방식 선택과 신체 강화(인공유방확대술이나 인공와우 등)와 신체부위교체(즉, 인공관절, 인공고관절, 인공심장, 인공간 등)를 통해 인간 조건을 바꾸려 한다. 트랜스휴머니스트는 이런 단계가 결국 새로운 '형태학적 자유morphological freedom'로 이어지고 이것이 유전공학을 통해 더욱 발전하리라 주장한다. 이 모든 것의 목표는 진화를 통제해서 개체를 더욱 강하고, 빠르고, 섹시하고, 건강하고, 한낱 인간으로서 상상할 수 없는 훨씬 우월한 인지능력이나 그런 비슷한 것을 갖춘 종으로 바꾸겠다는 것이다.

트랜스휴머니즘 운동은 20세기 종교의 대체물로 등장한 세속적 휴머니즘secular humanism을 훨씬 뛰어넘는다. 모어는 자신의 책 『트랜스휴머니스트 리더The Transhumanist Reader』(이 책은 트랜스휴머니즘의 모든 것을 설명하는 참고 문헌의 결정판이다)의 서문에 이렇게 적는다. "휴머니즘은 오직 교육적, 문화적 개선을 통해서만 인간의 본성을 향상시키려는 경향이 있다. 반면 트랜스휴머니즘은 기술을 적용해 우리의 생물학적, 유전적 유산의 한계를 극복하길 원한다." 맥스 모어의 도달 범위는 그의 통제 범위를 분명 넘어선다.

트랜스휴머니스트는 인간의 본성이 그 자체로 완벽하다 여기지 않으며, 우리의 충성을 요구할 수 있는 존재라 여기지도 않는다. 인간의 본성은 그저 진화의 궤적 위에 자리 잡은 한 점에 불과하다. 우리는 바람직하고 가치 있다 여기는 방식으로 우리의 본질을 새로이 가꾸어 나갈 수 있다. 기술을 우리 자신에게 사려 깊고 신중하면서도 과감하게 적용하여 더 이상 인간이라는 말로는 정확히 묘사할 수 없는 어떤 존재, 즉 포스트휴먼posthuman이 될 수 있다. [8]

이미 안경, 보청기, 인공와우, 입는 컴퓨터 등으로 감각을 강화하고 있으니 뇌도 이런 식으로 강화시키지 못할 이유가 없다. 마비환자를 대상으로 이미 이런 일을 하고 있다. 마비환자 뇌의 운동겉질에 수술로 컴퓨터 칩을 이식해서 생각만으로 인공 팔을 조종하거나 컴퓨터 커서를 이용해서 읽고 쓰는 법을 배운다. 전산신경과학자computational neuroscientist 겸 트랜스휴머니스트인 앤더스 샌드버그 Anders Sandberg는 이렇게 강화한 컴퓨터 뇌가 '목성 크기의 뇌Jupiter-sized brains'로 규모가 확대될 가능성을 계산해 보았다. 이런 규모의 뇌 지능은 우리를 훨씬 뛰어넘기 때문에 그들에게 우리는 실험실 생쥐처럼 보일 것이다. [9] 철학자 마크 워커Mark Walker는 이렇게 업로드하는 사람이 신의 경지에 오르게 되리라 주장해도 지나친 과장이 아니라고 결론 내린다. [10]

내가 만나 본 더욱 흥미로운 트랜스휴머니스트 중 한 사람은 페레이둔 에스판다이어리Fereidoun M. Esfandiary라는 이름의 사내로, 약어로는 FM-2030으로 부른다(2030년은 그가 100번째 생일을 맞는 해이자 특이점이 찾아오기를 바라는 해다). 그를 보면 도스 에퀴스Dos Equis 맥주 광고 "세상에서 가장 흥미로운 사람Most Interesting Man in the World"에 등장하는 인물이 떠오른다("그의 여권에는 사진이 필요 없다", "그는 불어, 러시아어 포함 여러 언어로 말할 수 있다"). 내가 그의 억양이 어디 억양인지 알아듣지 못하자(그는 이란 외교관의 아들로 만 11세에 이미 17개국에서 살았

다) 그가 내게 온 세상이 자신의 조국이고, 국적 같은 전통적인 집단
주의 개념은 거부한다고 말했다. 이 잘생긴 사람은 나이를 먹지 않
는 것처럼 보여서 어찌 된 일인지 물어보았더니 이렇게 답했다. "저
는 나이가 없습니다. 매일 태어나고 또다시 태어나죠. 저는 영원히
살 생각입니다. 사고만 당하지 않으면 아마 그렇게 될 겁니다." 그는
1990년 인터뷰에서 래리 킹Larry King에게 만약 2010년까지 살아남는
다면 아마 2030년까지도 살아남을 수 있을 것이라 말했다. "2030년
까지 살아남으면 어렵지 않게 영생으로 가는 길에 올라타게 될 겁
니다." [11] 안타깝게도 FM-2030은 2030년은 고사하고 2010년까지도
살아남지 못했다. 그는 2000년 췌장암에 걸렸고, 지금은 애리조나
스코츠데일의 알코어생명연장재단의 액체질소 통에 잠들어 있다.
"세상에서 가장 흥미로운 사람" 광고에 나오는 이 대사가 딱 맞아떨
어진다. "시간은 아무도 기다려 주지 않는다. … 다만 그는 예외다."
과연 그렇게 될지 두고 볼 일이다. 지금 당장은 FM-2030은 포스트
휴먼이지 트랜스휴먼이 아니다.


## 영생의 알파와 오메가: 오메가 포인트 이론

오메가 포인트 이론Omega Point Theory, OPT은 언젠가 우리가 세부적
인 부분까지 너무 진짜 같아서 물리적 실제와 구분 불가능한 초강력
가상현실에서 부활할 것이라고 주장한다. 이 이론은 우리의 우주 전
체가 어떤 외계 컴퓨터 속에 들어 있는 〈매트릭스〉 같은 가상현실이
라고 주장하는 존경할 만한 철학자 닉 보스트롬Nick Bostrom이 지지하

는 개념과 [12] 다르다. 하지만 어찌 보면 오메가 포인트 이론에서 주장하는 내용은 보스트롬의 주장과 그리 다르지도 않다. 보스트롬은 컴퓨터 시뮬레이션이 현재 작동 중이라 생각하고, 오메가 포인트 이론은 아주 먼 미래에 시뮬레이션이 작동할 것이라 생각한다는 점이 다를 뿐이다.

오메가 포인트 이론에 따르면 죽음을 두려워하거나, 냉동보존술로 자기 몸을 얼리거나, 자신의 기억을 컴퓨터에 업로드할 필요가 없다. 아주 먼 미래의 우주에는 컴퓨터가 엄청나게 막강해져서 기존에 살았던 모든 인간을 재창조할 수 있을 것이기 때문이다. 오메가 포인트 이론을 옹호하는 가장 저명한 인물은 물리학자 겸 기독교도인 프랭크 티플러다. 그는 자신의 물리 이론이 우주와 인류를 다룬 성경 이야기와 완벽하게 맞아떨어진다고 믿는다. 그는 이것을 『영생의 물리학』, 『기독교의 물리학The Physics of Christianity』이라는 책 두 권에서 변론했다. [13] 나는 다른 곳에서 티플러와 그의 개념을 자세히 다루었다. [14] 지금은 그와 잘 아는 사이가 되었기 때문에 그가 영생의 필연성에 대해 하는 이야기는 정말 철석같이 믿어서 하는 소리라고 자신 있게 말할 수 있다. 비록 지금의 언어가 아닌 당대의 언어로 표현되어 있지만 그는 이런 결과가 성경에 예언되어 있다고 믿는다.

인체냉동보존주의자, 생명무한확장론자, 트랜스휴머니스트처럼 티플러는 인류의 우주적 운명을 믿는 기술낙관주의자다. 그의 어린 시절 영웅이었던 독일인 로켓(새턴 V) 제작자 베르너 폰 브라운Wernher von Braun과 비슷하다. 티플러는 한 인터뷰에서 내게 이렇게 말했다. "무한한 기술적 진보를 믿는 자세가 베르너 폰 브라운의 원동력이었고, 나에게 평생 동기를 부여해 준 것도 바로 이것이었습니다."[15] 하지만 무신론자나 불가지론자인 경향이 많은 대다수 인체 냉동보존주의자, 생명무한확장론자, 트랜스휴머니스트와 달리 티플러는 기독교의 주요 교리를 마치 물리학 방정식에서 유래한 법칙이라도 되는 것처럼 모두 받아들이는 철저한 기독교도다. 영혼을 일례로 들어 보자. "영혼은 물질의 패턴 아니면 신비로운 영혼의 물질 soul substance이죠." 티플러는 다음과 같이 지적한다. "플라톤은 영혼이 영혼의 물질로 이루어졌다는 입장을 취한 반면, 토마스 아퀴나스 Thomas Aquinas는 부활이 패턴의 재생산이라는 입장을 취했죠. 저도 제 책에서 부활이 패턴의 재생산이라고 주장하고 있습니다." 영혼의 패턴이 어떻게 재생산되는 것일까?

티플러는 예수회 사제 피에르 테야르 드 샤르댕Pierre Teilhard de Chardin 의 오메가 포인트라는 개념을 밑바탕 삼는다. 오메가 포인트란 우주가 더욱 높은 의식 차원을 향해 가차 없이 진화하고 있으며 그 진화의 끝에서 인간과 신 사이의 창조적 연합이 있다는 확신을 말한다. 테야르는 이 확신을 실현하는 데 도움을 줄 기술적 진보에 대해서는 막연한 개념만 가지고 있었다. 하지만 티플러와 뒤에서 살펴볼 **특이점주의자**가 이런 일이 정확히 어떻게 일어날 수 있는지를 과학적으로 제안하면서 그 빈자리가 채워졌다. 티플러는 자신의 책 『인간 우주 원리The Anthropic Cosmological Principle』에서 이렇게 설명했다. "오메가 포인트에 도달하는 순간 생명은 모든 물질에 대한 통제력을 확보하게 될 것이다." 그때가 되면 "생명은 논리적으로 존재할 수 있는 우주의 모든 공간 영역에서 펼쳐지게 될 것이다. 논리적으로 알 수 있는 모든 정보를 포함하는 무한한 양의 정보를 저장하게 될 것이다. 그것으로 끝이다."[16] 물리학과 우주론은 에너지, 밀도, 정보가 무한해지는 점을 특이점이라고 한다. 특이점은 빅뱅Big Bang이라는 우주의 시작점이자, 빅 크런치Big Crunch라는 우주의 끝점이라고 한다. 알파와 오메가인 것이다. 티플러는 물리학의 특이점이 종교의 영원에 대응한다고 말한다. 내가 그에게 자신의 이론을 한 문장으로 요약해 달라고 하니 그는 이렇게 답했다. "합리성은 무제한 증가하고, 진보는 영원히 이어지며, 생명은 결코 죽지 않습니다."

티플러는 시간의 끝에서 우주가 붕괴하면서 그 붕괴 과정에서 충분한 에너지가 공급되어 슈퍼컴퓨터가 그때까지 살았던 모든 사람을 실제와 구분 불가능한 가상현실 속에 다시 창조하리라고 예상한다. 이 머나먼 미래의 슈퍼컴퓨터는 모든 면에서 전지전능하다. 한 마디로 신이다. 티플러는 이 신은 우리 모두를 자신의 가상현실 속에 재창조하기를 원하리라 추측한다. 이것은 부활이다. 성능이 강화된 "스타트렉" 홀로덱* 속의 영생인 셈이다. 이 가상현실은 너무 실제 같아서 지금의 현실과 구분할 수도 없고, "스타트렉"에서처럼 "컴퓨터, 프로그램 종료"라고 명령해서 끌 수도 없다.

내가 오메가 포인트 이론을 회의적으로 바라보는 여섯 가지 이유를 내 책 『왜 사람들은 이상한 것을 믿는가』에서 대략 소개한 바 있다.[17] 그러니 불필요하게 여기서 내 회의론을 장황하게 다시 풀고 싶지 않다. 다만 이렇게만 간단히 말하겠다. 오메가 포인트 이론은 그 어떤 실증적 기반도 없는 순수하게 이론적인 내용으로만 구성되어 있다. 과학과 기술의 발전이 과거에서 미래로 조금도 수그러들 기색 없이 가속될 때만 가능하다(그럴 수는 없을 것이다). 지나치게 많

---

* 스타트렉에서 우주선에 홀로그램을 이용해 만들어 내는 가상현실.

이 붙어 있는 '만약'이라는 명제가 빠짐없이 모두 참이어야만 성립한다(그중 어느 하나라도 거짓이면 이론이 와해된다). 더군다나 오메가 포인트 이론은 영생을 얻어서 세상을 떠난 사랑하는 이들과 다시 만나고 싶다는 우리의 천진난만한 희망에 너무 손쉽게 맞아떨어진다. 이 이론을 옹호하는 종교와도 너무 완벽하게 일치한다. 나는 성경에 나오는 모든 사건과 기적을 설명하는 이론을 만들어 내는 과학자를 늘 의심의 눈초리로 바라본다. 차라리 어떤 과학자가 성경에 나오는 이야기 중 46퍼센트는 진짜고 나머지 54퍼센트는 근거 없는 믿음으로 밝혀냈다고 하면 더욱 신뢰할 것이다. 이것은 추론 과정에서 어떤 다른 동기가 개입했을 가능성이 낮은 객관적 사실임을 의미하기 때문이다.

예를 들어 『기독교의 물리학』에서 티플러는 베들레헴의 별이 예수의 탄생을 알리도록 시간 맞춰진 안드로메다의 초신성 폭발이었다고 주장한다. 예수의 동정녀 탄생은 단위생식parthenogenesis, 혹은 무성생식으로 설명한다. 티플러는 토리노의 수의Shroud of Turin에 묻은 피를 검사해 보면 이 부분을 입증할 수 있다고 생각한다. 토리노의 수의는 연대가 14세기로 밝혀졌지만 티플러는 이것이 진짜 예수의 수의라 받아들인다. 티플러는 예수가 발에서 나오는 '중성미자 빔neutrino beam'을 물로 향하게 해서 물 위를 걸었으리라 생각한다. 구름에 올라 천국에 간 것도 중성미자 빔이라는 똑같은 기술로 설명할 수 있다고 생각한다. 마지막으로 예수의 몸에 있던 원자가 순식간에 자발적으로 중성미자와 반중성미자로 붕괴하고 그 후 이 세상으로 이동해 온 에너지가 예수가 원래 왔던 다른 세상으로 되돌아간 것으로 예수의 부활을 물리학적으로 설명한다. 여기서 티플러는 양자역

2부 | 영생의 과학적 탐구

학의 '다중 세계 해석many worlds interpretation'을 언급한다. 다중 세계에는 무한히 많은 우주가 존재한다. 그중 일부는 우리 우주와 비슷하고, 우리 모두의 정확한 복사본을 담는다는 것이다.

어쩌면 이 중에서 굳이 설명이 필요한 것은 없을지 모른다. 성경이야기는 역사적 사실이라기보다 도덕적 교훈을 담은 신화를 제시하기 때문이다. 하지만 이 문제 때문에 우리는 너무 엉뚱한 곳까지 오고 말았다. 이것이 물리학 이론이다 보니 나는 물리학자 로렌스 크라우스Lawrence Krauss에게 분석을 부탁했다. 그는 입자물리학의 표준 모형이 완벽하고 정확하다는 티플러의 주장은 사실이 아니라고 지적한다. 더군다나 크라우스는 우리가 명확하고 모순 없는 양자중력이론을 갖고 있다는 티플러의 주장 역시 사실이 아니라고 말한다. 티플러는 자신의 이론이 참이 되기 위해서는 우주가 반드시 다시 붕괴해야 한다고 말한다. 크라우스는 이렇게 지적한다. "지금까지 나온 모든 증거를 종합해 보면 그런 일은 없을 것 같습니다." 마지막으로 크라우스는 티플러에 대해 이렇게 결론 내린다. "그는 우리가 암흑 에너지dark energy의 본질을 이해한다고 주장하는데 그렇지 않습니다. 그는 우리가 우주에 반물질antimatter보다 물질이 더 많은 이유를 안다고 주장하는데 그것도 사실이 아닙니다. 이것 말고도 할 말이 많지만 이만하면 제 말이 무슨 뜻인지 이해하실 겁니다."[18] 한마디로 영생에 대한 오메가 포인트의 약속이 자신의 과학적 약속을 실천에 옮기지 못하리라는 것이다.

## 초월 인간: 특이점주의자

특이점주의자라는 이름이 암시하듯 그들은 특이점 수준의 기술을 이용해 영혼(뇌의 커넥톰 안에 저장되어 있는 생각과 기억을 표상하는 정보 패턴)을 컴퓨터에 전송함으로써 영생을 꾀하려는 과학자다. 2014년 영화 〈트랜센던스〉에서 조니 뎁Johnny Depp이 연기한 과학자 윌 캐스터는 지각 능력을 달성할 수 있는 컴퓨터를 연구하다가 테러리스트의 공격으로 폴로늄polonium 동위원소가 묻은 총알에 맞아 살날이 한 달밖에 남지 않게 된다. 그는 개인 시점의 연속성이 깨지지 않도록 죽기 직전에 자신의 정신을 양자 컴퓨터에 업로드한다. 그의 자아는 생물학적 매체를 떠나 실리콘 플랫폼으로 옮겨 간다. 의식적 상태에 뚜렷한 중단이 없었기 때문에 캐스터의 자아 연속성은 그대로 이어진다. 그는 자신의 몸을 초월한다. 그의 본체는 그를 구성하는 물질이 아니라 그의 패턴이다. 그후 그는 온라인으로 나가고 싶어 한다. 그가 신경과학자, 수학자, 해커 들이 모인 청중에게 설명했던 내용 때문이다. "일단 온라인으로 진출하면 지각이 있는 기계는 신속하게 생물학적 한계를 극복할 것입니다. 짧은 시간 안에 그 분석 능력은 역사상 태어났던 모든 사람의 지능을 합친 것보다 뛰어날 것입니다. 인간의 감정을 오롯이 갖춘 그런 존재를 상상해 보세요. 자기인식까지 갖춘 존재를 말입니다. 어떤 과학자들은 이것을 '특이점'이라고 부르죠. 저는 이것을 '초월transcendence'이라 부릅니다."

기술이 생명을 흉내 낸다. 조니 뎁이 연기한 인물을 현실로 옮겨놓은 특이점주의자가 바로 레이 커즈와일이다. 그는 배리 프톨레미 Barry Ptolemy의 다큐멘터리 영화 덕분에 '초월 인간transcendent man'*으로도 알려져 있다. 19) 이 과학자 겸 미래학자 겸 저자, 그리고 광학적 문자 판독 프로그램, CCD 플랫베드스캐너, 시각장애인을 위한 최초의 활자-음성 읽기 장치, 최초의 문자-음성 합성기, 커즈와일 전자 키보드 등 인간의 삶을 바꾸어 놓을 기술의 발명가인 그에게 '초월'이라는 수식어가 너무 잘 어울린다. 만 15세의 나이에 그는 숙제를 도와줄 컴퓨터 프로그램을 설계하고, 만 17세에는 웨스팅하우스 과학경시대회Westinghouse Science Talent Search에서 우승해 백악관 초청을 받기도 했다. 1999년 미국기술훈장National Medal of Technology 수상자이며 미국 발명가 명예의 전당National Inventor Hall of Fame에 입성하기도 한 커즈와일은 인공지능 분야에 큰 영향을 미친 『지적 기계의 시대The Age of Intelligent Machines』와 『영적 기계의 시대The Age of Spiritual Machines』를 썼다. 『특이점이 온다』라는 책은 특이점이라는 용어를 대중화하고 머지않아 우리가 영원히 살 수 있으리라는 희망을 전파했다.

커즈와일이 이런 동기를 갖게 된 데는 그의 아버지가 58세의 이른 나이에 돌아가신 것도 영향을 끼쳤다. 그의 아버지 프레드릭 커즈와일Fredric Kurzweil은 전문 음악인이었고, 레이 커즈와일의 어머니는 아들이 자라는 동안 아버지와 함께 살았던 적이 한 번도 없었다. 그 아버지에 그 아들이라고 레이 커즈와일 자신도 만 17세부터 10여 개 이상의 회사를 세울 만큼 일중독 성향을 보인 것을 보면 그도 아버지와 잘 알고 지낼 시간은 없었다는 소리다. 영화 〈트랜센던스〉에 그려진 고뇌에 빠진 발명가의 모습처럼 커즈와일의 일생일대 사명은 인류를 소생시키는 일보다는 아버지를 부활시키는 데 초점을 맞

---

* 이 다큐의 우리말 번역은 '초인적 인간'으로 나와 있으나 용어의 통일을 위해 여기서는 초월 인간으로 옮겼다.

추었던 것처럼 보인다. 그의 다큐멘터리에는 유독 애절한 장면이 나온다. 커즈와일은 아버지에 대한 모든 '데이터(레이의 흐릿해지는 기억까지 포함해서)'를 AI 복제 모형 속에 아주 현실적으로 재구성해서 자기가 잘 알지 못했던 아버지와 다시 하나로 이어지는 느낌을 받을 수 있는 날이 올 때까지 아버지에 대한 기억을 보존하기 위한 저장소를 마련한다. 다큐멘터리에는 커즈와일이 저장소에서 아버지의 일기와 문헌을 들여다보는 장면이 나온다. 그의 무거운 한숨과 애석한 표정을 보면 커즈와일은 사명을 띠고 타인의 사상을 전향시키려는 사람이라기보다 그저 고뇌에 빠진 한 인간으로 보인다. 한 장면에서 커즈와일은 아버지의 무덤 앞에서 눈물을 훔친다. 또 다른 장면에서는 잠시 사진을 바라보다 기념품을 그리운 듯 쳐다본다. 커즈와일은 스스로 인생은 낙관적이고 쾌활하다고 말하지만 죽음에 대한 이야기는 멈출 수 없나 보다. 그는 이렇게 고백한다. "죽음을 생각하면 너무 슬프고 외로운 느낌이 들어서 사실 죽음을 견딜 수가 없어요. 그래서 어떻게 하면 죽지 않을 수 있을지 다시 생각에 빠집니다."

커즈와일의 죽지 않을 계획은 무엇일까? 이 계획은 그가 말하는 '수확 가속의 법칙the law of accelerating returns'에서 시작한다. 이 법칙은 변화가 가속될 뿐만 아니라 변화의 **속도**도 가속된다고 주장한다. 무어의 법칙Moore's Law은 1960년대 이후 컴퓨터 성능이 두 배씩 늘어나는 속도를 정확하게 예상했다. 특이점은 더욱 강력해진 무어의 법칙이라 할 만한 것으로 모든 과학과 기술에 적용된다. 특이점 이전에 세상에서도 이전 수천 세기 동안 변한 것보다 지난 백 년 동안 더 많이 변했을 것이다. 이것만으로도 다분히 충격적이다. 하지만 커즈와일에 따르면 특이점에 근접하면서 세상은 10년 만에 수천 세기 동안 변한 것보다 더 많이 변할 것이다. 그 변화는 계속 가속화되다가 결국 특이점에 도달하게 된다. 그렇게 되면 세계는 일 년 만에 특이점 이전의 전체 역사에서 변한 것보다 훨씬 많이 변한다. 이런 일이 일어날 때 인류는 영생을 달성하게 될 것이다.

우리는 특이점 이후의 인간postsingularitarian을 반려동물이 우리를 바라보듯 바라보게 될 것이다. 이들은 너무나 똑똑해져서 우리는 이들이 얼마나 똑똑한지 가늠할 수조차 없을 것이다. 커즈와일의 예상으로는 사반세기 안에 "비생물학적 지능nonbiological intelligence이 그 범위와 미묘함에서 인간의 지능과 맞먹게 될 것"이고, 그다음에는 "기계가 자신의 지식을 순식간에 공유할 수 있을 뿐만 아니라 정보 기반 기술의 발달 속도가 계속 가속됨에 따라 인간의 지능을 훌쩍 뛰어넘게 된다"고 한다. [20] 1950년대의 방 크기만 한 컴퓨터와 우리가 지금 주머니에 넣고 다니는 크기의 컴퓨터를 비교한 다음, 크기 변화의 궤적을 따라가 보면 같은 시간, 혹은 그보다 빠른 시간 안에 우리는 알약 형태로 삼킬 수 있는 세포 크기의 컴퓨터 개발에 도달한다. 일단 그런 나노 기술이 세포, 조직, 그리고 뇌를 비롯한 기관을 수리할 수 있는 나노 로봇nanorobot의 형태로 존재하면 설계 약물designer drug이나 유전자 조작engineered gene 같은 다른 바이오 기술과 접목해서 노화 과정을 중지시키고, 더 나아가 역전시킬 수 있을 것이다. 그럼 커즈와일이 자신의 책 『영원히 사는 법』에서 주장한 것처럼 우리는 "영원히 살 수 있을 정도로 충분히 오래 살게 된다."[21]

2040년 즈음 이 세속적 재림이 찾아올 때까지 건강을 유지할 수 있도록 커즈와일의 책 『노화와 질병 : 레이와 테리의 건강 프로젝트』

(테리 그로스만Terry Grossman과 공저)는 '레이와 테리의 장수 프로그램Ray and Terry's Longevity Program' 채택을 권고한다. 이 프로그램에 매일 250가지 보충제를 복용하고, 매주 정맥주사로 영양분을 공급하고 혈액 세척으로 생화학 재프로그래밍biochemistry reprogramming을 한다. 예를 들면 체내 항산화 성분을 증가시키기 위해 커즈와일은 "알파 리포산 alpha lipoic acid, 코엔자임Q10coenzyme Q10, 포도씨 추출액grapeseed extract, 레스베라트롤resveratrol, 빌베리 추출액bilberry extract, 리코펜lycopene, 실리마린silymarin, 복합리놀산conjugated linoleic acid, 레시틴lecithin, 달맞이꽃 오일(evening primrose oil, 오메가-6 필수지방산), n-아세틸시스테인n-acetyl-cysteine, 생강, 마늘, 카르니틴l-carnitine, 피리독살인산pyridoxal-5-phosphate, 에키네이셔Echinacea"[22] 등으로 조제약을 만들어 복용할 것을 권장한다. 이것만 먹어도 배 부르겠다.

커즈와일이 구상하는 특이점이 영감을 불어넣어 준다는 점은 인정할 만하다. 그는 거물은 아니지만 『특이점이 온다』로 무대에 설 때만큼은 확실히 거물이 된다. 자신이 공학 기술 감독으로 있는 기술계의 거인 구글의 전적인 뒷받침을 받는 그는 2016년 《플레이보이 Playboy》의 인터뷰에서 자신이 예상하는 미래를 이렇게 설명했다.

2030년대가 되면 나노봇이 모세혈관을 통해 비침습적으로noninvasively 뇌에 들어갈 수 있어서 우리의 새겉질neocortex에 연결하고, 기본적으로 새겉질을 클라우드 같은 방식으로 작동하는 인조 새겉질과 연결하는 나노봇이 나올 것입니다. 그럼 200만 년 전에 우리가 추가적으로 새겉질을 진화시킨 것과 마찬가지로 추가적인 새겉질을 가질 것이고, 이마겉질frontal cortex과 똑같은 방식으로 사용하게 될 것입니다. 그래서 또 다른 수준의 추상 능력을 추가로 확보할 것입니다.

똑똑해지기만 하는 것이 아니라 더 건강해진다.

2030년대에 발전 속도에 탄력이 붙으면 혈류 속에 들어간 나노봇은 병원체를 파괴하고, 찌꺼기를 제거하고, 몸에서 혈전, 막힌 부분, 종양 등을 없애고, DNA의 오류를 수정하고 노화 과정을 실제로 역전시킬 것입니다. 나는 2029년 정도에 의학 기술이 우리의 기대 수명을 매년 1년씩 더하리라 믿습니다. [23]

의학 기술의 발전 속도가 가속화되면서 기대 수명이 수십 년, 수백 년, 그 너머, 어쩌면 영원으로 길어질지도 모른다.

커즈와일은 절대로 탁상공론하는 철학자가 아니다. 그는 구글에서 일하고, 그의 상사인 래리 페이지Larry Page와 세르게이 브린Sergey Brin은 인간의 수명을 200세 이상으로 늘려 줄 과학 기술을 개발하기 위해 캘리코Calico라는 바이오 기술 회사를 창립했다. 헤지펀드 매니저 겸 페이팔PayPal의 공동 창업자인 피터 틸Peter Thiel은 영생 달성을 목표로 연구하는 과학자와 신생 기업에 자금 지원을 하기 위해 '브레이크아웃랩스Breakout Labs'를 만들어 오브리 드 그레이Aubrey De Grey가 창립한 '노화방지므두셀라재단Methuselah Foundation'에 350만 달러를 투자했다. 오브리 드 그레이는 노인병리학자biomedical gerontologist다. 그는 세포의 해부학, 생리학, 유전학을 새로 프로그램해서 노화를 멈춤으로써 세포 수준에서 해결할 수 있는 공학적 문제로 노화를 취급한다. 오라클Oracle의 공동 창립자 래리 엘리슨Larry Ellison은 노화 방지 연구에 4억 3000만 달러 이상 기부했다. 그는 죽을 운명을 조용히 묵인하는 것을 도저히 '이해할 수 없었다'. 그는 자신의 전기 작가에게 이렇게 말했다. "나는 죽음이 도저히 이해가 안 갑니다. 어떻게 한 사람이 여기 있다가 그곳에 없었던 것처럼 사라져 버릴 수 있나요?"[24] 좋은 질문이다. 어떤 사람들은 정신 업로드를 통해 이 질문의 답을 찾고 있다.


## 정신을 업로드하고 커넥톰을 보존하다

커넥톰은 정보의 패턴, 즉 당신의 생각과 기억이다. 이는 기억자아, 그리고 살아 있는 동안에는 시점자아를 나타낸다.[25] 커넥톰 복사 연구는 인체냉동보존술의 연장이라 할 수 있다. 냉동보존술 역시 뇌의 구조적 온전성 유지에 달려 있다. 커넥톰이 온전하지 않은 상태로 사람을 되살려 내면 생각과 기억이 제대로 되어 있지 않아 원래의 자신이 아닐 것이기 때문이다. 이런 사람은 다시 기능을 시작한 이후에 형성된 새로운 기억을 가진 고유의 기억자아이거나 좀비일 것이다. 요즘 수백 년, 심지어 수천 년 동안 변함없이 커넥톰을 저장해 두었다가 컴퓨터에 업로드해서 열게 하는 보존 방법을 연구하는 과학자들이 있다. 〈트랜센던스〉에서 조니 뎁이 연기한 등장 인물처럼 말이다.

커넥톰의 보존은 캘리포니아 폰타나에 있는 '21세기메디슨21st Century Medicine'의 목표 중 하나다.[26] 이 회사는 부동제를 사용해서 인간의 장기와 조직 손상을 최소로 하여 장기를 적출 및 운송해서 새로운 환자에게 이식할 수 있게 하는 신체 기관 및 조직 냉동보존 전문 회사다. 예를 들어 2009년 이 연구실의 수석 연구자인 그레고리 페히Gregory M. Fahy는 피어 리뷰 학술지 《오가노제네시스Organogenesis》

에 논문을 발표했다. 이 논문은 토끼의 콩팥을 섭씨 영하 135도로 투화透化하여 냉동보존한 후 다시 녹여서 이식하는 데 성공했다고 보고했다. "투화를 진행할 때는 생명체 속에 든 액체를 저온에서 유리 같은 상태로 전환시킨다."[27] 콩팥이 보존되는데 뇌라고 안 될 이유가 무엇인가?

페히와 그의 동료 로버트 매킨타이어Robert L. McIntyre는 '뇌 보존 상 Brain Preservation Prize'의 부분 수상*을 위해 기술을 개발했다. 뇌 보존 상은 하워드휴스의학연구소Howard Hughes Medical Institute의 고참 과학자이자 뇌보존재단Brain Preservation Foundation의 회장인 신경과학자 케네스 헤이워스가 만든 상이다. 나도 뇌보존재단 자문위원회에 일종의 악마의 변호인advocatus diabolic** 역할로 참여하여 이 연구를 가까이에서 지켜볼 수 있었다. 수상 가능성이 높다는 것이 분명해지자 이들은 2015년 9월 나를 '21세기메디슨'으로 초대해 시설을 둘러보게 했다. 나는 그곳의 주요 연구진을 만나 연구를 직접 관찰할 기회가 있었다. 현재 이 상의 상금 액수는 10만 6000달러 정도다(개인 기부로 그 액수가 계속 늘어나고 있다). 그중 첫 25퍼센트는 2016년 2월 '21세기 메디슨' 연구진에게 돌아갔다. 토끼 뇌 전체의 시냅스 구조를 완벽하게 보존한 연구로 공로를 인정받아 수상한 소형 포유류 단계Small Mammal Phase에 대한 상이었다. 아직까지 "인간에게 적용 가능한 방식으로 대형 동물의 뇌 전체를 성공적으로 보존한" 최초의 연구진이 나타나지 않아 상금의 나머지 75퍼센트는 그대로 남아 있지만 벌써

* 이 상의 수상은 두 단계로 나뉜다. 첫 단계 수상한 개인 혹은 팀에게 그간 축적된 상금의 4분의 1을 수여한다. 두 번째 단계는 1단계 부여된 상금 외의 금액 혹은 전액을 받는다.

** 열띤 논의가 이루어지도록 일부러 선의의 비판자 노릇을 하는 사람.

두 연구진이 심사를 받기 위해 표본을 제출해 놓은 상태다. 머지않아 누군가 두 번째 단계의 상을 타리라는 전망이 밝다.

페히, 매킨타이어, 그리고 이들과 함께 일하는 직원, 동료 과학자들과 만난 후에 헤이워스와 나는 본 실험실로 안내를 받았다. 그곳에서 제어형 등온 증기 저장소Controlled Isothermic Vapor Storage 세트를 보았다. 이 거대한 원기둥 모양 탱크는 액체질소로 채워져 있었다. '뇌 보존 상' 응모를 위해 뇌를 통째로 얼린 표본이 든 플라스틱 용기를 보려고 그 뚜껑을 열었더니 증기가 구름처럼 피어올랐다. 표본은 토끼의 뇌 세 개와 돼지의 뇌 두 개였다. 토끼 뇌는 얼음이 형성되었거나 손상을 입은 흔적이 육안으로는 전혀 보이지 않았지만, 돼지 뇌 중 하나는 소뇌 근처 뒤통수엽occipital lobe에 10센트 동전 크기의 얼음 자국이 보였다. 좋은 징조는 아니지만 이 분야가 아직 완성된 과학은 아니니 감수할 부분이다.

우리는 그곳을 떠나 수술실로 갔다. 이미 토끼 한 마리가 마취에 취해 의식을 잃고 수술대 위에 누워 있었다.[28] 토끼 수술은 경동맥에 접근할 수 있도록 목 부위의 털을 미는 것으로 시작했다. 그다음 경동맥을 조심스럽게 열고 작은 플라스틱 튜브를 삽입해서 그 튜브를 통해 뇌에 글루타르알데하이드glutaraldehyde라는 고정액을 주입했다. 이것이 보존제preservative로 작용한다. 글루타르알데하이드를 뇌로 주사하면 신경세포 속 단백질과 결합해서 고체의 젤을 형성하기 때문에 몇 분 안으로 신경 구조가 고정된다. 이런 식으로 고정한 뇌는 며칠 동안 실온 보관해도 질적 저하 없이 구조적 안정성을 유지한다. 여기까지 보니 이 모든 과정을 거치면 토끼는 어떻게 되는 것일까 궁금해 중얼거렸더니 토끼는 죽어서 되살릴 수 없다는 말을 들었다. 이런.

보존제 관류preservative perfusion를 약 45분 한 후에 토끼 뇌에 부동제를 주입한 후 섭씨 영하 135도로 저장 온도를 낮추었다. 이런 낮은 온도에서도 뇌가 얼음 결정 형성 없이 투화된다. 그다음 날 헤이워스가 뇌를 150마이크로미터(마이크로미터는 1미터의 100만분의 1이다. 150마이크로미터는 사람의 머리카락 하나의 두께 정도다)의 엄청 얇은 두께로 잘라 절편을 만들었다. 그다음 이 절편을 현미경 슬라이드에 올려놓고 전자현미경으로 관찰하고 분석하며 고정, 유리화 혹은 냉동 처리 과정에서 손상이 가해졌는지 판단했다. 글루타르알데하이드로 고정한 뇌가 눈에 보이는 결함 없이 온전하다는 결론이 나왔다. 즉 얼음 형성으로 인한 손상이 없고, 신경세포의 구조와 시냅스가 온전하게 보존되었다는 의미다.[29] 이 전체 과정을 **알데하이드 고정 냉동보존**aldehyde-stabilized cryopreservation, ASC이라고 부른다. 사실 내가 처리 과정을 지켜보았던 토끼 뇌 절편으로 '뇌 보존 상'을 수상한 것이었다. 〈그림 8-1〉은 얼린 뇌를 보관하는 액체질소 용기와 그 뇌가 섭씨 영하 125도에 보관되어 있음을 말해 주는 온도계, 토끼 수술을 진행한 '21세기메디슨'의 수술실, 그리고 보존 처리 이후 신경세포와 시냅스의 구조적 온전성을 평가하기 위해 뇌 조직 절편을 관찰하는 데 사용한 현미경 사진이다.

매킨타이어는 내게 이 실험이 개념의 정당성을 입증해 준다고 말했다.[30] 어떻게 죽은 동물로 무언가를 입증할 수 있다는 말일까? 내가 궁금해서 중얼거렸다. 매킨타이어는 책을 에폭시 레진에 담가 단단한 플라스틱 덩어리로 굳힌다고 생각해 보라며 얼버무렸다. "당신은 두 번 다시 그 책을 펼쳐 보지 못하겠지만 에폭시가 그 책에 인

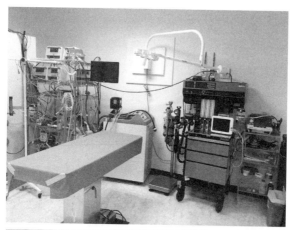

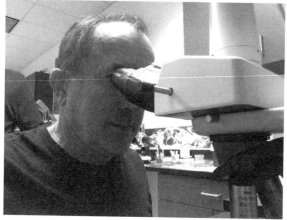

| 그림 8-1 |

토끼 뇌 수술 과정을 관찰했던 '21세기메디슨'의 수술실. 보존 처리 이후 토끼 뇌가 구조적으로 온전한지 평가하기 위해 사용한 현미경. (사진: 저자 제공)

쇄된 잉크를 녹이지 않았다는 것만 입증할 수 있다면 책 속의 모든 단어가 여전히 그곳에 보존되어 있음을 입증하는 셈이죠. … 그럼 그 플라스틱 덩어리를 조심스럽게 절편으로 잘라서 페이지를 모두 스캔하면, 똑같은 단어가 들어 있는 책을 새로 인쇄할 수 있지 않겠습니까?" 매킨타이어는 계속해서 말을 이어 갔다. "이 비유에서 뇌의 생존력viability은 당신이 이 책을 펼쳐서 페이지를 넘겨 가며 책의 이야기를 읽을 수 있느냐와 비슷합니다. 뇌의 커넥톰은 책의 페이지에 인쇄된 단어와 비슷하죠. 책을 다시 펼쳐 볼 수 없어도 그 단어들을 보존할 수 있습니다. 보존 처리한 테스트용 책을 잘라서 열어 보고 그 단어들이 엉뚱한 단어로 바뀌지 않았음을 보여 준다면 책 속 단어가 온전히 보존된다는 것을 증명해 보일 수 있죠. 제가 뇌를 가지고 하려는 것은 이런 것입니다. 글루타르알데하이드는 모든 뇌 세포 사이의 구조적 연결을 보존하면서 동시에 모든 단백질을 하나로 붙여주죠. 섭씨 영하 135도에서 저장하면 모든 것이 제자리에 얼어붙기 때문에 장기 보관이 확실하게 가능해집니다."

헤이워스와 또 다른 '뇌 보존 상' 심사위원인 메사추세츠공과대학교의 신경과학자 세바스천 성Sebastian Seung은 커넥톰의 보존 상태가 수상 기준을 충족시킬 수준에 도달했다고 판단했다. 헤이워스는 내게 3차원 주사 전자현미경3-D scanning electron microscope으로 보니 그가 조사한 토끼 뇌의 회로가 손상 없이 잘 보존되어 있었고, 신경세포 사이의 시냅스 연결도 쉽게 추적할 수 있었다고 말했다. 그래서 이들은 대형 포유류 단계의 뇌 보존 상으로 넘어갔다. 헤이워스가 자세히 설명한 바에 따르면 '21세기메디슨' 연구진은 공식 평가를 받기 위해 이미 뇌보존재단에 보존 처리한 돼지 뇌를 제출했다고 한다. 그리고 이렇게 덧붙였다. "21세기메디슨 연구진은 이미 《크라이오바이올로지Cryobiology》에 발표한 논문을 통해 그들의 알데하이드 고정 냉동보존술이 돼지 뇌 전체를 보존할 수 있다는 신뢰할 만한 전자현미경 증거를 제출했습니다. 하지만 물론 최종 단계의 상을 수상하려면 뇌보존재단에 이 부분을 따로 확인받아야 합니다." [31] 지금 이 글을 쓰는 시점에까지 대형 포유류 단계의 뇌 보존 상은 수여되지 않았다. [32] 〈그림 8-2〉는 분석 전후로 토끼 뇌와 돼지 뇌의 모습을 보여 준다.

내가 실험실을 둘러보는 동안 케네스 헤이워스는 자신은 이 분야에 공정한 과학적 호기심 이상의 관심이 있다고 솔직하게 말했다. 그는 인류가 죽을 운명을 초월했으면 좋겠고, 이 활동에 모두 함께 참여하려는 마음이 생기기를 바란다고 덧붙였다. 비록 자신의 살아생전에 일어나지 않을 일이라고 해도 말이다. [33] 나는 냉동보존 이후 커넥톰이 온전하게 남는다는 가정하에 뇌를 다시 깨웠을 때 기억의 보존 여부를 어떻게 아느냐는 질문으로 그를 압박했다. "인간의 장기 기억이 정적으로 저장된다는 가장 직접적인 증거는 1960년대 이후 사용되어 온 극심한 저체온 및 순환정지Profound Hypothermia and Circulatory Arrest, PHCA 수술법인지도 모릅니다. 이 수술법은 30분의 수술 시간 동안 환자의 뇌와 인체 중심부core 체온을 섭씨 10도까지 내리지요. [34] 섭씨 20도 이하의 온도에서는 흥분성 시냅스excitatory synapse가 더 이상 기능하지 못하는 것으로 알려져 있습니다. 따라서 패턴화된 모든 전기활동이 PHCA 수술을 할 동안 정지되죠. 하지만 수술이 끝나면 환자는 자신의 기억과 성격을 온전하게 회복합니다. 이것은 장기 기억(몇 시간이 지난 기억)이 정적인 방식으로 저장된다는 강력한 증거죠."[35]

노벨상 수상자이자 기억 연구의 선구자인 에릭 캔들Eric Kandel과 동료들이 2015년까지 실행한 기억에 관한 연구를 요약한 리뷰 논문에서 몇 시간 이상의 기억은 전자현미경 사진으로 관찰 가능한 정적인 구조 변화로 저장된다고 주장한다.[36] 신경과학자 도네가와 스스무利根川進와 그 동료들이 2015년 발표한 「기억 엔그램의 저장과 인출Memory Engram Storage and Retrieval」이라는 제목의 또 다른 피어 리뷰 논문은 한 세기 분량의 실험적 연구를 요약하여 전문용어를 통해 다음과 같은 사실을 입증해 보였다.

> 기억은 여러 뇌 영역에 분포되어 있는 엔그램 세포 앙상블engram cell ensemble * 사이의 특수한 연결성 패턴으로 저장될지 모른다. 이 연결성 패턴은 부호화encoding 과정에서 확립되고 응고화consolidation 과정에서 유지된다. 이런 통합적인 결론을 바탕으로 우리는 기억 정보의 내용물 자체는 엔그램 세포 앙상블 연결성 패턴으로 부호화되는 반면, 특정 메모리 엔그램의 인출가능성retrievability은 엔그램 세포 특이성 시냅스 강도engram cell-specific synaptic strength의 강화가 결정적인 역할을 한다고 제안한다.[37]

이 모든 것을 좀 더 간략하게 시적으로 표현하자면 **함께 흥분하는 신경세포는 함께 연결된다**는 것이다neurons wire together if they fire together.[38] 이 연결은 기억이 머무는 곳으로, 환경의 변화와 함께 연결도 바뀔 수 있다. 이것을 **신경가소성**neural plasticity이라고 한다. 따라서 한 뇌

---

* 엔그램이란 뇌에서 개별 기억의 물리적 기반을 이루는 기억 흔적을 말한다.

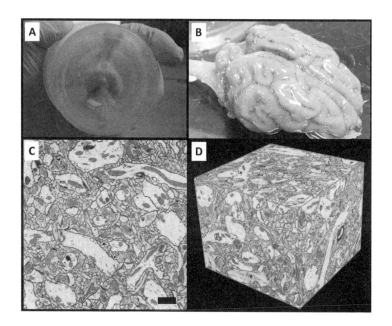

| 그림 8-2 | **냉동보존된 뇌**

(A) 섭씨 영하 135도에서 유리화된 알데하이드 고정 냉동보존된 토끼 뇌. (B) 알데하이드 고정 냉동보존되어 섭씨 영하 135도에서 저장되었다가 녹인 돼지 뇌. 그 위를 덮은 찐득거리는 물질은 녹은 부동제다. (C) (A)에 나온 토끼 뇌에서 채취한 겉질 표본의 전자현미경 사진. 시냅스의 세부 구조가 잘 보존되어 있어 분명하게 보인다. 오른쪽 아래 기준자scale bar는 1마이크로미터를 나타낸다. (D) (A)에 나온 토끼 뇌에서 얻은 8나노미터 해상도의 10×10×8 마이크로미터 FIB-SEM 체적. 신경돌기와 연결 부위를 쉽게 알아볼 수 있다(비슷한 FIB-SEM 동영상을 ASC 논문의 일부로 온라인에서 찾아볼 수 있다). (자료: 케네스 헤이워스)

의 전체 커넥톰의 밑바탕에는 주어진 기억의 엔그램 회로, 혹은 기억 엔그롬memory engrome이 깔려 있다. 각각의 엔그롬이 기억 혹은 기억의 패턴을 이루며, 이것이 전체적으로 모여 커넥톰을 구성한다. 에릭 캔들은 자신의 교과서 『신경과학의 원리』에서 이렇게 말한다. "우리가 이 책에서 발전시켜 나갈 주요 개념 중 하나는 발달 과정에서 확립되는 시냅스 연결의 특이성specificity이 지각, 행동, 감정, 학습의 밑바탕이 된다는 것이다."[39] 헤이워스는 이렇게 요약해 주었다. "신경과학 문헌 속에는 장기 기억이 정적인 연결 관계로 저장된다는 증거가 무진장 나와 있습니다. 생물학 이론에서 'DNA 염기쌍의 정적인 염기서열 = 유전자'라는 등식이 성립하듯 현재의 신경과학 이론에서 '정적인 연결 시스템 = 기억'이라는 근본적인 등식이 성립합니다."

## 영혼의 과학

기억과 유전자 사이의 비유는 적절하다 할 수 있다. DNA 구조의 공동 발견자 프랜시스 크릭Francis Crick이 의식의 본질을 파헤치기 위해 유전학에서 신경과학으로 방향을 튼 것은 유명한 일이다. 그는 요즘 자주 인용되는 이런 글로 자신의 베스트셀러인 『놀라운 가설』을 시작했다.

놀라운 가설이란 '당신', 당신의 기쁨, 당신의 슬픔, 당신의 기억, 그리고 당신의 야망, 당신이 느끼는 개인 정체성과 자유의지 등이 사실은 그저 신경세포와 그 연관 분자로 이루어진 거대한 집단의 행동에 불과하다는 것이다. 이 가설은 오늘날 살아 있는 대다수 사람에게 너무도 낯선 개념이기 때문에 진정으로 놀라운 가설이라 부를 수 있다. 40)

크릭은 책의 부제를 '영혼에 관한 과학적 탐구The Scientific Search for the Soul'라고 지었다. 부제를 여기서 굳이 언급하는 이유는 이것이 바로 이 연구를 이끌어 가는 숨은 뜻이기 때문이다. 단순히 영혼의 탐구뿐만 아니라, 영혼을 보존하고 부활시키는 것도 숨은 뜻에 포함되어 있다. 왜 그럴까? 나는 이 질문을 헤이워스에게 던져 보았다. 좀 뻐기는 듯한 그의 말투를 들을 때마다 미국 드라마 "빅뱅 이론Big Bang Theory"에 나오는 등장인물 셸던 쿠퍼가 생각난다(그 꺼벙한 웃음은 빼고). 그는 이런 말로 시작했다. "음, 그 미래를 직접 볼 수만 있다면 정말 좋겠지요. 무신론자로서 저는 죽음은 두려워할 것이 아무것도 없음을 알고 있습니다. 죽음이란 그저 나를 빼고 파티가 계속 이어지는 거니까요. 하지만 그 파티에 조금 더 오래 머물 수 있다면 좋겠습니다. 특히 우리가 우주를 식민지화하고 우주의 비밀을 밝히는 것을 볼 수 있다면요." 이것이 그만의 바람은 아닐 것이다. 우리 대부분은 최대한 오랫동안 그 파티를 즐기고 싶어 한다. 하지만 헤이워스에게는 그 이상의 의미가 있다. 치매나 알츠하이머병 같은 퇴행성 뇌 질환이 존재하는 한 생명무한확장론자나 트랜스휴머니스트가 수명을 수십 년 혹은 그 이상 늘리는 데 성공하더라도 이런 뇌 질환에 대처할 방법을 찾지 못한다면 오래 살아 봐야 의미가 없다. 헤이워스는 이렇게 주장한다. "인류가 마침내 우리 정신을 주문 설계된 기계적 육체에 업로드하고 뇌를 컴퓨터화하는 데 필요한 기술적, 과학적 능력을 달성하면 이렇게 창조된 육신은 자연선택이 무심코 설계해 둔 생물학적 육신의 한계를 모두 벗어나게 될 겁니다."

너무 유토피아적인 소리로 들리지만 그래도 헤이워스는 이런 사실을 깨달을 정도로 현실적인 사람이다. "만약 당신처럼 골수까지 회의론자인 사람도 정신 업로딩이 가능하다는 개념을 본능적으로 거부한다면, 예수가 재림해서 지구를 파괴하고 우리의 영혼을 천국으로 데리고 갈 날을 기다리는 종교인들을 설득하는 일은 얼마나 어려울까요?" 그나마 서구 사회라면 차라리 낫다. 만약 급진적인 이슬람 테러리스트가 정신 업로드 기관이나 냉동보존 회사 같은 시설을 만나면 무슨 일을 벌일지 생각해 보라. 이들은 종교가 다르면 종교 성상조차 파괴해 버리는 성향의 사람들이다. 심지어 대다수 신경과학 동료들도 헤이워스가 이 프로젝트에 정신이 반쯤 나간 것 같다고 생각한다. 하지만 그는 이렇게 말한다. "내가 직접 그 미래를 목격할수 있느냐는 중요하지 않습니다. 제게 중요한 부분은 이 기술(뇌 보존)이 세상을 더 나은 곳으로 만들 수 있는 가능성을 품고 있다는 점입니다. 그것만으로도 연구할 가치가 충분하죠."

정말 그렇기는 하다. 하지만 과연 그 연구가 그가 생각하는 일을해 줄까? 그러니까 그 연구를 통해 개인 시점 연속성의 문제가 해결될 수 있을까? 당신의 모든 기억을 담은 커넥톰을 다시 되살려 냈을 때 그것이 컴퓨터 안에서 깨어난 진정한 '당신'일까? 오랜 잠에서 깨어난 것처럼? 바꿔 말하면 기억자아가 시점자아와 똑같은가 말이다. 나는 그렇지 않다고 생각하는데 헤이워스는 그렇다고 생각한다. 그는 자신의 주장을 뒷받침하기 위해 데릭 파핏Derek Parfit의 책『이성과 개인Reasons and Persons』을 언급했다. 이 책에서 철학자 데릭 파핏은 연속성 문제continuity problem를 반박하기 위해 이런 사고 실험을 제안한다. 좌반구와 우반구로 나뉜 뇌를 가진 사람이 있다, 그가 가진 뇌반구 두 개는 모든 면에서 동일하다(기억도 동일). 그런데 이 사람이 비가역적인 뇌 손상을 입고 죽어 가는 일란성쌍둥이 두 명을 위해 자신을 희생해서 두 형제에게 뇌반구를 하나씩 주었다. 그럼 이제 똑같은 기억을 지닌 동일한 사람 둘이 독립적인 몸 두 개에 담겨 돌아다니고 두 사람은 한 사람으로 존재하던 그 이전과 심리적으로 연속된 기분을 느낀다.[41] '당신'에게는 무슨 일이 일어났을까? 아무 일도 없다. 당신의 예전 육신은 사라지고 없지만, 이제 두 명인 당신이 별개이지만 동일한 육신 두 개에 담겨 있다. 파핏은 동일한 뇌반구를 두 개가 쪼개서 이식했을 때 보이는 심리적 연속성이 개인 시점 문제를 해결해 준다고 믿는다. 지금은 연속적인 개인 시점 두 개가 존재하고, 그 각각은 모든 면에서 자신을 '당신'으로 인식하기 때문이다. 이런 면에서 정체성의 핵심은 고유성uniqueness이 아니다. 당신이 하나든, 둘이든, 무수히 많은 숫자는 중요하지 않다. 복사본이 만들어질 때(혹은 순간 이동 등을 통해 또 다른 플랫폼으로 전송될 때) 심리적 연속성만 존재하면 된다. 그럼 복사본 라이커가 등장하던 "스타트렉" 에피소드처럼 각각의 당신은 개별적인 삶을 이끌어 나가면서 서로 다른 새로운 기억을 쌓고, 또다시 세상에 둘도 없는 고유한 존재가 될 것이다.

헤이워스는 이런 관점에서 보면 자아가 '순간에서 순간으로 이어지는 자아감', 즉 시점자아가 아니라 '우리의 고유한 기억의 집합', 즉 기억자아라 주장한다. 하나의 개인이 시점자아와 기억자아로 이루어져 있음은 그도 인정한다. 그러나 그는 일단 기억자아의 전송이 이루어지고 컴퓨터가 켜지면 시점자아도 활성화되리라 믿는다. 결국 시점이란 세상으로부터의 정보가 당신의 감각을 통해 뇌로 흘러들어오는 동안 주어진 어느 순간에 당신이 세상을 어떻게 바라보고 있는가를 말하는 것이다. 이것은 단순한 것이든 복잡한 것이든 모든 생명체가 경험하는 것이다. 당신의 개도 시점이 있고, 바닥을 기어가는 개미에게도 있다. 모든 살아 있는 것은 시점을 가지고 있다. 헤이워스는 자아의 핵심이 생각과 기억 속에 들어 있고, 그 생각과 기억은 기억자아에 부호화되어 있다고 말한다.

　헤이워스에게 내 생각은 다르다고 말했다. 그는 시점자아가 우선적인 자아라는 느낌은 환상에 불과하다고 주장했다. 망막에 시신경이 빠져나가는 부위인 맹점(시각 신경 원반)이 존재하지만 우리가 세상을 볼 때 세상이 끊이지 않고 이어진 듯 보이는 환상과 다를 것이 없다는 것이다. 혹은 뇌가 서로 다른 문제를 해결하고, 서로 다른 시스템을 가동하기 위해 독자적으로 작동하는 수많은 신경망으로 이루어져 있음에도 불구하고 정작 우리는 자신을 하나의 통합된 자아로 느끼는 환상과 비슷하다. 우리는 그저 뇌가 하는 모든 일을 인식하지 못하고 있을 뿐이다. 다행스러운 일이다. 그렇지 않았다면 세상은 수많은 활동으로 시끌벅적하고 정신없는 아수라장이 되고 말았을 테니 말이다. 자아가 환상이라면 시점자아도 환상이다. 어느 주어진 순간에 당신으로서 존재한다는 체험(당신의 눈을 통해 바라보는 당신의 시점)은 진짜가 아니다. 진짜는 **엔그롬**의 총합(totality of engromes, 당신의 기억을 구성하는 모든 엔그램으로 당신의 생각과 함께 커넥톰을 구성한다), 즉 기억자아다.[42]

　나는 어떻게 기억자아만으로 당신의 자아(혹은 당신의 영혼)가 될 수 있다는 것인지 여전히 이해가 되지 않는다. 만약 사람이 죽지 않은 상태에서 기억자아를 복제했다면 기억자아가 둘이 되는 것이다. 각각의 기억자아는 자기 고유의 눈을 통해 세상을 바라보는 자기만의 시점자아를 갖게 된다. 그 순간 각각의 기억자아는 서로 다른 삶의 경로를 따르게 된다. 따라서 서로 다른 경험을 바탕으로 서로 다른 기억을 기록한다. '당신'이 갑자기 시점자아 두 개를 갖는 것은 아니다. 만약 사람이 죽을 때 기억자아의 복제가 이루어진다고 해도 당신의 시점자아를 뇌에서 컴퓨터(혹은 부활한 육신)로 전송할 메커니즘은 아직 밝혀지지 않았다. 내가 앞 장에서 마이클 셔머가 두 명 등장하는 사고 실험으로 입증해 보였듯이 기억자아는 시점자아와 같지 않다. 만약 당신이 내 커넥톰을 복사해서 컴퓨터에 업로드하고 컴퓨터를 켠다고 해서 자아가 온전히 이어지면서 긴 잠에서 깨어나는 느낌이 들 것 같지 않다. 잠이나 마취로 연속성이 중단되는 경우가 있다고 해도 시점은 한 순간에서 다음 순간으로 이어지는 자아의 연속성에 전적으로 좌우된다. 죽음은 연속성의 영구적인 중단이다. 당신의 개인 시점은 이승에서든 저승에서든 뇌에서 다른 매체로 옮겨 갈 수 없다. 물론 내 의견이 틀릴 수 있다. 만약 내가 죽은 다음에 어떤 천국 같은 상태에서 온전히 기능하는 기억자아와 시점자아를 가지고 깨어날 수만 있다면 굳이 마다할 생각도 없다.

## 프톨레마이오스의 원리 대 코페르니쿠스의 원리:
## 영생을 회의적으로 생각하기

회의론 전문가로 사반세기를 살면서 한 가지 배운 것이 있다면 바로 이것이다. 세상의 종말, 최후의 심판 등이 가까웠다거나 예수의 재림, 부활, 천국, 혹은 **인류 역사상 최대의 사건**이 자신의 살아생전에 이루어지리라 주장하는 예언가를 조심하라는 것이다. 우리가 우리 이전의 그 누구도 초월해 보지 못했던 것을 초월할 수 있으리라는 믿음은 자신이 특별한 존재이며 우리 세대가 새로운 새벽을 목격하게 되리라 가정하는 자연스러운 성향에서 비롯된다. 이것을 **프톨레마이오스의 원리**라고 부르자. 이 원리는 이름이 암시하는 바와 같이 우리는 우주의 중심이자 특별하게 창조된 선택받은 사람으로 역사적으로 아주 독특한 시대에 살고 있다는 믿음을 말한다. 사람들은 항상 프톨레마이오스의 원리를 받아들이며 살았지만 이내 **코페르니쿠스의 원리**에 의해 부정된다. 이 원리는 이름 그대로 지구는 태양계의 중심이 아니고, 태양계는 우리 은하의 중심이 아니며, 우리 은하는 우주의 중심이 아니고, 인간은 다른 동물과 다르게 특별히 창조된 존재가 아니며 우리는 역사상 가장 중요한 시대를 살고 있지도 않다는 주장이다.

**평범성의 원리**Mediocrity Principle도 기억하자. 이것은 한 모집단으로부터 무작위로 뽑은 항목은 그 항목 중 가장 수가 많은 유형에서 나올 가능성이 제일 높다는 원리다. 탁구공 1000개가 들어 있는 주머니에서 탁구공을 하나 꺼낸다고 해 보자. 그 탁구공 중 900개는 흰색이고 100개는 검정색이라면 당신이 꺼낸 공이 흰색일 가능성이 상당히 높다(정확히 90퍼센트). 무작위로 사람을 뽑으면 그 사람은 그 모집단을 대표하는 사람일 가능성이 크다. 과거의 인류 세대를 무작위로 뽑으면 그 바로 전 세대나 바로 후의 세대와 비슷할 가능성이 크다. 모든 사람은 자신이 특별하다고 느끼고, 모든 세대는 자신이 특별한 시대에 살고 있다고 믿는다. 그러나 통계적으로 보면 이런 생각은 사실일 수 없다. 따라서 인체냉동보존술, 생명무한확장론자, 트랜스휴머니스트, 특이점주의자, 정신 업로드주의자 등이 제안하는 예언이 과학을 바탕으로 한다고 하더라도 현실로 다가올 가능성은 대단히 낮다. 종교적으로나 세속적으로 세상의 종말을 말하는 예언가는 그들에게 주어진 시간 안에 문명의 파국을 맞이하게 되리라 (그리고 나머지 인류는 모두 죽더라도 자신은 살아남는 소수에 속하게 되리라고) 말한다. 종교적, 세속적 유토피아를 예언하는 사람들은 항상 스스로를 선택받은 소수의 구성원에 포함시키고, 천국이 손에 닿을 듯 가까워졌다고 말한다. 과학을 바탕으로 한 미래학자futurist나 종교를 바탕으로 한 예언가 중에 그 '위대한 사건'이 예를 들어 기원후 7510년에 일어나리라고 예언하는 경우는 거의 들어 본 적이 없다. 그런 희망을 품는 사람도 있을까? 있다. 인체냉동보존술을 옹호하는 사람은 죽은 시신을 부활시키는 데 필요한 기술은 앞으로 여러 세기가 지나야 가능하리라는 것을 인정하고 아주 장기적인 예언을 한다. 하지만 인체냉동보존술을 추종하는 사람이 소수에 불과한 이유도 바로 이 때문이다.

이런 과학 기반의 영생 이론을 평가해 보면 그나마 정신 업로드보다 인체냉동보존술에 내기를 거는 쪽이 나아 보인다. 이런 이론이 실제로 현실화된다고 가정했을 때 자신의 시점을 통한 자아의 연속성이 담보되지 않는다면(시점자아) 자신의 몸, 뇌, 커넥톰을 보존처리하고, 냉동하고, 저장했다가 다시 해동하고, 새로 깨어나는 것이 내 커넥톰의 복사본을 컴퓨터에 업로드하는 것(기억자아)보다 오랜 잠을 잔 후에 깨어나는 기분이 들 것 같기 때문이다. 여기서 우리는 일종의 '파스칼의 내기Pascal's wager'를 만나게 된다. 당신이 아무것도 하지 않고 죽었을 때 당신의 몸을 매장하거나 화장해 버린다면 되살아날 가능성은 0이다. 하지만 인체냉동보존술 회사 중 한 곳과 계약하면 부활의 가능성이 적어도 0보다 커진다. 그럼 혹시 모를 일이니까 죽으면 몸을 냉동하기로 계약해 두어야 할까? 세계에서 가장 오래되고 인정받는 인체냉동보존술 회사인 알코어는 회사에 생명보험을 드는 재무 계획을 제시한다. 이 계획으로 냉동보존처리 비용이 해결된다(전신 보존은 20만 달러, 머리만 보존하는 경우는 8만 달러). 그럼 나이와 건강 상태에 따라 보험료가 1년에 몇백 달러에서 몇천 달러 정도 나온다. 냉동보존술 전문가 랠프 머클은 이러한 선택의 결과를 다음과 같이 요약한다. 이 계약을 맺었는데 효과가 있다면 당신은 다시 살아나게 된다. 효과가 없다면 여전히 죽은 상태이겠지만 어차피 죽어 있으니 살아생전에 보험료로 나간 돈을 아까워할 일도 없다. 만약 계약을 하지 않는다면 인체냉동보존술이 효과가 있든 없든 미래에 당신은 무조건 죽어 있다. 한 세기 정도 지나면 우리는 이 실험의 결과를 알 수 있을 것이다. 이왕이면 대조군보다 실험군에 속하는 편이 낫지 않을까?[43]

논리 자체는 뛰어나지만 인체냉동보존술은 아무것도 잃을 것이 없고, 얻으면 모든 것을 얻는 간단한 문제가 아니다. 60대에 들어서 이 생명보험에 가입하면 매년 보험료 3000에서 5000달러가 든다. 여기서 20년을 더 살면 보험료로 총 6에서 10만 달러가 든다. 이 돈을 부동산이나 주식, 혹은 가족 등 다른 일에 투자했다면 어땠을까? 약속된 미래보다 **지금**의 삶을 연장하는 데 돈을 쓰는 편이 낫지 않을까?(물론 돈이 남아돈다면 이야기가 달라지겠지만) 만약 언젠가 알코어나 다른 인체냉동보존술 회사에서 내게 공짜로 냉동보존술을 해주겠다고 제안한다면 받아들이겠다. 그 전에 내가 이런 기술 중 하나에 기대를 걸어야 할 상황이라면 나는 차라리 생명무한확장론자나 트랜스휴머니스트의 주장을 받아들이겠다. 적어도 이들은 점진적인 단계를 거치며 변화를 추구하는 좀 더 현실적인 프로토피아적 protopia* 접근 방법을 주장하니까 말이다. 이들이 제시하는 방법(식단 조절, 운동, 생활 방식)은 내일 당장 시작할 수 있다. 사실 건강과 장수에 신경을 쓰는 대다수 사람처럼 나도 이미 실천하고 있는 일이다. 그럼 계속해서 이 길을 따라가면서 어디까지 갈 수 있을지 지켜볼 일이다. 어쩌면 수십 년 안에 의학적 돌파구가 마련되어 우리 세대가 육체적으로나 정신적으로 비교적 건강한 상태를 유지하며 90세, 혹은 100세까지 살 수 있게 될지도 모르고, 유전공학의 발달로 120세까지 건강하고 행복한 삶을 영위할 사람이 더 많아질지도 모른다. 하지만 수백 년, 수천 년, 혹은 영원히 살고 싶은 판타지를 꿈꾸는 영생론자들은 열역학 제2법칙이 우주에서 가장 중요한 법칙임을 기억해야 한다. 따라서 단기적으로는 몰라도 장기적으로 보면 결국 엔트로피가 우리를 집어삼키게 된다. 저명한 물리학자이자 천문학자인 아서 스탠리 에딩턴Arthur Stanley Eddington은 자신의 고전 작품『물리세

---

* 진보를 의미하는 'progress'의 프로와 'utopia'의 토피아를 결합한 단어, 완벽한 이상향이 아니라 점진적인 발전을 추구하는 세계관이다.

계의 본성The Nature of the Physical World』에서 이렇게 설명한다.

> 내 생각에 엔트로피가 언제나 증가한다는 열역학 제2법칙은 자연의 법칙 중에서 가장 높은 자리를 차지하지 않나 싶다. 만약 누군가가 당신더러 당신이 아끼는 우주의 이론이 맥스웰 방정식과 맞아떨어지지 않는다고 지적한다면, 맥스웰 방정식이 더 불리해진다. 만약 그 이론이 관찰과 모순을 일으킨다면 실험가들은 가끔 실험이 엉망일 때가 있다고 넘길 수도 있다. 하지만 당신의 이론이 열역학 제2법칙에 반한다면 그때는 희망이 없다. 그 이론은 그저 망해서 톡톡히 망신을 당할 일밖에 없을 것이다. 44)

나는 아주 먼 미래의 경향을 미리 추론하는 것에도 회의적이다. 인류의 역사는 대단히 비선형적이고 예측 불가능하다. 기술 변화의 가속화를 보여 주는 보기 좋은 그래프들도 그런 속도로 계속 이어지지 않거나, 모든 생명공학 분야에 적용되지 않을 수도 있다. 방 크기의 컴퓨터를 주머니에 들어가는 크기로 줄이는 것과 주머니 크기의 컴퓨터를 세포 크기로 줄이는 것은 차원이 다른 문제다. 컴퓨터 칩의 소형화도 언젠가 분명 물리학 법칙이 부과하는 한계에 부딪칠 것이고, 커즈와일이 우리를 영원히 살게 해 주리라 생각하는 수확 가속의 법칙도 여러 부분에서 장벽에 부딪치게 될 것이다. 여기에 더해서 노화 및 인공지능과 관련된 문제들은 이런 분야가 처음 시작되었던 수십 년 전에 예측했던 것보다 수십, 수백 배 정도 더 어려워졌다는 것이 내 의견이다. 인간을 닮은 기계 지능은 아마도 수십 년, 어쩌면 수백 년 뒤에나 가능할 것이다. 영생은 아예 도달 불가능하지는 않다 하더라도 못해도 1000년 정도 떨어진 미래의 일이다.

이 분야의 정통한 책인 『초월: 트랜스휴머니즘과 특이점Transcendence: Transhumanism and the Singularity』의 저자 제이 코넬Jay Cornell과 R. U. 시리우스Sirius(켄 고프먼Ken Goffman) 같은 기술낙관주의자들도 이렇게 고백한다. "인간의 정신은 너무도 복잡·미묘하고 우리의 육신에 너무 깊숙이 뿌리박혀 있어서 정신 업로드는 많은 사람들이 생각하는 것보다 훨씬 어려울 것이고, 어쩌면 불가능할지도 모릅니다."[45]

마지막으로 인체냉동보존술, 트랜스휴머니즘, 특이점주의, 정신 업로드는 모두 너무 비현실적인 **유토피아적** 이야기로 들린다. 이런 맥락에서 다음 장에서 완전성에 대해 살펴보고 이것이 영생 추구와 같이 그 약속을 이행하지 못할 이유를 탐구해 보겠다.

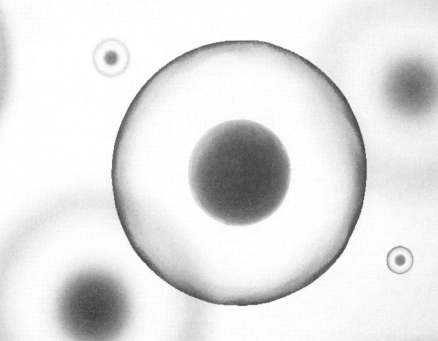

희망은 인간의 가슴속에서 영원히 샘솟는다.

인간은 결코 축복받지 못하였으나 항상 축복받아야 하느니

영혼은 짐을 떠나 불안 속에 갇혀 있으나

다가올 삶에서 쉬고 편력하리라.

아! 가엾은 인도인이여. 배우지 못한 그들은

구름 속에서 신을 보고, 바람 속에서 신의 소리를 듣는구나.

신의 영혼, 자랑스러운 과학은 결코 태양의 산책이나 은하까지

벗어나라고 가르치지 않았으나

소박한 대자연은 그의 희망에

구름 덮인 언덕 뒤로 더욱 초라한 천국을 주었으니

— 알렉산더 포프Alexander Pope, 「인간론Essay On Man」, 1734

3부

✕

**우리의 모든 어제와 내일**

# 9장

# 우리의 모든 어제

진보, 쇠퇴, 그리고 비관주의의 인력

내일, 내일 그리고 또 내일은
정해진 시간의 마지막 음절을 향해
이런 하찮은 속도로 매일 기어가고 있다.
그리고 우리의 모든 어제는 어리석은 이들에게
한낱 먼지로 돌아가는 죽음의 길을 비추어 왔다.
차라리 꺼져 버려라, 덧없는 촛불이여!

— 셰익스피어, 『맥베스』 5막 5장

"당신이 인류의 역사 중 어느 순간에 태어날지 선택해야만 하는데 어떤 국적, 성별, 경제적 지위로 태어날지 미리 알 수 없습니다. 당신은 어느 시대를 선택하시겠습니까?" 사람들은 작은 무리나 부족을 형성하여 살던 구석기시대를 선택할까? 농업이 시작되고 문명이 탄생하던 신석기시대 초기는 어떨까? 현대적인 정치, 경제, 군사 제도가 만들어지던 고대 이집트, 그리스나 로마 시대를 선택할까? 종교 의식, 기사도 정신이 충만한 기사들, 정중한 매너 같은 것에 매력을 느끼고 중세를 선택할까? 셰익스피어의 연극이 등장하고, 종교개혁이 일어나고, 아메리카 식민지를 개척하고, 자유, 평등, 정의를 탄생시킨 민권 혁명rights revolution이 일어난 엘리자베스 여왕 시대의 영국은 어떨까? 영국과 미국의 산업혁명에 흥미를 느낄 수도 있겠다. 19세기가 끝을 향해 가면서 창의력의 폭발로 전화기, 자동차, 그리고 삶을 바꾸어 놓은 여러 발명이 이루어졌으니까 말이다. 아니면 제1차 세계대전 직전 평화로운 시기나 그 바로 뒤에 찾아온 광란의 20년대Roaring Twenties를 맘에 들어 할지도 모르겠다. 혹은 1940년대 제2차 세계대전으로 이어지게 되는 1930년대에 드리운 전쟁의 암운에 흥미를 느낄 수도 있겠고, 기치, 신념, 가족의 가치관이 여전히 중요한 자리를 차지하던 1950년대를 선호할 수도 있다.

"당신은 지금의 시대를 선택하실 겁니다." 2016년 4월에 독일 하노버에서 열린 연설에서 앞서 나온 질문을 던진 사람이 스스로 답했다. 이 사람은 바로 버락 오바마Barack Obama 미국 대통령이다. "우리는 다행히 인류 역사상 가장 평화롭고, 번영하고, 가장 진보적인 시대에 살고 있습니다." 그는 이렇게 덧붙였다. "주요 강대국 사이에 마지막으로 전쟁이 일어난 지도 수십 년이 지났고, 더 많은 사람이 민주주의를 누리며 살고 있습니다. 우리는 부유해지고, 더 건강해지고, 더 많은 교육을 받고 있습니다. 글로벌 경제는 10억 명이 넘는 사람을 극단적인 가난으로부터 구했습니다."[2] 그해 말 유엔UN에서의 마지막 연설에서 오바마는 유전공학이 수 세기 동안 인류를 괴롭혀 온 질병의 치료법을 찾아낼 것이고, 외딴 마을에 사는 어린 소녀도 스마트폰만 있으면 방대한 인류의 지식에 접근할 수 있고, 오늘날 태어난 이들은 역사상 그 어느 시대 사람들보다 건강해지고, 오래 살고, 많은 기회를 갖게 되리라 강하게 말하며 이런 낙관론을 이어 갔다.[3]

이런 낙관이 정치적 과장은 아닐까? 대통령이 자신의 재임 기간을 대단히 특별한 시기로 미화하고 있는 것일까? 사실은 그렇지 않다. 버락 오바마의 연설 내용은 여러 해 동안 우리 입에 오르내리던 말이다. **요즘**은 한마디로 호시절이다.[4] 역사상 그 어느 시기도 지금보다 살기 좋았던 때는 없었다. 낭만적인 과거의 환상에 젖어 있는 사람들은 자기가 파라오의 궁궐이나 카이사르의 궁전, 플라톤의 아테나 신전, 중세 기사의 저택, 왕의 성, 여왕의 대저택, 황제의 성채, 추기경의 대성당 등에서 사는 모습을 상상한다. 하지만 지금까지 살았던 모든 사람 중 99.99퍼센트는 오늘날의 우리가 몸서리치는 가난이라 여길 만한 환경에서 살았다는 것이 엄중하고도 냉혹한 현실이다. 심지어 역사 속 상위 1퍼센트의 사람들도 오늘날 서구의 평균 중산층이 당연히 여기는 것, 즉 대다수 사람을 70에서 80대까지 살 수 있게 해 주는 의학 치료, 치과 치료, 공중보건과 의약품, 난방 장치와 에어컨이 설치된 가정, 냉장고, 가스레인지나 전기레인지, 식기세척기, 세탁기, 건조기, 수영장, 정원, 그리고 삶을 윤택하게 하는 갖가지 다른 편의 시설 등을 거의 혹은 전혀 누리지 못했다. 그뿐만이 아니다. 요즘에는 슈퍼마켓, 창고형 아울렛, 온라인 매장 등에 마음껏 고를 수 있는 100억 가지 이상의 상품이 나와 있고, 저렴한 가격으로 배달까지 가능하다(요즘에는 드론을 이용한 배달도 가능해졌다). 안전 장치와 내비게이션 시스템이 장착된 스마트 자동차도 나왔고, 머지 않아 완전한 자율주행 능력까지 갖추게 될 것이다. 국내선, 국제선 항공편 덕분에 누구든 전 세계 거의 모든 곳을 몇 시간 만에 갈 수 있다. 무선통신 덕분에 어느 때, 어느 곳에서든 누구와도 소통할 수 있다. 인터넷을 통해 세상의 어떤 지식에도 무료로 접속할 수 있고, 매년 수백만 엑사바이트exabyte의 정보가 만들어진다. 이것은 스마트폰 500조 개 정도 분량의 디지털 데이터에 해당한다. 한마디로 입이 떡 벌어질 정도다.

이런 발전 중 상당수는 경제 발전이 주도했다. 세계은행World Bank에 따르면 전 세계 1인당 국내총생산은 2015년 10만 달러에 도달했다. 2000년의 5448달러에 비하면 거의 2배가 올랐다. 반세기 전과 비교하면 17배, 그리고 인류가 하나의 종으로서 존재한 9만 5000년 동안 살았던 방식과 비교하면 100배나 높아졌다. 이때의 1인당 평균 연간 수입을 경제학자들이 추정해 보니 100달러 정도에 불과했다(2015년 미국 달러 기준).[6] 번영의 속도도 가속되고 있다. 캘리포니아 대학교 버클리 캠퍼스의 경제학자 브래드퍼드 들롱J. Bradford DeLong이 역사적 추세를 바탕으로 계산해 보니 19세기는 산업혁명으로 인해 그 전 세기에 비해 1인당 소득이 200퍼센트 증가했지만, 20세기에는 19세기에 비해 800퍼센트가 증가했다. 현재의 가속도라면 21세기에는 20세기에 비해 1600퍼센트 증가할 수도 있다. 만약 이런 일이 일어난다면 이번 세기에는 인류가 기존의 모든 세기를 합한 것보다 더 많은 부를 생산하여 번창한다는 의미다.[6] 정신이 아찔해지는 결론이다. 정말 그럴 수 있을까 싶을 정도로 좋은 결론이다.[7]

이 경제 장부의 이면은 어떨까? 가난한 사람들 말이다. 심지어 예수조차 이들에 대한 희망은 포기하고 그저 천국에 일찍 들어갈 수 있는 길만 열어 주었다. 지금까지 가난한 사람을 돕기 위해 힐 수 있는 유일한 일은 이뿐이었지만 21세기에는 마침내 가난의 종말을 목격하게 될 것이다. 이런 부분을 더욱 객관적으로 살펴보기 위해 경제사학자 그레고리 클라크Gregory Clark는 이런 계산을 이끌어 냈다. "1800년도의 보통 사람들은 기원전 10만 년의 보통 사람보다 더 나을 것이 없었다. 하지만 현대인은 1800년도의 보통 사람들보다 10에서 20배 정도 더 부유하다." 부자만 더 부자가 되는 것이 아니다. 가난한 사람들도 부자가 되고 있다. "땅이나 자본을 소유한 일반적인 부자나 교육 수준이 높은 사람들에게도 혜택이 많았지만 산업화된 경제는 가장 가난한 자를 위한 최고의 선물을 아껴 두었다."[8] 경제학자 맥스 로저Max Roser는 취합한 자료를 바탕으로 1820년에는 전 세계 인구 중 84에서 94퍼센트 정도가 가난이나 극단적 가난 속에 살았음을 입증했다(유엔은 가난과 극단적 가난을 2015년 달러를 기준으로 하루 수입이 각각 2.5달러 미만과 1.25달러 미만인 경우로 정의한다). 1981년 기준으로 이 비율은 52퍼센트로 떨어졌고, 2010년 기준으로 20퍼센트에 살짝 못 미치는 정도 혹은 다섯 명 중 한 명꼴로 떨어졌다.[9] 하지만 가난 감소의 속도 역시 가속되고 있다. 현재 추세대로라면 2035년경에는 0퍼센트에 도달한다.[10] 가난의 종말을 생각해 보라. 감히 어느 누가 이것이 가능하다 생각이나 했겠는가?

## 그런데 웬 비관주의?

역사상 오늘날처럼 좋았던 시절이 결코 없었다면 대체 왜 양쪽 진영의 정치가와 전문가 들은 비관적인 전망을 쏟아 내는 것일까? 예를 들어 2015년 영국의 라디오 4에서 진행한 유고브YouGov 여론조사에서 응답자의 71퍼센트가 자신의 형편이 더 악화된다고 답했고, 형편이 좋아진다고 믿는 사람은 5퍼센트에 불과했다.[11] 2016년 실시한 한 비과학적인 설문 조사에서 나는 트위터 팔로어 11만 2000명에게 세계정세에 대한 의견을 물어보았다. 그중 42퍼센트가 상황이 악화된다고, 31퍼센트는 상황이 호전된다고, 27퍼센트는 지금과 비슷하다고 말했다. 더군다나 이 사람들은 내가 위에서 소개했던 것과 같은 통계 수치나 동향 뉴스를 매일 퍼붓던 사람들이다. 실제로는 상황이 좋고, 또 좋아지고 있는데 왜 사람들은 상황이 나쁘고, 또 더 나빠진다고 여길까? 여섯 가지 근인proximate factor과 한 가지 궁극적인 요소가 작동해서 실제를 비관적으로 왜곡하고 있다.

**1. 상대적 불평등**Relative Inequality. 경제적으로 보면 가난한 사람들이 이전보다 부유해진 것이 사실이지만 부자들은 그들보다 더 빠른 속도로 부유해지고 있다. 객관적으로는 진보함에도 상대적으로는 퇴보하는 듯 보인다. 파이의 크기가 점점 커져서 모든 사람이 더 큰 조각을 받지만 이미 커질 대로 커진 부자의 조각은 더 커지면서 상대적으로 부富가 더 많이 축적되고 있기 때문에 중산층과 저소득층의 수입이 더 적어진 것처럼 느껴진다. 나는 1년에 10만 달러를 벌고, 테슬라모터스Tesla Motors와 스페이스엑스SpaceX의 최고경영책임자 일론 머스크Elon Musk는 1년에 1억 달러를 버는데 두 사람 모두 수입이 두 배로 늘었다고 하자. 나는 수입이 20만 달러로 늘어났으니까 짜릿한 기분을 느껴야 옳다. 하지만 머스크가 벌어 들인 2억 달러라는 어마어마한 돈과 비교하면 상대적인 차이에 박탈감을 느끼게 된다. 나는 사실 형편이 더 나아졌고, 테슬라모터스와 스페이스엑스의 재산이 많아졌다고 해서 내 형편이 더 나빠진 것도 아닌데 말이다. 2013년 한 설문 조사에 따르면 사람들은 연간 소득이 35만 달러 미만인 미국 가구를 **과대평가**하는 경향이 있어서 실제 그런 가구의 비율은 3분의 1 수준임에도 거의 절반에 육박한다고 믿었다. 반면 연간 소득이 75만 달러 이상인 미국 가구의 수는 **과소평가**해서 실제 그 비율이 3분의 1 정도인데도 4분의 1에 못 미친다고 믿었다. 또한 사람들은 소득 불평등도 두 배 정도 과대평가해서 제일 부유한 20퍼센

트가 가장 가난한 20퍼센트보다 약 31배 더 많은 돈을 번다고 짐작했다. 실제로는 15.5배 더 많이 벌었다. 미국에서 제일 부유한 20퍼센트의 연평균 소득은 사실 16만 9000달러 정도인데 설문 조사에 참여한 사람들은 약 12배 정도 왜곡된 수치인 200만 달러 정도라고 생각했다. [12]

**2. 제로섬 사고** Zero-Sum Thinking. 우리가 경제를 진화시킨 직관, 즉 내가 **에보노믹스** evonomics라고 부르는 민간 경제학 folk economics* 때문에 우리는 거래 대부분을 **제로섬**, 혹은 이기느냐 지느냐의 게임이라 생각한다. 즉 어느 한쪽이 이득을 보면 다른 한쪽은 손해를 본다고 생각한다. 수십만 년 동안 우리 선조가 모여 살았던 작은 무리나 부족은 자원 대부분을 공유했다. 부가 축적되는 경우는 거의 없었고, 과도한 탐욕과 욕심은 처벌을 받았다. 경제성장도, 자본시장도, 시장의 '보이지 않는 손'도, 부자와 가난한 자 사이의 과도한 격차도 존재하지 않았다. 오늘날과 비교하면 모든 사람이 찢어지게 가난한 상태였기 때문이다. 축적할 부가 없어서 부의 축적도 일어나지 않았다. 하지만 우리가 지금 살고 있는 **논제로** 세상 nonzero world에서 어느 한쪽이 이득을 보면 상대방도 이득을 볼 때가 많다. 경제적 자유와 민주적인 통치가 결합되고, 거기에 과학, 기술, 산업 발전이 가세하면서 우리는 풍족한 식량과 자원을 누리게 되었다. 하지만 우리의 인지는 우리가 여전히 옛날의 **제로섬** 세상에 사는 것처럼 작동해서 나보다 더 많이 가진 사람을 보면 일단 의심부터 하게 만든다.

* 경제학에 관한 전문 지식이 없는 사람이 갖고 있는 경제에 관한 단순하고 다소 그릇된 직관.

**3. 나쁜 뉴스나 자극적인 제목의 낚시 기사에 편향된 언론.** 뉴스 매체는 좋은 뉴스보다 나쁜 뉴스를 내보낼 확률이 훨씬 높다. 한마디로 이것이 그들에게 부여된 과제이기 때문이다. 터키에서 쿠데타 없이 지나간 하루는 뉴스로 보도되지 않는다. 하지만 시민 수백만 명이 스마트폰을 가지고 다니면서 무슨 사건이 일어날 때마다 동영상 촬영을 하는 세상에서, 어디 한번 세계 언론에 보도되지 않고 터키를 장악해 보길 바란다. 아프리카에서 굶어 죽는 아동이 한 명 줄었다는 기사가 나오지 않지만, 가뭄으로 기아가 들이닥쳐 아프리카 대륙의 아동 수천 명이 굶는다고 하면 비정부기구NGO와 구호단체에서 바로 보고가 이루어진다. 전문가의 의견이나 해설을 들려준다는 낚시 기사 업계에서 좋은 뉴스보다 나쁜 뉴스가 더 많은 조회 수를 올린다. 사설, 블로그, 팟캐스트, 유튜브 동영상 등의 제목을 '삶의 질을 개선한 금세기 최고의 방안 열 가지'라고 달았을 때보다 '금세기 최악의 사건 열 가지'라고 달았을 때 조회 수가 훨씬 많이 늘어날 것이다.

**4. 손실 회피**Loss Aversion. 평균적으로 보면 **무언가를 얻어서 기분이 좋은 것보다 잃어서 기분이 나쁜 것이 그 정도가 두 배가 크다.** 테니스 챔피언 지미 코너스Jimmy Connors는 그가 친구에게 일부러 경기를 져 줄지 모른다고 암시한 1975년《스포츠 일러스트레이티드Sports Illustrated》의 한 기사를 보고 이렇게 말했다. "제기랄, 내가 경기를 일부러 질 거라고 말하는 작자는 누구든 아가리에 주먹 한 방 날려 주겠어. 나는 이기고 싶은 마음도 크지만, 지기 싫은 마음은 훨씬 더 크다고!" 14) 영화 〈머니볼Moneyball〉에서 브래드 피트Brad Pitt가 연기

한 빌리 빈은 미국 메이저리그 야구팀 오클랜드 애슬레틱스Oakland Athletics의 단장이다. 그는 야구의 손실 회피 심리학을 이렇게 설명한다. "네가 베이스에 진루하면 우리가 이겨. 네가 진루를 못 하면 우리가 지지. 난 지는 게 **싫어**. 나는 승리를 바라는 마음보다 지기 싫은 마음이 더 크다고."[15] 사이클 챔피언 랜스 암스트롱Lance Armstrong도 이런 정서를 그대로 반영하듯 영화제작자 알렉스 기브니Alex Gibney에게 자신은 승리의 달콤한 보상보다 암이나 다른 사이클 선수에게 굴복하지 않겠다는 마음이 더욱 강한 동기가 된다고 설명했다. "이기는 걸 좋아하죠. 하지만 그보다 진다는 생각은 아예 견딜 수 없어요. 저에게 진다는 것은 곧 죽음을 의미합니다."[16]

행동경제학자는 사람을 도박이나 위험한 투자에 끌어들이기 위해서 잠재적 이득이 잠재적 손실보다 두 배 정도 커야 한다는 것을 실험적으로 입증해 보였다. 10달러(학생의 경우)나 1만 달러(돈 많은 경영진) 이상의 돈을 걸고 동전 던지기를 하게 만들려면 그 수익이 20달러나 2만 달러 이상이어야 한다. 손실 회피 행위는 도박이나 주식 투자 모두에서 찾아볼 수 있다. 예를 들어 도박하는 사람은 손실에 대단히 예민해서 손해를 본 경우에는 더 큰 돈을 걸며 따라가지만 돈을 따고 있을 때는 보수적으로 변해서 거는 돈이 적어진다.[17] 행동경제학자 리처드 탈러Richard Thaler는 다음과 같은 시나리오에서 A씨와 B씨 중 누구를 선택하겠느냐고 실험 대상자들에게 물어보았다.

A씨는 극장에서 줄을 서서 기다리고 있다. 그가 드디어 매표소 앞에 서자 그가 이 극장의 10만 번째 고객이라는 얘기를 듣고 상금 100달러를 받았다.

B씨는 다른 극장에서 줄을 서서 기다리고 있다. 그런데 그의 앞에 서 있던 사람은

100만 번째 고객이라며 1000달러를 받았고, B씨는 150달러를 받았다.

놀랍게도 대다수 사람이 차라리 A씨가 되겠다고 했다. 1000달러를 벌지 못한 고통을 느끼지 않기 위해 50달러를 기꺼이 포기할 의사가 있었던 것이다.[18]

**5. 소유 효과**Endowment Effect. 우리는 다른 누군가의 것을 가져오려 할 때보다 이미 자신의 소유인 것을 지키는 일에 더 열심히 노력한다. 이미 소유한 것을 잃지 않으려는 동기가 아직 갖지 못한 것을 얻으려는 동기보다 훨씬 크기 때문이다. 예를 들어 개는 다른 개가 물고 있는 뼈다귀를 가져올 때보다 다른 약탈자로부터 자신의 뼈다귀를 지키려 할 때 더욱 많은 에너지와 감정을 투자한다. 리처드 탈러는 사람에게 이 효과를 시험해 보았다. 그는 실험 참가자들에게 머그컵을 주면서 그 잔의 가격이 6달러라고 했다. 그리고 그들에게 얼마를 주면 그 잔을 팔겠느냐고 물어보았다. 그랬더니 평균 가격이 5.25달러가 나왔다. 다른 실험 참가자 집단에게 똑같은 잔을 얼마를 주고 사겠느냐고 물어봤다. 그러자 평균 가격이 2.75달러가 나왔다.[19]

따라서 진화는 우리로 하여금 우리가 가지게 될지도 모르는 것보다 이미 가진 것에 더 신경 쓰도록 만들었다. 이런 효과는 뇌가 작은 꼬리감는원숭이 같은 영장류에서도 발견된다. 한 실험에서 원숭이에게 음식(포도와 사과 조각)을 구입하는 일종의 현금으로 사용할 수 있는 토큰을 주었다. 원숭이는 실험자와 이 토큰으로 거래를 할 수 있었다. 실험자가 실험 조건을 조작해서 원숭이가 더 많은 음식을 보너스로 얻을 확률 50퍼센트와 이미 얻은 음식을 잃을 확률 50퍼센트 중에 선택할 수 있게 만들었다. 그러자 이득을 얻기보다 손실을 회피하려는 동기가 두 배 더 크게 나왔다. [20) 원숭이, 유인원, 인간은 모두 가까운 친척 관계의 영장류이기 때문에 이 실험 결과는 손실 회피와 소유 효과가 수백만 년 전의 공통 선조에서 진화했음을 암시한다.

**6. 부정편향**Negativity Bias, **혹은 나쁜 것은 좋은 것보다 심리적으로 더욱 강력하다.** 이제는 고전이 된 논문인 「나쁜 것은 좋은 것보다 강하다Bad is Stronger Than Good」[21)] 에서 심리학자 로이 바우마이스터Roy Baumeister, 엘렌 브라츠라브스키Ellen Bratslavsky, 카트린 핀켄아워Catrin Finkenauer, 캐슬린 보스Kathleen Vohs는 다양한 영역에서 평균적·장기적으로 보면 부정적인 결과의 심리적 영향이 긍정적인 결과의 심리적 영향을 능가한다는 것을 발견했다.

- 나쁜 냄새는 좋은 냄새나 중립적인 냄새보다 훨씬 생생한 표정을 만들어 낸다. [22)]
- 나쁜 인상과 부정적인 고정관념은 긍정적인 것에 비해 더 빨리 형성되고 잘 변하지 않는다. [23)]
- 나쁜 행동, 사건, 정보는 좋은 것보다 더 잘 떠오른다. [24)]
- 부정적인 자극은 긍정적인 자극보다 신경 활성에 강력한 영향을 미친다. [25)]
- 돈과 친구를 얻는 것보다 돈과 친구를 잃는 것이 사람들에게 강한 영향을 미친다. [26)]
- 칭찬과 긍정적인 피드백으로 기분이 좋아지는 것보다 비판과 부정적인 피드백으로 받는 마음의 상처가 크다.
- 일기장에 쓴 감정적 내용의 연구를 보면 나쁜 사건은 좋은 기분과 나쁜 기분 양쪽에 부정적으로 영향을 미친 반면, 좋은 사건은 좋은 기분에만 영향을 미치쳤다. [28)]

- 나쁜 일상은 좋은 일상보다 영향력이 크다. 예를 들어 좋은 하루를 보내도 그다음 날 꼭 좋은 기분으로 이어지지는 않지만 나쁜 하루를 보내면 그다음 날까지 영향을 미치는 경우가 많다. [29]
- 나쁜 정보는 좋은 정보에 비해 더욱 철저하게 처리된다. 예를 들면 로또에 당첨된 이후 찾아오는 희열은 빠른 시간 안에 약해지는 반면, 자동차 사고로 마비가 된 후의 부정적 영향은 장기간 지속된다. [30]
- 정서적 외상을 남기는 사건은 좋은 사건에 비해 기분과 기억에 더 오랜 흔적을 남긴다. 예를 들면 여러 해 동안 겪었던 긍정적인 경험이 아동 성희롱 등 어린 시절에 한 번 겪은 정서적 외상 사건traumatic event으로 지워질 수 있다. [31]
- 생활환경 속에서 낯선 사람과의 물리적 근접성physical proximity(예를 들면 대학 기숙사)은 누가 친구가 될지 말해 주는 예측 변수지만, 누가 적이 될지 말해 주는 예측 변수로 사용될 때 훨씬 더 강력하다. [32]
- 심리 연구 논문 1만 7000편 이상을 분석한 결과, 그중 69퍼센트는 부정적인 주제를 다룬 반면, 긍정적인 주제를 다룬 것은 31퍼센트에 불과했다. [33] 아마 나쁜 일이 좋은 일보다 인간의 생각과 행동에 큰 영향을 미치므로 그 해법을 찾아 연구 자금을 지원받고, 논문 발표도 할 수 있으려면 이런 문제를 더 긴급하게 이해해야 하기 때문일 것이다. [34]
- 한 사람을 도덕적으로 평가할 때는 도덕적으로 훌륭한 행동보다 도덕적으로 나쁜 행동을 평가하는 비중이 훨씬 크다. 「옳음 두 개가 그름 한 개만 못하다Two Rights Don't Make Up for a Wrong」라는 적절한 제목의 논문에서 저자들은 한 사람이 전체적으로 얼마나 선한지는 대부분 그가 저지른 최악의 행동으로 결정된다는 것을 발견했다. [35] 수십 년 동안 공공의 대의를 위해 헌신적으로 노력하였더라도 혼외정사, 금융 스캔들, 범죄 행동만으로 그 모든 것이 물거품이 될 수 있다.

3부 | 우리의 모든 어제와 내일

연구 결과 수백 편을 검토한 장편의 리뷰 논문에서 이 심리학자들은 삶의 모든 영역에서 나쁜 것이 좋은 것보다 더 강력하다는 사실을 일관되게 확인했을 뿐만 아니라 좋은 것이 나쁜 것보다 강력한 반례를 **단 한 건도** 찾지 못했다. 열심히 찾지 않아서 이런 결과가 나온 것이 아니다. "우리는 몇 가지 반대 패턴을 찾아낼 수 있기를 바랐습니다. 그럼 나쁜 것이 더 강력할 때는 언제이고, 좋은 것이 더 강력할 때는 언제인지를 정교하고 복잡 미묘한 이론으로 만들 수 있을 테니까요." 바우마이스터와 동료들은 이렇게 결론 내린다. "이런 결과는 인지와 동기 양쪽 모두에서, 그리고 정신내적인 과정과 대인관계 관련 과정 모두에서 나타났습니다. 미래에 대한 결정과 관련해서도 나타났고, 과거에 대한 기억에 대해서도 제한적으로나마 나타났습니다. 동물의 학습, 인간의 복잡한 정보처리 과정과 감정 반응에서도 나타났죠."[36]

심리학자 폴 로진Paul Rozin과 에드워드 로이즈먼Edward Royzman은 **부정편향**이라는 유사한 효과를 확인했다. "부정적인 사건이 긍정적 사건보다 현저하고, 강력하고, 우세하며 전반적으로 효과적이다."[37] 비관주의가 낙관주의를 능가함을 보여 주는, 앞에서 든 수많은 사례에 로진과 로이즈먼은 다음의 사례를 보탰다.

- 우리는 긍정적인 사건보다 부정적인 사건의 이유를 파악하는 데 더 적극적이다. 예를 들면 전쟁의 원인을 분석하는 글은 책이나 기사를 통해 끝없이 흘러나오는 반면, 평화의 원인을 분석하는 문헌은 쥐꼬리만큼밖에 나오지 않는다. 경기 침체와 약세장의 경우 그 심오한 이유를 찾기 위해 손을 부들부들 떨며 조사에 나서는 반면, 느리고 점진적인 경제성장과 지속적인 강세장에 대한 설명은 초라하기 그지없다.

- 군중 속에서 행복한 얼굴을 찾는 것보다 성난 얼굴을 찾는 쪽이 훨씬 쉽고 빠르다. [38)]
- 아프지 않아 기분 좋은 것보다 아파서 기분 나쁜 쪽이 훨씬 크다. 철학자 아르투르 쇼펜하우어Arthur Schopenhauer는 이렇게 표현했다. "우리는 통증은 느끼지만, 무통은 느끼지 않는다." [39)] 대부분의 경우 몸과 관련해서 "무소식이 희소식이다." 우리는 무언가 이상이 생겼을 때만 몸을 의식한다. 통증은 쾌락보다 더 많은 부위에서 느껴진다. 로진과 로이즈먼의 지적대로 성욕을 자극하는 성감대erogenous zone는 따로 존재하지만 고통을 자극하는 고문대torturogenous zone는 따로 없다.
- 육체적 쾌감을 기술하는 단어(강렬한, 맛있는, 우아한, 숨이 막히는, 호화로운, 달콤한 등)보다 육체적 고통의 특성을 기술하는 단어(깊은, 강렬한, 둔한, 날카로운, 쑤시는, 화끈거리는, 자르는 듯한, 꼬집는 듯한, 베어 내는 듯한, 찌르는, 찢는, 비트는, 쏘는, 질질 끄는, 방사통 등)가 더 많다. [40)]
- 긍정적인 감정보다 부정적인 감정이 인지 범주도 다양하고 기술하는 용어도 많다. [41)] 1875년에 레오 톨스토이Leo Tolstoy는 이런 유명한 말을 남겼고, 그 이후로 이것은 **안나 카레니나 원칙**Anna Karenina Principle으로 격상되었다. "행복한 가정은 모두 엇비슷하고 불행한 가정은 불행의 이유가 제각기 다르다." [42)]
- 성공에 이르는 길보다 실패에 이르는 길이 많다. 아리스토텔레스는 『니코마코스 윤리학』에서 이렇게 적었다. "인간이 선할 수 있는 방법은 한 가지뿐이지만 악해질 수 있는 방법은 여러 가지다." 완벽에 도달하기는 어렵고, 완벽에 도달하는 길도 몇 개 없지만 완벽의 달성에 실패하는 방법은 아주 여러 가지이고, 완벽에서 멀어지는 길도 여러 갈래다.
- 긍정적인 자극보다 부정적인 자극이 공감을 더욱 잘 불러일으킨다. 사람들은 자기보다 더 행복하거나 형편이 나은 사람보다 고통받고 괴로워하는 사람과 자신을 더욱 동일시하고 잘 공감한다. [43)] 장자크 루소Jean-Jacques Rousseau는 1762년 책 『에밀』에서 이렇게 말했다. "자기보다 더 행복한 사람의 입장에 공감하기보다 가장 가엾은

3부 | 우리의 모든 어제와 내일

자의 입장에 공감하는 것이 사람의 본성이다."

- 선이 악을 정화시키기보다 악이 선을 오염시키는 것이 더 쉽다. 러시아에는 이런 오랜 속담이 있다. "검댕 한 숟가락이면 꿀 한 통을 버릴 수 있지만, 꿀 한 숟가락은 검댕 한 통에 아무것도 못 한다." 인도에서는 카스트 고위 계층 사람이 하층 계급 사람이 준비한 음식을 먹으면 오염된다고 생각하지만, 하층 계급 사람은 자기보다 계급이 높은 사람이 준비한 음식을 먹는다고 순수함의 지위가 그만큼 더 올라간다고 여기지 않는다. [44]

- 악함의 변화도gradient는 선함의 변화도보다 거의 항상 가파르다. 예를 들어 한 동물 학습 실험에서 쥐에게 접근-회피 갈등approach-avoidance conflict *을 적용했다. 쥐가 목표 지점에 도달하면 음식으로 보상을 해 주었을 뿐만 아니라 경미한 충격을 주는 처벌도 가했다. 이로 인해 쥐는 목표 지점 도달 여부에 대해 양가적 태도를 보였다. 처음에는 목표 지점을 향해 이끌리다가 다시 목표 지점에서 멀어지는 등 갈팡질팡했다. 심리학자들은 쥐가 목표 지점을 향해 움직이거나, 그로부터 멀어지는 힘을 측정하는 장치를 장착해서 쥐의 양가감정이 얼마나 강하고, 약한지 정확하게 양적으로 판단할 수 있었다. 놀랍게도 쥐가 목표 지점에 가까워지자 접근 성향과 회피 성향의 강도가 양쪽 다 증가했지만 회피의 변화도가 접근의 변화도보다 더 강했다. [45]

- 인종을 분류하는 악명 높은 '피 한 방울one drop of blood'의 법칙은 1685년 제정된 코드 누와Code Noir 혹은 니그로 코드Negro Code에 기원한다. 이 법은 오염된 혈통을 가려내어 백인종의 순수성을 보장할 목적으로 제정되었다. 반면 로진과 로이즈먼은 이렇게 지적한다. "'피 한 방울'의 법칙을 긍정적으로 적용한 법령, 즉 우월한 인종의 피가 한 방울이라도 섞이면 그에 따르는 인종적 특권층의 신분을 보장하는 법령이 존재했다는 역사적 증거는 없다." [46]

---

* 선택하려는 특정 대안이 긍정적인 속성과 부정적인 속성을 모두 갖고 있어 선택에 갈등을 느끼는 상황.

이 여섯 가지 근인에 덧붙여 우리가 분명 사정이 좋은 상황에서도 나쁜 일에만 초점을 맞추고, 역사에 대해 낙관적인 관점보다 비관적이고 쇠퇴론적인declinist 관점을 선호하는 이유를 이해하는 데 핵심적인 궁극의 심층적 요소를 한 가지 추가할 수 있다. 그 요소는 바로 진화다.

## 비관주의의 진화적 논리

좋은 것과 나쁜 것 사이에 인지적 비대칭성이 존재하는 데는 그럴 만한 이유가 있다. 진보는 대부분 작은 단계를 거치면서 점진적으로 이루어지는 반면, 퇴보는 한 번의 큰 재앙만으로 쉽게 찾아오기 때문이다. 예를 들어 복잡한 기계나 육체가 탈 없이 잘 돌아가려면 모든 부분이 일관되게 잘 작동해야만 한다. 그중 한 부분이나 시스템만 고장 나도 기계 전체가 멈추거나 생명체가 죽어 버린다. 그러면 나머지 부분이나 시스템에는 재앙이 될 수 있다. 전체 시스템의 안정성이 반드시 유지되어야 한다. 그러기 위해서 이 시스템을 운용하는 뇌는 자신의 목숨을 끝장낼 수 있는 위협에 온통 관심을 쏟아부어야 한다. 당신은 모든 것이 잘 작동하는 한에서만 살아 있기 때문에 좋은 소식, 이를 테면 심장이 아무 문제 없이 또 하루 잘 박동했다는 사실은 별로 신경 쓰지 않고 넘어간다. 하지만 심장마비를 겪고 살아난 후에 우리의 정신은 이 한 가지 나쁜 사건에만 초점을 맞추게 된다. 그럴 만도 하다. 상황은 여러 가지 방식으로 급속히 악화될 수 있다. 이것이 삶과 죽음 사이의 비대칭을 만들어 낸다.

스티븐 핑커는 이런 진화적 설명을 더욱 확장한다. 우리의 과거 진화기에는 위협에 대해 과잉 반응을 보이는 데 따르는 적응 비용 fitness cost이 미온적 반응을 보이는 데 따르는 적응 비용보다 비대칭성이 낮았다고 지적한다. 그래서 우리에게 과잉 반응을 보이는 성향, 즉 비관주의가 생겨났다는 것이다. 핑커는 우리에게 비관주의가 진화한 것은 순전히 열역학 제2법칙, 즉 엔트로피의 법칙 때문이라 여긴다. 엔트로피는 우리가 선조로부터 물려받은 인지능력과 감정이 진화한 우리의 세상에서는 상황이 좋아질 일보다 나빠질 일이 훨씬 많다고 말한다. 오늘날 우리의 심리는 지금보다 더 위험했던 과거의 세상에 맞추어져 있는 것이다. 핑커는 이렇게 지적한다. "열역학 제2법칙은 생명, 정신, 인간의 부단한 노력이 결국 무엇을 목표로 하는지 정의한다. 에너지와 정보를 효율적으로 사용해서 엔트로피의 물결에 맞서 싸우고 유익한 질서의 피난처를 개척하라는 것이다." [47] 엔트로피에 대한 완벽한 설명을 자동차 범퍼에 붙인 스티커에서 발견할 수 있다. "개 같은 일은 늘 있기 마련!Shit happens" 사고, 역병, 기아, 질병 같은 소위 불행한 일들은 누군가 일부러 만들어 내는 일이 아니다. 신도, 악마도, 우리에게 해를 입히려는 사악한 마녀도 없다. 오직 자신의 길을 묵묵히 걸어가는 엔트로피가 있을 뿐이다. 가난해지는 이유는 설명이 필요 없다. 당신이 아무것도 하지 않으면 자연스럽게 찾아오는 결과이기 때문이다. 반면 부유해지는 이유는 설명이 필요하다. 경제학이 그런 설명을 제공해 준다. [48]

더 위험한 세상에서는 위험 감수를 싫어하고 위험에 대단히 예민하게 반응하는 것이 그 값을 했다. 상황이 좋을 때는 상황을 살짝 개선해 보려다가 오히려 악화시킬 수 있는 위험을 감수하면서까지 도박을 할 만한 가치가 없었다. 이 현상을 보다 정확하게 모형화하려면 왜 우리가 유의미한 잡음과 무의미한 잡음 모두에서 의미 있는 패턴을 발견하려는 경향이 있는지 생각해 보자. 나는 이것을 **패턴성**이라고 부른다. 사고 실험은 이렇게 이루어진다. 당신이 300만 년 전에 아프리카 평원에서 수많은 포식 동물에게 잡아먹히기 쉬운 뇌가 작은 이족보행 영장류로 산다고 상상해 보자. 그런데 근처에서 풀이 부스럭거리는 소리가 들렸다. 그냥 지나가는 바람 소리일까? 위험한 포식 동물이 내는 소리일까? 당신이 풀밭에서 나는 소리를 위험한 포식자의 소리라고 가정했는데 알고 보니 그냥 바람 소리였다면 당신은 **1종 오류** 혹은 **긍정 오류**를 저지른 것이다. 즉, 진짜가 아닌 것을 진짜라고 믿었다는 소리다. 당신은 풀이 부스럭거리는 소리를 위험한 포식 동물과 연관 지었지만 그런 연관 관계가 존재하지 않았다. 그래서 아무런 해도 입지 않았다. 당신은 부스럭거리는 소리를 멀리하면서 좀 더 예민하고 조심스러워진다. 하지만 당신이 풀이 부스럭거리는 소리를 그냥 바람인 줄 알았는데 알고 보니 위험한 포식 동물이었다면 당신은 **2종 오류** 혹은 **부정 오류**false negative를 저지른 것이다. 무언가가 진짜인데 진짜가 아니라 믿었다는 소리다. 당신은 풀이 부스럭거리는 소리를 위험한 포식자와 연관 짓는 데 실패했다. 이 경우 실제로 그런 연관 관계가 존재했던 것이다. 아마 당신은 포식 동물의 식사거리가 되고 말았을 것이다. 이런 인지 오류를 피하려면 그냥 풀밭에서 기다리면서 부스럭거리는 풀 소리 정보를 더 수집하면 되지 않을까? 그런데 포식 동물은 먹잇감이 자신에 대한 더 많이 정보를 수집할 때까지 기다려 주지 않는다는 것이 문제다. 포식 동물이 몸을 숨기고 먹잇감에게 소리 죽여 접근하는 이유도 그 때문이다. 따라서 아예 풀에서 나는 부스럭거리는 소리는 바람 소리가 아니라 위험한 포식 동물의 소리라고 처음부터 가정하는 것이 낫다. 『믿음의 탄생』이라는 책에서 나는 **패턴성**의 모형을 만들기 위해 이런 공식을 만들어 냈다.

$$P = C_{TI} < C_{TII}$$

1종 오류(TI)를 저지르는 데 따르는 비용(C)이 2종 오류(TII)를 저지르는 데 따르는 비용보다 적을 때는 항상 패턴성(P)이 일어난다. [49]

이 모형은 잘 확립된 해밀턴의 규칙Hamilton's Rule을 바탕으로 만들어졌다. 해밀턴의 규칙은 저명한 영국의 진화생물학자 윌리엄 해밀턴William D. Hamilton의 이름을 딴 것으로 그 공식은 이렇다.

$$P = br > c$$

유전적 근연도genetic relatedness(r)의 이득이 사회적 행동의 비용(c)을 초과할 때는 두 개체 사이에 긍정적인(P) 사회적 상호작용이 일어날 수 있다.

예를 들어 형제 사이에는 또 다른 형제를 위해 이타적으로 자신을 희생하는 경우가 생길 수 있다. 희생에 따르는 비용보다 살아남은 형제를 통해 자신의 유전자를 다음 세대로 전달하는 데 따르는 유전적 혜택이 훨씬 큰 경우라면 말이다.

이런 맥락에서 **비관주의**는 위험한 세상을 살기 위해 내제된 기본 태도라고 생각해 볼 수 있다. 실제로 세상이 위험하지 않다면 해를 입는 것도 없고 비관론적인 태도를 유지하는 데 들어가는 에너지도 별로 없다. 만약 실제로 세상이 위험한 경우에는 비관적으로 주의를 기울인 것이 그 값을 한다. 바꿔 말하면 항상 **최악의 경우를 가정하라**는 것이다! 재레드 다이아몬드Jared Diamond는 이것을 '건설적인 편집증constructive paranoia'이라 불렀다. 그의 책『어제까지의 세계』에서 그는 위험 평가risk assessment에 대한 그의 접근 방식을 자신이 수십 년 동안 연구해 온 뉴기니 원주민들이 어떻게 실천하고 있는지 보여 주었다.[50] 진화 공식은 이와 비슷하게 보일지도 모르겠다.

**P = C$_{AW}$ < C$_{AB}$**

**최악의 경우를 가정하는 데 따르는 비용Assuming the Worst(AW)이 최선의 경우를 가정하는 데 따르는 비용Assuming the Best(AB)보다 작은 경우에는 비관주의(P)가 생긴다**

이런 설정 아래에서 **비관주의**가 일종의 **패턴**이 된다. 이 패턴은 우리 선조가 긍정적이기보다 부정적인 태도를 보이는 편이 도움이 되었던 세상에 대한 믿음이다. 비관주의가 낙관주의를 이기는 세계관에 대한 진화적 설명이다. 우리의 정신은 훨씬 안전해진 지금의 세상이 아니라 이런 위험한 세상에서 진화했다. 그래서 낙관주의 혹은 적어도 감사하는 마음이 생겨야 마땅해 보이는 데이터가 넘쳐 남에도 불구하고 비관주의가 팽배해 있어서 이게 무슨 일인가 싶을 수 있다. 우리가 지나간 옛날을 그리워하는 이유도 이것으로 설명할 수 있다. 이승의 삶이 계속 나쁜 쪽으로만 기우는 것 같다 보니 하늘 위 천국들이든, 지상의 천국이든 앞으로 다가올 황금기를 갈망하게 되는 것이다.

## 과거의 인력

오늘날의 비관주의는 신화의 시간과 천국의 장소로 돌아가고 싶은 그리움이 동반될 때가 많다. 이것은 현대인만의 갈망이 아니다. 예를 들어 고대 그리스인은 스스로 철의 시대Age of Iron에 살고 있고 이전에는 시간을 거슬러 올라갈수록 더욱 숭고해지는 청동, 은, 황금시대가 있었다고 믿었다. 이런 개념적 뼈대를 처음 잡은 사람은 그리스의 시인 헤시오도스Hesiodos였다. 그는 인류가 계속 타락한다고 믿는 타락론자deteriorationistos였다. 그는 앞서 있었던 황금시대는 이러했다고 믿었다.

인간은 힘든 노동 및 비탄과 거리를 두고 슬픔 없이 신처럼 살았다. 비참한 시간은 그들을 비켜 갔다. 그들은 그 어떤 악도 도달할 수 없는 저 너머에서 잔치를 벌이며 즐겁게 웃고 노래하며 즐겼다. 그들은 죽을 때도 마치 잠을 이기지 못하고 깊은 잠에 빠지는 듯했다. 그들은 온갖 좋은 것들을 다 가지고 있었다. 비옥한 땅이 그들에게 과일을 아끼지 않고 풍성하게 드러냈기 때문이다. 그들은 편안하고 평화로운 삶을 살았다.

그리스의 황금시대가 종말을 맞이하게 된 것은 프로메테우스Prometheus가 인간에게 불을 전해 준 그 유명한 사건 때문이었다. 이 일로 인해 프로메테우스는 제우스Zeus에게 벌을 받았다. 제우스는 그를 바위에 사슬로 묶어 놓고 독수리가 영원히 그의 간을 쪼아 먹게 만들었다. 그리고 판도라Pandora가 열어서는 안 될 상자를 열어 세상에 악을 풀어 놓는 바람에 타락은 더욱 가속화되었다.

시인 베르길리우스Virgilius가 헤시오도스의 뒤를 이어 옛날의 이상 적인 상태였던 아르카디아Arcadia를 묘사하자 로마인들은 이 타락론의 주제를 선택했다. 아르카디아는 이런 곳이었다.

밭은 땅에 경계선을 그어 길들이는
농부의 손을 알지 못했다.
사람들이 모아 놓은 공동의 비축물과 대지에게
이는 불경한 일이었다.
모든 것이 더욱 자유로웠고 그 누구도 애쓰거나 지루해하지 않았다.

그러므로 그리스 역사가 폴리비오스Polybios는 **카르페디엠carpe diem**, '지금 이 순간을 살아라'라고 주장하며 이렇게 말했다.
**"내일이여, 최악을 행하거라. 나는 오늘을 살았으니."**
타락론의 주제는 로마 시대에도 이어져 오비디우스Ovidius의 『변신 이야기』에서 시인은 이렇게 단언했다.

황금시대가 제일 먼저 왔다. 인간이 막 등장한 시절.
법 없이 타락하지 않은 이성만 존재했고
타고난 소질로 선한 것을 추구했다.
이들은 처벌로 강요당하지도, 두려움에 떨지도 않았다.

아우구스투스 카이사르Augustus Caesar는 악티움에서 마르쿠스 안토니우스Marcus Antonius와 클레오파트라Cleopatra에게 승리를 거두어 로마의 황금시대를 회복함으로써 비운의 고리를 깨뜨렸다.

우리의 시대는 예언에서 말한 영광의 시대다.

시간에서 태어난 세기의 위대한 새로운 주기가 시작되었도다.

땅 위에 정의가 돌아오고, 황금시대가 회복되고

그 장자가 천국에서 내려온다.

가장 유명하고 오래된 천국 판타지는 신화 속 에덴동산이다. 「창세기」 2장 8에서 9절에 묘사된 에덴동산을 보면 인간은 그곳에서 원초적인 사랑 안에서 신 그리고 자연과 화합하며 살았다.

여호와 하나님이 동방의 에덴에 동산을 만드시고 그 지으신 사람을 거기 두시니라. 여호와 하나님이 그 땅에 보기 아름답고 먹기 좋은 나무가 나게 하시니 동산 가운데는 생명의 나무와 선악을 알게 하는 나무도 있더라.

안타깝게도 대담한 독학자 이브가 감히 그 선악을 알게 하는 나무의 열매를 따 먹고 선과 악을 알게 되어 동산에서 내쳐졌다. 그로 인해 여호와의 벌을 받아 모든 인간은 가시와 엉겅퀴로 가득한 들판에서 수고로이 일하고, 역병, 질병, 사고, 재앙으로 고통받으며, 그 이후의 모든 여자들은 견디기 힘든 출산의 고통을 겪어야 했다. 성경의 마지막 부분인 「요한계시록」은 메시아가 재림하고 인류가 타락하기 이전의 평화롭고 조화로웠던 세상이 돌아오면서 이런 역사의 주기가 끝나는 모습을 그린다.

## 좋았던 그 옛날: 사실은 끔찍했다

우리는 왜 그런 신화 속 황금시대를 다시 들먹일까? 한 가지 이유는 우리가 자신에게 일어나는 변화를 시대 및 문화의 변화와 혼동하는 경향이 있기 때문이다. 「좋았던 그 옛날이라는 이데올로기The Ideology of the Good Old Days」라는 제목의 논문에 나온 데이터가 이런 주장을 뒷받침한다. 이 논문에서 심리학자 리처드 아이바흐Richard Eibach와 리사 리비Lisa Libby는 나이가 들면서 생기는 변화를 다음과 같이 지적한다. (1) 책임질 일이 더 많아져서 정신적 부담도 심해진다. (2) 위협에 대한 경계심이 커지고(특히 부모라면 더욱) 젊은이들이 저지르는 오류에 더 민감해진다("요즘 애들이란!") (3) 그와 동시에 우리는 젊은 시절만큼 빠른 속도로 정보를 처리할 수 없게 된다. (4) 우리는 자신에게 일어나는 이런 변화를 외부 세계의 변화 탓으로 돌리는 경향이 있다. 아이바흐와 리비는 이렇게 설명한다. "사람들이 이런 개인적 변화 때문에 위협에 대한 자각이 더 고조되었다는 사실을 깨닫지 못하면 사회에 위협이 더 팽배해졌기 때문이라는 잘못된 결론을 내리게 된다."[51] 이것이 귀가 닳도록 들었던 이런 말을 낳는다. "세상이 옛날하고 달라졌어." "물건이 옛날 같지 않아." "좋았던 그 옛날에는 이렇지 않았는데."

설문 조사를 해 보니 사람들을 특히 불안하게 만드는 것은 도덕적 타락으로 드러났다. 많은 사람이 자신의 비교 기준으로 신화적인 1950년대를 들었다. 사실 이런 주장은 모두 자료와 모순을 일으킨다. 2002년 여론조사에서 사람들은 자원봉사도 줄었고 기부도 줄어 들었다고 응답했지만 조사자는 자원봉사 활동과 인플레이션을 감안한 실질 기부금 액수 모두 1950년대 이후 증가했다고 지적했다. [52] 여론조사 응답자 중 73.7퍼센트는 범죄가 증가한 것 같다고 말했지만 1999년을 기준으로 범죄율은 오랜 기간 급락 상태를 유지해 왔다. [53] 1990년대에는 자녀를 과잉보호하는 부모가 흔해졌지만 2004년 설문 조사 응답자의 대다수는 아동이 방치된다고 말했다. [54] 2003년 여론조사에서 성인 중 68퍼센트가 10대의 임신이 증가한다고 생각했지만 사실 1991년 이후 31퍼센트 줄어든 상태였다. [55] 아이바흐와 리비는 이렇게 결론 내린다. "사람들이 자신이 자라던 시절보다 오늘날 세상에서 범죄, 무질서, 부도덕 행위가 많이 보인다고 하는 주장이 거짓은 아닐 것이다. 하지만 이런 것들이 많이 보이는 이유가 자신의 변화 때문임을 깨닫지 못하고 있다. 이들은 예전에는 세상 걱정 없는 10대로 삶의 기회를 자유롭게 탐험해 볼 수 있었지만 지금은 걱정 많은 부모가 되었거나, 어른으로서 책임을 져야 할 나이가 되었다."

좋았던 그 옛날은 우리의 어린 시절이었다. 어느 세대든 그때가 좋았다고 느낀다. 로버트 보르크Robert Bork는 잘 어울리는 제목인 『구부정하게 고모라를 향해 서 있기Slouching Towards Gomorrah』라는 책에서 이렇게 지적한다. "과거 호시절에 대한 아쉬움은 아마도 보편적인 현상으로 인류의 역사만큼이나 오래된 것 같다. 선사시대 부족의 노인들도 분명 어린 세대들의 동굴벽화를 보며 자신들이 정해 놓은 기준에 미치지 못한다고 생각했을 것이다." [56] 더 영광스러웠던 과거에 대한 그리움과 그에 따르는 현재에 대한 불평은 정치적 수사에서 특히 신랄하게 나타난다. [57] 토머스 홉스Thomas Hobbes는 1651년 발표한 정치 논문 「리바이어던」에서 이렇게 지적한다. "경쟁적으로 찬사를 하다 보면 오래된 것에 대한 숭배로 기울어진다. 인간은 죽은 자가 아니라 산 자와 싸우기 때문이다."[58] 현대 미국 정치평론가들에게 1950년대는 그들이 말하는 좋았던 그 옛날을 시험하는 잉크반점검사ink-blot test*역할을 한다. 탐사 보도 기자 티나 듀푸이Tina Dupuy는 좋았던 그 옛날이라는 개념이 대단히 편협한 생각이라고 지적한다. "이 개념은 적색 공포Red Scare**, 매카시즘(McCarthyism, 1950년대 미국을 휩쓸었던 극단적인 반공산주의 열풍), 그리고 그만큼이나 끔찍했던 소아마비 대유행 등을 완전히 빼먹고 있다. 그리고 인종분리정책 segregation, 탈리도마이드thalidomide***, 뇌엽절리술(lobotomy, 과거에 정신질환 치료 목적으로 뇌의 일부를 절단하던 수술)도 잊지 말자. 보수 진영 관점에서 봐도 최고 세율이 70퍼센트 정도로 지금보다 세금이 훨씬 높았다."[59]

실제로 공공종교연구소Public Religion Research Institute에서 실시한 2015년 여론조사에는 "1950년대 이후 미국의 문화와 생활 방식이 대체적으로 나아졌다고 생각하십니까? 아니면 대체적으로 나빠졌다고 생각하십니까?"라는 설문 항목이 있었다. 이 질문에 미국인 중 53퍼센트가 나빠졌다고 답했다. 듀푸이는 비웃듯 이렇게 지적했다. "이 설문의 의미는 이렇다. 공민권법(Civil Rights Act, 인종, 피부색, 종교, 출신 국가에 따른 차별을 철폐할 목적으로 제정된 미국 연방법)으로 미국이라는

---

* 잉크의 얼룩이 번진 것을 보고 거기서 연상되는 것으로 성격을 분석하는 방법.

** 제2차 세계대전 이후 공산주의, 무정부주의, 급진주의 등에 대해 미국인이 느꼈던 공포의 히스테리 열풍.

*** 1950년대 초반 임산부 입덧 치료제로 사용된 약물. 신생아에게 치명적인 결손을 유발하는 것으로 밝혀지면서 사용 금지되었다.

나라가 진일보했고, 미국 텔레비전 드라마 "비버는 해결사Leave It to Beaver"가 완전 쓰레기였다는 사실을 인정하지 않는 미국인이 절반이 넘는다는 이야기다. 하지만 이 개념은 동기를 부여하는 역할을 한다. 경찰이 사람들을 거칠게 다루고, 동성애자를 감옥에 집어넣는 등 옛날의 원칙으로 되돌아가면, 우리가 다시 착해질 수 있다고 믿게 만든다." 이런 면에서 보면 "에덴동산 신화는 계속 붙들고 있어야 할 존재다. 고통받는 사람에게는 좋았던 그 옛날이 완벽한 **조수석 손잡이**(**oh shit handle**, 자동차 조수석 창문 위에 달린 손잡이. 운전자가 급격히 방향을 틀거나 브레이크를 밟을 때 움켜쥘 수 있는 손잡이다) 역할을 해 주기 때문이다." 1950년대가 좋았던 그 옛날이 아니라면 언제가 그런 때였을까? 누구한테 물어보느냐에 따라 달라진다. 듀푸이는 이렇게 말한다.

1950년대에는 KKK단 같은 집단이 미국을 1850년대로 되돌리려고 애쓰고 있었다. 1850년대에는 가톨릭 이민자를 반대한 '노우 낫띵Know Nothing' 같은 집단이 나라를 1810년대로 되돌리려고 애쓰고 있었다. 1600년대에는 청교도들이 자신의 나라를 구약성경 시절로 되돌리려고 애썼다. 우리 모두는 향수를 자극해서 대중을 조종하기 이전 시절로 돌아가야 한다.

좋았던 그 옛날은 언제일까? 그런 시절은 결코 존재하지 않는다. 우리의 모든 어제는 우리의 모든 내일에 그림자를 드리운다.

## 10장

# 우리의 모든 내일

허구와 현실 속의 유토피아와 디스토피아

"또 내가 새 하늘과 새 땅을 보니 처음 하늘과 처음 땅이 없어졌더라."
「요한계시록」에는 이렇게 나와 있다. 여기서 '하늘(천국)'은 지우고 그냥
'새 땅'만 남겨 놓으면 모든 유토피아 시스템의 비밀과 제조 비법이 나온다.

— 에밀 시오랑E. M. Cioran, 『역사와 유토피아History and Utopia』, 1960 [1)]

이탈리아의 철학자 겸 소설가 움베르토 에코Umberto Eco는 가상 장소들의 역사를 한데 모아 소개한 『전설의 땅 이야기』라는 책에서 이곳이 아닌 다른 어딘가, 다른 어떤 시간에 살고 싶어 하는 인간의 욕망 뒤에 자리 잡은 것이 무엇인지 생각했다. "일상에서 접하는 현실 세계는 가혹하고 살기 어려운 곳이기 때문에 모든 문화는 인간이 한때 속했고, 언젠가 다시 돌아가게 될지 모를 행복한 나라를 꿈꾸는 것 같다."[2] 마틴 루터 킹 2세Martin Luther King Jr 목사는 그 유명한 "나에게는 꿈이 있습니다I Have a Dream" 연설에서 아이들이 자라서 살게 될 나라를 꿈꾸었다. "그곳에서는 사람을 피부색이 아니라 인품으로 판단할 것입니다." 궁극적으로 "울퉁불퉁한 땅은 평평해지고, 비뚤어진 길은 곧게 뻗을 것입니다."[3]

하지만 움베르토 에코가 상기시켜 주듯 이런 꿈에는 어두운 측면이 있다. 이것은 '울티마 툴레Ultima Thule'를 추구하는 과정에서 생긴 결과다. 울티마 툴레는 알려진 세상의 경계 너머 머나먼 곳에 존재하는 완벽한 나라다. 에코의 묘사에 따르면 "해가 결코 지지 않는 얼음과 불의 나라"이고 "이 문명의 요람은 북쪽에 있던 것으로 추정되며 거기서 기원 인종mother race이 남쪽으로 퍼져 나갔다." 이 울티마 툴레는 아리아인Aryan race의 기원으로 일컬어지며 그로부터 다른 모든 인종이 퇴보의 과정을 거쳐 등장했다. 보스턴대학교의 총장 윌리엄 워런William F. Warren은 1885년 출간한 『낙원의 발견Paradise Found』에서 초기 낙원이 북극에 자리 잡고 있었으며, 그곳에 살던 최초의 거주민은 매우 아름답고 장수했지만 남쪽으로 이동하면서 퇴화했다고 주장했다. 이 최초의 순수한 인종이 어디서 기원했는지 추측한 신비주의자occulist도 많았다. 예를 들어 블라바츠키 여사Madame Blavatsky는 1888년의 책 『비결』에서 이 완벽한 인종은 그린란드에서 캄차카까지 뻗어 있던 북극 대륙에서 기원했다는 과감한 추측을 내놓았다. 1907년에는 외르크 란츠Jörg Lanz가 '신 성전기사단The Order of the New Temple'을 설립했다. 그는 순수한 아리아 인종이 오염되지 않도록 '열등한 민족'은 모두 불임을 만들어 마다가스카르로 강제 추방해야 한다고 연설했던 오스트리아의 인종이론가다. 1918년에는 툴레협회Thule Gesellschaft가 만들어졌고, 문양으로 '행운'을 나타내는 산스크리트 기호를 사용했다. **스바스티카**Svastika라는 만卍자형 십자가였다(〈그림 10-1〉). 1935년에는 닭을 키우던 전직 농부가 '선조의 유산을 연구하고 가르치는 모임Society for Research and Teaching of the Ancestral Inheritance'을 시작했다. 이 모임은 우월한 독일 민족의 기원을 역사적으로 그리고 인류학적으로 연구하는 조직이었다. 그 농부의 이름은 하인리히 힘러Heinrich Himmler였다. 결국 그는 나치 친위대Schutzstaffel, SS의 친위 대장이 되고, 독일제국의 '유대인 문제에 대한 최종 해결책die Endlösung der Judenfrage'의 명목상 대장이 된다. 신화의 힘이 행동으

| 그림 10-1 | **툴레협회의 문양**

'행운'을 나타내는 산스크리트 기호. 스바스티카라고 하는 만권자형 십자가인데 툴레협회에서
이것을 문양으로 채택했다. 이 협회는 우월한 독일 민족의 기원을 역사적, 인류학적으로 연구
하는 조직이었다.

로 옮겨지면 이렇게 강력하다.

우리가 이 책에서 고려하는 지상의 천국들은 영적인 공간이나 물리적 궁창에 국한되지 않고 **유토피아**utopia의 형태로 땅 위에 말 그대로의 천국을 만들어 내려던 지난 수천 년 동안의 수많은 시도도 포함한다. 이 유토피아는 불완전한 인간이 개인적, 정치적, 경제적, 사회적으로 완벽에 도달하기 위해 노력할 수 있는 곳이다. 유토피아의 반대쪽 거울에는 **디스토피아**가 있다. 디스토피아는 실재하거나 가상으로 존재하는 실패한 사회적 실험, 억압적인 정치체제, 고압적인 경제체제를 말한다.

## 허구 속 유토피아와 디스토피아

허구적 상상력 속에서 유토피아 세상은 온갖 형태의 모습으로 그려져 왔다. 다만 이런 유토피아의 실현 불가능성은 유토피아의 정의 자체에서 찾아볼 수 있다. **유토피아**는 바로 '어디에도 없는 곳no place'이라는 뜻이다. 유토피아는 토머스 모어Thomas More가 현대적인 장르를 연 1516년 작품에서 만든 신조어다.[4] 이 유토피아 섬은 대서양 어디쯤에 자리 잡고 있으며 그보다 수십 년 앞서 펼쳐졌던 신세계New World 발견을 반영한다(〈그림 10-2〉). 공동체 형태의 전형적인 모습처럼 유토피아에는 사유재산도, 열쇠가 달린 문도 없다. 물품은 창고에 저장해 두었다가 필요할 때 가져다 쓴다. 모든 사람은 농부, 대장장이, 석공, 목공, 직조공, 그리고 생활과 관련된 다른 기본적인 일 등에서 필수적인 업무를 담당한다. 사람들은 모두 같은

3부 | 우리의 모든 어제와 내일

옷을 입는다. 기본적인 필수품 말고는 원하는 것이 그리 많아 보이지 않는다. 이곳에는 실업도 없고, 진료는 무료이고, 사생활도 원하지 않고, 모두가 하루에 6시간씩 일하는데 이는 집집마다 노예를 둘씩 데리고 있어서 가능한 일이었다. 모어가 왜 『유토피아』를 썼는지, 그가 자기 사회가 안고 있는 부족한 부분을 어디까지 지적하고 있는지는 학술적으로 논란이 많다.[5] 그러나 그가 이런 완벽한 사회는 불가능하다는 의견을 펼쳐 보이고 있음은 분명해 보인다. 이 책에 사용된 신조어만 봐도 알 수 있다. 폴리레리테Polyleritae는 '엄청난 난센스Muchnonsense'라는 의미이고, 마카렌스Macarenses는 '행복한 나라Happiland', 아니드루스Anydrus강은 '물이 없는 강Nowater', 그리고 히들로다에우스Hythlodaeus라는 등장인물의 이름은 '난센스를 나누어 주는 자Dispenser of Nonsense'라는 의미다.

사실 이런 작품은 대부분 사회 비판이 목적이다. 잃어버린 아틀란티스 대륙을 생각해 보자. 이 대륙은 지중해, 대서양(카나리아제도나 아조레스제도가 그 잔해다), 아이슬란드, 스웨덴, 카리브해, 혹은 태평양(남미와 남극 대륙 사이, 혹은 호주, 뉴기니, 솔로몬제도와 피지 사이의 어디쯤)에 존재했다고 추정되어 온 신화 속의 유토피아다. 이 잃어버린 대륙이 실제로 존재했다는 증거는 대륙이 파도 밑으로 가라앉을 때 이미 씻겨 사라져 버렸을 테다. 그렇다고 유토피아 사냥꾼들의 상상력을 가둘 수는 없었다. 과학소설 작가 스프레이그 드 캠프L. Sprague de Camp는 1954년 나온 책 『잃어버린 대륙: 역사, 과학, 문학에 등장하는 아틀란티스 테마The Atlantis Theme in History, Science, and Literature』에서 '아틀란티스주의자Atlantist'를 세어 보니 모두 216명이었다. 그중 아틀란티스가 상상 속의 존재나 우화적인 존재라고 결론 내린 사람은 37명에 불과

## | 그림 10-2 | 유토피아의 섬

1518년 나온 토머스 모어의 『공화국과 새로운 섬 유토피아의 최고의 상태에 대하여On the Best State of a Republic and of the New Island Utopia』 혹은 그냥 간단히 『유토피아Utopia』 제 3판에 들어간 암브로시우스 홀바인Ambrosius Holbein의 목판 지도. (자료: 영국도서관 헐튼 기록보관소 작품집Hulton Archive, British Library collection)

했고, 나머지는 이 잃어버린 대륙을 실제로 찾을 수 있다고 확신했다.[6] 1989년 프랑스인 해저유물 탐사가 피에르 자르나크Pierre Jarnac는 아틀란티스에 관한 책을 5000권 이상 섭렵했는데, 이때만 해도 인터넷이 있기 전이었다. 안드레아 알비니Andrea Albini는 2012년 나온 책 『아틀란티스, 서지학에 관하여Atlantis: In the Textual Sea』에서 가상의 유토피아 대륙에 대해 다루는 웹페이지가 2300만 건 이상이라고 기록했다.[7]

사실 아틀란티스를 찾아다니는 것은 다 헛수고다. 플라톤이 아테네 사회를 비판할 겸, 아테네인 동료들에게 전쟁과 부富가 그들을 덮쳐 오고 있으니 벼랑 끝에서 물러날 것을 경고하려고 꾸며 낸 이야기이기 때문이다. 『티마이오스Timaeus』에서 플라톤의 대화 기록자 크리티아스Critias는 이집트의 사제가 그리스의 현자 솔론Solon에게 설명하기를, 자신의 선조가 헤라클레스의 기둥(Pillars of Hercules, 아틀란티스 학자들은 보통 이 기둥을 지브롤터 해협Strait of Gibraltar이라 생각한다) 바로 너머에 자리 잡은 막강한 제국과 싸워 이들을 물리친 적이 있다고 말했다. "이 거대한 힘이 하나로 모여 우리 나라와 당신의 나라, 그리고 해협 안에 있는 지역 전체를 일격에 제압하려 했습니다. 그런데 솔론, 당신의 나라는 모든 인간들 중에서도 자신만의 뛰어난 장점과 강인함으로 밝게 빛났습니다." 하지만 그 후로 "격렬한 지진과 홍수가 찾아왔습니다. 그리고 단 하룻낮, 하룻밤 동안 일어난 불행으로 당신 나라의 호전적인 남자들이 모두 통째로 땅속으로 사라져 버렸고, 아틀란티스의 섬도 그와 비슷하게 바다 깊은 곳으로 사라지고 말았죠." 사실 아틀란티스는 본받아야 할 유토피아적인 장소가 아니라, 사회가 과도한 호전성과 탐욕으로 부패했을 때 일어날 수 있는 일에 대한 경고였다. 아테네인에게 이런 일이 일어나자 제우스는 나머지 신들을 자신의 집으로 불러들인다. "제우스는 그들을 한데 불러 모아 이렇게 말했습니다. …" 여기서 갑자기 글이 끝나고 말았지만 플라톤이 전하려는 바는 전달되었다. 〈그림 10-3〉은 아틀란티스의 파괴를 묘사한 수많은 작품 중 하나로 1836년에 화가 토머스 콜Thomas Cole이 그린 작품이다.

플라톤의 상상은 그가 아테네의 황금시대가 끝날 무렵에 자라면서 겪었던 경험에서 비롯된 것이었다. 이 황금시대의 종말이 찾아온 데는 큰 희생을 치러야 했던 스파르타 및 카르타고와의 전쟁 탓도 있었다. 그는 아틀란티스와 비슷한 사원이 많이 있는 시라쿠스와 아틀란티스처럼 원형의 항구가 있고 중앙에서 그 항구를 통제하는 카르타고 같은 도시를 방문했다.

그때는 지진도 흔했다. 플라톤이 55세였을 때 일어난 지진 한 번으로 아테네에서 65킬로미터밖에 떨어지지 않은 도시 헬리케가 완전히 무너졌다. 그가 태어나기 전 해에는 아탈란테Atalantë의 작은 섬에 있는 군대 전초기지가 무너져 납작해졌다. 플라톤은 그의 더 유명한 작품인 『국가』에서 역사적 사실을 엮어 문학적 신화를 창조해냈다. 『국가』는 유토피아가 부패를 통해 어떻게 디스토피아로 변할 수 있는지 경고하는 내용이다. 그는 이렇게 설명한다. "우리는 도덕적 교훈을 전달하기 위해 거짓을 참에 비유할 수 있다." 유토피아 신화는 이런 메시지인 것이다.

**디스토피아**는 족보상 더 늦게 생겨났다. 이 단어는 1868년 실용주의 철학자 존 스튜어트 밀John Stuart Mill이 하원에서 논쟁을 벌이던 중 만들어졌다. 한 논쟁에서 그는 정부의 아일랜드 정책을 맹렬하게 비

| 그림 10-3 | **아틀란티스의 파괴**

1836년 토머스 콜이 그린 〈제국의 건설 과정: 파괴The Course of Empire: Destruction〉. 아틀란티스의 몰락을 묘사한다. (자료: 뉴욕역사협회 작품집Collection of the New-York Historical Society, 작품번호 #1858.4)

난했다. "그들을 유토피아라 부르는 것은 지나친 칭찬인 것 같습니다. 그보다는 디스토피아dys-topia, 혹은 카코토피아cacotopia라고 불러 마땅합니다. 보통 유토피아라고 하면 너무 좋아서 실현 불가능한 것을 일컫지만 그들이 좋아하는 것은 너무 나빠서 실현 불가능한 것들이니까요." 카코토피아(사악한 곳)는 공리주의의 창시자인 제러미 벤담Jeremy Bentham이 유토피아의 반의어로 명명했던 단어다. 하지만 이 신조어는 세련된 맛이 없어서 성공하지 못했다.

유토피아가 모든 것이 이보다 더 좋을 수 없을 정도로 좋은 가상의 장소라면 디스토피아는 모든 것이 이보다 더 나쁠 수 없을 정도로 나쁜 가상의 장소다.[8] 유토피아 역사가 하워드 시걸Howard Segal은 이렇게 지적한다. "한 개인 혹은 한 사회의 유토피아가 또 다른 개인이나 사회에 반유토피아anti-utopia 혹은 디스토피아가 될 수 있다."[9] 예를 들면 모어의 유토피아는 우리 대부분에게 디스토피아일 것이다. 북한 사회와 닮았기 때문이다. "만약 누군가가 자신의 구역에서 멀리 떠날 수 있는 면허를 취득했는데 치안판사가 발행한 통행증 없이 붙잡힌다면…" 모어는 자신의 이상 사회의 법을 이야기한다. "만약 그가 두 번째로 그런 일을 저지른다면 그는 노예형에 처해진다." 유토피아와 디스토피아를 다룬 또 하나의 작품, 에인 랜드Ayn Rand의 소설 『아틀라스』는 사회가 쇠락한 모습으로 시작한다. 이 소설 속 영웅, 존 골트는 '지성을 가진 사람들'이 파업하도록 만들어 문명을 붕괴시키고 혼돈에 빠지게 한다. 그리고 이 문명의 잿더미 위에서 영웅들이 아틀란티스를 지상에 부활시키게 만든다. 책 속에서 골트와 여성 영웅 다그니 타가트는 한때 위대한 문명이었으나 이제 새까만 잿더미로 무너져 내린 폐허 위를 날아다니다가 이렇게 외친다. "이제 끝이로군." 그러자 골트가 이렇게 받아친다. "아니야. 이제 시작이지." 디스토피아 뒤에는 유토피아, 지상천국이 뒤따른다.


## 현실 속 유토피아와 디스토피아

**유토피아**는 완벽한 사회의 이상화된 비전이다. **유토피아주의** utopianism는 그런 개념을 실천에 옮기는 것을 말한다. [10] 여기서 문제가 시작된다. 사람들은 자신의 신념에 따라 행동한다. 그런데 만약 당신이 다른 사람, 혹은 다른 집단만 없으면 당신이나 당신의 가족, 친구, 부족이 천국에 가거나 지상천국을 달성할 수 있고, 그 천국에는 내세에서의 영생이나 지금 이곳에서 누릴 수 있는 무한히 좋은 것들이 포함되어 있다고 믿는다고 하자. 당신은 한없이 사악해져 결국은 적을 제거할 수만 있다면 무슨 짓이든 서슴지 않게 된다. 십자군 전쟁, 종교재판, 마녀사냥, 세계대전보다 수 세기 앞서 일어났던 종교전쟁과 지난 세기의 대량 학살 등 역사적 갈등을 살펴보면 살인에서 집단 학살에 이르기까지 종교나 이데올로기적 신념을 이유로 살해당한 사람이 사망자 수에서 대단히 큰 부분을 차지한다. 정치철학자 존 그레이John Gray는 자신의 책 『추악한 동맹』에서 이렇게 표현한다. "유토피아는 집단 해방의 꿈이지만, 현실의 삶에서 보면 악몽이다." [11]

인디애나의 '새로운 조화New Harmony'(1825~1829)나 매사추세츠의 '브룩팜Brook Farm'(1841~1846), 뉴욕의 '오네이다 공동체Oneida Community'(1848~1881), 캔자스의 '옥타곤 시티Octagon City'(1856~1857) 등

19세기에 실험했던 새로운 사회가 겪은 실패는 상대적으로 무해했다. 이들은 반대자를 상대로 무력이나 폭력을 행사하지 않는 대신 앞으로 얻을 이득에 대해 모두를 납득시키려 했다. 유토피아 사회주의자utopian socialist 겸 오네이다 공동체의 창시자인 존 험프리 노예스John Humphrey Noyes는 이렇게 적었다. "고단한 삶의 길을 터벅터벅 걷던 사람들 앞에 사막의 신기루처럼 공동체가 떠오른다. 사람들은 저 멀리 아득한 거리에서 장엄한 궁전, 초록의 들판, 황금색으로 물든 곡물, 반짝이는 분수, 넘쳐 나는 휴식과 낭만을 본다. 한마디로 집이다. 이곳은 천국이기도 하다." 노예스가 밝힌 천국의 비전에는 공동소유, 자유연애도 포함되어 있었다. 노예스는 직접 이런 부분들을 지휘하였고, 대부분의 혜택을 자기가 입었지만 (광신도들의 일반적인 관습이 그렇듯이) 그가 죽은 이후에는 이 비전도 실패하고 말았다. 하지만 적어도 그 과정에서 죽임을 당한 사람은 없었다(그리고 이들은 섹스도 실컷 했다).

19세기 중반 이런 계획된 유토피아 공동체가 미국에만 거의 100개 가까이 있었다. 종교적 공동체도 있었고, 세속적 공동체도 있었다. 처음부터 실패할 운명이었다는 점에서 모두 유토피아적이었다. 예를 들어 불만을 품은 모르몬교도가 1843년 세운 유토피아적 공동체인 프루트랜즈Fruitlands는 겨우 7개월밖에 유지되지 못했다. 엄격한 채식 식단과 무일푼 경제가 처음 맞닥뜨린 뉴잉글랜드 지역의 추운 겨울이라는 현실과 충돌한 것이다. 랠프 월도 에머슨Ralph Waldo Emerson은 샤를 푸리에Charles Fourier의 유토피아 사회주의 전략을 설명하면서 유토피아적 공동체가 빠짐없이 직면한 문제점을 이렇게 표현했다. "푸리에는 하나만 빼고 그 어떤 현실도 간과하지 않았다. 그런데 그 하나가 바로 삶이었다."¹²⁾ 유니테리언교Unitarian 성직자이자 에머슨의 친구였던 조지 리플리George Ripley는 1841년 매사추세츠 '록스베리에 브룩팜 농업교육 연구소Brook Farm Institute of Agriculture and Education'를 설립했다. 푸리에의 유토피아 사회주의를 기반으로 세워졌고, 간단하게 브룩팜으로 불렸던 이 공동체 역시 자유연애를 실천했다. 브룩팜 실험은 6년 만에 끝나고 말았다. 1847년 일어난 화재가 공동생활 기반 시설을 모두 집어삼켜 버렸는데 그 시설을 다시 지을 자금도, 동기부여도 없었던 것이다.

이런 공동체들을 의도적 공동체intentional community라고도 부른다. 형태는 달라졌지만 이런 공동체는 오늘날에도 이어지고 있다. 예를 들어 디터 둠Dieter Duhm이라는 이름의 독일 정신분석가가 자비네 리히텐펠스Sabine Lichtenfels라는 신학자와 함께 1978년 독일 블랙포레스트Black Forest에 창립했다가 1995년 포르투갈에서 "모두의 평화로운 미래를 위한 창조, 그리고 인간, 동물, 자연 사이의 비폭력적인 협동과 공존을 위한 자족적이고, 지속 가능하고, 복제 가능한 공산 사회 모형이 되는 것"¹³⁾을 목표로 새로 창립한 '타메라Tamera'가 있다. 이런 고귀한 목표를 반대할 사람이 누가 있겠는가? 사실 타메라는 자족적 공동체보다 안정적인 사회 안에 자리 잡은 대학 캠퍼스 같은 실험 연구소로 운영된다. 이들의 사랑학교Love School는 익숙한 이름이다. 이 학교의 목표는 질투 없는 사랑, 두려움 없는 성생활, 사랑과 타인에 대한 충실한 욕망, 동반자 관계의 '새로운 길' 등을 실현하는 것이다. 한마디로 자유연애를 실현하겠다는 것이다. 나는 2017년 덴마크 코펜하겐 중앙부의 유명한 '프리타운 크리스티아니아Freetown Christiania'를 방문했다가 비슷한 실험 공동체를 만난 적이 있다. 이곳은 760명(성인 630명과 아동 130명) 정도의 거주민으로 구성된 '자치 지역'으로 1971년 버려진 군인 막사에 무단으로 침입해 야영하던 노숙자들이 만들었다. 당국은 이들을 그냥 무시해 버렸다(나는 2012년에 이곳에서 강의를 한 적이 있다. 밤이라 많은 것을 보지는 못했다). 이곳의 대다수는 낙서로 꾸며진 빈 건물이나 구내 여기저기 흩어져 있는 가건물 판잣집에서 살았다. 수많은 정원과 흙길이 나 있고, 서로 이질적인 모습의 열다섯 하부 공동체를 연결하는 수로도 있다(〈그림 10-4〉). '푸셔 스트리트Pusher Street'는 촬영이 금지되어 있는데 그럴 만한 이유가 있었다. 전통적으로 오랫동안 이 공동체를 뒷받침한 돈벌이 작물인 다양한 대마초가 엄밀히 따지면 불법 작물이기 때문이다(내 셀카 사진 왼쪽 멀리로 어렴풋이 보인다). 공동체 강령은 이렇다. "크리스티아니아의 목표는 모든 개인이 전체 공동체의 안녕을 스스로 책임지는 자치 사회를 건설하는 것이다. 우리 사회는 경제적으로 자급자족하는 사회여야 하며, 그런 만큼 심리적, 물리적 빈곤을 방지할 수 있다는 신념을 확고히 유지하는 것을 우리의 포부로 삼는다."[14] 크리스티아니아 자전거Christiania Bikes*나 헬레나 주얼리Helena Jewelry 같은 회사를 통한 자급지족이 목표일지도 모르겠지만, 이곳은 나의 어린 시절 1960년대 캘리포니아에 있던 히피 공동체와 구분이 안 된다. 사실 나를 초대해 준 사람들한테 듣기로는 카메라에 찍히기 싫어하는 마약상들은 사실 해시시와 마리화나의 가격을 결정하고 판매를 통해 수익을 올리는 조직화된 마약 카르텔의 조직원이라고 했다. 이례적인 경우이긴 하지만 2016년 8월 31일에 이들 조직을 문 닫게 하려

* 덴마크식 수레자전거 제조회사

고 법 집행에 나섰다가 경찰 두 명과 시민 한 명이 무장한 마약상에게 총을 맞아 사망하는 사고가 발생하기도 했다. 다른 불시 단속에서는 무기, 탄약, 방탄조끼, 집에서 만든 폭약, 국화 폭탄chrysanthemum bomb, 그리고 모든 지하경제에서 사용하는 통화인 현금이 나왔다.

이런 공동체가 실패하는 요인 대부분은 인간과 사회가 안고 있는 수많은 약점이다. 보도 기자 알렉사 클레이Alexa Clay가 인간이 만든 조직 대부분이 실패하는 이유를 조사하면서 이 부분을 잘 설명했다.

> 말라리아가 득실거리는 습지, 거짓 예언, 성의 정치학sexual politics, 압제적인 창립자, 카리스마 넘치는 사기꾼, 안전한 식수 확보 실패, 불량한 토질, 기술이 부족한 노동력, 쉴 새 없이 터져 나오는 몽상가 증후군, 농업에 부적절한 땅. 이 모든 것들이 의도적 공동체의 험난한 역사를 더욱 험난하게 만들고 있다. 하지만 수많은 공동체들을 무너뜨리는 더욱 중요한 원인을 살펴보면 오늘날 모든 조직을 괴롭히는 도전적 과제와 그리 다르지 않아 보인다. 자본 제약, 극도의 피로감, 사유재산과 자원 관리에 대한 갈등, 빈약한 갈등 중재 시스템, 파벌주의, 창립자 문제, 평판 관리, 기술 부족, 재능이 뛰어난 새로운 인재와 새로운 세대 영입 실패가 그 이유다 [15)]

이런 의도적 공동체 대부분은 후원자, 기부자 등 외부의 뒷받침 없이는 불안정하다. 의도적 공동체의 보다 지속 가능한 비즈니스 모델로는 캘리포니아 빅서에 있는 에살렌 연구소가 있다. 이곳은 인간의 잠재 능력을 위한 수련원으로, 나도 여러 차례 방문한 적이 있다. 이 연구소는 태평양을 굽어보는 아름다운 절벽 위에 자리 잡았다. 유료 고객은 강좌와 워크숍에 참가하고, 마사지를 받고, 천연 온천을 즐기고, 명상과 요가를 하고, 건강에 좋은 유기농 식사를 하고, 동네 오솔길을 따라 하이킹을 즐긴다. 가격은 근처 몬테레이에 있는 5성 리조트보다 저렴하지만 공용 용지에서 침낭을 깔고 잘 생각이 아니고서야 여러 날 머물다 보면 몇천 달러 정도는 우습게 나간다. 그곳에 사는 사람들은 식당 일을 하거나, 정원과 운동장을 관리하거나, 워크숍이나 다른 행사의 진행을 도우며 생활비를 버는 유급 직원이나 자원봉사자다. 매년 이루어지는 모금 운동은 수백만 달러 예산을 흑자로 유지하는 데 도움을 준다. 시설은 모두 검소한 편이지만 주변 경관은 정말 장관이다(《그림 10-5》). 하지만 이곳은 유토피아라기보다 수련원으로 생각하는 편이 낫다.[16]

유토피아적 숭배 집단은 이보다 더 나쁘지만 사회적 재앙까지는 아니다. 1980년대와 1990년대 스위스의 '태양의 사원 기사단Order of the Solar Temple'이 그런 경우다. 이 기사단의 회원 48명은 다양한 방법으로 살해당한 뒤, 시신이 불태워졌다. '천국의 문Heaven's Gate'이라는 UFO 숭배 집단도 있었다. 이 집단은 사람보다 높은 또 다른 차원에서 UFO를 타고 도착했다고 주장하는 마셜 애플화이트Marshall Applewhite와 보니 네틀스Bonnie Nettles가 1975년 설립했다. 이 집단의 회원은 자신의 전 재산을 모두 팔고 고립된 상태에서 살았고, 외부인에게 지나친 영향을 받지 않기 위해 쌍을 지어 움직였다. 이들은 우주여행을 시뮬레이션하기 위해 암실에서 사는 연습을 하고 수도원 같은 곳에서 물질 소유를 최소화하고 금욕적인 생활을 했다. 모든 관계에서 섹스는 죄악으로 여겨졌고, 남자 회원 여섯 명은 성욕을 억누르기 위해 심지어 자발적으로 거세를 하기도 했다. 1990년 중반 즈음 이 집단은 '하이어 소스Higher Source'라는 사업명을 등록하고 heavensgate.com(이 사이트는 생존한 회원들이 아직도 운영 중이다)이라는

| 그림 10-4 |

2017년 덴마크 코펜하겐 중앙에 있는 '자치 공동체'에 방문했을 때 저자가 프리타운 크리스티아니아에서 받은 인상. (A) 버려진 군대 막사 중 하나. 지금은 크리스티아니아의 거주자들이 살고 있다. (B) 임시변통으로 지은 여러 채의 집 중 한 곳. 이곳에서는 자전거가 흔한 지상 교통수단이다. (C) 사람들이 사는 한 건물 벽에 그려진 낙서. 이 공동체의 주요 돈벌이 작물이 무엇인지 보여 준다. (D) 저자 왼쪽으로 보이는 푸셔 스트리트는 출입이 금지되어 있다. 해시시와 마리화나 판매는 불법이기 때문이다.

| 그림 10-5 | **에살렌 연구소**

지속가능한 비즈니스 모델을 갖춘 인간의 잠재 능력 개발을 위한 의도적 공동체 덕분에 이 시설은 무기한으로 계속 유지될 수 있다. 이것이 대다수 유토피아적 공동체와 이곳의 차이점 이다. 저자가 직접 촬영한 사진. (A) 기본 방 (B) 뛰어난 경관 (C) 정원 (D) 식당 (사진:저자 직접 촬영)

웹사이트를 만들어 웹 서비스를 통해 생활비를 벌어들였다. 1997년 초 어느 날 밤, 이 집단은 아트 벨Art Bell이 진행하는 한밤의 라디오 프로그램 "코스트 투 코스트 AM Coast to Coast AM"을 들었다. 이 방송은 주장을 뒷받침할 뾰족한 증거가 없는 음모 이론을 퍼 나르는 방송이었다. 이날 방송에 출현한 게스트는 믿기 어려운 이야기로 청취자의 귀를 즐겁게 해 주었다. 당시에는 밤하늘에 등장한 헤일밥 혜성Comet Hale-Bopp이 화제였다. UFO 한 대가 지구로의 비밀 임무를 띠고 몰래 혜성 뒤에 바짝 붙어서 지구로 오고 있다는 이야기였다. '천국의 문' 회원들은 이 UFO가 자신들을 '인간을 넘어선 진화 단계The Evolutionary Level Above Human, TELAH'라는 곳으로 데리고 갈 운송 수단이라 믿게 되었다. 이곳은 '형체를 갖춘 물리적인 공간'으로 회원들은 순수한 축복 속에 그곳에서 영원히 살게 되리라 믿었다. 이 혜성 뒤로 외계 우주선이 존재한다는 증거는 물론이고, 이 우주선의 사명이 샌디에이고에 사는 뉴에이지 숭배 집단의 신도 수십 명을 구출하는 것이라는 증거는 눈곱만큼도 없었다. 그리고 이들이 그 UFO까지 어떻게 갈 것인지는 또 다른 문제였다. 그것도 아주 치명적인 문제였다. 1997년 3월 25일 애플화이트는 자신의 추종자 39명에게 페노바비탈phenobarbital과 보드카를 섞은 치명적인 칵테일을 마셔 이 여정을 더욱 신속하게 진행하자고 설득했다. 더욱이 이들은 자발적으로 자기 머리에 비닐봉지를 뒤집어쓰고 스스로 질식사했다. 다음 날 당국은 샌디에이고에 있는 임대주택에서 이들을 찾아냈다. 이들은 모두 똑같은 검정 셔츠와 운동복 바지를 입고, 나이키 신발을 신고, '천국의 문 원정팀Heaven's Gate away team'이라고 쓰인 스포츠 용 손목 밴드를 착용한 채 침대 위에 반듯이 누워 있었다.

가장 치명적인 유토피아 숭배 집단은 짐 존슨Jim Jones 목사의 존스타운Jonestown이었다. 1978년 11월 18일 존슨가 회원들에게 가이아나 정글에 구축해 놓은 공동체의 붕괴를 지켜볼 것인지, 아니면 죽고 난 다음 기다리고 있을 유토피아적인 삶을 맞이할 것인지 둘 중 하나를 선택하게 했다. 그동안 이 집단의 회원 918명이 자살을 하거나 살해당했다.

모두 끝나서 나는 참 기쁘구나. 어서 서둘러라. 나의 자식들아. … 더 이상의 고통은 없다. … 이곳에서 열흘을 더 사는 것보다 죽음이 백만 배 더 낫다. 너희 앞에 무엇이 기다리고 있는지 안다면 너희는 오늘밤 기쁨 속에 기꺼이 넘어설 것이다. … 이것은 혁명적 자살이다. 자기 파괴적인 자살이 아니다. … 평화 속에 살 수 없다면 평화 속에 죽자꾸나. 우리의 목숨을 앗아 가거라. 우리는 그 목숨을 내려놓았다. 우리는 지쳤다. 우리는 자살을 저지른 것이 아니다. 우리는 비인간적인 세상의 조건에 반기를 드는 혁명적 자살이라는 행위를 벌인 것이다.[17]

이와 비교도 안 되게 큰 재앙은 20세기에 이루어진 거대한 유토피아적 사회주의 이네올로기 실험들이었다. 마르크스주의-레닌주의-스탈린주의의 러시아(1917~1989), 파시즘의 이탈리아(1922~1943), 나치 독일(1933~1945) 등이 그 예다. 이것은 정치적·경제적·사회적·인종적으로 완벽한 사회를 달성하려는 대규모 시도였다. 결국 수천만 명이 자신의 국가에 의해 살해당하거나, 낙원에 이르는 길을 가로막고 있다고 인식되는 다른 국가들과의 무력 충돌 속에서 죽었다. 마르크스주의 이론가 겸 혁명가였던 레온 트로츠키Leon Trotsky는 1923년 소논문에서 유토피아적 전망을 이렇게 표현했다.

인간 종, 응집된 호모사피엔스는 측정이 불가능할 정도로 더욱 강하고, 현명하고, 영리해질 것이다. 인간의 몸은 더욱 조화로워지고, 움직임은 더욱 율동적으로 바뀌고, 목소리는 음악과 비슷해질 것이다. 생명의 형태는 역동적으로 극적이게 될 것이다. 인간의 평균 수준도 아리스토텔레스, 괴테, 혹은 마르크스의 수준으로 올라가고 이 수준 위로는 새로운 정점이 솟아오르게 될 것이다. [18]

이런 실현 불가능한 목표 때문에 일리야 이바노프Ilya Ivanov가 기이한 실험을 하게 되었다. 스탈린Joseph Stalin이 인간과 유인원을 교잡해서 '천하무적의 새로운 인간'을 만들라는 과제를 그에게 부여한 것이다. 이바노프가 인간-유인원 교잡종을 만들어 내는 데 실패하자 스탈린은 그를 체포해서 투옥시킨 후에 카자흐스탄으로 추방해 버렸다. [19] 트로츠키의 경우 그가 '소비에트연방 공산당 중앙위원회 정치국Soviet Politburo' 창립의 첫 일곱 구성원 중 한 명으로 권력을 쥐게 되자 웅대한 유토피아 실험 참여를 거부하는 이들을 수용할 강제수용소를 세웠다. 이는 결국 수용소 군도Gulag Archipelago로 이어져 다가올 상상 속의 유토피아 지상낙원을 방해하리라 여겨지는 수백만 러시아 시민을 죽이는 결과를 가져왔다. 하지만 트로츠키는 자신의 이론인 트로츠키즘Trotskyism이 스탈린주의와 맞서게 되자 독재자 스탈린의 명령으로 1940년 멕시코에서 암살당했다.

제2차 세계대전 이후 20세기 후반부 동안 캄보디아, 북한, 그리고 남미와 아프리카의 수많은 국가에서 마르크스주의 혁명이 일어났다. 결국 살인, 포그롬*, 대량 학살, 인종 청소, 혁명, 내전, 국가의 지

---

* 특정 민족 또는 종교 집단에 대한 학살과 약탈을 수반한 폭동.

원을 받는 물리적 충돌 등으로 이어졌다. 이 모두가 지상천국을 세우기 위해 반동분자를 제거한다는 미명 아래 이루어진 일들이다. 러시아, 중국, 북한, 그리고 기타 국가에서 모두 합쳐 9400만 명이 마르크스주의 혁명가와 유토피아 공산주의자 손에 죽었다. 파시스트에게 죽은 2800만 명과 비교하면 놀라운 숫자다.[20] 만약 수천만 명을 죽여야 유토피아의 꿈을 달성할 수 있다면 그것은 디스토피아의 악몽을 만들어 내는 데 성공한 것에 불과하다.

다니엘 치롯Daniel Chirot과 클라크 맥콜리Clark McCauley는 『다 죽여버리지 뭐: 정치적 대량 학살의 논리와 예방Why Not Kill Them All? The Logic and Prevention of Mass Political Murder』이라는 책에서 기독교 종말론과 마르크스주의 종말론을 비교한다. 마르크스가 말하는 타락 이전 세상에는 사유재산, 계급이나 계급분화, 고용주와 고용인 사이의 소외도 없었다. 그러나 타락이 찾아오면서 사유재산이 생겨나고, 가진 자와 가지지 못한 자 사이에서 착취와 경제적 계급분화가 일어났다. 이 죄 많은 세상은 종말이 오기 전까지만 지속될 수 있다. 이 세상의 종말이 오면 "최종적으로 일어난 가혹한 혁명이 자본주의, 소외, 착취, 불평등을 쓸어버릴 것이다." 이 세상의 종말에서 선택받는 사람은 당연히 마르크스를 구세주로 받드는 공산주의자다. 그다음 종말론으로는 히틀러의 천년의 제국Thousand Year Reich이 있다. 이것은 기독교의 종말론과 비슷한 또 하나의 상상 속 종말 시나리오다. 치롯과 맥콜리는 이 시나리오에 대해 이렇게 상세히 묘사했다.

「요한계시록」에서 악마가 돌아와 선과 악 사이에서 크나큰 전투가 일어나 마침내 신이 사탄을 물리치고 최종 승리를 거두기 전까지 1000년 동안 신이 통치한다고 약속한 천년왕국과 비슷한 천년의 제국을 히틀러가 약속한 것은 우연이 아니었다. 그가 상상한 나치 당과 나치 정권의 전체적인 그림은 아주 신비주의적이었고, 종교적, 종종 기독교적인 예배 상징으로 물들어 있었다. 그리고 그 제국은 더 높은 법인, 운명에 의해 결정되고 예언자 히틀러에게 위임된 사명에 호소했다. 21)

인간은 완벽해질 수 없다. 개인에게나 집단에게나 완벽이라는 것은 존재하지 않기 때문이다. 하지만 완전성이 존재한다고 믿으면 방법론의 무과실성infallibility으로 이어지고 불완전한 종을 위한 완벽한 사회를 설계할 때 필연적으로 생길 수밖에 없는 오류를 수정할 방법이 없어진다. 22) 유토피아는 인간의 본성을 잘못 파악한 이론 때문에 실패하는 경향이 있다. 이런 이론에는 집단적 소유, 공동 노동, 권위주의적 통치, 지휘 및 통제를 기반으로 한 경제가 개인주의, 자율성에 대한 욕망, 개인의 능력에서 나타나는 자연적인 차이 등과 충돌을 일으켜 성과의 불평등과 불완전한 생활 조건 및 근로 조건을 낳는다. 성과의 평등을 중요시하는 유토피아에서는 이런 부분을 견딜 수 없다. 23) 로버트 오언Robert Owen의 인디애나 '새로운 조화'에 참여했던 초대 시민 중 한 명은 이렇게 설명했다. "우리는 상상할 수 있는 모든 형태의 조직과 정부 형태를 시도해 봤습니다. 우리는 축소된 세상을 갖고 있었죠. 프랑스대혁명을 거듭해서 재현해 보았지만 그 결과로 시체를 대신해 절망이 쌓였죠. 결국 자연에 내재된 다양성 법칙에 정복당한 듯 보였습니다." 24) 1964년 공화당 대통령 후보 수락 연설에서 배리 골드워터Barry Goldwater는 유토피아가 권력을 향한 인간의 욕망과 충돌할 때 생기는 근본적인 문제점 중 하나를 지적했다.

절대 권력을 추구하는 자들은 스스로 선하다고 믿는 것을 실천하기 위해 권력을 원한다고 말하지만, 결국 자신의 머릿속에 있는 지상천국의 비전을 강제할 권리를 요구하는 것에 불과합니다. 혹시나 해서 말씀드리자면 어느 시대나 가장 지옥 같은 독재국가를 만든 이들이 바로 이런 자들이었습니다. 절대 권력은 부패합니다. 따라서 절대 권력을 추구하는 자는 반드시 의심의 눈초리로 바라보아야 하고, 그런 자들에게 반드시 반기를 들어야 합니다. 신사 숙녀 여러분, 이들이 잘못된 길로 들어선 이유는 평등에 대해 잘못된 개념을 갖고 있기 때문입니다. 우리의 국부들이 이해한 대로 평등을 올바르게 이해한다면 자유와 창조적인 차이의 해방으로 이어집니다. 반면 비극적이게도 우리 시대에 그랬던 것처럼 평등을 잘못 이해하면 처음에는 순응, 그다음에는 폭정으로 이어집니다. [25]

조지 오웰George Orwell이 히틀러의 『나의 투쟁』에 대해 1940년 쓴 논평에서 완벽한 행복의 유토피아적 추구는 결함 있는 목표임이 드러났다. 당시 기자와 비평가 들은 히틀러가 삶에 대한 쾌락주의적 태도의 허위성을 잘 파악하고 있었다고 말했다. 제1차 세계대전 이후 진보주의자와 자유주의자 대부분은 사람들이 오직 고통과 갈등으로부터 자유로운 삶만을 원한다고 믿은 반면, 오웰은 히틀러가 사람들이 그저 평안, 안전, 짧은 근무시간, 위생, 산아제한, 그리고 일반적인 상식만이 아니라 그 이상의 것을 원한다는 것을 잘 이해하고 있었다고 지적했다. 사람들은 적어도 가끔씩 무언가를 위해 투쟁하고 자신을 희생하기를 원한다. 파시즘과 사회주의의 폭넓은 호소력을 지적하며 오웰은 사람에게는 그저 쾌락만이 아니라 도전과 목표가 필요하다는 점을 고려했을 때, 인간의 본성에 관한 한 파시즘, 나치즘, 사회주의(스탈린 아래서 시행된 사회주의)가 더욱 건강한 이론이었다고 덧붙였다. "사회주의, 그리고 심지어 자본주의도 마지못한 듯 사람들에게 '내가 당신에게 쾌락을 제공하겠다'라고 말한 반면, 히틀러는 사람들에게 '나는 당신에게 투쟁, 위험, 죽음을 제공하겠다'라고 말했다. 그 결과 나라 전체가 그의 발밑에 몸을 내던졌다." 오웰은 경고하듯 이렇게 덧붙였다. "우리는 그 감정적 호소력을 과소평가해서는 안 된다."[26]

유토피아 논리의 궁극적 문제는 일단 논리에 동의하는 다수 집단만큼 명확하게 사안을 이해하지 못하는 반대자들만 제거하고 나면, 모두가 완벽한 조화 속에 살게 된다는 공리주의적 계산utilitarian calculus에서 시작된다. 우리는 지금은 유명해진 전차 문제Trolley Problem 연구를 통해 대다수 사람이 다섯 사람을 구할 수 있다면 기꺼이 한 사람을 죽일 수 있음을 안다. 전차 문제의 설정은 이렇다. 당신은 지금 전차 궤도를 바꿀 스위치가 있는 철길 분기점 옆에 서 있다. 전차가 지금의 궤도로 계속 간다면 철도 위에서 일하고 있는 노동자 다섯 명이 죽게 될 것이다. 만약 당신이 그 스위치를 당긴다면 전차의 궤도가 옆 철길로 바뀌면서 그곳에 있는 노동자 한 명이 죽는다. 당신이 아무것도 하지 않으면 다섯 명이 죽는다. 당신이라면 어떻게 하겠는가? 대다수는 스위치를 당기겠다고 대답한다.[27] 그나마 계몽되었다는 오늘날 서구 국가의 사람들조차 다섯 사람을 구하기 위해 한 사람을 죽이는 것이 도덕적으로 허용 가능한 일이라고 생각하는 마당에 유토피아를 꿈꾸는 독재 국가의 사람들에게 5000명을 구하기 위해 1000명을 죽이거나 500만 명의 번영을 위해 100만 명을 제거하자고 설득하기가 얼마나 쉬웠을지 상상해 보라. 무한한 행복과 영원한 지복에 대해 말할 때 숫자 뒤에 0을 몇 개 붙이는 것이 무슨 대수일까? 토머스 페인Thomas Paine도 1795년 펴낸 『통치의 제1원리에 대한 논설Dissertation on First Principles of Government』에서 이런 부분을 경계했다. "자신의 자유를 확실하게 담보하려는 자는 자신의 적이라도 탄압받지 않도록 지켜 주어야 한다. 이 의무를 위반할 경우 언젠가 자신에게 닥칠 수 있는 일의 선례를 남기게 되기 때문이다."[28]

## 유토피아적 진보라는 개념

진보라는 개념의 오랜 역사는 1920년 출간되어 지금은 고전이 된 존 베그넬 베리J. B. Bury의 『진보라는 개념The Idea of Progress』, 좀 더 근래에는 로버트 니스벳Robert Nisbet이 1980년 펴낸 『진보라는 개념의 역사History of the Idea of Progress』에 기록되었다. 이 책들은 이런 진보의 개념이 쇠퇴론적 경향의 반박으로서, 혹은 종교적, 세속적으로 유토피아적인 국가의 존재에 대한 믿음을 강화하기 위해서 어떤 식으로 부상하게 되었는지 보여 준다. 이런 유토피아적 국가로의 진보라는 개념은 거의 천년왕국설millenarian같이 느껴진다. 베리는 인간이 세운 목표의 결과로 나타나는 진보와 진보를 유발하려는 의지를 구분한다. 즉 "자유, 관용, 기회의 평등"과 "운명, 신의 섭리 혹은 개인적 영생"을 구분한다. 후자의 경우에는 진보를 마치 인간의 행위와 별개인 자연의 힘인 듯 다룬다.[29] 니스벳은 이렇게 되풀이해서 말한다. "진보라는 개념은 인간이 과거에 발전했고(원시, 야만, 심지어는 무가치한 원주민 상태로부터), 현재 발전 중이고, 예측 가능한 미래에도 계속해서 발전할 것이라는 함의를 가진다." 하지만 니스벳은 좌우 양쪽, 20

세기 전체주의totalitarianism의 밑바탕에도 역시 진보라는 개념이 깔려 있음을 지적했다. 진보라는 개념 자체는 바람직한 결과를 낳을 수도, 낳지 않을 수도 있다. 뉴먼Newman 추기경은 이렇게 말했다. "인간은 어떤 결말이 나도 꿈적도 않을 도그마를 위해 기꺼이 죽는다." 여기에 니스벳은 이렇게 덧붙인다. "인류가 지식, 문화, 도덕에서 더욱 높은 지위를 향해 느리고, 점진적이고, 가차 없이 진보하리라는 개념은 도그마다."[30]

그럴지도 모른다. 하지만 실제로 진보의 개념을 받아들인 공동체와 사회를 보면 **프로토피아적** 유형의 공동체가 성공한다. 완벽을 추구하는 것이 아니라 **향상**을 향해 단계별로 점진적으로 나아가는 것이다. 미래학자 케빈 켈리Kevin Kelly는 자신의 이 신조어를 이렇게 설명한다. "프로토피아는 비록 아주 조금이더라도 오늘이 어제보다 나은 상태를 말한다. 프로토피아를 시각화하기는 훨씬 어렵다. 프로토피아에는 수많은 새로운 문제와 새로운 이점이 함께 있기 때문에 작용하고 깨지는 복잡한 상호작용을 예측하기는 무척 어렵다."[31] 『도덕의 궤적』에서 나는 프로토피아적 진보가 전쟁의 감소, 노예제도 폐지, 고문과 사형 집행의 감소, 그리고 보통선거권, 자유민주주의, 시민권과 시민의 자유, 동성 결혼, 동물 권리의 발전 등 과거 몇 세기 동안 이루어진 기념비적인 도덕적 성과를 가장 잘 설명해 준다는 것을 보여 주었다.[32] 이런 것들은 모두 한 번에 조금씩 단계별로 일어났다는 점에서 프로토피아적 진보의 사례라 할 수 있다. 여기에 신학적이거나 필연적인 부분은 존재하지 않는다. 진보 그 자체는 자연의 힘이 아니라 인간의 행위가 만들어 낸 결과이기 때문이다.

## 디스토피아적 쇠퇴라는 개념

사람들은 자기 신념에 따라 행동한다. 만약 당신이 문명은 쇠퇴하고 있으며 쇠퇴를 막기 위해 자신이 할 수 있는 일이 있다고 믿는다면 그것이 폭력의 씨앗이 될 수 있다. 좋은 사례가 있다. '올림픽 공원 폭탄테러범' 에릭 루돌프Eric Rudolph는 1996년 애틀랜타 올림픽이 한창일 때 폭발 장치를 설치한 동기를 이렇게 설명했다. "이런 행동을 결정한 것은 여러 해 동안 서구 문명의 쇠퇴를 지켜보면서 급진적인 행동만이 이런 쇠퇴를 늦추거나 멈출 수 있음을 깨달은 결과였다."[33] 그다음 해에 루돌프는 애틀랜타에 있는 낙태 클리닉과 레즈비언 바를 폭탄 공격하고, 1998년에는 앨러배마 버밍햄에 있는 낙태 클리닉을 폭탄 공격했다. 2003년 6월 그를 붙잡고 보니 크리스천 아이덴티티Christian Identity라는 운동 조직의 구성원임이 밝혀졌다. 이 조직은 유대인을 사탄 같은 존재로, 흑인을 인간 이하의 존재로 여기는 극단적 조직이다.[34] 그는 경관에게 자신은 낙태 및 동성애와 싸우고 싶었다고 말했다. 그는 낙태와 동성애가 '물질주의의 부패한 축제와 방종'이 빚어낸 산물이라 믿었다. 그는 '미국 사회의 도덕성'과 '우리 문화의 존재 그 자체'를 지키고 싶었다고 말했다. 그는 이렇게 자세히 설명했다. "동성애를 다른 본보기와 나란히 올려놓고 동성애가 적법한 생활 방식이라고 선언하는 것은 문명의 장기적 건강과 도덕성에 대한 직접적인 도전이자 사회의 토대 자체를 뒤흔드는 중대한 위협이다."[35]

하버드대학교에서 교육받은 수학 영재였다가 테러범으로 전락한 유나바머Unabomber 테드 카친스키Ted Kaczynski 역시 문명이 쇠퇴한다는 인식 아래 폭력으로 대응해야겠다고 생각했다. 그는 1978년과 1995년 사이 개인을 표적으로 우편으로 폭탄을 보내 3명을 죽이고 23명을 불구로 만들었다. 남동생이 카친스키가 쓴 퇴보주의적 미사여구를 알아줄 독자를 기대하며 《뉴욕타임스》와 여기저기에 투고한 (이 때문에 카친스키가 잡히게 되었다) 두서 없는 50여 쪽짜리 선언문 「산업사회와 그 미래Industrial Society and Its Future」[36]에서 카친스키는 산업혁명이 "인류에게는 재앙이었다"고 지적한다. 기술의 발전 덕분에 산업국가 사람들의 기대 수명은 늘어났지만 "이 기술이 사회를 불안정하게 만들고, 삶을 충만하지 못하게 하고, 인간의 품위를 떨어뜨리고, 심리적 고통을 널리 퍼뜨리고(제3세계 국가들의 육체적 고통도 함께), 자연에도 심각한 손상을 입혔다. 기술이 계속해서 발전함에 따라 상황은 더욱 악화될 것이다." 그는 현대 미국인들은 "지루해하고, 쾌락주의적이며, 의욕도 없는 타락하고 할 일 없는 귀족들"이며 "길들여진 가축"과 다름없다고 비난했다. 카친스키는 앞선 수많은 혁명가들처럼 1인칭 복수형으로 말하거나 가끔씩은 "자유 클럽Freedom Club, FC"을 주체로 세우며 혁명을 옹호했다. 그렇다고 꼭 폭력적이고 급작스러운 혁명을 말하는 것은 아니었고 "수십 년에 걸쳐 일어나는 비교적 점진적인 발전"을 옹호했다. 그는 이어서 "산업 시스템을 증오하는 자들이 이러한 형태의 사회에 반대하는 혁명의 길을 트기 위해 취해야 할 방침"에 대해 대략적으로 서술했다. 카친스키는 이 방침을 정치적 혁명으로 만들려는 의도는 없으며 정부를 전복하는 것이 아니라 "현재 사회의 경제적, 기술적 기반"을 뒤엎는 것이 목적이라고 했다. 그는 혁명의 뒤에는 새로운 이데올로기가 도입되어 "기술과 산업사회에 반기를 들어 그 시스템이 붕괴하면 재구축이 불가

능하도록 그 잔재를 다시는 회복하지 못할 정도로 박살 낼 것"이라
고 했다.

2010년 카친스키가 감옥에서 쓴 성명서 후기에는 자신의 글에
대한 여러 편의 비평을 읽고 그에 대해 심사숙고한 내용이 들어 있
다. 그의 주장이 독창적이지 않다고 비판하면서 급진적 환경 운동가
와 그를 비교한 글도 있었다. 이런 비평에 대해 그는 이렇게 적었다.
"많은 급진적 환경 운동가와 '녹색' 무정부주의자green anarchist가 혁명
에 대해 이야기한다. 하지만 내가 아는 한 그들 중 실제 혁명이 어떻
게 일어나는지 제대로 이해하거나, 혁명은 인종차별, 성차별, 동성
애혐오증이 아니라 오직 기술 그 자체만을 표적으로 삼아야 한다는
사실을 이해하는 사람은 없었다."[37] 카친스키가 낸 책의 표지(《그림
10-6》)는 그런 디스토피아적 비관주의가 불러일으키는 암울한 전망
을 잘 담아낸다. 그의 쇠퇴주의는 정신 질환에 의해 생겨난 부분도
없지 않지만, 그와 같은 시각을 공유하는 사람이 대단히 많다.

지식인들은 폭력을 쓰지는 않지만 쇠퇴주의 역사 이전에 있던 천
국 같은 과거에 똑같이 이끌린다. 적어도 한 세기와 또 절반의 세
기 동안 대중 지식인과 학자 들은 서구 문명의 붕괴가 머지않아 도
래하리라 예측해 왔다. 과학과 기술, 이성과 계몽적 인본주의, 민
주주의와 보통선거권, 재산권과 법치주의, 자유 기업 체제와 자유
무역, 그리고 개인의 자유가 모든 인류는 물론이고 지각 있는 다
른 생물종의 구성원까지 포괄하는 권리로 확대되는 등 서구 문명
의 성공을 보장해 줄 이상과 제도가 성장해 왔음에도 불구하고 말
이다. 학자와 지식인 들이 바로 그런 가치관을 고취해 온 주체들이
니 이들이 이런 진보를 찬양하리라 생각하기 쉽다. 하지만 그렇지

않다. 이들은 그 어느 때보다 우울하다. '다가오는 위기the coming crisis'
라는 문자열로 아마존에서 도서 검색을 해 보면 이런 제목의 책들
이 쏟아진다. 『다가오는 금융 위기The Coming Financial Crisis』(2015), 『전
세계 수자원 위기The Global Water Crisis』(2008), 『다가오는 채권시장 붕괴
The Coming Bond Market Collapse』(2013), 『지금 당장 준비하라! 다가오는 거
대한 위기에서 살아남는 방법Get Prepared Now! Why a Great Crisis Is Coming
and How You Can Survive It』(2015), 『ISIS, 이란, 이스라엘: 현재의 중동 위기
와 다가오는 중동 전쟁에 대해 당신이 알아야 할 것ISIS, Iran and Israel:
What You Need to Know about the Current Mideast Crisis and the Coming Mideast WarISIS』
(2016), 『다가오는 석유 위기The Coming Oil Crisis』(2012), 『다가오는 기후

| 그림 10-6 |
유나바머 테드 카친스키의 성명서 표지

위기?Coming Climate Crisis?』(2012), 『다가오는 경제 아마겟돈The Coming Economic Armageddon』(2010), 『다가오는 인플레이션 위기The Coming Inflation Crisis』(2014), 『다가오는 기근The Coming Famine』(2011), 『해수면 상승과 다가오는 해안의 위기Rising Sea Level and the Coming Coastal Crisis』(2012). 이외에도 비슷한 맥락의 제목으로 55페이지 정도가 이어진다.

"~의 쇠망사The decline and fall of~"란 문자열로 검색하면 자연스럽게 기번Edward Gibbon의 『로마제국 쇠망사』가 따라 나온다. 수백 페이지에 걸쳐 나오는 이런 쇠망사 검색 페이지에서 처음 몇 개만 나열하면 비잔티움 쇠망사, 합스부르크제국 쇠망사, 오스만제국 쇠망사, 대영제국 쇠망사, 영국 귀족 쇠망사, 일본제국 쇠망사, 소비에트제국 쇠망사, 로마교회 쇠망사, 근본주의 가톨릭교 쇠망사, 미국 공화국 쇠망사, 21세기 미국 민주주의 쇠망사, 미국 성장 쇠망사, 부시 정권 미국에서의 진실 쇠망사, 서구 쇠망사 등이 줄줄이 이어진다. "~의 흥망사The rise and fall of ~"로는 1만 1875개 제목이 나온다. 윌리엄 샤이어William L. Shire의 고전 『제3 제국 흥망사The Rise and Fall of the Third Reich: A History of Nazi Germany』에서 시작해서 고대 이집트 흥망사, 고대 그리스 흥망사, 알렉산드리아 흥망사, 카르타고 흥망사, 로마제국 흥망사, 카이사르 가문 흥망사, 메디치 가문 흥망사, 대영제국 흥망사, 공산주의 흥망사, 체로키 국가 흥망사, 미국 성장 흥망사, 미국 비즈니스 흥망사, 헌법 흥망사, 사회 흥망사, 국가 흥망사, 제국 흥망사, 강대국 흥망사 등으로 이어진다. '흥망사'로 내가 찾아낸 것 중 긍정적인 제목은 '폭력 범죄 흥망사'와 '노예제도 흥망사' 딱 두 가지뿐이었다.

1980년대 나는 폴 케네디Paul Kennedy가 1987년 쓴 『강대국의 흥망』

을 읽고 그 책에 완전히 빠져들어 전쟁사를 가르치는 수업의 교재로 사용했다. 나는 미국이 '과잉 제국 확장imperial overstretch' 상태에 도달해서 이제 곧 대영제국과 팍스 브리타니카Pax Britannica의 전철을 밟게 되리라는 그의 이론을 한 치의 의심 없이 그대로 믿었다. 케네디는 이렇게 경고했다. "앞으로 수십 년 동안 미국 정치인들은 미국의 지위가 상대적으로 침식되어 가는 과정이 연착륙이 되도록 상황을 관리해야 하는 과제를 마주할 것이다."[38] 소련이 붕괴하기 불과 3년 전이었는데 소련의 붕괴는 케네디의 레이더에 잡히지도 않았다. 소련 전문가를 비롯해서 서구 세계의 거의 모든 사람들도 마찬가지였다. 민주주의도 재앙 예언가들의 예측을 피하지 못했다. 1990년대 나온 책 제목을 몇 개만 뽑아 보면 『민주주의의 황혼The Twilight of Democracy』, 『민주주의의 덫The Democracy Trap』, 『시험에 든 민주주의Democracy on Trial』, 『민주주의의 포기Giving Up on Democracy』, 『얼어붙은 공화국The Frozen Republic』, 『미국을 팝니다The Selling of America』, 『미국의 파산The Bankrupting of America』, 『위기의 아메리칸 드림The Endangered American Dream』, 『누가 국민들에게 말할 것인가Who Will Tell the People』 등이 있는데 이 책 모두 민주적 중도주의자인 빌 클린턴Bill Clinton 대통령의 미국 행정부가 대단히 잘나가던 시기에 나온 책이다.

21세기 첫 10년 동안에도 이런 경향은 계속 이어졌다. 선도적인 대중 지식인이 쓴 책에서 뽑은 두 발췌문이 이런 사실을 잘 말해 준다.[39] 첫 번째 발췌문은 세 번이나 미국 대통령 후보로 나섰던 정치 분석가 패트릭 뷰캐넌Patrick Buchanan이 2008년 펴낸 책, 『처칠, 히틀러, 그리고 불필요한 전쟁Churchill, Hitler, and the Unnecessary War』의 첫 문단이다. 이 책은 《뉴욕타임스》 베스트셀러 목록에 오른 역사와 사회에 관한 해설서로 6월 23일 자 《뉴스위크》의 표지 기사를 장식하기도 했다.

우리는 이제 서구 세계가 사라지고 있음을 분명히 볼 수 있다. 단 한 세기 만에 유럽 대륙의 모든 위대한 가문이 몰락했다. 세계를 지배하던 모든 제국도 사라지고 없다. 이슬람 국가인 알바니아를 제외하면 이번 세기를 버틸 수 있을 만한 출생률이 나오는 유럽 국가는 하나도 없다. 전 세계 인구에서 차지하는 몫을 보면 유럽 혈통의 사람은 3대에 걸쳐 그 수가 줄어들고 있다. 그리고 제3세계가 아무런 저항도 받지 않고 침략해 들어오면서 모든 서구 국가의 특성들은 돌이킬 수 없을 정도로 바뀌어 버렸다. 우리는 천천히 지구에서 사라지고 있는 중이다.

두 번째 발췌문은 하버드대학교 역사학과 교수 니얼 퍼거슨Nial Ferguson이 2006년 펴낸 획기적인 역사책 『증오의 세기』의 에필로그에서 뽑았다. 이 책도 사람들이 많이 시청하는 PBS 다큐멘터리 시리즈에서 소개된 바 있다.

100년 전에는 서구가 세계를 지배했다. 하지만 유럽 제국 사이에서 충돌이 되풀이됐던 한 세기가 지난 지금은 더 이상 그렇지 않다. 100년 전에는 서양과 동양을 가르는 경계가 보스니아-헤르체고비나 근처의 어디쯤이었다. 지금은 그 경계가 유럽의 모든 도시를 가로지르고 있는 것 같다. 이 새로운 단층선을 따라 충돌이 불가피하다는 말은 아니다. 하지만 20세기 역사를 지침으로 삼을 수 있다면 서로 다른 민족 집단이 같은 신앙과, 같은 유전자까지는 아니더라도 같은 언어를 공유하며 상당히 잘 융합하는 것처럼 보일지라도 문명이라는 취약한 체계는 아주 빠른 속도로 붕괴할 수 있다는 말을 하고 싶다.

이 역사수정주의historical revisionism는 제2차 세계대전을 '좋은 전쟁'이 아니라 '불필요한 전쟁'으로 재설정하고(뷰캐넌), 두 번의 세계대전을 오랫동안 이어져 온 종교적·경제적 갈등으로 묶어서 만약 영국이 독일을 그냥 내버려 두었다면 피할 수 있었던 전쟁이라 재설정함으로써(퍼거슨) 서구 세계의 쇠퇴를 설명하고, 전쟁의 발발과 수행 과정에서 동맹군the Axis과 연합군the Allies이 도덕적으로 동등했음을 입증해 보이는 것을 목표로 한다. 이 전쟁의 수행이 그것을 가장 필요로 하는 자를 돕는 데 실패했다는 것이다(퍼거슨). 이런 충돌로 인해 미국이 군사, 경제, 금융에서 세계 최대 강대국으로 부상하게 됐지만 이 저자들은 이 전쟁을 유럽 문화와 서구 문명의 장기적인 퇴행으로 바라본다.


## 피와 흙의 로맨스

이런 쇠퇴주의는 역사가 길다. 역사가 아서 허먼Arthur Herman은 권위 있는 책 『서구 역사에서 보이는 쇠퇴의 개념The Idea of Decline in Western History』에서 이 역사를 연대순으로 정리했다. [40] 이 역사의 상당 부분은 쇠퇴론자가 애초에 서구 세계의 **등장**을 설명해 주는 요소라 믿는 가족, 인종, 민족, 국가와 깊숙이 뒤얽혀 있다. [41] 이것을 **피와 흙의 로맨스**blood and soil romance(독일의 슬로건 **Blut und Boden**\*에서 나왔다)라고 부르자. 이것은 민족과 지리를 기반으로 인종·국가·문화적

---

\* 독일 민족주의 슬로건이자 미국 백인 우월주의 운동에서 사용하는 슬로건이다.

순수성을 추구하는 반계몽주의·낭만주의·목가적 판타지다. 인종적으로 순수한 민족으로 돌아가고, 무지한 대중을 더욱 엄격하게 하향식으로 통제하고, 입헌군주제나 너그러운 독재 체제로 회귀하고자 하는 갈망이다. 이런 사회는 가치, 신념, 가족을 중심에 두고, 모든 사람이 엄격한 계급제도 아래서 자신의 위치를 알고, 제일 높은 곳에 있는 사람이 지휘봉을 잡는다.

피와 흙의 로맨스는 한 세기 전부터 토대를 갖추고 있었다. 이것은 조제프 아르튀르 드 고비노Joseph Arthur de Gobineau 백작의 인종염세주의racial pessimism에서 시작됐다. 고비노는 19세기 프랑스 귀족으로 자신이 유전적으로 정복왕 윌리엄 1세William the conqueror와 같은 노르망디 바이킹 침략자의 혈통이라고 주장했다. 어머니는 고비노에게 자신이 루이 15세King Louis XV 서자의 후손이고, 고비노의 아버지는 프랑스대혁명 당시 왕당파 쪽에서 싸운 사람이라고 말해 주었다. 1835년에 젊은 고비노는 노르망디를 떠나 파리로 간다. 그곳에서 그는 지식인이 속물들, 즉 과학, 기술, 산업을 사회적 신분 상승의 열쇠이자 진보를 위한 미래의 동력이라 보는 물질만능주의에 빠진 기업가와 상인을 경멸하는 모습을 본다. 계몽주의 과학자는 중세를 버려야 할 미신의 시대로 바라보는 반면, 고비노가 어울린 지식인 사교집단은 중세를 낭만적인 향수가 섞인 시선으로 바라봤다. 이들은 중세를 피와 흙이 현대성modernity으로 오염되지 않았던 시기라 여겼다. 1848년 정치 혁명을 통해 알렉시 드 토크빌Alexis de Tocqueville같이 폭력에 염증을 느끼는 지식인은 카를 마르크스Karl Marx와 프리드리히 엥겔스Friedrich Engels처럼 자신이 충분히 폭력을 행사하지 못하고 있다고 생각하는 지식인들과 갈라지게 된다. 마르크스와 엥겔스가 「공산당선언Manifesto of the Communist Party」 말미에 이렇게 선언한 것은 유명하다. "혁명적 공산주의자는 오직 기존의 모든 사회적 조건을 폭력으로 타도함으로써만 자신의 목표를 달성할 수 있다고 공개적으로 선언한다. 지배계급을 공산주의 혁명 앞에 벌벌 떨게 하라. 프롤레타리아가 혁명에서 잃을 것은 쇠사슬뿐이요, 얻을 것은 세상이다. 만국의 노동자들이여 단결하라!"[42)]

하지만 고비노의 입장에서 계급에 기반한 혁명은 자기 스스로를 **귀족 계급**이라 여기는 상황에 반하는 것이었다. 그는 귀족 계급이야말로 문명을 뒷받침하는 원동력이라 보았다. 결국 1853년 『인종불평등론Essay on the Inequality of the Human Races』이라는 자신의 가장 유명한 작품을 남긴다. "유럽 국가들에서 오랫동안 만연했던 유혈 전쟁, 혁명, 법률의 파괴 등의 엄청난 사건들 때문에 사람들이 정치적 문제의 연구에 관심을 갖기 쉽다." 그는 이렇게 불평하며 글을 시작했다. "천박한 인간들은 그저 즉각적으로 발생하는 결과만 생각하고, 자신의 관심사와 맞아떨어지는 작은 전기불꽃에만 온갖 찬양과 비난을 쏟아 내겠지만 더 진지한 사상가들은 이런 끔찍한 변동 뒤에 숨어 있는 원인을 밝혀 내려 할 것이다." 고비노는 한 귀납법에서 다른 귀납법으로 넘어가면서 이런 확신에 도달한다. "인종적 문제 앞에서는 다른 모든 역사적 문제가 무색해진다. 인종 문제가 모든 문제를 해결할 열쇠를 쥐고 있다. 여러 인종이 섞여 만들어진 민족 내에서 각 인종이 보이는 능력 차이만 봐도 그 인종의 운명이 어떻게 펼쳐질지 설명하기에 충분하다."[43)]

인종과학racial science의 탄생은 19세기 초반으로 거슬러 올라간다. 이때 조지 퀴비에Georges Cuvier와 요한 프리드리히 블루맨바흐

Johann Friedrich Blumenbach는 인류를 황색인종(Oriental 혹은 Mongol), 흑색인종(Negroid 혹은 Ethiopian), 백색인종Caucasian으로 분류했다. 그 후로 이런 서로 다른 인종이 한 종 안에서 나타나는 변종인지(**인류일원론, monogenism**), 서로 다른 종인지(**인류다원론, polygenism**)를 두고 인류학자들 사이에서 논란이 이어졌다. 인류일원론자들은 대체로 현존하는 모든 인종이 에덴동산에서 완벽하게 창조된 인류로부터 천천히 퇴보하면서 만들어진 결과물이라 믿었다. 하지만 이러한 퇴보의 정도가 인종마다 같다고 보지는 않았다. 19세기 지식인 대부분이 일부 인종은 창조의 혈통에서 더 많이 멀어졌다고 생각했다. 흑인은 가장 많이, 백인은 가장 조금 퇴보했고, '피부가 붉은' 이집트인과 아메리카 원주민(그리고 피부가 하얗지 않은 다양한 피부색의 다른 인종들)은 그 사이에 있었다. 반면 인류다원론자는 모든 인종이 하나의 자궁에서 태어난 것이 아니라고 믿었다. 이들은 현재 별개로 구분되는 각각의 인종마다 선조가 따로 존재해서 '아담'이 여럿이었을 거라 추측했다. "골격과 두개골을 증거로 인류다원론자는 흑인이 신체적으로 뛰어나고, 정신적으로는 하등하다고 주장했다"면서, 역사학자 조지 스토킹Geoge Stocking은 인종인류학racial anthropology의 개관적 역사를 이렇게 지적했다.

'고대 이집트 건축물'에 나와 있는 인종 묘사를 바탕으로 이들은 인종이 인류 역사 대부분의 기간 동안 변함없이 유지되었다고 주장했다. 그리고 백인의 열대지방 사망률을 바탕으로 서로 다른 인종은 서로 다른 '창조의 중심지'에서 기원한 원주민이기 때문에 다른 장소에서는 절대 완벽히 '적응'할 수 없다는 가설을 세웠다. 또한 일화를 증거로 흑인 혼혈과 유럽인은 부분적으로만 교배가 가능하다고 주장했다. [44]

인류일원론과 인류다원론 사이에 격렬한 논쟁이 이어짐에 따라 논쟁의 주제는 인종 사이의 문화적 차이로 바뀌었다. 당대의 상식대로 일부 인종은 다른 인종보다 더 발전했으며, 더 순수하게 보존된 백색인종은 진보로 이어지고, 인종의 혼합은 퇴보로 이어진다는 제언으로 자연스럽게 이어졌다. 언어의 유사성에 대한 언어학적 연구로 일부 학자들은 유럽인이 한때 공동 문화와 언어를 공유했는지도 모른다고 생각하게 되었다. 인종과학자는 이 개념을 제멋대로 끌어들여 한때 본래의 순수한 인종, 즉 아리아인이 존재했다는 주장을 했다. 이 아리아인이 앞에 나왔던 아틀란티스나 황금시대 신화처럼 현대 문명이 퇴보하기 전에 존재했던, 더 우수한 잃어버린 문명Lost Civilization의 19세기 버전으로 자리 잡게 되었다. "따라서 언어의 위계질서가 인종의 위계질서와 엄격한 대응 관계에 있음을 보편적 이치로 주장할 수 있다." 고비노는 일반적인 인종의 등급을 이렇게 결론 내렸다. "흑색인종은 사다리에서 가장 낮은 자리를 차지한다. 골반의 형태에서 나타나는 동물적 특징은 태어날 때부터 흑인에게 각인되어 이들의 운명을 예고한다. 이들이 가진 지능은 늘 아주 좁은 범위 안에서만 차이를 보일 것이다." 사다리를 타고 올라가며 고비노는 이렇게 지적했다. "황색인종은 신체적 에너지가 거의 없고, 매사에 무관심한 성향을 보인다. … 욕구가 미미하고 의지력은 폭력적이기보다 다소 완강한 편이다. … 모든 면에서 평범한 성향이 있다. 무엇이든 쉽게 이해하지만 심오하거나 숭고하게 이해하지 않는다. … 따라서 황색인종은 분명 흑색인종보다는 우월하다. 문명을 창시하는 자라면 사회의 중추인 중산층을 이런 사람들로 채우고 싶어질 것이다. 하지만 이들은 그 어떤 문명화된 사회도 창조할 수 없다." 물론 문명화된 사회는 백인의 작품이었다. "에너지 넘치는 지능을 타고난 백색인종은 실용적인 감각을 타고났다. 황색인종의 실용적인 감각보다 그 수준이 더 넓고, 높고, 대담하고, 이상적이다. … 또한 더 뛰어난 신체적 능력, 특출한 질서 본능, 자유에 대한 놀랍고, 심지어 극단적인 사랑을 보여 준다." 이런 맥락에서 글이 계속 이어지다가 그는 이렇게 결론 내린다. "사회는 그 사회를 창조한 고귀한 집단의 혈통을 보존하는 한에서 위대하고 빛날 수 있다." 하지만 "문명을 일으킨 인종의 혈통이 점진적으로 씻겨 나가는 바람에" 인종의 퇴보가 찾아와 서구 문명도 함께 기울었다. 고비노가 목격한 세기 중반의 혁명은 고비노가 자신의 선조라 여기는 원형의 아리아-독일 귀족 계층 잔존 세력과 변화를 위해 기어오르는 새로운 부르주와 계급 사이의 투쟁을 상징적으로 보여 준다. "이후 백인은 지구상에서 사라지게 될 것이다. 비록 인류가 완전히 사라지지는 않을 테지만, 완전히 퇴화하여 강인함, 아름다움, 지능을 모두 박탈당하고 말 것이다."[45] 〈그림 10-7〉은 헤르만 크낙푸스Hermann Knackfüss가 1895년 고비노와 당시의 인종과학에 영감을 받아 그린 그림으로 당대 정서를 잘 담고 있다. 이 그림은 독일 황제 빌헬름 2세William Ⅱ가 러시아의 차르에게 선물한 것으로 "황색의 위협(그림 오른쪽의 부처)"이 유럽으로 침략해 오고 있음을 묘사했다. 이 그림의 제목은 〈유럽의 국가들이여, 당신의 신앙과 조국을 지키는 일에 동참하라!〉다.

고비노의 팬 중 한 명이 바로 독일의 작곡가 겸 논객인 리하르트 바그너Richard Wagner였다. 그는 아내에게 고비노가 "내게는 유일하고 진정한 현대인"이라고 말했다. 바그너는 문명의 쇠망에 관한 고비노의 인종차별 이론을 자신의 사위인 휴스턴 스튜어트 체임벌린

| 그림 10-7 | **인종 혼혈의 위협**

헤르만 크낙푸스의 1895년 그림. 이 그림은 대천사 미카엘이 유럽 사람들에게 "황색의 위협
(그림 오른쪽 부처)"에 대해 각성하도록 경고하는 모습을 묘사했다. 당시 가장 인기 많은 출판
물 중 하나였던 《하퍼스 위클리Harper's Weekly》에 실린 그림이다.

NATIONS EUROPÉENNES!
DÉFENDEZ VOS BIENS SACRÉS!

NATIONS OF EUROPE!
JOIN IN THE DEFENCE OF YOUR FAITH AND YOUR HOMES!

THE YELLOW PERIL.
"AFTER A SKETCH BY HIS MAJESTY EMPEROR WILLIAM II. OF GERMANY, KING OF PRUSSIA, EXECUTED BY H. KNACKFUSS, 1895."

Houston Stewart Chamberlain에게 소개했다. 그는 독일에 살던 영국인으로 그가 1899년 발표한 책 『19세기의 토대The Foundations of the Nineteenth Century』는 20세기 초반 전독일주의 운동panGermanic movement, 그중에도 특히 나치의 반유대주의적 민족주의 인종 철학의 무대를 마련했다. 체임벌린은 바그너에게 영국 사회의 쇠퇴를 한탄하며 이 쇠퇴는 대부분 유대인의 탓이라고 말했다. 독일의 제1차 세계대전 패전으로 인해 체임벌린은 제2의 조국인 독일이 모국인 영국과 마찬가지로 이제 "유대인의 패권" 아래 놓이게 되었다고 더욱 확신하게 되었다. 그는 또한 바이마르공화국에도 욕설을 퍼부으며 **유대인 공화국**Judenrepublik이라고 불렀다. 하지만 체임벌린의 쇠퇴주의는 1921년 동료가 그에게 한 오스트리아 출신 일꾼에 대해 보낸 편지를 받고 누그러졌다. "오스트리아 출신의 일꾼이 한 사람 있네. 웅변술이 특출하고 정치적 지식도 놀라울 정도로 풍부해서 대중을 열광시키는 법을 기가 막히게 잘 아는 사람이지."⁴⁶⁾ 그를 만나 본 후에 체임벌린은 이 남자를 '독일의 구세주'라고 부르게 되었다.

사실 아돌프 히틀러Adolf Hitler는 체임벌린이 쓴 바그너의 전기를 읽었고, 인종적 순수성에 대한 그의 개념도 이 인종차별 이론가에게서 빌려 온 부분이 크다. 그런 개념 중 하나가 바로 독일 국민이 살아남기 위해서 유대인을 독일 사회에서 몰아내야 한다는 것이었다. 체임벌린은 1923년 히틀러를 만난 후 그에게 편지를 썼다. "고백하건대 비록 큰 희망을 갖지는 못했으나 게르만 민족주의Germandom에 대한 나의 신념은 단 한 순간도 흔들린 적이 없습니다. 하지만 당신은 일필휘지로 내 영혼의 상태를 바꾸어 놓았습니다. 가장 필요한 시기에 독일이 히틀러를 낳았다는 사실이 바로 독일이 살아 있음을 입증하는 증거입니다."[47] 인종 순수성의 활력은 당시 유대인으로부터 새로운 위협을 받고 있었다. 이 위협이란 체임벌린이 믿었듯, 유대인이 구약성경 시대 동안 베두인족Bedouins, 히타이트Hittites, 시리아인Syrians, 아리아인이 섞여서 만들어진 민족이었기 때문이다. 체임벌린과 신고비노주의자neoGobinians의 관점에서 보면(고비노 자신은 반유대주의자가 아니었다) 이런 인종 오염이 자본주의와 인도주의humanitarianism, 그리고 '유대 과학Jewish science'을 낳았다. 이 모든 것이 결국 아리아인 튜턴족Aryan Teutons과 유대인 사이의 투쟁으로 이어졌다(이 괴상한 이야기 속 예수는 유대인이 아니라 아리아인이었다).

리하르트 바그너의 음악과 철학을 존경한 또 한 사람은 프리드리히 니체Friedrich Nietzsche라는 이름의 조숙한 언어학자였다. 그는 〈뉘른베르크의 명가수Die Meistersinger von Nurnberg〉와 〈트리스탄과 이졸데Tristan und Isolde〉의 라이브 공연을 보고 난 후 이렇게 선언했다. "내 몸속의 모든 섬유, 모든 신경이 이 음악에 맞추어 진동했다."[48] 두 사람은 세대 차이에도 불구하고 이런 정서를 서로 공유했다. 세대에서 비롯된 간극은 현대 문명이 붕괴하고 있다는 공통의 신념으로 메워졌다. 더불어 작가, 화가, 철학자, 바그너 같은 작곡가 등, 영속적이고 위대한 작품으로 무장한 선택받은 개인, 구원의 사람들이 이끄는 낭만주의적 영웅주의를 통해 그러한 붕괴를 막아야 한다는 공통 열망이 이들 사이의 간극을 메웠다. 1872년 작품 『비극의 탄생』에서 니체는 문명의 역사에서 이성과 자기통제의 아폴론 정신Apollonian spirit이 예술과 창조성의 디오니소스적 정신Dionysian spirit을 압도하는 바람에, 지식의 위대한 힘으로 무장했으나 창조적 정신은 쪼그라든 '알렉산드리아적 인간Alexandrian man'만이 남았다고 주장했다. 니체는 유럽인들이 알렉산드리아적 인간이 되고 말았다고 투덜거리면서도 바그너의 오페라에서 자신의 주변을 둘러싼 타락한 문명의 구원을 발견했다.

이후 니체는 바그너의 음악에 대한 생각을 바꿔 그 음악 역시 타락했다고 결론 내렸다. 니체의 후기 작품들은 유럽 문명의 쇠퇴가 '권력의지will to power' 상실의 결과라는 주제로 쓰였다. 그는 『안티크리스트』에서 이렇게 웅변했다. "어떤 형태로든 권력의지가 쇠퇴하는 곳에서 생리학적 퇴행physiological regression, 즉 타락이 함께 일어난다."[49] 『권력에의 의지』에서 니체는 역사란 '생전에 가난한 자, 즉 약자'와 '생전에 부유한 자, 즉 강자' 사이의 변증법적 투쟁이라 선언한다.[50] 『선악의 저편』에서는 문명 자체가 "여전히 권력에의 강인한 의지와 욕망을 끊임없이 유지하면서 자기 자신을 더 나약하고, 문명화되고, 평화로운 민족을 위해 내던진 지배 종족men of prey"이 만들어 낸 산물이라 결론 내렸다. 이 지배 종족은 대체 누구일까? 니체가 '금발의 야수'를 설명하면서 말했듯이 이 지배 종족은 고비노가 말했던 아리아인이었다. 기독교, 과학, 자유 인도주의liberal humanitarianism는 아리아인 귀족을 노예로 만들고 있었다. 그는 『도덕의 계보』에 이렇게 적었다. "한동안 우리의 유럽 문화 전체가 재앙을 향해 움직여 왔다."[51]

광기가 그의 정신을 사로잡은 가운데 니체는 바그너에게 헌정하는 자신의 유일한 소설 작품인 『차라투스트라는 이렇게 말했다』를 썼다. 이 책에서 페르시아의 종교 예언가 조로아스터(Zoroaster, 이야기 속의 차라투스트라)는 우주를 빛과 어둠으로 나눈 고대 아리아인 종교의 생기론을 상징한다. 여기서 니체는 초인Übermensch이라는 주제를 펼쳐 보였고(이것은 후에 리하르트 슈트라우스Richard Strauss의 음악에서 잊히지 않는 오프닝 트럼펫 선율로 담겼고, 영화감독 스탠리 큐브릭Stanley Kubrick은 영화 〈2001 스페이스 오딧세이〉에서 이 음악을 적절히 사용했다), 이런 유명한 말을 남긴다. "신은 죽었다." 그리고 스스로를 적그리스도Antichrist라 부른다. "오랜 신이 폐기되었으므로 나는 세상을 지배할 준비가 되었다."[52]

피와 흙의 로맨스라는 양탄자에 짜여진 이 모든 문화의 실에 깊은 영향을 받은 두 저자가 있었다. 첫째는 오스발트 슈펭글러Oswald Spengler다. 그는 20세기의 첫 10년 동안에 베를린대학교에서 철학과 자연과학을 교육받았고, 그 후에는 자신이 국가적 정체성과 문화적 운명에서 '세계의 역사적 변화', 즉 서구의 자유주의 세계와 그 계몽적 가치관 그리고 독일과 낭만주의적 이상 사이의 투쟁을 목격한 사람이라는 계시를 받는다. 그가 쓴 대표작의 원제는 '보수와 자유주의Conservative and Liberal'였다. 하지만 뮌헨의 책방 유리창 너머로 그는 『고대의 쇠퇴The Decline of Antiquity』라는 제목의 책을 보고 영감을 받아 『서구의 쇠퇴The Decline of the West』라고 제목을 새로 지었다. 이 작품은 1918년 독일의 제1차 세계대전 패망일 전야에 출간되었다. 슈펭글러는 역사를 과거에 살았던 개인과 무관한 자연의 힘으로 여겼고 자신의 낭만주의적 영향으로부터 민족정신Volksgeist이라는 형이상학적 개념을 차용한다. 그는 이 민족정신이 역사의 발전을 결정하는 힘이라 보았다. "각각의 문화는 자신을 표현하는 자기만의 새로운 가능성을 가지고 있다. 이 가능성은 생겨나서, 무르익고, 부패하여 결코 되돌아오지 않는다." 그는 문명을 유기체에 비교하며 이렇게 적었다. "모든 문화에는 아동기, 청소년기, 성인기, 노년기가 있다."[53]

"조직도 없이 의기소침하게 모여 있는 사람들, 위대한 문명이 남긴 폐품들"이 유럽의 대도시들을 정처 없이 떠돌아다니는 동안, 문명의 노년기가 19세기 유럽에 찾아왔다. 서구 문명이 이런 쇠퇴를 역전시키는 데 필요한 것은 "모험가, 카이사르를 자칭하는 사람, 분리독립하는 장군들, 야만인들의 왕"이었다. "우리 게르만 세계에 알라리크Alaric*와 테오도릭Theodoric**의 정신이 되돌아와 돈의 독재, 그리고 돈의 정치적 무기인 민주주의를 박살 낼 것이다. 칼이 다시 한 번 돈을 이기리라."

두 번째 저자도 '투쟁', '부패', '쇠퇴' 같이 반복되는 주제를 그대로 따랐고, 심지어 바이로이트 축제Bayreuth Festival에서 슈펭글러를 직접 만나기도 했다. 바이로이트 축제는 리하르트 바그너와 프리드리히 니체가 반세기 전에 회합했던 자리이기도 하다. 아서 허먼은 이렇게 적고 있다. "이들은 독일의 문화적 정경을 가로질러 달리는 두 개의 깊고 빠른 흐름이 합류하는 지점에 서 있었다. 한 흐름은 고비노에서 바그너를 거쳐 휴스턴 체임벌린으로 이어지는 흐름이고, 다른 하나는 니체와 그의 급진적 애국주의자radical nationalist 추종자로부터 나온 흐름이다."[54] 너무 소수만 읽었고, 그보다 더 적은 사람이 진지하게 받아들인 한 책 속에서 이 모든 실들이 엄청나게 중요한 양탄자로 짜여졌다. 그 책의 발췌문을 일부 소개한다.

**과학과 예술, 기술과 발명 등 우리가 오늘날 이 지구 위에서 떠받들고 있는 모든 것은**

---

* 서고트족의 왕으로 410년 로마를 점령했다.

** 동고트족의 왕. 493년 이탈리아에 동고트 왕국을 창건하고, 526년까지 이탈리아를 통치했다.

소수의 사람, 원래는 한 민족이 만들어 낸 창조적 생산물일 뿐이다.

과거의 모든 위대한 문명이 멸망한 이유는 그저 원래 창의적이었던 민족이 피에 독이 퍼져 죽어 버렸기 때문이다.

오래된 문명이 죽어 사라진 이유는 단 하나, 혼혈과 그로 인한 인종 수준의 하락이다.

인간은 전쟁에 져서 멸망하는 것이 아니라 순수한 혈통 속에만 들어 있는 저항력을 잃어버려 멸망한다.

아리아인은 인류의 프로메테우스다. 그의 밝은 이마로부터 천재성의 신성한 불꽃이 언제나 솟아올라 영원토록 지식의 불을 새롭게 붙인다. 이 불이 고요한 미스터리의 밤을 밝혔다. 그리하여 인간이 이 지구의 다른 존재를 제치고 주인의 자리에 오를 수 있게 하였다. 그가 없었다면 아마도 1000년 후면 어둠이 다시 이 땅위에 내려와 인간의 문화는 사라지고 세상은 사막으로 변하게 되리라.

살고 싶은 자는 싸우게 하라. 이 영원한 투쟁의 세상에서 싸우기를 원치 않는 자는 살 자격이 없다.

아리아인의 가장 강력한 적수는 바로 유대인이다.

이 책의 제목은 바로 『나의 투쟁』이고, 저자는 아돌프 히틀러다.[55] 유토피아적 사회(〈그림 10-8〉)로 그려졌던 피와 흙의 로맨스는 이렇게 디스토피아적 악몽으로 무너지게 되었다. 이런 유토피아는 모두 결코 존재한 적이 없었던 과거와 결코 존재할 수 없을 계획된 미래에 대한 상상을 전제로 세워졌다. 지상천국이 지옥으로 바뀐 것이다.

| 그림 10-8 | **피와 흙의 로맨스**

1936년 고슬라어에 걸려 있던 피와 흙 엠블럼.

# 유토피아, 민족, 그리고 대안우파 국수주의의 등장

피와 흙의 로맨스는 그저 철 지난 역사적 흥밋거리가 아니다. 지난 세기 동안 서구 문명은 도덕적으로 놀라운 발전을 이룬 것이 사실이다. 하지만 정치적 국수주의political nationalism, 경제적 보호주의economic protectionism, 반이민정서anti-immigration, 특히 인종과 인종의 순수성에 대한 유토피아적 판타지는 수십 년 동안 모습을 숨기고 잠들어 있다가 최근 대안우파alt-right의 형태로 다시 등장했고, 2016년 미국 도널드 트럼프Donald Trump 행정부의 수석 전략가로 스티브 배넌Steve Bannon이 임명되면서부터 더욱 과감해지고 있다. 트럼프 행정부에 합류하기 전 배넌은 극우 뉴스 웹사이트인 브레이트바트Breitbart의 운영진이었다. 2016년 배넌은 이곳을 "대안우파의 플랫폼"이라 묘사했다.[56)]

대안우파 운동은 아직 파편화되어 있고 비주류에 머물고 있지만, 백인 국수주의white nationalism 싱크탱크인 국가정책연구소National Policy Institute, NPI와 AltRight.com이라는 웹사이트를 통해 이질적인 추종자를 하나로 묶기 위한 작업을 진행 중이다. 이 두 곳 모두 리처드 스펜서Richard Spencer가 운영 중이다. 그는 백인우월주의자로 불리지만 정작 그는 그런 호칭을 거부한다. 그럼에도 스펜서는 "재산을 빼앗긴 백인 민족"을 위한 조국을 옹호하고, "모든 유럽인이 모이는 지점이 될 새로운 사회, 단일민족국가"를 홍보하고, 유럽 문화의 '해체deconstruction'를 비난하고, '평화로운 인종 청소ethnic cleaning'를 부르짖어 왔다.[57)] 스펜서의 웹사이트에 따르면 NPI는 "미국과 전 세계에 사는 유럽 후손들의 유산, 정체성, 미래에 전념하는 독립 기관이다."

전통적 자유주의의 개인주의를 거부하는 이들에게 중요한 것은 집단 속에서의 정체성이다. 기관 홍보 동영상에서 스펜서는 이렇게 묻는다. "당신은 누구입니까? 당신의 이름이나 직업을 묻는 것이 아닙니다. 그보다 더 큰 것, 더 심오한 것을 묻고 있습니다. 저는 문화, 역사, 운명, 그리고 수 세기에 걸쳐 전해 내려오는 정체성과 당신의 상관관계를 말하고 있습니다."

안타깝게도 스펜서는 이렇게 한탄한다. "요즘 우리는 자신이 누구인지 전혀 알지 못하는 것 같습니다. 우리는 뿌리를 잃어버렸습니다. 방랑자가 되고 말았어요." 또한 스펜서는 서구 문화의 포용성 inclusiveness을 거부하고, 원주민의 후손이 아닌 미국인은 모두 이민자 출신이라는 역사적 현실을 무시하듯 이렇게 불평한다. "미국이 모든 이를 위한 국가가 되다 보니 결국 그 누구를 위한 국가도 아니게 되어 버렸습니다. 이 나라에서 바로 우리 스스로가 이방인이 되고 말았어요." 여기서 우리는 누구일까? "우리는 그저 백인만이 아닙니다. 우리는 민족의 역사, 정신spirit, 유럽 문명의 일부입니다. 이러한 유산이 우리 앞에 하나의 선물로, 그리고 하나의 도전 과제로 서 있습니다." [58] 모두 전에 들어 본 이야기 같지 않은가? 민족, 국가, 인종의 정신은 반계몽주의적인 피와 흙의 인종적 로맨스의 토대다.

2016년 미국 대통령 선거가 있기 바로 전, 스펜서는 기자회견에서 자신의 신념, 그리고 대안우파가 표방하는 바를 소상히 밝혔다 (이 기자회견에서 이 운동의 로고가 드러났다. 〈그림 10-9〉). "엄격하게 정책적인 측면에서만 바라보는 것은 대안우파를 제대로 이해할 수 있는 방법이 아니라 생각합니다. 정치학politics보다 정치철학metapolitics이 더 중요하고, 정책보다 큰 개념이 중요하다고 생각합니다." 그는 이렇게 덧붙였다. "민족은 현실입니다. 민족은 중요하죠. 민족은 정체성의 토대입니다. 민족을 빼고 자신이 누구인지 이해할 수 없어요."[59] 이름이 암시하듯 대안우파alt-right는 그냥 좌파의 반대가 아니라 주류 보수주의의 대안으로 등장했다. 주류 보수가 수십 년 동안 시민권, 여성의 권리, 동성애자의 권리, 동물의 권리 등을 옹호하는 움직임에 대응해서 사회적으로 좌편향 되어 왔기 때문이다. 오늘날의 보수주의자는 대부분 1950년대 일반적인 진보주의자들보다 더 진보적이다. 스펜서와 그의 대안우파 추종자는 이렇듯 좌편향된 보수주의

| 그림 10-9 | **대안우파 로고**
2016년 9월에 워싱턴에서 열린 기자회견에서 국가정책연구소 회장 리처드 스펜서가 대안우파의 로고를 소개했다.

자는 '컨서버티브conservative' 대신 **컥서버티브**(cuckservative, 바람난 아내를 둔 남편이라는 뜻의 'cuckold'와 보수주의를 합친 말로 기존의 보수를 얼간이라 폄하하는 표현)라고 부른다. 수십 년 동안 우익 진영의 운동을 연구해 온 형사행정학 교수 조지 마이클George Michael에 따르면 컥서버티브는 "미국 헌법, 자유 시장경제, 개인의 자유 등 추상적 원리를 최우선시하는 보수적 변절자를 말한다. 반면 대안우파는 국가, 민족, 문화, 문명 같은 개념에 더 관심이 많다."[60] 컥서버티브는 자유주의적 가치관을 배반했을 뿐 아니라 더 나쁘게 말하면 나약하고 능력도 없는 협상파, 초당적 타협주의자, 그리고 리노(RINOs, Republican In Name Only, 이름만 남은 공화당원)들이다.[61] 우익의 컥서버티브는 그에 대응하는 좌익의 리브타드(libtard, 진보주의자를 의미하는 liberal과 모자라는 사람을 의미하는 retard의 합성어)만큼이나 해롭다.

「대안우파란 무엇인가What is the Alt Right?」란 제목으로 AltRight.com에 게시된 글에 따르면 이 운동은 "주류 좌파와 우파를 사실상 똑같은 자유주의 이데올로기의 두 형태에 불과한 것으로 바라보며 양쪽 모두에 문제를 제기한다." 이들은 작은 정부를 선호하는 고전적인 자유주의와 자유주의자를 거부한다. 야심 가득한 외교정책으로 전쟁을 도발하는 보수주의자를 버리고, 세금을 낮추고 경제를 성장시키는 데 초점을 맞추는 공화당 사람들을 버린다. 대안우파는 "외교정책에 대한 신중한 접근과 전통적 가치관 옹호라는 측면에서" 구식보수주의자paleoconservatives와 가장 가깝다. 이들은 앞에서 언급했던 패트릭 뷰캐넌을 칭송하고 그의 비관주의적 저서, 『서구의 죽음The Death of the West』을 극찬한다. 이들은 자신에게 지적으로 가장 큰 영향을 미친 사람으로 앞에서 논의했던 쇠퇴론 철학자 프리드리히 니체를 비롯해서 마르틴 하이데거Martin Heidegger, 토마스 만Thomas Mann, 오스발트 슈펭글러 등을 꼽는다. "특히 흥미로운 이론은 문명 쇠퇴를 다룬 슈펭글러의 이론, 영겁회귀eternal return의 미학과 주기를 강조한 니체의 철학, 그리고 카를 슈미트Carl Schmitt의 정치 개념 등이다."[62] 비관주의적인 과거의 인력은 오늘날에도 계속된다.

'정체성'의 정치학은 대안우파의 핵심이다. 이것은 정체성 문제를 순수한 백인종의 문제로 포장했던 유토피아적 피와 흙의 로맨스와도 일치한다. 이들은 역사적으로 미국에는 이탈리아인 공동체와 아일랜드인 공동체 등의 '문화적 공동체'와 함께 서부의 '카우보이 문화' 같은 '지역적 정체성'이 존재했다는 사실을 인정하면서도 이렇게 말한다. "유럽 혈통의 미국인 대다수는 자신의 정체성을 그냥 '백인'이라 생각한다." 그리고 이렇게 말한다. "아프리카인, 아시아인, 히스패닉, 다른 소수 민족들은 스스로를 고유의 요구와 관습을 갖는 응집된 공동체로 바라보는 반면, 유럽 혈통의 미국인은 그런 조직도 대표성도 없다."[63] 지금까지는 그러했다. 여기서 대안우파가 등장한다.

분석 과정에서 조지 마이클은 도널드 트럼프를 대안우파 운동과 조심스럽게 분리한다. 대안우파는 이 백만장자가 대통령 출마 사실을 발표하기 오래전부터 있었고, 트럼프가 선거에 졌다 하더라도 여전히 오름세였을 것이기 때문이다. 이런 현상이 미국에만 국한된 것도 아니다. 마이클은 이렇게 결론 내린다. "2016년 여름에 있었던 브렉시트Brexit 국민투표와 마찬가지로 트럼프의 깜짝 승리는 서구 사회에서 민족주의가 득세함을 확인해 주었다. 마린 르 펜Marine Le Pen의 인기가 점점 올라가는 것을 보면 프랑스에도 국수주의 정부가 곧 들어설 가능성이 있다. 그럼 프랑스도 영국처럼 유럽연합에서 탈퇴

할 가능성이 있다." 대안우파 기자회견에서 리처드 스펜서가 이렇게 소리치며 트럼프의 대선 승리를 축하했던 말은 맞다. "트럼프 만세! 우리 국민 만세! 대선 승리 만세!" 하지만 마이클은 이렇게 지적한다. "지금까지 트럼프는 인종 문제를 노골적으로 팔아먹는 일은 삼가 왔다. 그리고 백인 우선주의가 아니라 미국 우선주의를 강조하는 일종의 시민 국수주의civic nationalism를 고취해 왔다." 사실 마이클은 미트 롬니Mitt Romney가 트럼프와 똑같은 백인 득표율을 가져갔다고 지적하며 이렇게 말했다. "선거 유세에서 트럼프의 언사는 적절치 못한 것으로 평가되었음에도 불구하고 그는 인종, 성별, 성적 지향, 신념에 상관없이 모든 미국인에게 다가갔다. 사실 그는 공화당의 주요 대통령 후보 중 여러 해 만에 처음으로 아프리카계 미국인 유권자를 끌어들이기 위해 실제로 진지한 노력을 기울였던 사람이다." [64] 심지어 트럼프는 CBS의 인기 뉴스 프로그램 "60 미닛츠60 Minutes"에 출연해서 자신은 동성 결혼을 지지한다고 발표하고, 플로리다 올랜도에서 게이 나이트클럽 총기 난사 사건이 일어난 후에는 바로 성소수자 미국인들과 그들의 권리를 보호할 것을 약속하는 등 성소수자 집단에 지지를 보내기도 했다. 더군다나 동성애자임을 대놓고 드러내는 페이팔의 공동창업자 피터 틸을 공화당 전당대회에 연사로 초대하기도 했다. [65] (그래도 직장 내 차별에 대해 오바마 대통령이 내린 행정명령을 트럼프가 폐지했다는 사실은 지적하고 넘어가야겠다. 이 행정명령이 유지되었다면 성소수자 노동자를 보호하는 역할을 했을 것이다. 또한 군대 내의 트랜스젠더에 대한 그의 태도가 많은 성소수자들의 분노를 이끌어 냈다는 점도 지적해야겠다) 트럼프를 어떻게 달리 생각하든, 이런 것들을 대안우파 인종차별주의 선동 정치가의 말과 행동이라 보기는 힘들다.

사실 대안우파 운동의 뿌리는 '아리안네이션스Aryan Nations', '백인 아리안레지스탕스White Aryan Resistance', '내셔널얼라이언스National Alliance', '창조주세계교회World Church of Creator' 등으로 수십 년을 거슬러 올라간다. 이 중 창조주세계교회는 '시온주의자가 점령한 정부(ZOG, Zionist Occupation Government)'에 반대하여 인종주의 성전RAHOWA, Racial Holy War을 벌일 것을 설교했다. 정부의 과잉 대응이 루비 리지Ruby Ridge와 웨이코Waco에서 재앙과도 같은 인질 사건으로 이어진 이후에 발생한 민병대 운동을 배경으로 1995년 오클라호마 시티에서 티모시 맥베이Timothy McVeigh가 일으킨 폭탄 테러가 계기가 되어 이 운동은 지하로 숨어들게 된다. 하지만 이 운동이 사그라든 것은 아니었다. 예를 들어 나는 2008년 6월 역사재조명연구소Institute for Historical Review*가 조직하고 그곳의 책임자 마크 웨버Mark Weber가 주최한 캘리포니아 코스트 메사에서 열린 학회에 참여했다. 학회 주제는 이들의 지칠 줄 모르는 열정의 대상이자 취미 생활인 히틀러와 나치, 유대인과 홀로코스트, 제2차 세계대전과 서구의 쇠퇴였다. 학회에서 웨버와 인터뷰를 하면서 정확히 무엇이 쇠퇴하고 있다는 말인지 물어보았다. 그가 이렇게 주장했다. "우선 역도태의 성향이 존재합니다. 평균 지능이 떨어지고 있어요. 어딜 가 봐도 가장 교육도 많이 받고 교양도 있는 사람들이 아이는 제일 적게 낳고 있어요. 음악, 건축, 미술 분야 모두 쇠퇴하고 있습니다. 문화 전반적으로 불협화음이 발생하고 있습니다." 그는 또 이렇게 말했다. "건강한 사회는 응집력이 있습니다." 그것이 무슨 의미인지 그를 압박하자 이렇게

---

* 제2차 세계대전 당시 나치의 유대인 대학살을 부인하는 반유대인 단체.

대답했다. "민족성과 인종입니다." 민족성이란 것은 사람들이 가진 공동의 신념, 이를테면 공동의 종교 같은 것을 의미하는지 물어보았다. 그러자 웨버는 딱 잘라 말했다. "아닙니다. 예를 들어 이라크인은 공동의 종교를 믿지만 그들의 사회는 응집력이 강하지 않습니다. 나는 인종적 또는 유전적 응집성을 말한 것입니다." 예를 들어 달라고 하자 웨버는 이렇게 말을 이었다. "덴마크 사람들은 세상에서 가장 행복한 국민이라고 하죠. 핵심 요소는 분명 덴마크 사람들이 민족적, 인종적으로 응집력이 있다는 점입니다." 하지만 나는 미국은 인종이 다양한 사회인데도 믿기 어려운 성공을 거두었고 역사상 가장 부유하고 성공적인 국가를 이루지 않았느냐고 맞받아쳤다. 그러자 웨버는 즉각 반박했다. "미국의 역사와 유산에서 가장 중요한 사실은 유럽인이 정착해서 만든 국가라는 점입니다."

그 후에 진행한 전화 인터뷰에서 나는 웨버에게 그가 학회 강연에서 요약해 발표했던 사후 가정 시나리오counterfactual scenario에 대해 물어보았다. 강연에서 그는 만약 영국과 프랑스가 독일에 전쟁을 선포하지 않고, 독일과 그 동맹국들이 소련 공산주의를 제거하는 데 성공했다면 어떤 일이 일어났을지를 추측했다. 그는 무슨 일이 일어났으며 오늘날 유럽은 어떤 모습일 것이라 생각할까? 웨버는 동맹국이 지배하는 팍스 유로파Pax Europa를 낳았으리라 추측한다. 팍스 유로파라는 문화적으로 역동적이고, 사회적으로 번영을 이루고, 정치적으로 안정적이고, 경제적으로 견실하고, 기술적으로 발전한 모습이었을 것이다. "승리를 거둔 국가사회주의 독일National Socialist Germany은 아마도 미국이나 소련보다 훨씬 야심 찬 우주 탐험 프로그램을 수행했을 것입니다. 광범위한 대륙 단위 수송 및 통신 네트워크, 모범적인 환경정책, 포괄적인 의료 보건 체계, 그리고 양심적인 우생학 프로그램을 개발했을 것입니다." 66) 양심적인 우생학이라고? 또한 웨버는 내게 『나의 투쟁』이 최근 특정 국가들에서 베스트셀러로 떠올랐다고 말했다. 예를 들어 터키에서 사람들이 실패한 다른 사회적 실험을 대신할 실행 가능한 선택지로 히틀러와 그의 철학에 눈을 돌리고 있다고 한다. 웨버에 따르면 20세기 사람들은 네 가지 정치체제가 지배하는 것을 목격했다. 바로 공산주의, 신권정치theocracy, 자유민주주의, 그리고 국가사회주의national socialism다. 공산주의는 사망선고를 받았다. 신권정치는 폐물로 전락했다. 그리고 자유민주주의는 특히 세계 공동체에서 미국의 평판이 떨어짐에 따라 급속히 사람들의 지지를 잃고 있다. 결국 국가사회주의가 남는다.

웨버와 그의 역사재조명연구소가 근래 들어 대중의 관심에서 멀어지기는 했지만, 홀로코스트 역사 수정주의자 중 가장 유명한 사람인 영국 작가 데이비드 어빙David Irving은 자신이 데버라 립스탯Deborah Lipstadt에게 낸 명예훼손 소송에서 패하고 그에게 불리한 판사의 최종 판결 이후 모습을 감추었던 이후로 자신의 작품에 대한 관심이 되살아나는 것을 경험한다고 주장한다. 그 최종 판결문에는 이렇게 적혀 있다. "어빙은 지속적이고 의도적으로 역사적 증거를 잘못 표현하고 조작할 자기만의 이데올로기적 이유가 있다. 그와 같은 이유로 그는 주로 히틀러의 유대인을 향한 태도와 히틀러의 유대인 취급 방식에 대한 책임과 관련해서 히틀러를 부적절하게 호의적으로 묘사해 왔다. 어빙은 능동적으로 홀로코스트를 부정하고 있으며 반유대주의자이자 인종차별주의자이며, 신나치주의를 고취하는 우익극단주의자와 어울리고 있다."

피고 측 감정인 중 한 명인 저명한 제2차 세계대전 역사가 리처드 에번스Richard Evans는 어빙이 역사에 대해 거짓말한다고 비난하면서 『히틀러에 대한 거짓말Lying about Hitler』이라는 제목의 책 한 권을 채울 만큼의 자료로 이러한 비난을 뒷받침했다. [67] 그럼에도 어빙은 2017년 초《가디언》에서 이렇게 말했다. "지난 2에서 3년 동안 제 작품에 대한 관심이 폭발적으로 증가했습니다." 미국 10대가 유튜브에서 자신의 수많은 강의를 찾아본다며 이렇게 말했다. "이 젊은이들이 동영상을 보느라 밤을 꼴딱 샜다고들 해요." 이 10대 청소년들은 대체 무엇에 호기심을 느낀 것일까? "이들이 제 동영상에 접속한 것은 히틀러와 제2차 세계대전에 대한 진실을 발견했기 때문입니다. 이 친구들이 온갖 것을 물어 와요. 저는 하루에 이메일을 300에서 400통 정도 받고 있습니다. 거기에 일일이 답을 해 주고 있어요. 나는 이 젊은이들과 관계를 구축합니다." [68] 나는 이 젊은이들 중에 어빙이 '혼혈 아동'이 휠체어를 타고 앞을 지나갈 때마다 자기 어린 딸에게 불러 주었다는 엉터리 시를 들어 본 적이 있는지 궁금하다. (이 시는 어빙의 일기에 쓰였고, 재판 조서 [69]에도 입력되었다. 지금은 인터넷 여기저기에 퍼져 있다.)

**나는 아기 아리아인이에요.**
**유대인도 파벌주의자도 아니죠.**
**나는 원숭이나 라스타파리안\*과**
**결혼할 생각은 없어요.**

---

\* 에티오피아의 옛 황제를 숭상하는 자메이카 종교 신자.

재판 중에 의도하지 않게 대단히 재미있으면서도 흥미로운 사실이 드러나는 사건이 있었다. 하루는 어빙이 말이 헛나와서 판사의 존칭을 영어 'Your Honor(각하)'가 아니라 독일어 'Mein Führer(총통 각하)**'라고 한 것이다. [70]

오늘날 대안우파 인종차별주의에서 보이는 피와 흙의 로맨스는 '1488ers'에서도 찾아볼 수 있다. 이들은 혁명을 추구하는 백인 국수주의자들로 인종 갈등이 미국을 파괴하고 결국 백인 국수주의가 부활할 무대를 마련하게 되리라 주장하고, 또 그렇게 되기를 바란다. 이들의 이름은 데이비드 레인David Lane의 14단어짜리 신조에서 유래했다. "우리는 반드시 우리 사람들의 존재와 백인 아동들의 미래를 안전하게 지켜야만 한다We must secure the existence of our people and a future for white children." 88이라는 숫자는 알파벳에서 여덟 번째 글자인 'H'를 거듭 쓴 HH, '하일 히틀러Heil Hitler'를 의미한다. [71]

2016년 미국 대선이 끝난 후 얼마 지나지 않아 리처드 스펜서는 "트럼프의 승리는 백인의 정체성 정치identity politics를 향한 첫걸음이자 첫 무대"라고 말했다. [72] 이 말이 좌파 진영에서 정치적 올바름 political correctness을 통해, 그리고 대학 캠퍼스에서 수십 년 동안 실천했던 정체성 정치를 그대로 따른다는 점을 고려하면 시사하는 바가 크다. 외교학 교수 월터 러셀 미드Walter Russel Mead는 2017년 초 이렇게 지적했다.

**백인 유권자 사이에서 소위 '정치적 올바름'에 대한 반감이 커지고 기꺼이 자신이 느**

---

** 히틀러의 직함.

끼는 집단 정체성을 표현하는 일이 늘어나는 것이 때로는 인종차별주의를 반영할 수도 있지만, 꼭 그런 것은 아니다. 사람들은 자신의 정체성이라 여기는 것을 긍정적으로 생각하기 때문에 자기가 인종차별주의자라 거듭 말한다. 하지만 이것은 자신이 본질적으로 인종차별주의자라고 생각해서 그런 상황에서 나름의 최선을 다하는 편이 낫다고 판단하며 하는 말일 수도 있다. 소위 대안우파의 등장은 적어도 부분적으로는 이러한 역학에 뿌리를 둔다. [73)]

좌파에서 사람을 인종, 신념, 피부색, 성별, 성적 지향, 출신 국가, 혈통, 종교, 신체적·정신적 장애, 질병, 결혼 여부 등으로 분류하는 데 집착해 온 것이 오히려 사람을 그 사람의 인품으로 판단하지 않고 피부색이나 여러 집단의 한 구성원으로 취급한 꼴이 되어 오히려 역풍을 맞게 되었다. 이것 역시 집단주의의 한 형태로 결국 인종 차별, 편견, 선입견을 **키우는** 역할을 하기 때문이다. 사람들에게 관용의 정신을 고취할 목적으로 편견을 없애고 생각을 바꾸어 놓겠다며 좋은 뜻으로 시작한 행동이 전체주의적 정책을 도입해서 모든 반대 의견을 침묵시키려는 사상경찰thought police *로 변질되고 말았다. 이런 짐에서 보면 **퇴행적 좌파**regressive left라 불리게 된 좌파의 현실의 반응으로 대안우파가 등장한 것도 이해할 만하다. 어쩌면 이 퇴행적 좌파의 특성을 **대안좌파**altleft라는 말로 가장 잘 표현할 수 있을 것 같다. 《월스트리트저널》의 편집자 소라브 아흐마리Sohrab Ahmari 는 『새로운 블레셋인The New Philistines』이라는 책에 이렇게 적었다.

* 사람들의 사상을 통제하는 경찰.

수십 년 동안 보편적 인권에 대한 약속은 거짓말이고, 집단 정체성은 공적 생활에 담긴 것이 전부고, 서구의 계율은 특권을 가진 죽은 백인들의 전유물이었다. 정체성주의identitarianism 전쟁은 끝이 없을 거라고 들어 온 서구의 수많은 사람들은 자기만의 형태로 정체성 정치를 받아들였다. 입증을 요구하는 그들의 태도에는 논리가 있다. 문화가 집단 정체성(흑인, 여성, 동성애자 등)에서 나오는 주장만 보상해 주면 침묵하는 다수는 정체성주의의 파이에서 자신의 몫을 원하게 될 것이다. 이들 역시 정체성 정치를 할 수 있다. 그것을 백인 국수주의white nationalism라고 한다. [74]

자기가 한 일이 돌고 돌아 결국 스스로에게 되돌아온다고 했던가.

천국과 지옥은 우리 안에 있다. 그리고 모든 신도 우리 안에 있다.
이것이 바로 기원전 9세기 인도『우파니샤드』의 위대한 깨달음이었다.
모든 신, 모든 천국, 모든 세상이 우리 안에 있다. 이것이 신화의 본질이다.

— 조지프 캠벨Joseph Campbell, 『신화의 힘』, 1988

4부

✕

# 죽을 운명과 의미

# 11장

## 우리가 죽는 이유
### 개체는 죽지만 종은 영원하다

고된 삶에 짓눌려 앓는 소리를 내고 땀을 흘리지만
죽은 뒤에 찾아올 무언가에 대한 두려움,
한번 떠나면 두 번 다시 올 수 없는
그 미지의 세상에 대한 두려움 때문에 결심을 망설이지.
알지도 못하는 저세상으로 달아나느니 차라리
이대로 세상의 고통을 견디고 말아.
이렇듯 분별력은 우리 모두를 겁쟁이로 만들어 버리지.

— 셰익스피어, 『햄릿』 3막 1장

당신은 몇 살까지 살고 싶은가? 80세? 100세? 200세? 500세는 어떨까? 1000세까지 산다는 것이 어떤 것인지 상상할 수 있겠는가? 나는 상상이 안 된다.

설문 조사에서 이렇게 물어보면 대부분은 현재 평균 기대 수명을 넘어서까지 오래오래 살고 싶다고 하지 않는다. 이것은 무엇이든 익숙한 것을 감정적으로 선호하는 **현상유지편향**status quo bias의 또 다른 사례다.[1] 개인적 기대 수명은 우리 세대의 기대 수명과 얽혀 있다. 예를 들어 2013년 퓨리서치센터Pew Research Center에서 미국 성인 2012명을 대상으로 진행한 여론조사에 따르면 60퍼센트는 90세 이상 살고 싶지 않다고 말한 반면, 30퍼센트는 80세 정도까지 살면 좋을 것 같다고 답했다. 이런 결과는 소득이나 사후 세계에 대한 믿음 여부, 그리고 경우에 따라서 의학적 발전에 대한 기대와 상관없이 일관되게 나타났다. "새로운 의학적 치료로 노화 과정을 늦추고 일반적인 사람이 10년을 더 살아서 적어도 120세까지 살 수 있게 해 준다"라고 제시했더니 과반을 살짝 넘는 사람이(51퍼센트) 자기는 개인적으로 그런 치료를 원하지도 **않고**, 이것이 '본질적으로 부자연스러운 일'이고 '사회에도 좋지 않은 일'이라고 답했다. [2]

급진적 수명 연장을 자연스러운 일이 아니라며 거부하는 사람들의 의견은 간단한 사고 실험으로 반박할 수 있다. 예를 들어 만약 당신이 내일 죽는다는 사형선고를 받았다면 신변을 정리하고 사랑하는 모든 사람에게 사랑했었노라고 말할 수 있게 딱 하루만 더 살고 싶은 마음이 들지 않을까? 물론 그럴 것이다. 그럼 한 주를 더 사는 것은 어떨까? 물론 좋다. 한 달은? 아무렴 좋고말고. 그럼 1년은? 분명 당신이 하고 싶은 일이 많이 남아 있을 테니 좋다고 할 것이다. 그럼 10년 더 살 수 있다면? 그럼 못 가 본 곳에 여행도 가고, 심지어 새로운 직업도 경험할 수 있을 테니 분명 좋다고 할 것이다. 이렇게 늦추다 보면 아마도 어느 시점에 가서는 당신도 "그 정도면 되었어요"라고 말할 때가 오겠지만, 필름을 빨리 감아서 이제 다시 죽기 전날이 되면 우리는 분명, 하루만 더, 일주일만 더, 한 달만 더, 1년만 더, 10년만 더 바라는 사이클에 빠져들고 말 것이다. 말기 질환으로 엄청난 통증과 고통에 시달리고, 모르핀을 쏟아 부어야만 일주일이나 한 달을 더 버틸 수 있는 경우가 아니고서야 어느 정도 건강하고 행복한 사람이라면 단지 삶을 인위적으로 늘리는 것이 '부자연스럽다'는 이유만으로 자신의 인생에서 일찍 체크아웃하고 나가려는 사람은 없을 것이다. 그런 허무주의자와 냉소주의자 들이 있다면 알아서 세상을 뜨게 놔두자. 나는 또다시 떠오르는 태양을 보련다.

퓨리서치센터의 여론조사 결과는 응답자들이 다음의 경우에 생명 연장을 선호할 가능성이 더 높다는 사실을 입증해 보인다. 응답자가 더 젊고 미래의 의학 치료가 더 질 높은 삶을 제공해 주리라 믿는 경우, 더 긴 시간 일해서 생산성을 유지할 수 있는 경우, 자신이 천연자원에 부담이 되지 않을 경우, 노인을 사회문제로 보지 않는 경우, 더 오래 사는 것이 심신이 쇠약해지는 질병이나 장애로 이어지지 않을 경우. 건강하고, 행복하고, 생산적인 사람이라면 그런 상태가 유지되는 한 계속해서 삶과 사랑을 이어 가기를 바라는 것이 **자연스러운** 일이다. 영국의 하드록 밴드 더 후The Who는 1960년대 록 음악 「마이 제너레이션My Generation」에서 "나는 늙기 전에 죽기를 소망한다I hope I die before I get old."라며 포부를 밝혔지만 이 포부는 갈수록 사람들에게 무시당하고 있다. 이 밴드의 쾌활한 드럼 연주자 키스 문Keith Moon은 당시는 비교적 흔한 일이었던 약물 과다 복용으로 만 32세에 사망했지만 나이를 먹을 만큼 먹은 더 후의 리더 피트 타운센드Pete Townshend와 로저 돌트리Roger Daltrey는 반세기가 지난 지금도 여전히 공연 투어를 돌고 있기 때문이다.

## 우리는 왜 늙고 죽을까?

크리스토퍼 히친스는 자신의 삶을 마감할 무렵 《베너티 페어》 칼럼에서 「암이라는 주제」(결국 이 암이 그를 죽음으로 이끈다)를 생각하며 자신을 향해 던진 수사적 질문에 대해 그 누구보다도 훌륭한 답을 내놓는다.

"왜 하필 나인가요Why me?"라는 멍청한 질문에 우주는 굳이 이렇게 대답하지 않는다. "그럼 안 될 거 있어Why not?" [3)]

이것은 우리를 더욱 심오한 질문으로 이끈다. 우리는 대체 왜 죽을까? 신 또는 자연은 왜 우리에게 영생을 부여하지 않았을까?

그 대답은 자연의 두 가지 사실과 관련 있다. (1) 열역학 제2법칙. 즉 우리 우주에는 엔트로피로 이어지는 시간의 화살이 존재해서 이것이 모든 것을 멈추게 만든다는 사실이다. (2) 진화의 논리. 즉 자연선택은 불멸의 유전자를 보존할 목적으로 죽을 운명을 타고난 존재를 만들어 낸다는 사실이다. 이 질문에 대답할 때는 **직접적인 근인**近因, proximate cause과 인과적으로 거리가 있는 **근본적 원인**ultimate cause을 반드시 구분해야 한다. 근인은 사물이 그런 식으로 작동하는 이유에 대한 보다 직접적인 기계적 설명인 반면, **근본적 원인**은 사물이 어느 특정한 방식으로 존재하는 이유를 더욱 깊게 설명한다. 예를 들어 과일이 단맛이 나는 **근인**은 혀에 있는 미각 수용기가 잘 익은 과일 속에 들어 있는 과당 분자를 감지해서 뇌로 신경화학적 신호를 보내어 '달다'라는 감각을 인식하게 만드는 것이다. 반면 과일이 애초에 단맛이 나는 이유에 대한 **근본적 설명**은 우리의 진화적 과거와 관련이 있다. 옛날에는 잘 익은 과일 같은 음식이 영양가가 많으면서 동시에 귀했다. 자연선택은 귀하고 영양 많은 음식을 좋아하지 않는 개체보다 그런 음식에 욕망을 느끼는 개체에게 유리하게 작용했다. 그리하여 우리는 과일에서 단맛을 느꼈던 선조의 후손으로 태어났다. 섹스를 하는 이유도 근인-근본적 원인과 비슷하게 설명할 수 있다. 섹스를 하는 **근인**은 섹스를 하면 기분이 좋기 때문이다. 성기관에는 촉감을 섬엽insula과 전대상회anterior cingulate 등 쾌감과 관련된 뇌 영역에서 인식하는 신경화학 신호로 전환하는 신경세포가 풍부하게 들어 있다. 반면 섹스를 하는 **근본적 이유**는 종을 영속시키기 위해 진화가 선택한 방법이 섹스이고 자연선택은 섹스를 즐겁다고 느끼는 개체들에게 유리하게 작용했기 때문이다. 섹스에서 불쾌함을 느끼거나 아무 느낌 못 받는 사람은 섹스를 즐겁다고 느끼는 사람과의 경쟁에서 뒤처지게 된다. 후자가 전자보다 더 많은 자손을 남기기 때문이다.

죽음의 **근인**은 누가 봐도 뻔하고 **가용성 휴리스틱**availability heuristic에 휘둘린다. 가용성 휴리스틱이란 우리에게 즉각적으로 가용한 사례들, 특히 생소하고, 특이하고, 감정적으로 두드러지는 사례를 바탕으로 잠재적 결과의 확률을 배정하는 경향을 말한다.[4] 그래서 폭탄 테러, 상어의 공격, 지진, 허리케인, 번개, 경찰의 만행, 살인 벌 등 우리를 죽게 할 가능성이 가장 높은 것이 무엇인지 평가한 것을 보면 우리가 평가를 수행할 당시 우연히 저녁 뉴스에 올라왔던 사건들이다.[5] 사실 우리를 죽게 할 가능성이 가장 높은 것은 이런 것들이 아니다. 세계보건기구WHO에 따르면 상위 10위에 해당하는 사망 원인은 허혈성 심장 질환ischemic heart disease, 뇌졸중, 만성폐쇄성 폐 질환chronic obstructive pulmonary disease, 하기도 감염lower respiratory infection, 기관·기관지·폐의 암, 에이즈, 설사병, 당뇨병, 자동차 사고, 고혈압성 심장 질환hypertensive heart disease이다.[6] 테러리스트나 상어가 당신을 덮치기 전에 당신을 저세상으로 데려갈 가능성이 높은 다른 흔한 위험으로는 암(간암, 대장암, 유방암, 피부암, 전립선암, 자궁경부암, 췌장암 등), 중독, 낙상, 익사, 화재, 부상, 약물 과다 복용 등이 있다. 미국에 사는 사람의 경우에는 총기에 의한 사망도 여기에 해당한다. 매년 총기에 의한 살인, 자살, 사고로 사망하는 미국인 수가 자동차 사고 사망자만큼 많다(2013년을 기준으로 각각 3만 3636명과 3만 3804명).[7]

죽음의 **근본적 원인**에 대해서는 신학자와 종교를 믿는 사람들이 이미 작성해 놓은 답안이 있었다. 이들은 죽음이란 그저 한 단계에서 다음 단계로 넘어가는 이행 과정이라 주장한다. 이승의 삶은 우리가 존재하면서 그다음 막에서 연기할 신성한 대본을 받는 임시 극장이다. 종교적 세계관에서 보면 죽음은 신의 뜻이라는 것 이상의 설명이 필요하지 않다. 죽음은 일단 우리가 저승에 가면 밝혀질 신의 설계의 일부다. 어떤 사람은 이런 설명으로 만족하겠지만 이것으로는 종교적 세계관 안에서도 왜 **육체적** 삶이 반드시 종말을 맞이해야 하는지, 혹은 왜 굳이 생물학적 삶에서 영적인 삶으로 형태 변화를 거쳐야 하는지의 의문을 풀지 못한다. 신은 전능하고 모든 존재를 사랑하는데 그냥 지상의 천국을 만들고 중간 단계는 건너뛰면 될 것 아닌가?

과학자가 내놓는 우리가 늙고 죽는 이유에 대한 궁극의 해답은 열역학 제2법칙에서 시작한다. 열역학 제2법칙은 우주가 점점 정지하고 있으며 결국 지금으로부터 수천억 년 후에는 종말을 맞이하게 되리라 말한다. 열역학 제2법칙의 결과물은 엔트로피이며, 이 법칙은 닫힌계closed system에 적용되는데 우주 전체가 닫힌계에 해당한다. 따라서 궁극적으로는 지구, 태양, 그리고 우주 자체는 그 안에 있는 모든 생명체와 함께 분명 종말을 맞이하게 될 것이다. 하지만 지구만 따로 떼어 놓고 보면 태양에서 생산되는 에너지 덕분에 지구는 열린계open system다. 원칙적으로 따지면 이 열린계에 에너지를 공급해 주는 원천이 존재하는 한 생명은 적어도 40억 년 정도는 더 지속될 수 있다. 그때가 되면 태양이 바깥쪽으로 부풀어 올라 지구를 집어삼키게 될 것이다. 그렇다면 그 시점이 올 때까지 생명체가 무한히 살 수 있는 것 아닌가?

사실 무한히 사는 생명체도 있어 보인다. 어떤 생명체는 늙지 않는 것 같다(아니면 적어도 **무시해도 좋을** 정도의 노쇠negligible senescence 현상만 보인다). 일부 거북이, 철갑상어, 한볼락, 바닷가재 등이 그 예다. 히드라는 생물학적으로 불멸이라 할 수 있다. 2016년 과학자들은 가장 오래 산 척추동물일지 모를 그린란드 상어를 발견했다. 이 상어의 수명은 392년 플러스마이너스 120년, 그러니까 272에서 512년 사이다.[8] 한 표본은 1504년에 태어난 것으로 계산되었다. 셰익스피어가 태어나기 60년 전이다! **완보류**(물곰)는 더욱 극단적이다. 완보류는 물에서 태어난 다리 여덟 개 달린 미세 동물로 길이는 0.5밀리미터 정도이고 지구상 거의 모든 곳에서 발견된다. 섭씨 영하 246도에서 영상 148도의 온도, 가장 깊은 바닷속 수압보다 여섯 배나 강한 대기압, 사람이 죽는 수준보다 수백 배 높은 방사능에서도 살아남을 수 있고, 물과 먹을 것 없이도 수십 년을 산다. 심지어 우주 공간의 진공 속에서도 살아남는다. 이 생명체는 **휴면 상태**cryptobiosis 능력도 있다. 휴면 상태에서는 모든 대사 과정이 중단되지만 유기체는 죽지 않는 일종의 가사 상태로 이 상태로 수천 년을 버틸 수도 있다. 완보류도 이런 능력이 있는데 사람이 못할 이유가 있을까? 사실 7장에서 정체성 문제를 이야기할 때 확인했듯이 당신은 당신이 태어났을 때와 똑같은 '존재'가 아니다. 원자가 끊임없이 재활용되고 대체되기 때문에 거의 10년마다 완전히 새로운 사람이 되기 때문이다. 이런 물질 재활용이 무한히 이어지지 못할 이유가 무엇일까? 무한까지는 아니더라도 재활용할 원자와 이 과정을 이끌어 갈 에너지가 있는 동안에는 가능하지 않을까?

이런 질문에 답하려면 노화를 정확하게 정의할 필요가 있다. 2007년 《임상노화연구Clinical Interventions in Aging》에 실린 한 논문은 '노화 과정과 기대 수명을 연장할 수 있는 잠재적 치료법The Aging Process and Potential Interventions to Extend Life Expectancy'에 대한 문헌들을 광범위하게 검토했다. 이 논문에 따르면 노화는 "흔히 나이가 들면서 세포와 조직에 발생하여 질병과 죽음의 가능성을 높이는 다양한 해로운 변화의 축적"이라 정의된다. 노화와 관련해서 수백 가지 이론이 쏟아져 나온다. 이렇게 이론이 많다는 것은 노화의 역전은 고사하고 노화 과정을 늦추거나 정지시킬 확실한 해법을 찾기까지 갈 길이 멀다는 의미다. 그래서 저자들은 이렇게 결론 내린다. "노화의 단일 원인을 찾겠다는 노력이 이어지다가 근래에는 노화를 수많은 요소로 이루어진 지극히 복잡한 과정으로 바라보는 관점으로 대체되었다. 따라서 노화를 설명하는 서로 다른 이론을 배타적으로 바라볼 것이 아니라, 정상적인 노화 과정의 일부, 혹은 모든 특성을 설명하는 데 상호보완적인 역할을 하는 것으로 바라보아야 한다." 노화에 대한 해결책에서는 이 과학자들의 태도가 그리 희망적이지 않다. "지금까지 현존하는 '항노화' 치료법이 노화를 늦추거나 수명을 늘린다는 확실한 증거는 나와 있지 않다."[9] 의사 겸 노화 전문가 레너드 헤이플릭 Leonard Hayflick은 설사 우리가 심장 질환, 뇌졸중, 암 등 노년에서 죽음을 야기하는 주요 근인들을 모두 치료할 방법을 찾아낸다고 해도 수명 연장 효과는 기껏해야 15년 정도일 것이라 계산했다.[10] 노화를 언젠가 치료법을 찾아낼 질병이라 생각할 것이 아니라 세포가 퇴화하면서 세포분열을 계속 이어 갈 능력을 상실하는 데 따르는 결과로 묘사하는 쪽이 더욱 정확하다. 왜 세포는 퇴화와 분열을 멈출까?

그 이유는 아직 확실치 않지만 현대의 므두셀라* 탐구는 노벨상을 수상한 생물학자 피터 메더워Peter Medawar가 했던 지금은 신기원이 된 "생물학의 미해결 문제An Unsolved Problem of Biology"라는 1915년 강연에서 시작되었다. 이 강연에서 그는 물리학적인 노화의 '마모 이론wearing out theory'과 생물학적 노화의 '선천적 노쇠 이론innate senescence theory'을 대조했다. 메더워는 노화를 자신의 실험실 시험관에 비유했다. 유리 파이프는 점진적으로 노화하는 것이 아니라 갑자기 깨진다고 말하며 전자를 선택했다. 이어 메더워는 자신의 비유를 생물학에 적용한다. 덫을 놓는 사냥꾼 중에 덫으로 늙고 노쇠한 동물을 잡아 봤다는 사람이 없고, 노쇠한 물고기를 잡아 봤다는 낚시꾼도 없다는 일화를 끌어들였다. 그 이유는 노쇠한 생명체들은 늙기 전에 사고로 죽거나 잡아먹히기 때문이다(이가 빠지고 금이 가기 전에 깨져 버리는 것이다). 거기에 덧붙여 메더워는 이렇게 추론했다. 자연선택은 생식 능력이 전성기에 도달한 유기체를 대상으로 작동한다. 그렇다면 진화가 나이 든 종 구성원을 도태시킬 이유가 있을까? 노쇠에 유전적 기반이 없다면 노화와 죽음은 분명 마모의 엔트로피에 의해 나타나는 결과일 것이다. 그래서 메더워는 노쇠senescence를 이렇게 정의했다. "나이가 듦에 따라 개체가 우발적 사고에 따른 우연한 원인으로 죽을 확률이 점진적으로 높아지는 신체적 능력, 감각능력, 에너지의 변화이다." 이 정의에 따르면 "모든 죽음은 어느 선까지는 사고에 의한 죽음이다. 그 어떤 죽음도 전적으로 '자연적'인 죽음은 없다. 그저 나이가 많아졌다는 이유만으로 죽는 사람은 없다." [11]

* 구약성경에 나오는 인물로 969년을 살았다고 전해지는 장수의 대명사.

레너드 헤이플릭은 2007년 「생물학적 노화는 더 이상 미해결 문제가 아니다Biological Aging Is No Longer an Unsolved Problem」라는 논문을 통해 그렇지 않다고 말한다. 이 문제에 대해 헤이플릭이 제시한 해결책은 '현대의 모든 노화 이론의 근저를 이루는 공통분모'를 밝히는 것이다. 이 공통분모는 "분자 구조의 변화, 즉 기능의 변화다." 노화와 죽음에 대한 헤이플릭의 궁극적 설명은 "분자적 정확도molecular fidelity의 점진적 상실, 즉 분자적 무질서의 증가"다. 생각해 보면 이것은 사실 세포의 물리적 엔트로피를 말하는 것이다. "노화 과정을 주도하는 것은 유전자가 아니라 분자적 정확도의 전반적 상실임을 보여 주는 증거가 축적되었다." 헤이플릭은 이렇게 설명한다.

여타의 질병과 달리 노화의 변화는 (a) 번식 가능한 성숙도에서 정해진 크기에 도달한 모든 다세포동물에서 일어남. (b) 사실상 모든 종간 장벽species barrier*을 뛰어넘어서 일어남. (c) 번식이 가능한 성숙한 나이가 지난 후에만 한 종의 모든 구성원에게서 일어남. (d) 수천 년, 심지어 수만 년 동안 노화를 경험하지 않은 종이라고 해도 야생에서 가져와 인간에게 보호받는 모든 동물에서 일어남. (e) 사실상 모든 생물 물질과 무생물 물질에서 일어남. (f) 동일하게 보편적인 분자적 병인etiology을 가짐. 즉 열역학적 불안정성thermodynamic instability임. [12]

듣자하니 생물학이 아니라 물리학 같다.

좀 더 최근인 2016년 물리학자 피터 호프만Peter Hoffman은 노화에 대한 연구를 수행했다. 세포가 완전한 엔트로피로 빠져들지 않게 막

---

* 한 종의 생물체에서 다른 종으로 질병의 확산을 막아 주는 것으로 여겨지는 천연 체계.

는 분자 장치에 대해 쓴 책인 『생명의 미늘 톱니바퀴Life's Ratchet』를 출간한 후의 일이었다. 노화 연구자들이 호프만에게 연락해 왔는데 이들은 이 세포 시스템을 어떻게 무한히 유지할 수 있을지 알고 싶어 했다. 호프만은 그럴 수 없다고 말했다. 그 세포가 얼마나 오래 살았든 간에 궁극적으로는 엔트로피, 그리고 살아 있는 동안 세포에 가해지는 수많은 공격이 축적되어 죽음이라는 결과를 낳을 것이기 때문이다. "끝없는 위험에 땜질하듯 대처하는 것이 도움은 되겠지만 그것도 한계가 있다. 끝없는 위험은 환경으로부터 오지만(사고, 감염성 질환 등) 폭발적으로 커지는 위험은 내적 마모에서 비롯되는 부분이 더 많다." 그는 이렇게 결론 내린다. "한 가지는 분명히 할 필요가 있다. 우리는 결코 물리법칙과 싸워 이길 수 없다." 호프만은 자신의 글에 「노화가 필연적인 이유는 생물학이 아니라 물리학 때문이다Physics Makes Aging Inevitable, Not Biology」라는 제목을 붙였다. 내가 보기에는 궁극적으로 모든 생명체를 파멸로 이끄는 것은 물리학과 생물학 **양쪽 모두**인 듯하다. 생물학적 시스템은 물리적 과정으로 환원할 수 있고, 물리적 과정은 결국 열역학 제2법칙을 포함한 물리법칙의 지배를 받기 때문이다. 그래서 내 눈에는 노화의 물리학과 생물학을 나누는 것이 작위적으로 보인다.

세포의 물리학적, 생물학적 붕괴의 원인으로 가장 많이 언급되는 두 가지는 **노화의 유리기 이론**free radical theory of aging과 그와 관련 있는 **노화의 미토콘드리아 이론**mitochondrial theory of aging이다. 세포의 미토콘드리아는 산소를 이용해 미세영양분을 ATP(아데노신 3인산)로 전환해서 에너지를 생산한다. 이러한 미토콘드리아 호흡 과정에서 산화력이 있는 유리기가 남는다. 이것이 DNA, 단백질, 지질에 손상을 가한다. 유리기는 짝이 없는 전자를 가지고 있다. 이 전자가 이웃 분자로부터 자기와 짝을 이룰 또 다른 전자를 찾으려는 과정에서 그 분자에 해를 입히기 때문이다. 분자에서 이런 원자 결합이 깨지면 암이 유발될 뿐만 아니라 심장 질환과 뇌졸중을 일으키는 동맥경화반arterial plaque이 생기기도 한다. 항산화물질antioxidant이 유리기로 인한 손상을 줄이는 데 도움이 될 수도 있다. 이런 성분은 전자를 내어주어도 자신은 유리기가 되지 않는다. 이 때문에 비타민 A, C, E의 형태로 복용하는 항산화 보조제가 끝없이 쏟아져 나오고 있다. 하지만 안타깝게도 다른 면에서는 일관적인 이 이론적 설명에도 불구하고 《유리기 생물의학Free Radical Biological Medicine》에 발표된 한 리뷰 논문에 따르면 "현재의 증거만으로는 항산화 비타민 보충제가 사람의 산화로 인한 손상을 실질적으로 줄여 준다고 결론 내리기에 부족하다." [13]

아직 효과 있는 치료법으로 이어지지는 않았으나 노화의 원인에 대한 설명으로 좀 더 유망한 것은 **노화의 유전자 조절 이론**gene regulation theory of aging이다. 이 이론은 노화가 나이가 들면서 유전자 발현에서 나타나는 변화의 결과라 가정한다. 유전자의 활성화가 노화 자체를 야기하는 것인지, 아니면 노화 방지 작용을 중단시키는 것인지 확실치 않다. 모형 동물 품종 개량을 통해 더 오래 사는 동물을 만들게 됐고, 사람의 수명을 예측할 수 있는 최고의 변수는 생물학적 부모의 수명이라는 것은 분명해졌다. 다시 말해 수명은 유전자에 달려 있다. 현재 유전공학과 줄기세포에 대한 연구가 진행되고 있지만 노화는 여러 체계에서 다양한 원인에 의해 야기된다. 게다가 광범위하게 유전자를 조작했다가 **다면발현** pleiotropy이라는 유전적 현상 때문에 의도치 않은 결과가 나올 수 있다. 다면발현이란 겉보기에는 상관이 없어 보이는 두 개나 그 이상의 표현형 효과phenotypic effect가 단일 유전자에 의해 만들어지는 것을 말한다(표현형이란 유전자형genotype이 환경과 상호작용을 통해서 물리적으로 발현되는 것을 말한다). 그래서 한 특성을 만들어 낼 의도로 한 유전자를 선택, 혹은 조작하면 추가적으로 의도치 않았던 특성이 발현될 수 있다. 그 유명한 사례가 바로 러시아의 유전학자 드미트리 벨리예프Dmitri Belyaev가 은여우를 가축화하기 위해 선택 교번selective breeding*했던 경우다. 정상적인 은여우는 사람을 싫어하지만 사람과 친해지게 만들기 위해 선택 교번을 진행했다. 사람과의 친화성 단계는 사람의 접근을 허용하기, 사람이 손으로 주는 먹이 받아먹기, 사람의 만지기를 허용하기, 적극적으로 사람과 관계를 맺기 등 일련의 기준에 따라 정의했다. 불과 35세대 만에(진화적 시간 척도상에서 보면 놀랄 정도로 짧은 시간이다) 연구자들은 사람을 보며 꼬리를 흔들고 사람의 손을 핥는 평화지향적인 은여우를 만들어 낼 수 있었다. 그와 함께 이 은여우들은 두개골, 악골(턱), 치아가 야생의 선조들보다 작아졌고, 처진 귀, 똘똘 말린 꼬리, 모피에 난 선명한 색깔 무늬 등의 특성이 생겨났다. 이 무늬 중에는 여러 품종의 개에서 보이는 것과 비슷한 얼굴의 별 무늬도 있었다.[14]

생물학자 G. C. 윌리엄스williams는 1957년에 한 생명체가 젊었을 때 이롭게 작용하던 특성이 나이가 들어서 해롭게 작용할 수 있다고 주장하며 다면발현과 노화의 진화를 처음으로 관련짓고, 이 현상을 **적대적 다면발현** antagonistic pleiotropy이라 불렀다. 예를 들어 가임기

---

* 특정 특성을 나타내는 동물끼리 교배시켜 그 특성이 강화된 개체를 생산하는 육종법.

동안에 절정을 찍는 여성의 높은 난소 스테로이드ovarian steroid 수치가 나중에는 유방암으로 이어질 수 있고, 젊은 남성에서 나타나는 높은 테스토스테론 수치가 노년에 전립선암prostate cancer으로 이어질 수 있다.[15] 따라서 수명을 유전적으로 조작해서 우리의 최대 수명을 약 125세 너머로 연장할 수 있다 해도(실제로는 그럴 수는 없다) 의도치 않게 아직 알려지지 않은 적대적 다면발현 효과가 일어날 수 있다.

수명 한계의 돌파구로 가장 유망한 연구는 **노화의 말단소체 이론**telomere theory of aging이다. 이 이론은 자신의 이름을 딴 '헤이플릭 분열한계Hayflick limit'를 발견해서 유명해진, 앞서 언급했던 레너드 헤이플릭이 처음 제안한 이론이다. 헤이플릭 분열한계란 정상적인 인간의 세포가 분열이 중단되기 전까지 분열할 수 있는 횟수를 말한다.[16] 이런 한계가 생기는 이유는 **말단소체**와 관련이 있다. 말단소체는 DNA 분자 끝에 뉴클레오티드nucleotide가 반복적으로 붙어 있는 구간이다. DNA가 복제될 때마다 말단소체의 일부가 떨어진다. 그래서 말단소체가 남지 않으면 세포는 더 이상 분열할 수 없다. 짧아진 말단소체와 노화의 시작 사이에는 상관관계가 있다. 연구자들은 **말단소체복원효소**telomerase라는 효소가 말단소체가 짧아지는 과정을 지연시킨다는 것을 발견했다. 따라서 어쩌면 말단소체복원효소가 노화를 늦춰 줄지도 모른다.[17] 너무 자주 등장하지만 그래도 유용한 비유가 있다. 신발끈 끝에 달린 플라스틱 조각이다. 이 플라스틱이 닳다가 언젠가는 떨어져 나가고 끈을 이루고 있던 가닥들이 다 풀려 버린다. 좋은 소식과 나쁜 소식이 있다. 좋은 소식은 이런 일이 일어나지 않는 영생의 세포가 있다는 것이다. 나쁜 소식은 이 세포들이 암세포라는 것이다. 따라서 말단소체와 관련된 노화 치료법은 암을 피할 수 있어야 한다는 숙제를 안고 있다. [18] 희망적인 실험이 있다. 외부에서 기원한 말단소체복원효소에 노출된 피부세포들이 노화를 멈추고, 일부는 노쇠 과정이 역전되는 듯 보인 것이다. [19] 하지만 다른 연구는 말단소체가 노화의 전체적 원인이거나 중요한 원인일 수 없음을 보여 주었다. 노화가 일어나는 세포가 모두 말단소체가 짧아지는 것도 아니고, 나이가 들면서 오히려 말단소체가 더 길어짐에도 노쇠를 경험하는 생명체의 사례도 존재했다. [20] 말단소체가 수명에 어느 정도까지 영향을 미치든 간에 유전공학이 수명 연장에 관해 무엇을 해 줄 때까지 기다릴 필요가 없다는 사실은 고무적이다. 2013년 예비 연구에서 식생활 개선(식물성 위주)과 운동(일주일에 6일, 하루 적어도 30분 정도의 유산소운동)으로 실험 참가자의 말단소체를 10퍼센트 정도 증가시킬 수 있었다. [21] 비록 표본이 35명으로 적은 규모이고, 아직 살날이 얼마나 남았는지 셀 필요 없는 남성들로 구성되어 있었지만 고무적인 것은 사실이다. 노벨상 수상자 엘리자베스 블랙번Elizabeth Blackburn은 『늙지 않는 비밀』이라는 책에서 잘 먹고, 규칙적으로 운동하고, 잘 자는 등의 생활 방식 변화가 말단소체의 보전 상태를 개선하고 더 나아가 수명을 연장해 줄지도 모른다는 것을 보여 주었다. [22]

노화의 효과를 희석시키고 죽음을 늦추는 일에 전력을 다할 생각인 사람이라면 센스SENS, Strategies of Engineered Negligible Senescence 전략을 받아들이는 것도 생각해 볼 만하다. 이것은《회춘 연구Rejuvenation Research》라는 잡지의 편집자이자 맹목적 낙관주의를 보여 주는 『노화의 종말Ending Age』이란 책의 저자이며 에너지 넘치는 생물의학 노인병리학자인 오브리 드 그레이의 생각이다. [23] 그는 우리 세대가 영생을 달성하는, 적어도 무기한으로 살게 될 최초의 세대가 되리라는 믿음을 지치지도 않고 열심히 홍보하고 다닌다. 그는 지금 살아 있는 사람 중에 최초로 1000년을 살 사람이 나올 것이라고 공식적으로 주장한 바 있다.[24) 그는 물려받은 재산 덕분에 SENS연구재단SENS Research Foundation을 만들어서 피터 틸 같은 실리콘밸리의 거물로부터 창업 자금을 받아 낼 만큼 남부끄럽지 않은 자립 기관으로 재단을 바꾸어 놓았다.[25) 노화에 대한 텔레비전 프로그램이나 다큐멘터리 영화를 본 적이 있는 사람이면 허리까지 내려오는 꽁지머리, 므두셀라 같은 수염 등 아무나 흉내 낼 수 없는 모습을 하고서 생명, 우주, 그리고 그 모든 것에 대해 바리톤의 영국 억양으로 설명하는 오브리 드 그레이의 모습을 본 적이 있을 것이다. 나는 직접 오브리를 만나서 함께 맥주를 한두 잔 마신 적이 있었다(오브리 드 그레이의 세상에 젊음의 샘이 있다면 그것은 아마도 거품을 내며 맥주가 솟아 나오는 샘물일 것이다). 그는 내게 몸을 기울이더니 귀에 대고 저승사자가 휘두르는 죽음의 낫으로부터 우리를 지켜 줄 최신 보호막에 대해 들려주었다. 드 그레이는 죽음을 피하기 위한 방법으로 노화를 이해하려면 일곱 가지 세포 손상을 집중 연구해야 한다고 했디.

1. 핵 DNA에서 일어나는 염색체 돌연변이. 암으로 이어질 수 있음.

2. DNA에서 일어나는 미토콘드리아 돌연변이. 세포의 에너지 생산과 점진적인 세포 퇴화를 방해할 수 있음.

3. 단백질과 다른 분자들의 분해로 생기는 세포 내 쓰레기intracellular junk. 이것이 축적되면 죽상동맥경화증atherosclerosis, 알츠하이머병 같은 신경퇴행성 질환으로 이어질 수 있음.

4. 알츠하이머병 환자의 뇌에서 신경세포를 얽히게 하는 아밀로이드반amyloid plaque 같은 세포 외 쓰레기(세포 바깥에 있는 쓰레기, 세포외 집합체).

5. 젊은 시절에 세포가 대체되는 속도보다 세포를 잃는 속도가 더 높은 경우. 골격근과 심장근육의 손실이나 파킨슨씨병으로 이어지는 신경세포의 손실, 면역계에 문제를 일으키는 면역세포의 손실 등 기관의 전반적인 약화로 이어질 수 있음.

6. 세포가 헤이플릭 한계에 도달하여 더 이상 분열할 수 없는 세포의 노쇠.

7. 세포들 사이의 세포외단백질 교차결합crosslink. 조직이 탄력을 잃게 만들어 동맥경화증 같은 문제를 일으킴. [26]

드 그레이의 SENS연구재단은 우리 세포에 가해지는 이런 공격에 대처할 수 있는 권고 사항을 제시한다. 하지만 이 일곱 가지 도전을 극복하고 영생을 얻을지, 1000년을 살지, 아니면 125세의 수명 한계를 뛰어넘을지는 알 수 없다. 이 중 달성이 요원하지 않은 것이 없기 때문이다. MIT의《테크놀로지 리뷰》는 2005년 이 프로그램을 평가한 후에 "SENS는 박식한 과학자들에게는 그다지 동의를 이끌어 내지 못하고 있지만, 그렇다고 딱히 틀린 소리도 아니다"라고 결론 내렸지만[27] 분자생물학 학술지《EMBO 리포츠EMBO Reports》에서는 드 그레이가 SENS의 일곱 가지 도전 과제에 맞서기 위해 권장하는 치료법 중 "사람은 고사하고 다른 생명체에서도 수명을 연장시키는 효과가 입증된 것은 하나도 없다"라고 결론 내렸다. [28] 심지어 드 그레이가 속한 SENS연구재단에서도 이렇게 인정한다. "지금 당장 노화로 인한 손상을 되돌리고 싶은 분들이 있다면 유감스럽게도 그 대답은 '불가능하다'입니다." [29]

하지만 희망의 샘은 영원히 솟아나는 법이다.《사이언티픽 아메리칸》에 실린 「100세는 새로운 80세인가?Is 100 the New 80」라는 흥미로운 제목의 글에서는 2015년 FDA로부터 임상 시험 승인을 받은 당뇨병 치료제 메트포르민metformin의 노화 방지 속성과 관련해서 유망한 예비 연구 결과를 보고했다.[30] 2016년《사이언티픽 아메리칸》에 「노화를 되돌릴 수 있다 – 적어도 사람의 세포와 살아 있는 쥐에서는Aging Is Reversible—at Least in Human Cells and Live Mice」이라는 대담한 제목으로 실린 또 다른 기사는 솔크연구소Salk Institute의 연구를 보고했다. 이 연구는 쥐의 유전자 네 개를 활성화했더니 성숙한 세포adult cell가 배아와 비슷한 상태로 전환되어 중년기 쥐의 손상된 근육세포가 다시 젊어졌다고 전했다. 그와 같은 현상이 사람의 세포에서도 일어났다(하지만 사람의 몸 전체에서 일어나지는 않았다). 이는 특정 유전자를 새로 프로그래밍함으로써 노화로 이어지는 후성유전학적epigenetic 변화를 되돌릴 수 있음을 암시한다.[31] 하지만 안타깝게도 이런 처치를 받은 쥐 중 일부는 암이 생겨서 일주일 만에 죽었다. 그러니 근본적 수명 연장이 손에 잡힐 듯 가까워졌다고 믿는 망상에 빠지지는 말자.

이러한 현실은 제이 올샨스키S. Jay Olshansky, 레너드 헤이플릭, 브루스 칸느Bruce A. Carnes 등 노화 분야에서 진 세계를 주름 잡는 저명한 과학자 세 명이《사이언티픽 아메리칸》에 최종 발표한 내용에 잘 포착되었다. "현재 시장에 나와 있는 그 어떤 치료법도 아직까지는 인간의 노화를 늦추거나, 중단시키거나, 역전시킨다고 입증되지 않았으며 일부는 대단히 위험할 수 있다."[32] 이들은 유리기가 세포에 미치는 유해한 효과를 약화시킨다는 항산화물질의 효과가 입증되지 않았음을 지적하는 데서 그치지 않고 **호르몬 대체요법**hormone replacement therapy이라는 인기 있는 또 다른 노화 방지 치료 역시 노인 남성과 폐경 후 여성의 근손실 같은 단기적 문제에는 효과가 있을지 모르나 장기적으로는 어떤 부작용이 있는지 아직 밝혀진 것이 없고, 노화 지연 효과도 입증된 바가 없다고 지적했다. 심각한 칼로리 제한은 효모, 초파리, 지렁이, 설치류, 어류 등 몇몇 종에서 노화 속도를 늦추고 최대 수명을 증가시키는 데 효과가 있는 것으로 보인다. 그러나 설사 당신이 남은 생을 계속 배고픔 속에서 살아갈 각오를 하더라도 이것이 과연 사람에게도 수명 연장 효과가 있을지는 분명하지 않다. 누군가의 말마따나 "그렇게 사는 게 사는 거야?" 나는 그렇게 살 생각이 없다. 올샨스키, 헤이플릭, 칸느는 이렇게 결론 내린다. "현재 노화 방지 제품을 제공한다고 주장하는 사람들은 무언가 착각하고 있거나 거짓말을 하고 있다. 일단 생명 엔진에 스위치가 켜지면 몸은 필연적으로 자기 파괴의 씨앗을 심는 것이 엄연한 생물학적 현실이다." 이런 엄중한 현실 앞에서 차라리 마음껏 먹고, 마시고, 즐겁게 사는 것이 낫지 않나 싶다. 맥주도 좀 마시고 말이다. 이탈리아 '지중해 신경학 연구소Mediterranean Neurological Institute'는 2016년 연구에서 하루에 맥주를 한두 잔 정도 마시면 심장 질환에 걸릴 위험이 무려 25퍼센트나 줄어든다고 결론 내렸다.[33] 자, 원샷!

내가 만나 본 일부 근본적 수명 연장 과학자와 인체냉동보존술 옹호자들은 내게 따지듯 묻는다. "당신은 200세, 500세, 1000세까지 살고 싶지 않나요?" 그럼 나는 이렇게 대답한다. "물론 그럼 좋지요. 하지만 내 여생에 이루어질 가능성이 아주 희박한 그런 고상한 목표 대신 그냥 암에 안 걸리고 90세까지 살고, 알츠하이머병 없이 100세까지 살고, 노망나지 않고 110세까지 살고, 의식도 없이 움직이지도 못하고 침대에만 누워 있는 일 없이 120세까지 살 수 있다면 그것으로 만족합니다." 200세, 500세, 1000세가 될 때 무슨 일이 생길지 걱정하기 전에 이런 문제나 먼저 해결하자.


## 우리가 죽는 궁극적인 이유

우리가 늙고 죽는 궁극적 이유는 진화론에서 이미 설명했다. 물리학자 셔윈 뉼랜드는 이를 잘 표현했다. "우리가 죽는 이유는 그래야 세상이 계속될 수 있기 때문이다. 우리가 생명이라는 기적을 선물받을 수 있었던 것은 우리보다 앞서 존재했던 셀 수 없이 많은 생명이 우리에게 자리를 내어주고 죽었기 때문이다. 어떻게 보면 그들은 우리를 위해 죽은 것이다. 그다음은 우리 차례다. 그래야 다른 생명이 살 수 있다."[34]

이런 주장을 학술적으로는 **노화의 일회용 체세포설**disposable soma **theory of aging**이라고 부른다. 체세포soma란 생식세포를 제외한 우리 몸 속의 모든 세포를 말한다. 이 세포들은 번식 이후 버려지는 일회용이다. 이것은 나윈주의석 주장으로 1977년 진화생물학자 토머스 커크우드Thomas Kirkwood에 의해 처음 제안되었다.[35] 일단 몸이 절정의 생식기를 지나면(인간은 대략 40세) 소중한 자원을 그 몸에 쏟아 부을 이유가 없다. 그 자원을 자손에 투자하는 것이 훨씬 낫다. 진화생물학자 스티븐 오스타드Steven Austad는 두 주머니쥐 집단을 대상으로 노화의 일회용 체세포설을 시험해 보았다. 한 집단은 포식자가 없는 섬에 살고, 다른 한 집단은 생존과 안전을 위협하는 일반적인 포식자들이 존재하는 본토에 살았다. 연구 결과를 보니 섬에 사는 주머

니쥐는 본토의 주머니쥐보다 더 늦은 시기에 번식하고 노화도 느렸다.[36]

　인간 집단의 경우는 어떨까? 인류학자 리처드 브리비스카스 Richard Bribiescas는 파라과이의 전통 수렵 채집 집단인 아체족Aché의 수많은 젊은 여성이 출산 시작 후 급속히 늙는 것을 목격했던 일을 떠올린다. 왜 그럴까? 엔트로피다. "가족을 부양하기 위해 일상적으로 이루어지는 고된 활동이 분명 이들의 육체적 쇠퇴에 기여를 했을 것이다." 예일대학교에 있는 그의 연구실에서 브리비스카스의 연구진은 이런 가설을 세웠다. "자식을 더 많이 낳은 여성은 노화가 가속되었음을 말해 주는 생리학적 흔적이 나타날 것이다." 크라쿠프대학교에서는 여성 건강 장기 연구에 참여한 폴란드 시골의 폐경기 여성 집단을 대상으로 이 가설을 시험해 보았다. 그 결과 자식이 더 많은 여성은 자식이 적은 여성과 비교할 때 산화스트레스oxidative stress가 훨씬 높게 나왔다. 산화스트레스는 모든 생명체에서 노화와 관련해서 유전자, 세포, 조직에 손상이 일어났음을 말해 주는 핵심적인 생리학적 표지 중 하나이기 때문에 이 연구 결과는 시사하는 바가 크다. 브리비스카스는 결국 우리가 할 수 있는 일은 많지 않다고 결론 내린다. "사람을 그 어떤 위험도 없는 완벽한 환경에 두고, 완벽한 식단과 인지 자극을 유지하고, 확인 가능한 모든 자원을 투입하면 수명을 극대화할 수 있겠지만 어쨌거나 결국에는 싸늘한 송장으로 끝나게 된다."[37]

　물론 우리처럼 아동기가 긴 종은 태어난 후에 여러 해 동안 부모의 보살핌이 필요하다. 조부모도 지식과 지혜의 보고로서 육아에서 아주 중요한 역할을 할 수 있다. 따라서 이런 육체적 쇠퇴는 수십 년에 걸쳐 점진적으로 이루어진다. 하지만 일단 자식의 자식까지도 절정의 생식기에 도달하면 당신은 대체 어디에 쓸모가 있을까? 생명체 대부분이 아동기 동안 잘 먹고 잘 자라고 청년기를 거쳐 절정의 생식기에 도달한 이후부터 노화에 유해한 영향이 축적되는 이유도 바로 이 때문이다. 노화 과정이 세포변성과 변성된 세포의 회복 속도 저하 때문에 일어나는지(수동적 노화), 아니면 세포예정사 programmed cell death에 의해 일어나는지(능동적 노화)는 아직 완전히 알려지지 않았다. 이는 노화의 진화를 연구하는 과학자들 사이에서도 논쟁거리로 남아 있다.[38] 하지만 죽음에 대해 궁극적으로 설명하려면 밑바탕에 그 설명을 뒷받침할 진화적 틀을 반드시 갖추어야 한다.[39]

내가 여기서 사용한 용어들 때문에 마치 투자와 수익을 파악하고 종의 이익을 위해 에너지와 자원을 배분하면서 진화 과정을 감독하는 누군가가 존재하는 것처럼 들릴 수 있다. 하지만 그렇지 않다. 위에서 내려다보면서 쇼를 진행하고 있는 지적 행위자나 미래에 종의 이익이 되도록 작동되는 목표 지향적 과정 따위는 존재하지 않는다. 다윈Charles Darwin은 자연선택이라는 상향식 과정에 의해 **누군가 설계한 것 같은** 결과가 나온다는 것을 입증해 보였다. 하지만 이 계획은 목표 없이 이루어지는 과정에서 발생하는 기능적 부산물이다. 노화와 죽음을 몸 대신 유전자의 관점에서 생각해 보자. 유전자는 세포 속에 자리 잡은 자기 복제 분자로 이 세포에는 에너지를 소비하고, 세포를 유지하고 보수하는 장치들, 그리고 이 분자 구조물을 복제할 수 있을 정도로 온전하게 충분히 오랫동안 유지하는 다른 특성들이 담겨 있다. 이런 분자 장치가 일단 작동을 시작하면 이 복제 분자들은 계界와 이 계에서의 과정이 일어나는 생태계에 에너지가 공급되는 한 불멸이 된다. 시간이 지나면서 이 복제 분자들은 복제라는 과정 그 자체 덕분에 비복제 분자보다 더 오래 살아남는다. 복제하지 않는 분자들은 지속되지 못한다. 따라서 복제자들이 들어가 살고 있는 육신은 생존 기계survival machine인 셈이다. 진화생물학자 리처드 도킨스가 『이기적 유전자』란 책에서 제안해서 유명해진 이런 관점에서 복제자는 유전자고 생존 기계는 유기체다.[40] 생존 기계는 유전자가 자기 자신을 영속시키기 위해 사용하는 수단이다. 자기가 복제할 때까지 충분히 오랫동안 살아남을 생존 기계를 만드는 단백질 코드를 담는 유전자는 그렇지 못한 유전자를 누르고 이긴다. 그리고 복제가 이루어진 후부터 나이가 든 생존 기계의 활력을 유지하는 쪽으로 작용하는 선택압이 줄어든다. 따라서 한 생명체의 수명은 생식 적합도reproductive fitness를 높이는 선택압과 생식 적합도를 낮추는 선택압이 균형을 맞추는 곳에서 결정된다. 그 결과 육신은 죽을 운명을, 유전자는 영생을 얻는다.[41] 개체는 죽을 운명이어도 종은 멸종되지 않는 한 불멸이라는 의미다. 우리가 확실하게 멸종을 피할 수 있는 딱 한 가지 방법은 여러 행성에 흩어져 사는 것이고, 지금 이런 과정이 진행되고 있다.

## 불멸의 종

2016년 테슬라와 스페이스엑스의 최고경영책임자 일론 머스크는 화성에 영구 식민지 건설을 위한 프로그램을 발표했다. 이 프로그램은 80일에 걸쳐 100명을 화성으로 보내는 것으로 시작해 식민지가 지속 가능해질 때까지 재사용 가능한 로켓을 이용하여 이 과정을 되풀이한다. 어쩌면 그리 멀지 않은, 지금으로부터 한 세기 후 정도면 가능해질지도 모른다. 그럼 우리 종은 다행성 종multiplanetary species이 될 것이고 우리 고향 지구에 어떤 큰 재앙이 닥치더라도 우리 종의 생존을 담보할 수 있을 것이다. 머스크는 동영상 상연과 함께 이루어진 감동적인 프레젠테이션에서 이렇게 말했다. "진정 이념적으로 헌신해 준 분들 없이는 우리가 우주여행을 하는 문명이 되는 궤도에 오를 수는 없었을 겁니다."[42] 일단 우주여행이 가능해지면 화성을 떠나 다시 목성과 토성의 위성을 개척하고, 결국 다른 항성 주위를 돌고 있는 외계 행성exoplanet까지 식민지화하는 것은 시간문제일 뿐이다. 그런데 이것이 어째서 우리를 불멸의 종으로 만들어 줄까?

우주 그 자체가 지금으로부터 수십억 년 후에 종말을 맞이하는 경우 말고는[43] 모든 항성계와 행성계를 동시에 멸종시킬 수 있는 메커니즘은 지금까지 알려진 바가 없다. 따라서 여러 행성과 위성에 터를 닦고 살아가는 한 우리 종은 무기한으로 살아남을 수 있다.[44] 머나먼 미래에는 문명이 충분히 발전해서 은하 전체를 식민지화하고, 새로운 형태의 생명체를 유전공학으로 만들어 내고, 행성을 지구와 비슷한 환경으로 테라포밍terraforming하고, 심지어 거대한 공학 프로젝트를 통해 항성과 새로운 행성 태양계를 탄생시킬지 모른다.[45] 이 정도로 발전된 문명은 전지전능에 가까운 막대한 지식과 힘을 갖출 것이다. 이런 존재를 당신은 무엇이라 부르겠는가? 만약 이런 문명을 뒷받침하는 과학과 기술을 모르는 상태라면 그 존재를 신이라 부를지도 모른다. 내가 **충분히 발전한 외계 지적 생명체나 머나먼 미래의 인간은 신과 구분할 수 없으리라** 추측한 이유도 바로 이 때문이다.[46]

이런 형태로 이루어지는 종의 영생이 영원히 살고자 하는 개인적 욕망을 충족시켜 주리라 말한다면 너무 과한 이야기가 될 것이다. 하지만 우리가 아는 한 지금까지 우주에서 지각을 갖춘 종이 인간밖에 없다는 점을 고려하면 이것은 분명 추구할 만한 가치가 있는 일이다. 따라서 우주가 자아 인식을 이어 가기 위해서라도 우리는 살아남아 번영할 의무가 있다. 더군다나 여기서 등장하는 거리와 시간의 척도를 생각해 보면 우리가 은하계에서 유일하게 우주여행이 가능한 종이라고 해도 식민지화된 각각의 행성이 새로운 종이 진화해 나올 수 있는 창시자 집단founder population으로 작용할 가능성이 크다. 위대한 진화생물학자 에른스트 마이어Ernst Mayr는 이렇게 정의했다. "종은 내부에서 실제로 또는 잠재적으로 이종교배가 가능하지만 다른 집단과는 생식적으로 격리되어 있는 자연 집단을 말한다."[47] 서로 다른 행성, 태양계, 은하는 생식적 격리의 메커니즘으로 작용할 것이다. 그리고 우리의 속屬인 **사람속Homo**은 수만 년 에서 수십만 년 전에 큰 머리를 하고 두 발로 걷던 수많은 유인원들이 배고픔, 성욕, 방랑벽에 이끌려 지구 위를 어슬렁거리다가 아프리카 밖으로, 아시아와 유럽 밖으로, 지구 밖으로 뻗어 나가던 상태로 돌아가게 될 것이다. 따라서 우리는 별을 향해 나아감으로써 종으로서 영생을 달성하게 되는 것이다.

　**페르 아우다시아 아드 아스트라(대담함으로 별을 향하여)!**

| 그림 11-1 | **페르 아스페라 아드 아스트라** Per Aspera Ad Astra

1894년 출판된 『19세기의 핀란드Finland in the Nineteenth Century』에서 발췌한 핀란드 작가
의 그림. [48] 'Per Aspera Ad Astra'는 **'고난을 넘어 별을 향하여'**로 번역되지만 가끔은 내가
제시한 것처럼 'per audacia ad astra' 즉 **'대담함으로 별을 향하여'**로 번역될 때도 있다.

# 12장

## 천국이 없다는 상상

### 무의미한 우주에서 의미 찾기

천국이 없다고 상상해 보라. … 그럼 갑자기 하늘이 한계가 된다.

— 살만 루슈디Salman Rushdie, 《가디언》, 1991 [1]

『붉은 무공훈장』같은 남북전쟁 소설에서 삶의 복잡한 심리를 사실주의적으로 묘사해서 주목받았던 19세기 미국 시인 겸 소설가 스티븐 크레인Stephen Crane은 다섯 줄, 스물네 개 영단어로 구성된 짧은 걸작을 통해 의미를 찾는 문제를 표현했다. 이 작품은 우주의 광활함 앞에서 인간을 겸손하게 만든다.

한 남자가 우주에게 말했다.
"나리, 저 여기 있습니다!"
"하지만…." 우주가 대답하기를
"그 사실 때문에
책임감이 생기지는 않네." [2)]

실제로 우주는 우리의 존재를 알은척할 책임감을 느끼지 않는다. 하물며 우리 존재에 의미를 부여해 주어야 한다는 책임감 따위는 느낄 리 만무하다. 우주는 오히려 그 책임감을 우리에게 하사했다. 시간과 공간 속의 우리 위치를 깊숙이 이해하면 그 책임감을 더욱 잘 느낄 수 있다. 여정의 종착역에 도달한 지금 나는 뒤로 물러나서 시간과 공간을 가로지르는 더 큰 그림을 바라보며 죽을 운명에 처한 인간이 무의미해 보이는 우주에서 어떻게 의미를 찾을 수 있을지 생각해 보고 싶다.

**시간.** 1년이라는 시간의 조각은 우리 종 수명의 15만 분의 1, 우리 문명이 거쳐 온 시대의 1만 분의 1, 과학 시대의 500분의 1, 그리고 시간과 공간을 나눌 수 없다는 사실을 발견한 아인슈타인 시대의 100분의 1에 해당한다. 더군다나 우리 종은 지구 위에서 35억 년 동안 진화해 온 수억, 어쩌면 수십억 개체 중 한 종에 불과하다. 지구 자체는 46억 살 정도 되었는데 이 정도면 138억 년이나 되는 우주 나이의 3분의 1에 불과하다. 당신이 100세까지 산다면 그 기간은 우주 수명의 0.0000000073퍼센트에 불과하다.

**공간.** 지구는 평범한 항성 주위를 도는 수많은 행성 중 작은 하나에 불과하다. 우리의 항성인 태양도 은하에 포함된 수천억 개 항성 중 하나에 불과하다. 은하의 항성 중 상당수는 행성을 형성하는 항성계를 이루고 있고, 그 안에 생명이 번성할 가능성이 크다. 그리고 우리 은하도 은하단galaxy cluster 속에 들어 있는 하나의 은하에 불과하다. 우리 은하단 역시 서로 비슷비슷한 수백만 개 은하단 중 하나다. 이 은하단들은 점점 빠른 속도로 팽창하는 거품우주 속에서 빙글빙글 돌며 서로 멀어진다. 이 우주 자체도 상상이 불가능할 정도로 거대한 다중우주multiverse 속에 들어 있는 거의 무한에 가까울 정도로 팽창하는 거품우주 중 하나일 가능성이 높다. 〈그림 12-1〉은 2014년 허블 우주 망원경Hubble Space Telescope으로 50억 광년에서 100억 광년 정도 떨어진 수백 개 은하를 찍은 울트라 딥 필드Ultra Deep Field 영상에 담긴 경외감을 잘 포착했다. 이 영상에 담긴 빛은 지구가 만들어지기 전에 출발한 빛이다. 138억 년의 우주 역사에서 극히 낮은 비율만을 차지하는 우리를 위해 우주가 존재한다는 것이 과연 말이 되는 이야기일까?

이 다중우주 전체가 고독한 거품우주 속에 있는 외로운 한 은하, 그 속의 한 행성 위에 사는 규모의 작은 한 종을 위해 설계되고 존재한다는 것이 가능한 일일까? 그리스의 신들도 혀를 내두를 정도의 오만함이 아니고서는 이 질문에 그렇다고 대답할 수 없을 것이다.

하지만 이런 우주적 관점이 옳다면 우리는 대체 어디 가서 의미와 목적을 찾아야 할까? 그 답은 영성spirituality과 경외에 관한 더욱 깊은 이해에서 출발한다.


## 경외감

경외감awe이란 자신보다 훨씬 웅장한 무언가 앞에서 겸손해질 때 찾아오는 경이로운 느낌이다. 이렇듯 경외감을 불러일으키는 존재를 신이라 생각하고 그것을 영성이라 부르는 사람이 많다. 한편 우주 그 자체의 경이로움에서 경외감을 느끼는 사람도 무척 많다. 장거리 수영 선수 다이애나 네드Diana Nyad는 2013년 어느 일요일 오프라 윈프리의 텔레비전 쇼 "슈퍼 소울 선데이Super Soul Sunday"에 출연해 이런 경외감을 아름답게 표현했다.[3]

나는 흥미가 생겼다. 1982년 처음 열린 3000마일 논스톱 미국 횡

**Hubble Ultra Deep Field 2014**
*Hubble Space Telescope • ACS • WFC3*

NASA and ESA

STScI-PRC14-27a

| 그림 12-1 | **허블 망원경에서 촬영한 은하들**

2014년에 허블 우주 망원경에서 50억 광년에서 100억 광년 정도 떨어진 수백 개 은하를 촬영한 울트라 딥 필드 영상. 이 카메라에 포착된 빛은 지구가 만들어지기 전에 그 은하를 출발했다는 의미다.

단 자전거 대회Race Across America 전야제에서 다이애나를 직접 만나 본 적이 있었기 때문이다. 그녀는 ABC의 "와이드 월드 오브 스포츠Wide World of Sports" 방송을 위해 대회에 참가했다. 나도 그 대회에 참가 했다. 나는 그녀가 28마일 왕복 수영 마라톤을 완주하고, 바하마 노스 비미니에서 플로리다 주노비치까지 102마일 외해 수영open ocean swim 을 완주하고, 쿠바에서 플로리다까지 수영 횡단을 시도했다가 실패 한 것도 알고 있었다. 로스앤젤레스에서 열린 전야제 저녁 만찬에서 대륙 횡단 대회에 처음 참가하는 터라서 긴장으로 입이 바짝 타들어 가던 나는 그녀에게 장거리 수영을 하는 기분과 역경과 실패 속에서 도 이 일을 포기하지 않고 이어 가는 이유를 물어보았다. 그녀가 정 확히 무슨 말을 했는지 기억나지 않지만 그녀에게서 풍겨 나오는 강 한 의지에 영감을 얻어 그 후로 열흘 동안 뉴욕까지 힘을 내어 경주 했던 기억이 난다. 네드는 마침내 2013년에 4번째 시도 만에 52시간 54분의 기록으로 쿠바에서 플로리다까지 수영으로 횡단 코스를 완주 했다. 이 기록은 아무런 보조 장비 없이 외해에서 이루어진 수영 역사 상 최장거리 수영이었다. 그녀는 이 기록을 64세 나이에 이루었다.

이것은 나이를 극복한 네드의 의지력의 승리였고, 오프라는 청중 을 대신해 이런 의지력이 대체 어디서 나오는지 알아내려 했다. 이 의지력은 신으로부터 오는 영적인 것인가? 아니다. 네드는 이렇게 설명했다. "저는 무신론자입니다." 그러자 오프라가 약간 놀란 듯 이 렇게 물었다. "하지만 당신은 경외심을 느끼잖아요." 네드 자신도 살 짝 당황한 듯 이렇게 대답했다. "왜 그것을 모순이라 생각하는지 모 르겠네요. 저는 독실한 기독교도이든, 유대교도이든, 불교도이든 어 느 종교를 믿는 그 누구와도 함께 바닷가에 서서 이 우주의 아름다움에 감동해서 눈물을 흘릴 수 있고, 모든 인류 그리고 우리보다 앞서 살면서 사랑하고 상처받고 고통받았던 수십억 명에게 감동받을 수 있어요." 그다음 오프라가 한 말이 무신론자들을 격분하게 만들었다. "그럼 저는 당신을 무신론자라고 부르지 않겠어요. 당신이 경외감과 경이로움, 미스터리를 믿는다면 저는 그것이 바로 신을 믿는 것이라고 생각해요." 이것은 경이로움을 만들어 내는 초자연적인 원천을 믿지 않으면서 어떻게 경외감을 느낄 수 있느냐고 생각하는 사람들의 편견이다. 대체 왜 그렇게 생각할까?

심리학자 피에르카를로 발데솔로Piercarlo Valdesolo와 제시 그레이엄 Jesse Graham이 「경외감, 불확실성, 행위자의 감지Awe, Uncertainty, and Agency Detection」라는 제목으로 발표한 2013년 연구에서 일부 해답을 찾을 수 있을지도 모르겠다. [4] 기존 연구는 '경외감'이 밤하늘이나 탁 트인 바다같이 '광대함의 인지perceived vastness'와 관련이 있고, '경외감을 잘 느끼는' 사람들은 불확실성도 더욱 수월하게 견디는 경향이 있으며 어떤 종류의 설명이든 인지적 종결cognitive closure*을 요구할 가능성이 낮다고 했다. 저자들은 논문에 이렇게 적었다. "이들은 더욱 수월하게 기존의 정신적 스키마mental schema**를 수정해서 새로운 정보에 동화된다." 발데솔로는 경외감을 잘 느끼지 않는 사람들에 대해 이메일에 이렇게 적었다. "우리는 감정을 직접적으로 느꼈을 때 경험하는 불확실성이 혐오감을 유발한다는 가설을 세웠습니다. 이들은 아마도 그런 감정을 항상 느끼는 사람이 아닐 테니까. 이 가설은

---

* 애매모호함을 제거하고 분명한 결론에 도달하려는 인간의 욕구.

** 정보를 통합하고 조직화하는 인지적 개념 혹은 틀, '도식'이라고도 한다.

자신이 목격한 사건을 이해하는 데 어려움을 겪을 때 경외감이 유발되며, 정보를 기존의 정신적 구조와 동화시키는 데 실패하면 혼란과 혼동 같은 부정적인 상태로 이어진다고 주장하는 이론적 연구에 뿌리를 두고 있습니다."[5]

경외감을 잘 느끼지 않는 사람들은 경외감을 불러일으키는 경험에서 오는 불안을 줄이기 위해 내가 **행위자성**agenticity이라 부르는 과정을 끌어들인다. 행위자성이란 세상에는 눈에 보이지 않는 행위자가 머물면서 의도적으로 세상을 통제한다고 믿는 경향을 말한다. 나는 이것을 폭넓게 적용하여 행위자성이 바로 영혼, 정령, 유령, 신, 악마, 천사, 외계인, 그리고 우리 삶을 통제할 힘과 의도를 갖는 눈에 보이지 않는 온갖 행위자에 대한 믿음의 토대라 주장했다. 그리고 유의미한 잡음과 무의미한 잡음 모두에서 의미 있는 패턴을 찾으려는 경향성(나는 이것을 **패턴성**이라 부른다)과 결합하여 이 둘이 샤머니즘, 이교주의, 애니미즘, 다신교, 일신교, 그리고 온갖 형태의 유심론의 인지적 기반을 형성한다.[6]

이 가설을 검증하기 위해 발데솔로와 그레이엄은 실험 참가자들에게 다음의 세 동영상 중 하나를 보여 주었다. (1) BBC의 자연다큐멘터리 "살아 있는 지구Planet Earth"에 나오는 경외감을 불러일으키는 장면 (2) 탐사 보도 기자 고故 마이크 월러스Mike Wallace의 감정적으로 중립적인 뉴스 인터뷰 (3) BBC의 "워크 온 더 와일드 사이드Walk on the Wild Side"에 나오는 코미디 동영상. 그다음에는 실험 참가자에게 신에 대한 믿음, '초자연적 통제supernatural control'에 대한 믿음의 정도를 측정하는 설문 조사를 해 보았다('우주가 신이나 카르마 같은 초자연적인 힘에 의해 통제된다는 믿음'을 '대단히 의심스럽다'에서 '지극히 가능성이 높다'까지

1에서 10점 사이의 점수로 매기게 했다). 그리고 동영상을 보는 동안에 느낀 '경외감'을 측정해 보았다. 이 마지막 항목을 측정 하기 위해 참가자는 여덟 항목으로 구성된 설문지를 작성했다. 예를 들면 "동영상을 보는 동안에 경외감을 어느 정도까지 느끼셨습니까?"라는 질문에 '전혀'에서 '지극한 경외감'까지 1점에서 7점 사이의 점수를 매기는 등의 방식이었다.

당연한 말이지만 실험 참가자들은 코미디 동영상이나 마이크 월러스의 인터뷰 동영상을 볼 때보다 "살아 있는 지구"를 볼 때 훨씬 큰 경외감을 느꼈다(개인적으로 나는 월러스가 부패한 정치인이나 그와 공모한 최고경영책임자를 닦달할 때마다 그에게 경외감을 느낀다). 하지만 이들은 경외감을 느끼는 조건에서 신이나 초자연적 통제에 대한 믿음도 더 크게 나타났다. 발데솔로와 그레이엄은 이렇게 결론 내렸다. "현재 결과는 경외감을 느끼는 순간에 그 경험 속에서 창조자의 손길author's hand을 인식하면 두려움이나 전율이 일부가 경감될 수 있음을 암시한다."[7]

여기서 나는 다시 다이애나 네드, 혹은 초자연적인 행위자성 없이도 자연의 경외감 속에서 영성을 발견하는 사람들이 떠오른다. 우리는 자연의 법칙 속에서 창조자의 손길을 발견하면 두려움이나 전율 대신 경이로움과 감사함을 느낀다. 그 이상도 그 이하도 아니다. 그녀의 자서전인 『길을 찾다Find a Way』중 「경외감에 찬 무신론자Atheist in Awe」라는 제목의 장에서 네드는 아마존으로 다녀왔던 여행을 떠올린다. 그 여행 중 그녀를 초대해 준 사람의 강아지가 5일 동안 행방불명되었다. 네드는 특히 강아지 주인에게 공감할 수 밖에 없었다. 그녀 역시 집에 두고 온 강아지가 있었는데, 여행으로 나와 있는 동

4부 | 죽을 운명과 의미

안 강아지가 죽어서 상실감에 심란하고 무기력한 상황이었다. 그녀는 이렇게 적고 있다. "나는 무기력했다. 나는 그녀를 위로할 수 없었다." 그날 밤 늦게 네드는 잠이 오지 않아서 밖으로 나가 탁 트인 들판에 앉아 자신의 사랑하는 강아지 모세에 대해 일기를 쓰고 있었다. 그런데 행방불명되었던 강아지가 난데없이 어둠 속에서 나타나더니 그녀의 무릎 위로 기어 올라왔다. "나는 이 작은 강아지가 우주가 보내는 일종의 신호라는 해석에 빠져들 수도 있었다고 생각한다. 모세를 내가 이렇게 품에 안을 수 있도록 그 영혼이 환생한 것이라고 말이다." 그녀는 사람에게는 세상 모든 일은 다 이유가 있어서 일어난다고 믿는 경향이 있음을 생각해 보았다. "나에게 이 일은 슬픈 이별을 경험하고 난 후에 찾아온 행복한 우연이었다. 이것은 혼돈을 끌어안으라는 신호였고, 기쁨과 슬픔, 생명과 죽음이 한순간에 공존하며 어느 한쪽이 다른 한쪽에 의해 지워지지 않는 그 자체로의 역설이었다. 이것은 그저 경이롭고 무작위적인 세상의 일부일 뿐, 무언가 운명적인 것은 아니었다."[8]


## 우주에서 목적 찾기

과학은 유전체와 커넥톰에 암호화된 형태로 당신의 육신과 뇌를 표상하는 정보의 패턴이 바로 당신의 영혼임을 밝혀내고 있다. 이 정보 패턴 속에는 당신의 생각과 기억, 그리고 시점이 포함되어 있다. 이 패턴이 육신 및 뇌와 따로 존재한다는 증거나, 사후에도 계속 이어진다는 증거가 없으니 당신의 육신과 영혼은 하나다. 당신의 영혼을 복제하는 것이 불가능하다는 사실, 즉 당신의 유전체와 커넥톰뿐만 아니라 지금까지 살았던 모든 사람의 유전체와 커넥톰, 당신의 인생과 선조들의 인생을 빚어낸 모든 역사적 사건과 힘, 그리고 문화·역사까지 모두 복제할 수 없다는 사실은 우리 한 사람, 한 사람이 우주에서 둘도 없는 존재임을 의미한다. 다른 사람과 똑같은 사람, 똑같을 수 있는 사람은 없다. 지금까지 과학이 밝혀낸 현실이 이러하다. 우리는 여기서 어떤 의미를 찾을 수 있을지 모른다. 그렇게 하자면 어떻게 해야 할까?

우리의 고유성에 대한 인식, 살아갈 기회를 얻은 데 대한 감사의 마음, 타인에 대한 사랑과 자신을 향한 타인의 사랑, 용기와 진실성으로 세상과 맺는 관계를 통해 이룰 수 있다. 이 우주에서 우리가 아직 영생을 부여받지 못했음에도 우리는 유전자와 가족, 사랑하는 이와 친구들, 자신의 일과 타인과의 관계, 정치 참여, 경제, 사회, 문화, 그리고 아무리 소소한 것일지라도 어제보다 나은 오늘을 위해 세상에 기여한 부분을 통해 계속 살아남는다. 프로토피아적 진보는 실질적이고 의미가 깊다. 아무리 작은 것이라도 우리는 그 속에 흔적을 남길 수 있다.

진보progress와 목적purpose은 서로 뒤얽혀 있는 동인motive이다. 우리는 그로부터 우주에 깃든 깊은 의미를 이끌어 낼 수 있다. 그 시작은 자연 법칙이다. 이런 '법칙'은 자연적으로 반복되는 현상에 우리 인간이 부여한 언어적, 수학적 묘사다. 이런 의미에서 보면 자연 그 자체와는 별개로, 자율적으로 천상에서 떠다니며 작동하는 자연 법칙 따위는 존재하지 않는다. 예를 들어 항성의 경우 온도와 압력에 따라 잘 정의된 방식으로 수소를 헬륨으로 전환한다. 우리는 이 과정이 어떻게, 얼마나 빨리, 얼마나 많이 진행되는지 설명하고 예측하는 수학 방정식과 묘사하는 언어를 쓸 수 있다. 하지만 항성 안에는 '법칙'이 존재하지 않는다. 항성의 물질은 그저 이런 조건 아래서 항성의 물질이 해야 할 일을 하고 있을 뿐이다.

**그리고 모든 것은 항성에서 나온 물질이다.**

지구 위에 있는 모든 것. 즉 땅, 바다, 그리고 작은 세균에서 커다란 뇌에 이르기까지 그곳에 사는 모든 생명체는 원자로 만들어졌다. 이 원자들은 고대 항성의 내부에서 생성된 것들이다. 고대 항성들은 숨 막히는 초신성 폭발을 일으키며 목숨을 다했다. 이 초신성 폭발은 더욱 복잡한 새로운 원자를 만들어 우주 공간으로 퍼뜨렸다. 우주에서 이 원자들은 새로운 항성과 행성으로 다시 태어났다. 그중 상당수는 생명을 담고 있을지도 모른다. 그러한 행성 중 하나에는 심지어 이런 창조의 과정 자체를 이해할 수 있는 지각 있는 존재가 살고 있다. 이 비밀은 1926년 보스턴 WEEI 라디오에서 방송한 천문학자 해로 섀플리Harlow Shapley의 유명한 강의를 통해 세상에 처음 알려졌다.

따라서 우리는 항성의 물질로 이루어져 있습니다. … 우리는 햇빛을 먹고 살고, 태양의 복사열로 몸을 따뜻하게 유지하고, 항성을 구성하는 것과 똑같은 물질로 이루어져 있습니다. [9]

**항성은 자신의 죽음으로 우리에게 생명을 불어넣었다.**

이런 점에서 보면 자연은 목적이 없는 게 아니다. 많은 사람이 우주에는 목적이 없다고 생각해서 자연 밖에서 우리에게 목적을 부여해 줄 초자연적인 존재를 찾는다. 하지만 그런 자연 밖의 행위자agent는 필요하지 않다. 목적은 우주와 자연의 법칙 속에 짜여 들어가 있기 때문이다. 항성의 목적은 수소를 헬륨으로 전환하고 빛과 열을 생산하는 것이다. 이것이 그들의 '운명'이자 우주적 목적이다. 이런 목적은 우주, 그리고 여기 지구에 있는 모든 것들이 가지고 있다. 산의 '목적'은 판구조plate tectonics 같은 지질학적 힘의 결과로 높이 솟아오르고, 풍화작용 같은 침식작용에 의해 크기가 줄어드는 것이다. 강의 '목적'은 중력을 따라 가장 낮은 곳으로 흘러가고, 그 결과 단단한 바위를 깎아 대륙을 가로지르는 물길을 만들어 낸다. 생명의 '목적'은 살아남아, 번식하고, 번영하는 것이고, 선캄브리아시대에서 오늘날에 이르기까지 35억년 동안 우리가 아는 모든 형태의 생명체는 단 한 번도 사슬이 끊어지는 일 없이 자신의 운명을 충실히 이행해 왔다.

생명체가 산, 강과 다른 점은 엔트로피의 법칙 앞에서도 생명은 살아남아 번식하고 번영을 누린다는 점이다. 그래서 열역학 제2법칙이 생명의 제1법칙이 된다. 진화생물학자 리다 코스미즈Leda Cosmides, 존 투비John Tooby, 클라크 하레트Clark Harrett는 진화의 목적에 관한 논문에서 이렇게 지적했다. "가장 기본적인 교훈은 유기체 집단을 열역학으로 높은 기능적 질서의 수준으로 끌어올리거나, 그렇지 않을 경우 일어났을 필연적인 무질서의 증가를 상쇄하는 자연적 과정 중에서 우리가 아는 것은 자연선택밖에 없다는 것이다."[10] 이 '엑스트로피'는 에너지 원천이 있는 열린계에서만 일어난다. 엔트로피를 일시적으로 역전시키는 태양 에너지와 유기체로 하여금 자신과 거의 유사한 복제 개체를 자연선택의 총알받이로 세상에 내보낼 수 있게 해 주는 RNA와 DNA 같은 복제 분자 등을 갖춘 지구가 그 예다. 이 체계가 일단 가동되면 진화는 최소의 질서와 단순성이라는 상태에서 벗어나 최대의 질서와 복잡성이라는 상태를 향해 나아갈 수 있다. 당신이 아무것도 하지 않는다면 엔트로피가 자기 할 일을 하러 나설 것이고 당신은 더 높은 무질서 상태를 향해 움직일 것이다(그리하여 결국은 죽음을 불러올 것이다). 따라서 당신의 삶에서 가장 기본적인 목적은 무언가 엑스트로피적인 것을 함으로써, 즉 에너지를 써서 생존하고, 번식하고, 번영하는 것을 통해 엔트로피와 맞서 싸우는 것이다. 이런 면에서 보면 진화는 자연의 법칙이라는 힘을 이용해서 우리에게 목적에 의해 움직이는 삶을 부여했다고 할 수 있다. 목적은 우리의 본성 속에 녹아 있다. 우리는 목적을 세울 수 있을 정도로 큰 뇌와 그것에 대한 대화를 할 수 있을 정도로 정교한 언어를 가지고 있다. 따라서 지금까지 알고 있는 한 목적에 의해 움직이는 삶을 산다는 것의 의미를 이해하고 정의할 수 있는 종은 우리밖에 없다.

사람들 대부분은 우리가 하는 모든 일의 정당성을 입증해 줄 외부의 초월적 원천에 의해 목적이 정의되는 것이라 생각한다. 하지만 과학은 자연계 바깥에서 우리 삶에 목적을 부여해 줄 아르키메데스의 점Archimedean point* 같은 것은 존재하지 않는다고 말한다. 페르시아어 4행시를 묶은 시집 『루바이야트The Rubaiyat』에 실린 천문학

---

* 아르키메데스가 움직이지 않는 한 받침점만 주어지면 지렛대로 지구라도 들어 올릴 수 있다고 한 데서 유래한 말. 움직이지 않는 확실한 지식적 기초, 근본 토대를 '아르키메데스의 점'이라 비유적으로 표현한다.

자 겸 시인 우마르 하이얌Omar Khayyám이 쓴 시에는 이런 사실이 우아한 4행시로 표현됐다.

**내 영혼을 보이지 않는 세계를 통해 보냈었지**
**저 내세의 문자를 해독하려고**
**머지않아 내 영혼이 돌아와서 하는 말**
**"내가 곧 천국이고 지옥이다." 11)**

천국과 지옥은 저 하늘 위나 우리 발밑이 아니라 우리 내면에 있다. 런던의 수많은 고전 건물을 설계한 위대한 건축가 겸 박식가 크리스토퍼 렌Christopher Wren이 지은 런던 세인트 폴 대성당St. Paul's Cathedral에 가 보면 그의 묘비명에 이렇게 적혀 있다. "Si monumentum requires, circumspice." "기념비를 찾고 있다면 주변을 둘러보라"라는 뜻이다. 이 말을 살짝 바꿔 영생과 완벽성을 추구하는 인간에 대한 결론을 이런 메시지에 담을 수 있지 않을까.

SI requires caelo, circumspice.
**천국을 찾고 있다면 주변을 둘러보라.**

천국은 최고천의 하늘 높은 어느 곳에 있지 않다. 천국은 우리 주변에 있다. 우리는 자신의 목적을 스스로 창조한다. 우리는 자신의 천성을 다함으로써, 자신의 본질과 조화로운 삶을 살아감으로써, 스스로에게 충실함으로써 이 일을 해낸다. 셰익스피어는 이렇게 조언했다.

무엇보다 자기 자신에게 참되어라.

그리하면 밤이 낮을 뒤따르듯

너는 다른 누구에게도 거짓되지 않으리라." 12)


**자신에게 참되어라.** 이것이 무슨 뜻일까? 개인적으로는 사람마다 대답이 천차만별이겠지만 전체적으로 보면 그 의미는 '**A는 A다**'라는 동일률Law of Identity에서 시작한다. 자신에게 참되다는 말의 의미는 **A는 A임**을 알아보고 인정한다는 의미다. 즉 존재가 존재하고, 실제가 실제이고, 당신은 다른 누군가가 아니라 바로 당신임을 인정한다는 의미다. 스스로가 아닌 다른 누군가가 되려 하거나, 다른 누군가인 척하는 것은 동일률을 위반하는 행위다. **A가 A가 아닌 것이 될 수는 없다.**

**A가 A**라는 말은 자신이 누구인지, 자신의 기질과 성격이 어떤지, 자신의 지능과 능력은 어느 정도인지, 필요로 하고 원하는 것이 무엇인지, 사랑하는 것, 관심 있는 것이 무엇인지, 믿고 지지하는 것은 무엇인지, 어디로 가기를 원하고, 어떻게 가기를 원하는지, 가장 중요한 것이 무엇인지를 발견하는 것을 의미한다. **자기 자신이 당신의 A다.** 당신은 **A가 아닌 것**이 될 수 없다. **A를 A가 아닌 것**으로 만들려는 시도가 삶에서 셀 수 없이 많은 문제와 실패와 심적 고통을 낳는다. 자신의 관심사와 맞지 않는 사람들과 어울리는 사람은 자기 자신에게 참되지 못한 것이다. 자신에게 똑같은 방식으로 사랑을 되돌려 주지 않는 사람을 사랑하는 사람은 자신에게 참되지 못한 것이다. 하기 싫은 일을 업으로 하는 사람은 자기 자신과 자기 주변 사람들에게 참되지 못하다. 타인의 성공을 통해 자존감을 추구하는 사람

은 자존감의 진정한 본성과 대의를 위반하는 것이다. 자존감이란 노력을 통한 성취다. **A**는 아무리 노력해도 결코 **A가 아닌 것**이 될 수 없다. 동일률은 또 하나의 생명의 제1법칙이며 열역학 제2법칙만큼이나 굳건하다.

목적은 개인적인 것이라 마음속 깊숙이 자리 잡은 이 욕구를 충족하는 방법도 가지각색이다. 하지만 과학은 이미 유효성이 입증된 방법들이 존재한다고 알려 준다. 이 방법을 이용하면 우리는 끊임없이 더 큰 의미로 이어지는 목표를 추구하면서 혼자 힘으로 목적을 향해 나아갈 수 있다.

1. **사랑과 가족.** 다른 사람과의 유대감과 애착은 정서를 확장시키고 그에 대응하는 목적의식을 고취시켜 타인을 자신보다 더 아끼지는 못할지라도 자신처럼 아끼게 만들어 준다.

2. **의미 있는 직업.** 일에 대한 열정이 있고 그 직종에 오래 몸담다 보면 대부분 사람은 자신과 직계가족의 필요를 뛰어넘어 우리 모두를 한층 더 높은 수준으로 끌어올리고 사회를 더욱 번영하고 의미 있는 곳으로 만들고 싶은 욕구를 느낀다. 아침에 일찍 일어나야 할 이유가 있고, 누군가 자신을 필요로 하는 곳에 갈 수 있으면 지속적으로 목적의식적인 활동을 이어 갈 수 있다.

3. **사회적·정치적 참여.** 우리는 고립된 개인이 아니라 지각이 있는 인간에 대해 깊은 감정을 느끼는 자율적인 사회적 동물이다. 우리에게는 자신, 가족, 공동체, 우리의 사회가 좋아지려면 어떻게 사는 것이 가장 나은 방법인지 결정하는 과정에 참여하고 싶은 욕구가 있다. 이것은 그저 투표만 하면 된다는 의미가 아니라 정치 과정에 적극적으로 참여하는 것을 말한다. 또한 그저 클럽이나 모임에 가입하는 문제가 아니라 그 조직의 목표, 그리고 같은 목표를 향해 일하는 다른 구성원들의

행동에 관심을 쏟는 것을 의미한다.

4. **초월과 영성.** 미술, 음악, 춤, 운동, 스포츠, 명상, 기도, 조용한 사색, 종교적 묵상 등 다양한 방식으로 이루어지는 심미적 감상, 영적 성찰, 초월적 사고 등은 아마도 우리 종 고유의 능력일 것이다. 이것은 우리를 자신 바깥에 있는 존재와 연결해 주고 인류, 자연, 세계, 혹은 우주의 방대함에 경외감을 불러일으킨다.

5. **도전과 목표.** 우리 대부분은 자신을 시험할 과제나 목표로 삼을 대상을 필요로 한다. 이런 목표는 스포츠나 오락 활동의 신체적 도전 과제나 게임이나 지적 취미 활동의 정신적 도전 과제 등 평범한 목표일 수도 있고, 진리, 정의, 자유 같은 추상적 원리를 추구하고, 그것을 실현하기 위해 몸부림치는 등의 비범한 목표일 수도 있다.

연구에 따르면 우리 대부분은 행복을 추구하는 것만으로는 만족하지 못한다. 우리는 삶에서 쾌락을 추구하고 고통을 회피하는 것 이상의 무언가에서 비롯되는 의미와 목적의식을 원한다. 행복happiness과 의미meaning는 서로 겹치는 부분이 많지만 똑같지는 않다. 사회심리학자 로이 바우마이스터와 그 동료들이 《긍정심리학회지 Journal of Positive Psychology》에 발표한 연구에 따르면 연구 표본 중 의미에서 나타나는 차이의 절반 정도는 행복으로 설명 가능하고, 그 역도 성립했지만 나머지 차이는 행복과 의미가 달라지는 다섯 가지 영역에 좌우된다고 한다. [13]

**1. 바람과 욕구.** 욕망을 충족시키는 것은 더 큰 행복으로 이어질 수 있지만 이것이 삶의 의미나 목적과는 거의 관련이 없는 것으로 보인다. 비행기를 탈 때 1등급 좌석을 이용하면 목적지에서 내릴 때

기분은 좋아질지 모르지만 그렇다고 삶의 의미가 더 커지지는 않는다. 삶의 의미가 커지려면 그곳에 가서 실제로 무언가를 해야 한다. 그 활동이 나를 더 행복하게 만들 수도 있고, 그렇지 않을 수도 있다. 건강도 마찬가지다. 건강하면 더 행복해질 수 있지만 이것이 삶의 의미에는 아무런 기여도 하지 않는다. 돈도 마찬가지다. 가난한 것보다 부자인 것이 낫지만 돈만으로 인생에 의미가 부여되지는 않는다(우디 앨런은 이런 농담을 했다. "돈이 가난보다 낫다. 오직 금전적인 이유에서만"). 돈은 당신이 얼마나 열심히 일했고, 투자를 얼마나 잘했는지 말해 주는 척도가 될 수 있고, 삶을 더 편리하고 안락하게 만들 수 있지만, 편리함, 안락함은 삶의 목적과는 차원이 다르다.

2. **시간개념과 행동.** 행복은 현재의 마음 상태를 말하는 반면, 의미는 지금 여기를 초월해서 과거와 미래로 펼쳐진다. 과거와 미래에 대해 많은 생각을 한다고 해서 행복이 가감되지 않지만 더욱 많은 의미를 느끼게 한다. 마치 자기가 한 일, 하고 있는 일, 할 일들이 영향을 미친다는 듯 말이다. 지금 여기에 대해서만 생각하면 지금 여기서 무슨 일이 벌어지고 있느냐에 따라 사람이 너 행복해지거나 덜 행복해질 수 있지만 삶의 의미에는 아무런 영향이 없는 것 같다. 행복은 부분적으로 유전이 가능하지만(행복을 측정했을 때 사람들 사이에서 나타나는 차이의 절반 정도는 유전자로 설명이 가능하다) 의미는 전적으로 환경적인 것으로 보인다. 자신이 누구인가보다는 무엇을 하는가가 더 중요하다는 말이다.

3. **가족과 친구.** 바우마이스터와 연구진은 행복과 삶의 의미 모두

방향은 다르지만 타인과 연관되어 있음을 발견했다. 타인을 보살피는 행위는 의미를 높여 주는 반면, 자신을 보살펴 주는 타인을 두면 행복이 올라갔다. 예를 들어 아이를 키우거나 나이 든 부모님을 모시는 일은 즉각적인 행복을 주지는 않지만 목적의식을 높여 준다. 나는 내 어머니와 계부를 돌본 적이 있다. 이것은 육체적으로나 감정적으로 아주 부담이 큰 경험이었다. 이 일이 나에게 행복을 가져다주지는 않았다. 하지만 나를 돌봐 준 분을 내가 다시 돌본다는 면에서 내게 깊은 의미를 안겨 주었다. 반면 자신이 곤궁에 처했을 때 돌보아 줄 누군가가 있다는 사실은 사람을 더 행복하게 만들 수 있다. 연구자들은 실험 참가자에게 자신을 '주는 사람giver' 혹은 '받는 사람taker'으로 평가해 보게 했다. 전자는 후자에 비해 더 의미 깊은 삶을 사는 대신 행복도는 떨어진다고 보고했다. 그리고 사회적 상호작용의 유형도 중요하다. 그냥 친구들을 만나 함께 식사를 하거나 활동을 하는 것은 행복은 높여 줄지 모르나 아마도 삶의 의미에는 아무 영향도 없을 것이다. 반면 가족 구성원들과 함께 시간을 보내는 것은 더 높은 행복으로 이어지지는 않을지는 모르나 삶의 의미에 장기적인 영향을 미칠 수 있다. 그 관계가 어떤 상태인가에 따라 의미는 더 높아질 수도, 낮아질 수도 있다. 예를 들어 가족과의 말다툼은 삶의 의미는 높이고, 행복도는 떨어뜨릴 수 있다.

**4. 문제 해결을 위한 몸부림.** 자기에게 좋은 일이 생기면 행복과 의미 모두 고양되는 반면, 나쁜 일이 생기면 행복은 떨어지지만 결과에 따라 의미는 고양될 수 있다. 순수하게 행복한 사람은 스트레스가 없는 삶을 살지도 모르지만 존재의 의미를 찾지는 못할 수도

있다. 반면 불행하거나 스트레스가 가득한 삶을 사는 듯 보이는 사람이 사실은 목적의식과 삶의 충만을 경험하는지 모른다. 예를 들어 은퇴를 하면 일반적으로 행복이 올라가지만 도전의식을 불러일으키는 목표 지향적인 일거리를 찾기 전에는 삶의 의미가 떨어진다. 내 개인적인 사례를 들자면 이 책을 쓰는 일은 나에게 커다란 의미와 목적의식을 부여해 주었지만 나를 행복하게 만들어 주는 경우는 드물었다. 그저 한 부, 혹은 한 장을 끝내거나 원고 전체를 마무리했을 때 잠깐씩 행복했다. 책을 쓰는 것은 어려운 일이다. 나는 항상 작가로서의 능력을 끌어올리려고 노력한다. 다른 사람들의 마음을 사로잡는 문체로 독창적인 내용의 글을 쓰려고 나 자신을 거세게 밀어붙인다. 이것은 무척 스트레스가 심한 일이다. 아내의 말로는 내가 무언가에 아주 집중하고 있을 때는 무뚝뚝하고 까칠할 때가 많다고 한다. 분명 이 일은 즐겁자고 하는 일이 아니라 어떤 목표 때문에 하는 일이다.

**5. 자아와 개인 정체성.** 자신의 정체성과 자아감의 표현으로 나타나는 행동은 삶의 의미와 가장 직접적인 연관이 있지만 행복과의 관련성은 대단히 적다. 다시 개인적인 사례를 들어 보겠다. 나는 어른이 되어서부터 늘 진지한 자전거 동호인이었다. 자전거는 내 정체성의 일부였고, 자전거가 곧 나라고 생각할 정도였다. 하지만 내가 자전거를 타면서 행복을 느낀 경우는 드물었다. 대다수의 스포츠가 그렇듯이 자전거를 탈 때도 자신을 격하게 밀어붙일 때는 큰 고통이 따라온다. 우리는 자전거 경주나 고강도 훈련을 '고통의 축제 sufferfest(극심한 고통의 기간)'라 부른다. 장기간 고되게 자전거를 타는

것은 큰 의미를 부여해 주지만(상당히 많은 엔도르핀도 분비된다) 사이클 선수 대부분에게 자전거 타는 시간만큼은 '행복'이라는 단어로 표현할 수 없다.

이 연구 결과를 요약하는 에세이에서 바우마이스터는 의미 찾기와 관련해서 내가 삶의 목적, 자연의 법칙, 그리고 우주의 질서에 관해 전달하려는 내용을 특히 영생, 사후 세계, 유토피아에 대한 우리의 탐구와 관련된 맥락에서 잘 포착해 냈다.

> 의미는 인간의 삶에서 강력한 도구다. 도구가 어디에 쓰이는 것인지 이해하려면 끝없는 변화의 과정으로서 인생을 다른 무언가로 이해하는 것이 도움이 된다. 살아 있는 존재는 항상 유동적인 상태에 있을 수 있지만 끝없는 변화만 있는 삶은 평화를 찾을 수 없다. 살아 있는 존재는 안정을 염원하고, 환경과 조화로운 관계를 맺으려 한다. 생명체는 어떻게 하면 음식, 물, 보금자리 등을 얻을 수 있을지 알고 싶어 한다. 그리고 자기가 안전하게 쉴 수 있는 곳을 찾거나 만들어 낸다. … 바꿔 말하면 삶이란 궁극적으로는 죽음으로 이어지는 변화의 과정을 늦추거나 멈추려는 끝없는 노력이 동반되는 변화다. 어떤 완벽한 시점에서 변화가 멈춘다면 얼마나 좋을까? 파우스트 Faust가 악마와 거래를 한 심오한 이야기의 주제가 바로 그것이었다. 파우스트는 경이로운 순간이 영원히 지속되기 바라는 마음을 이기지 못해 자신의 영혼을 잃고 만다. 이런 꿈은 헛되다. 삶은 끝나기 전까지 변화를 멈출 수 없다. [14]

의미와 목적의식으로 가득한 삶은 엔트로피에 저항하는 엑스트로피적 반발의 항상성 균형homeostatic balance보다는 자연의 우여곡절과 맞서 싸우는 분투와 도전으로부터 온다. 이러한 사실은 열역학 제2법칙이 생명의 제1법칙이라는 주장을 더욱 뒷받침해 준다. 우리는 세상 속에서 반드시 행동에 나서야 한다. 자동 온도 조절 장치는 항상 온도 변화에 맞게 조정되지만 이 장치가 추구하는 균형은 결코 달성되지 않는다. 삶에는 파우스트 같은 흥정이 존재하지 않는다. 우리는 결코 영생에 도달하지 못하면서도 영생을 얻기 위해 분투하고, 결코 유토피아를 찾지 못하면서도 유토피아 같은 더없는 행복을 추구한다. 정말 중요한 것은 달성할 수 없는 것을 달성하는 것이 아니라 그렇게 분투하고 추구하는 행위 자체이기 때문이다. 우리는 자유의지를 갖고 있는 존재다. 따라서 행동의 선택권은 우리에게 있다. 목적의식은 타고난 능력과 학습한 기술의 최대치로 끌어올리려는 노력으로 용기와 확신을 가지고 도전 과제와 마주하는 것으로 정의할 수 있다. 윌리엄 어니스트 헨리William Ernest Henley는 1920년 쓴 시 「굴하지 않는 영혼Invictus」에서 이런 개념을 시적으로 표현했다. 그가 병으로 죽음을 앞두고 이 글을 썼다는 점이 특히 가슴 아프다.

온통 칠흑같은 암흑으로

나를 둘러싼 이 밤

그 어느 신이 되었든

나에게 주신 굴하지 않는 영혼에 감사한다.


가혹한 환경의 손아귀 속에서도

난 움츠리거나 목 놓아 울지 않았다.

운명의 몽둥이가 나를 내리쳐도

피투성이가 될지언정 머리를 숙이지는 않았다.

분노와 눈물의 이 땅 너머로

두려운 그림자만 어렴풋 보인다.

하지만 세월이 아무리 위협한들

나는 결코 두려워 떨지 않으리.


문은 얼마나 좁을지,

어떤 가혹한 벌이 기다릴지는 중요하지 않다.

나는 내 운명의 주인.

나는 내 영혼의 선장.


## 사랑, 삶 그리고 죽음

우리 여정의 첫 부분으로 돌아가 보자. 첫 장에서 우리는 죽을 운명에 직면한 텍사스주 사형수 감옥 수감자들의 최후 진술 중심 주제 중 하나를 생각해 보았다. 바퀴 침대 위에 십자가상처럼 반듯이 누워 독물 주사를 기다리면서 이제 곧 죽게 될 사람들 다수가 느낀 마지막 감정은 사랑이었다. 최후를 맞이하면 오로지 이 현실에만 초점을 맞추게 된다. 그 어떤 지적 훈련도 이런 일은 할 수 없다. 정신과 의사 빅터 프랭클Viktor Frankl도 지금은 고전이 된 1946년 작품 『죽음의 수용소에서』에서 아주 비슷한 결론에 도달했다. 이 책에서 그는 죽음에 직면했을 때 어떻게 의미를 찾을 수 있을지를 성찰했다. 그에게 드리운 죽음의 그림자는 아우슈비츠 강제수용소였다.

한 생각이 나를 얼어붙게 만들었다. 생애 처음으로 나는 그토록 많은 시인들이 노래하고, 그토록 많은 사상가들이 최후의 지혜라 주장했던 그 진리를 이해할 수 있었다. 그 진리란 사랑이야말로 인간이 염원할 수 있는 궁극적이며 지고한 목표라는 것이다. 그 순간 나는 인간의 시와 사상과 믿음이 전해야 할 가장 위대한 비밀의 의미를 파악했다. **인간의 구원은 사랑을 통해서, 사랑 속에서 이루어진다는 것이다.** 나는 이 세상에 남은 것이라고는 아무것도 없는 사람이 찰나의 순간일지언정 사랑하는 사람을 생각하면서 지고지순한 행복을 느끼는 이유를 이해했다. 완전히 비참한 위치에 있을 때, 긍정적인 행위로는 자신을 표현할 길이 없고, 자신의 고통을 올바른 방식, 명예로운 방식으로 견디는 것 말고는 이룰 것이 없을 때, 그런 위치에서 인간은 자기 머릿속에 담고 있는 사랑하는 이미지를 떠올리며 사랑하는 것을 통해 성취를 이룬다. [15]

심리학자 케네스 베일Kenneth Vail과 동료들은 **죽음 현저성**mortality salience, 즉 사람들에게 자신의 죽을 운명을 일깨워 주는 것이 건강에 미치는 이로운 효과를 다룬 일련의 논문에서 죽음에 직면했을 때의 실존적 고려가 갖는 긍정적 측면을 보고했다. [16] 예를 들어 죽음 현저성은 신체적 건강을 증진시키고, 인생의 목표에 대해 생각해 보도록 고무하고, 친사회적 행동의 동기를 부여하고, 사랑하는 관계를 조성해 준다. 그리고 공동체 활동 참여를 고무해 주고, 환경에 대한 염려를 자극해 주고, 집단 간의 평화 구축까지도 뒷받침해 준다. 그리고 사람들에게 죽을 운명을 일깨워 주면 안전벨트를 착용하고, 담배를 끊고, 자외선 차단제를 바르고, 건강검진을 받고, 운동을 할 확률이 높아진다. 실험에 따르면 죽음 현저성은 신체적 목표(농구 실력 향상 등)와 정신적 목표(독해력 증진 등) 달성을 위한 노력을 북돋아 주고, 사회적 관계(친구나 직장 동료)와 낭만적 관계(애인이나 배우자)를 개선하려는 동기를 불어넣는다고 한다. 죽음 현저성은 또한 사람들로 하여금 부와 명성 같은 외적 목표보다는 개인적 관계 같은 내재적 가치를 더욱 귀하게 여기도록 만든다. 예를 들어 1995년 오클라호마시티 폭탄 테러 이후 주변 지역 이혼율이 급락했다. 이는 죽음에 대한 각성이 사람들로 하여금 자신의 결혼 생활과 가족에게 더욱 충실하도록 만들었을지도 모른다는 의미다. **외상후성장**post-traumatic growth이라고 이것을 지칭하는 용어도 생겼다. 외상후성장은 임사체험에 대해 많은 사람이 긍정적으로 반응하는 이유를 설명하는 데 부분적으로 도움이 될지 모르겠다. 이 체험을 통해 삶에 더욱 감사하는 마음을 갖게 되고, 물질적 풍요나 사회적 지위 등에 대한 관심이 줄어들고, 무엇보다 친구와 가족에 대한 사랑이 깊어졌다고 한다. 자신의 유전자를 다음 세대로 물려주는 것은 우리가 알고 있는, 유일하게 증명된 영생의 방법이다. 사람들에게 죽을 운명을 일깨워 주면 아이를 낳고 보살피려는 의지가 강해진다는 몇몇 연구도 있다.

긍정적인 방식으로 죽음을 대면하는 것은 사회에서도 폭넓은 함축적 의미를 갖는다. 예를 들어 죽을 운명을 상기시켜 주면 사회적 집단의 정체성과 공동체 활동 참여를 강화하고, 사람들로 하여금 타인을 더욱 공정하고 정답게 대하도록 북돋아 준다(이런 집단적 응집이 부족 중심주의, 외국인 혐오, 심지어는 외부인에 대한 폭력으로 이어질 수도 있다는 점을 고려하면 여기에는 잠재적으로 불리한 측면도 존재한다). 연구를 통해 죽음 현저성이 자선단체 기부, 지역사회 청년 집단에 대한 기여, 노인이나 장애인 들을 위한 서비스에 대한 원조를 늘리고, 친환경적 가치관을 가진 사람들 사이에서는 환경을 좀 더 인식하는 방식으로 행동하도록 만든다는 것도 밝혀졌다. 사람들로 하여금 일반적으로 자신의 사회 집단에 속하지 않는 타인이라도 더 포용하게 만든다는 것도 밝혀졌다.

예를 들어 지구온난화를 상기시켜 준 실험 참가자들은 국제적 평화 구축을 더욱 지지했다. 이는 우리 전체에게 위협이 가해지면 우리들 사이의 차이점에 대한 관심은 줄어든다는 측면에서 이해할 수 있다. 2009년 1월에 이스라엘이 가자지구를 침공하는 동안 이스라엘에 있던 아랍인을 대상으로 진행된 한 연구에서 이런 놀라운 결과가 나왔다. 베일과 율Jacob Juhl은 이렇게 적고 있다. "지구온난화를 상상해서 보편적 인간애에 대한 인식이 높아진 사람 가운데 죽음 현저성을 통해 이스라엘 유대인과의 평화로운 공존을 지지하는 사람이 많아졌다. 이 연구는 좀 더 포용적인 상위집단정체성superordinate group identification을 북돋우는 상황을 마련하면 외부 구성원 취급을 받았을지 모를 개인들을 실존적 동기에 의해 더 포용적으로 대하게 만드는 조건이 형성될 수 있음을 보여 준다." [17] 어쩌면 오랫동안 미뤄 온 2국가 해법two-state solution*이 실현되기 위해서는 아랍인과 이스라엘인을 동시에 위협하는 무언가가 필요한 것인지도 모른다. [18]

용기, 자각, 정직한 마음으로 죽음과 삶을 마주한다면 우리 안에 있는 가장 좋은 것과 가장 소중한 것에 집중할 수 있을 것이다. 바로 감사의 마음과 사랑이다. 사실 우리보다 앞서 살았던 수천억 명은 태어날 수 있었지만 그러지 못한 수십조 명에 비하면 극히 일부에 불과하다는 생물학적 현실을 고려하면 삶의 기회에 감사하는 마음이 생기는 것이 당연하다. 정자와 난자가 만나 사람으로 태어날 가

---

* 이스라엘과 팔레스타인이 각각 독립된 국가로 존재하면서 평화롭게 공존하도록 만드는 것.

능성이 내가 아닌 다른 사람을 선택했을 수도 있었다. 그럼 당신은 그 사실조차 알지 못했을 것이다. 그것을 알 당신이 존재하지도 않을 테니까 말이다. 일단 태어나면 우리들 각자는 세상에 둘도 없는 유일한 존재가 된다. 우리 뇌 속에 들어 있는 생각, 느낌, 기억, 역사, 시점 등은 지금도 이 이후로도 절대 복제될 수 없다. 우리의 지각은 당신의 것이든, 내 것이든, 그 누구의 것이든 오로지 자신만의 것이고 다른 그 누구와도 똑같지 않다. 우리에게 주어진 삶의 기회는 단 한 번이고, 태양 주위를 80바퀴 돌 정도의 시간이 주어진다. 가설무대 위에서 펼쳐지는 우주의 드라마에 설 짧지만 영광스러운 시간이다. 우리가 우주와 자연의 법칙에 대해 아는 모든 것을 바탕으로 생각해 보면 이 정도가 우리 대다수가 합리적으로 바랄 수 있는 최대의 시간이다. 다행히 그 정도면 충분하다. 그 시간이 생명의 영혼이다. 그 시간이 바로 지상의 천국들이다.

## 서문

1. 다음 자료에서 인용. James Warren, ed, *Facing Death: Epicurus and His Critics*, Oxford: Clarendon Press, 2004, p. 19.
2. 워싱턴 D.C.에 있는 U.S. Census의 Population Reference Bureau of the U.S. Census에서 나온 자료에서 이런 수치를 이끌어 냈다. http://bit.ly/19LQkBa. Carl Haub는 "How Many People Have Ever Lived on Earth?"라는 매력적인 글에서 2011년까지의 내용으로 이 수치를 계산한 인구통계학자다. 나는 2017년까지의 내용으로 이 수치를 업데이트했다. 하브가 분명하게 밝혔듯 지금까지 얼마나 많은 사람이 살았는지에 대한 추정치는 근사치일 수밖에 없다. 최근까지 정확한 인구통계 자료가 나와 있지 않았기 때문이다. 그래도 이 정도 수치면 내가 주장하는 바를 정확하게 전달하기에 부족하지 않을 것이다.
3. 현재 인구 추정치와 계속 흘러가고 있는 세계 인구 시계는 다음의 사이트를 참조할 것. http://bit.ly/Ism9T6
4. FiveThirtyEight(http://53eig.ht/1khiL04)이라는 웹사이트에 따르면 내가 계산한 죽은 사람과 산 사람의 비율은 현재 14.4 대 1에서 2050년에는 11 대 1 정도로 떨어진다. 내가 알기로 이런 계신을 처음 한 사람은 Arthur C. Clarke다. 그는 『2000l 스페이스 오디세이』라는 책의 서두에서 위와 같은 계산을 했다. [아서 C. 클라크 지음, 김승욱 옮김, 『2001 스페이스오디세이』, 황금가지, 2004]
5. 일부 사람이 저승(보통은 천국)에서 다시 돌아와 자신이 목격한 것을 사람들에게 전했다는 주장은 과학에서 요구하는 정당한 기준을 충족시키지 못한다. 뒤에 나오는 장에서 이런 주장에 대해 다시 다룰 것이다. 내가 예전에 썼던 두 책에서도 이런 주장을 자세히 다룬 바 있다. Michael Shermer, *Why People Believe Weird Things*, New York: Times Books, 1997; Michael Shermer, *The Believing Brain*, New York: Henry Holt, 2011. [마이클 셔머 지음, 류운 옮김, 『왜 사람들은 이상한 것을 믿는가』, 바다출판사, 2007; 마이클 셔머 지음, 김소희 옮김, 『믿음의 탄생』, 지식갤러리, 2012]
6. WHO의 Global Health Observatory Data Repository 2011 maximum life potential (해당 종에서 가장 오래 산 구성원의 사망 연령)은 변하지 않고 계속 120세로 남아 있다. 수명(사고나 질병으로 조기에 사망하지 않을 경우 일반적인 사람의 사망 연령) 역시 변하지 않고 85에서 95세 사이에 머물고 있다. 하지만 기대 수명(사고와 질병을 함께 고려했을 때 일반적인 사람이 죽게 될 연령)은 미국에서 1900년 47세였던 것이 2010년 미국에서 태어난 모든 사람의 경우 78.9세, 아시아계 미국인 여성의 경우에 85.8세로 급등했다.

7.  David Goldenberg, "Why the Oldest Person in the World Keeps Dying", FiveThirtyEight, May 26, 2015. http://53eig.ht/1TD6D42

8.  Dylan Thomas의 시, Do not go gentle into that good night는 여기서 찾아볼 수 있다. http://bit. ly/1kzvZ8J. John Donne의 소네트 Death Be Not Proud는 여기서 찾아볼 수 있다. http://bit. ly/1gLqjyO [딜런 토머스 지음, 김천봉 옮김, 『저 좋은 밤으로 순순히 들어가지 마세요』, 글과글사이, 2017; 존 던 지음, 김선향 옮김, 「죽음이여 자만하지 마라」, 『존던의 거룩한 시편』, 청동거울, 2001]

9.  http://bit.ly/1ObJPWT

10. Andrew M Greeley, and Michael Hout, "Americans'Increasing Belief in Life After Death: Religious Competition and Acculturation", American Sociological Review, 64(6), 1999, pp. 813~835.

11. http://pewrsr.ch/1Za3kJR

12. http://bit.ly/1DMBgwJ

13. George, Jr Gallup, and William Proctor, Adventures in Immortality, New York: McGraw-Hill, 1982.

14. Dugatkin, Alan Lee, and Trut Lyndmila, How to Tame a Fox(and Builda Dog): Visionary Scientists and a Siberian Tale of Jump-Started Evolution, Chicago: University of Chicago Press, 2017, p. 229. [딜리 앨런 듀가킨, 류드밀라 트루트지음, 서민아 옮김, 『은여우 길들이기』, 필로소픽, 2018]

15. http://reut.rs/1OBcZm0. 여론조사한 국가는 아르헨티나, 호주, 벨기에, 브라질, 캐나다, 중국, 프랑스, 독일, 영국, 헝가리, 인도, 인도네시아, 이탈리아, 일본, 멕시코, 폴란드, 러시아, 사우디아라비아, 남아프리카공화국, 대한민국, 스페인, 스웨덴, 터키, 미국이었다.

16. http://bit.ly/1rV3m8Z

17. 다음 자료에서 인용. Nabih Bulos, "Saudi Cleric Urges Rebels to Fight, Die", Los Angeles Times, August 8, A3, 2016. http://lat.ms/2aNVbpY

18. Alan Segal, Life After Death: A History of the Afterlife in Western Religion, New York: Random House, 2004, p. 659.

19. 참고 자료는 고전이 된 1962년 서부 영화 〈The Man Who Shot Liberty Valance〉의 유명한 대사다. "선생님, 여기는 서부입니다. 전설이 사실로 굳어지면 사람들은 전설을 선택하는 법이죠." http://bit.ly/2aqaY0s

20. Barry Rubin, and Judith Colp Rubin, eds, Anti-American Terrorism and the Middle East: A Documentary Reader, New York: Oxford University Press, 2002, p. 237.

21. http://bit.ly/2av2S1L

22. 사례는 다음을 참조할 것. Jon Schwarz, "Why Do So Many Americans Fear Muslims? Decades of Denial about America's Role in the World", Intercept, Feburary 18, 2017. https://theintercept. com/2017/02/18/why-do-so-many-americans-fear-muslims-decades-of-denial-about-americas-role-in-the-world/

1장

1.  Robert Fables, trans, Sophocles: The Three Theban Plays: Antigone; Oedipus the King; Oedipus at Colonus, New York: Penguin, 1984.

2. Sean Paul Sartre, *Existentialism and Humanism*, Paris: Editions Nagel, 1948. [장폴 사르트르 지음, 방곤 옮김, 『실존주의는 휴머니즘이다』, 문예출판사, 2013; 어네스트 배커 지음, 김재영 옮김, 『죽음의 부정』, 인간사랑, 2008]

3. 다음 자료에 인용. Adriana Teodorescu ed, *Death Representations in Literature: Forms and Theories*, Newcastle upon Tyne: Cambridge Scholars, Publishing, 2015, p. 12.

4. Sigmund Freud, *Reflections on War and Death*, 1915. Online reprint: http://bit.ly/1WISuJ1

5. Ernest Becker, 앞의 책, 1973, p. 26.

6. Stephen Cave, *Immortality: The Quest to Live Forever and How It Drives Civilization*, New York: Crown, 2012, p. 19. [스티븐케이브 지음, 박세연 옮김, 『불멸에 관하여』, 엘도라도, 2015]

7. Woody Allen, *On Being Funny: Woody Allen and Comedy*, New York: Charterhouse, 1975.

8. Sheldon Solomon, Jeff Greenberg, and Tom Pyszczynski, *The Worm at the Core: On the Role of Death in Life*, New York: Random House, 2015. [셸던 솔로몬, 제프 그린버그, 톰 피진스키 지음, 이은경 옮김, 『슬픈 불멸주의자』, 흐름출판, 2016]

9. William James, *The Varieties of Religious Experience*, New York: Longman, 1902, p. 140; 온라인에서 볼 수 있다. http://ntrda.me/1SV5jhf [윌리엄 제임스 지음, 김재영 옮김, 『종교적 경험의 다양성』, 한길사, 2000]

10. 다음 자료에서 인용. "John Horgan, Interview with Sheldon Solomon", *Scientific American*, June 6, 2016. http://bit.ly/1XydaEg

11. S. Solomon, J. Greenberg, J. Schimel, J. Arndt, and T. Pyszczynski, "Human Awareness of Mortality and the Evolution of Culture", *The Psychological Foundations of Culture. Mahwah*, NJ: Lawrence Erlbaum Associates, 2003, pp. 15~40.

12. Steven Pinker, *The Better Angels of Our Nature: Why Violence Has Declined*, New York: Viking, 2011, p.648. [스티븐 핑커 지음, 김명남 옮김, 『우리 본성의 선한 천사』, 사이언스북스, 2014]

13. Solomon et al, 2003.

14. R. Dale Guthrie, *The Nature of Paleolithic Art*, Chicago: University of Chicago Press, 2005.

15. Louis Liebenberg, "Tracking Science: The Origin of Scientific Thinking in Our Paleolithic Ancestors", *Skeptic* 18(3), 2013. [스켑틱협회편집부 지음, 루이스 리젠버그, 「추적의 과학」, 『스켑틱』 vol15, 2018]

16. Steven Pinker, *How the Mind Works*, New York: W. W. Norton, 1997, p.189. [스티븐 핑커 지음, 심한영 옮김, 『마음은 어떻게 작동하는가』, 동녘사이언스, 2007]

17. David M. Buss, "Human Social Motivation in Evolutionary Perspective: Grounding Terror Management Theory", *Psychological Inquiry* 8(1), 1997, pp. 22~26.

18. Geoffrey Miller, *The Mating Mind: How Sexual Choice Shaped Human Nature*, New York: Doubleday, 2000. [제프리 밀러 지음, 김명주 옮김, 『연애』, 동녘사이언스, 2009]

19. 개인적 서신 교환. 2016년 3월 13일.

20. 그 결과는 다음의 자료에 발표되었다. Michael Shermer, *How We Believe: Science, Skepticism, and the Search for God*, New York: Henry Holt, 2000.

21. 개인적 서신교환. 2016년 6월 27일.

22. Richard Feynman, and Ralph Leighton, *Surely You're Joking, Mr. Feynman*, New York: W. W. Norton 1985; Richard Feynman, *What Do You Care What Other People Think?*, New York: W. W. Norton, 1988; Michelle Feynman ed, *The Quotable Feynman*, Princeton, NJ: Princeton University Press, 2015. [리처드 파인만 지음, 김희봉 옮김, 『파인만씨, 농담도 잘하시네!』, 사이

언스북스, 2000; 리처드 파인만 지음, 랠프 레이턴 엮음, 홍승우 옮김, 『남이야 뭐라 하건!』, 사
이언스북스, 2004]

23. James Gleick, *Genius: The Life and Science of Richard Feynman*, New York: Pantheon, 1992, p. 438.
[제임스 글릭 지음, 황혁기 옮김, 『천재』, 승산, 2005]

24. Christopher Hitchens, *Mortality*, New York: Twelve / Hachette Book Group, 2012, p. 5. [크리스
토퍼 히친스 지음, 김승욱 옮김, 『신 없이 어떻게 죽을 것인가』, 알마, 2014]

25. 다음 자료에서 인용. George Sim Johnston, "A Melancholy Man of Letters. Review of Samuel
Johnson: A Biography by Peter Martin", *Wall Street Jounal*, September 18, 2008.

26. Helen Fisher, *Why We Love: The Nature and Chemistry of Romantic Love*, New York: Henry Holt,
2004; Helen Fisher, *The Anatomy of Love*, New York: W. W. Norton, 2016/1992. [헬렌 피셔 지음,
정명진 옮김, 『왜 우리는 사랑에 빠지는가』, 생각의나무, 2005; 헬렌 피셔 지음, 최소영 옮김, 『왜
사람은 바람을 피우고 싶어할까』, 21세기북스, 2009]

27. 텍사스 주 사법부의 최후 진술은 여기서 찾아볼 것. http://bit.ly/1oDainR

28. 이 여성 7명은 텍사스에서 사형된 537명 죄수 중 1.3퍼센트에 해당한다. Cunningham과
Vigen(2002)이 보고한 미국의 장기적 비율과 크게 다르지 않다. "1608년 이후 미국에서 사
형에 처해진 개인 중 2.8퍼센트(561/20000)가 여성이었고, 이 중 절반 이상이 South Census
Region에서 사형되었다. 2000년 12월 31일 현재 1900년 이후 미국에서 여성이 사형된 경우는
45건으로 이는 이번 세기 동안 사형당한 모든 사람 중 불과 0.56퍼센트(45/8010)에 해당한다.
현대에 들어(1972년 Furman 대 Georgia 주 재판 이후) 여성 137명이 사형을 선고받았는데 이
여성 중에 1973년 이후 미국에서 사형수로 처형된 683명에 포함된 사람은 5명에 불과하다(0.6
퍼센트). 1973년 이후로 사형을 선고받은 총 137명의 여성 중 2000년이 끝나는 시점에서 아직
도 사형수 감옥에 남아 있는 사람은 53명뿐이다. 사형수 감옥에서는 여성의 숫자가 낮게 잡혀
있고, 살인으로 체포된 비율과 비교해 보아도 그렇다. Strib(2001a)는 살인 혐의로 체포된 사람
중 여성이 13퍼센트 정도를 차지하지만, 법정에서 사형을 선고받는 경우는 1.9퍼센트에 불과하
다고 보고했다."

29. Sarah Hirschmüller, and Boris Egloff, "Positive Emotional Language in the Final Words Spoken
Directly Before Execution", *Frontiers in Psychology*, January, 2016. http://bit.ly/1WVnB0h

30. J. W. Pennebaker, C. K. Chung, M. Ireland, A. Gonzales, and R. J. Booth, *The Development and
Psychometric Properties of LIWC 2007*, Austin, Texas, LIWC.net: 2007.

31. T. B. Kashdan, etal, "MorethanWords:ContemplatingDeathEnhances Positive Emotional Word
Use", *Personality and Individual Differences* 71, 2014, pp. 171~175.

32. L. D. Handelman, and D. Lester, "The Content of Suicide Notes from Attempters and
Completers", *Crisis* 28, 2007, pp. 102~104.

33. Thomas Joiner, *Why People Die by Suicide*, Cambridge, MA: Harvard University Press, 2006. [토
머스 조이너 지음, 김재성 옮김, 『왜 사람들은 자살하는가?』, 황소자리, 2012]

34. L. L Carstensen, D. Isaacowitz, and S. T. Charles, "Taking Time Seri- ously. A Theory of
Socioemotional Selectivity", *American Psychologist* 54, 1999. pp. 165~181.

35. 다음의 자료도 참고할 것. Andreas R. T. Schuck, and Janelle Ward. "Dealing with the
inevitable: strategies of self-presentation and meaning construction in the final statements of
inmates on Texas death row", *Discourse and Society* 19(1), 2006, pp. 43~62. 다음의 자료도 참
고할 것. B. D. Kelly, and S. R. Foley, "Love, spirituality, and regret: Thematic analysis of last
statements from Death Row, Texas (2006~2011)", *Journal of the American Academy of Psychiatry*

*and the Law* 41(4), 2013, pp. 540~550. 그리고 R. Johnson, L. C. Kanewske, and M. Barak. "Death row confinement and the meaning of last words", *Laws* 3(1), 2014, pp. 141~152.

36. 텍사스 주 수감자의 평균 연령은 39세였다. 이들은 사형수 감옥에서 평균 11년을 대기했고, 평균 교육 수준은 10학년이었다. 이것은 사형수 감옥 수감자에 대한 미국의 장기 조사 자료 와 맞아떨어진다. 2015년 말을 기준으로 미국에서 사형 집행을 기다리는 수감자 수는 2959명이었다. 그중 98.18퍼센트는 남성이었다. 미국의 사형수 감옥 수감자 기관의 기록을 바탕으로 인구학 자료, 임상 연구 등에 대한 일반적인 논의는 다음의 자료를 참고할 것. Mark D. Cunningham, and Mark P. Vigen. "Death Row Inmate Characteristics, Adjustment, and Confinement: A Critical Review of the Literature", *Behavioral Sciences and the Law* 20, 2002, pp. 191~210. 이들은 이렇게 적는다. "우리의 분석을 보면 사형수 수감자는 남성의 비율이 압도적이고, 남쪽 지역에 편중되었다. 인종적 비율에 관해서는 논란이 남아 있다. [이들이 논문에서 인용한 자료는 다음과 같다. 백인 45.57퍼센트, 아프리카계 미국인 42.98퍼센트, 라틴계 9.27퍼센트, 아메리카 원주민 1.08퍼센트, 아시아인 1.08퍼센트] 사형수 감옥 수감자는 지적 능력이 제한적이고 학업도 결핍된 경우가 많다. 중요한 신경학적 손상을 받은 병력도 흔하고, 정신적 외상, 가족 붕괴, 약물 남용 등 발달 시기와 관련된 병력도 흔하다. 사형수 감옥 수감자 중에는 정신 질환자의 비율이 높고, 감금이 이런 정신 질환을 촉발하거나 악화시키는 것으로 보인다."

37. 예를 들어 한 연구는 이렇게 말한다. "한부모가정 출신의 아동이 행동상의 문제를 일으킬 확률이 더 높다. 이들은 경제적으로 안정되지 못하고 부모와 적절한 시간을 보내는 기회가 줄어들기 때문이다." "한 공동체 안에서 일어나는 폭력형 범죄를 예측해 줄 가장 신뢰할 만한 지표는 아버지가 없는 가족의 비율이다." 다음의 차료를 참고할 것. R. L. Maginnis, "Single-parent Families Cause Juvenile Crime", In *Juvenile Crime: Opposing Viewpoints*, A. E. Sadler, ed., 2012, Greenhaven Press, 1997, pp. 62~66.

38. Michael Shermer, "Death Wish: What Would Be Your Final Words?", *Scientific American*, June. 2016. http://bit.ly/289mKAC

39. http://bit.ly/1srYmdd. 루이스 캄니처의 전시 역시 부분적으로는 사형 제도에 대한 비판이었다. 갤러리 캡션에 따르면 이것은 부분적으로는 그가 라틴아메리카에서 몸소 체험한 독재 경험에서 알아낸 것이다. "이 진시는 특히 시기적절하나 할 수 있다. 사형 제도를 폐지하기로 한 뉴저지주의 역사적 결정에 바로 이어서 열리고, 대법원도 치사 주사의 합헌성을 계속 고려 중이기 때문이다." 내가 루이스에게 이런 동기부여를 계속 확대해 나갈 생각이냐고 물었더니 그가 이렇게 대답했다. "사형은 계획적 살인입니다. 이것은 처벌을 교육과 혼동하고, 극단적으로는 교화보다 제거를 선호하는 비윤리적 교육 프로젝트의 절정이죠."

40. Maranda A Upton, Tabitha M. Carwile, and Kristina S. Brown, "In Their Own Words: A Qualitative Exploration of Last Statements of Capital Punishment Inmates in the State of Missouri, 1995~2011", *OMEGA— Journal of Death and Dying*, 2016, pp. 1~19. http://ti.me/2cWA575

41. 스스로에게 미안하다고 말하거나 교도소 관리인, 텍사스주, 심지어 그 방에 있던 희생자의 가족을 용서한다고 말하는 사람은 배제했다.

42. 알라를 언급한 이슬람교도(즉 이슬람교 교리인 "신은 오직 알라밖에 없으며 무함마드가 그의 예언자다"를 암송하는 사람)도 몇 명 있었지만 진술 중에 다른 종교에 소속되어 있음을 말해주는 내용은 없었다.

43. 여섯 부분의 피그먼트 프린트. (167.64 × 111.76cm) 자료: Alexander Gray Associates, New York © 2016 Luis Camnitzer / Artists Rights Society (ARS), New York.

44. A. J. Greenberg Rosenblatt, S. Solomon, T. Pyszczynski, and D. Lyon, "Evidence for Terror Management Theory I: The Effects of Mortality Salience on Reactions to Those Who Violate or Uphold Cultural Value", *Journal of Personality and Social Psychology* 57(4), 1992, pp. 681~690.

45. Christopher Boehm, *Moral Origins: The Evolution of Virtue, Altruism, and Shame,* New York: Basic Books, 2012.


2장

1. 나는 "Shadowlands"라는 제목으로 내 어머니에 대한 수필을 써서 다음 문헌에 발표했다. Michael Shermer, *Science Friction,* New York: Henry Holt, 2005, pp. 101~109.

2. Sherwin B. Nuland, *How We Die: Reflections on Life's Final Chapter,* New York: Random House. 1993 [셔윈 B. 눌랜드 지음, 명희진 옮김, 『사람은 어떻게 죽음을 맞이하는가』, 세종서적, 2016]

3. V. Slaughter, and M. Griffiths, "Death Understanding and Fear of Death in Young Children", *Clinical Child Psychology and Psychiatry*, 12(4), 2007, pp. 525~535.

4. Jesse M. Bering, and David F. Bjorklund, "The Natural Emergence of Reasoning about the Afterlife as a Developmental Regularity", *Developmental Psychology* 40(2), 2004, pp.217~233.

5. 여기서 사랑하는 사람을 잃은 아동을 대하는 지침 제공을 목표로 하지는 않았다. 그 점에 관해 서는 John James, Russell Friedman, *When Children Grieve* New York: Harper Collins, 그리고 Grief Recovery Institute(http://bit.ly/1VsBW7f)에 나와 있는 여러 자료들을 참고할 것. 다음 의 자료도 참고할 것. Mark W. Speece, "Children's Concepts of Death", *Michigan Family Review* 01/1, 1995, pp. 57~69. [존 제임스, 러셀 프리드만, 레슬리 랜던 매튜스 지음, 홍현숙 옮김, 『우 리 아이가 슬퍼할 때』, 북하우스, 2004]

6. 같은 책, p. 227.

7. 전반적인 문헌 검토는 다음의 자료를 참고할 것. Charles A. Corr, and Donna M. Corr, eds, *Handbook of Childhood Death and Bereavement,* New York: Springer, 1996.

8. Slaughter and Griffiths, 앞의 책, 2007.

9. Andrew Shtulman, *Scienceblind: Why Our Intuitive Theories About the World Are So Often Wrong,* New York: Basic Books, 2017, p. 146.

10. Diana Reiss, *The Dolphin in the Mirror: Exploring Dolphin Minds and Saving Dolphin Lives,* New York: Mariner Books, 2012.

11. F. Alves, C. Nicolau, A. Dinis, C. Ribeiro, and L. Freitas, "Supportive Behavior of FreeRanging Atlantic Spotted Dolphins (*Stenella frontali*) Toward Dead Neonates, with Data on Perinatal Mortality", 2014. *Acta Ethologica*, doi:10.1007/s10211-014-0210-8

12. 다음 자료에서 인용. Mary Bates, "Do Dolphins Grieve?" *Wired,* January 26, 2015. http://bit. ly/1JuVBeg

13. 다음 자료에서 인용. Rowan Hooper, "Death in Dolphins: Do They Under-stand They Are Mortal?", *New Scientist,* August 31, 2011. http://bit.ly/1pTwkGe

14. 같은 글.

15. 개인적 서신 교환. 2016년 12월 21일. 다음 자료도 참고할 것. Karen McComb, Lucy Baker, and Cynthia Moss, "African Elephants Show High Levels of Interest in the Skulls and Ivory of Their

Own Species", *Biology Letters* 2(1), 2006, pp. 26~28. ISSN 1744-9561

16. C. Moss, *Elephant Memories: Thirteen Years in the Life of an Elephant Family*, New York: Fawcett Columbine, 1988.

17. 사례는 다음의 자료를 참고할 것. M. Jeffrey, Massonand S. McCarthy, *When Elephants Weep: The Emotional Lives of Animals*, New York: Delacorte Press, 1995; C. Boehm, *Hierarchy in the Forest: The Evolution of Egalitarian Behavior*, Cambridge, MA: Harvard University Press, 1999; M. Ridley, *The Origins of Virtue: Human Instincts and the Evolution of Cooperation*, New York: Viking, 1997. [크리스토퍼 보엠 지음, 김성동 옮김, 『숲속의 평등』, 토러스북, 2017; 매트 리들리 지음, 신좌섭 옮김, 『이타적 유전자』, 사이언스북스, 2001]

18. 개인적 서신 교환. 2016년 4월 17일. 안타깝게도 서신을 교환하고 얼마 지나지 않아 러셀은 암 진단을 받았다. 그는 2016년 11월 사망했다. 그는 내가 그리워하게 될 친구이자 동료였다.

19. Ralph S. Solecki, "The Shanidar IV, a Neanderthal Flower Burial in Northern Iraq", *Science* 190(4217), 1975, pp. 880~881.

20. Jeffrey D. Sommer, "The Shanidar IV 'Flower Burial': A Re-evaluation of Neanderthal Burial Ritual", *Cambridge Archaeological Journal* 9(1), 1999, pp. 127~129.

21. William Rendu, et al, "Evidence Supporting an Intentional Neandertal Burial at La Chapelle-aux-Saints", *PNAS* 111 (1), 2013, pp. 81~86. http://bit.ly /20Zxuka

22. J. Zilhao, et a,. "Symbolic Use of Marine Shells and Mineral Pigments by Iberian Neandertals", *PNAS* 107 (3), 2010, pp. 1023~1028

23. Henry. Duday, *The Archaeology of the Dead: Lectures in Archaeothanatology*, Oxford: Oxbow Books, 2011

24. Philip Lieberman, *Uniquely Human: The Evolution of Speech, Thought, and Selfless Behavior*, Cambridge, MA: Harvard University Press, 1991, p. 163. [필립 리버만 지음, 김형엽 옮김, 『언어의 탄생』, 글로벌콘텐츠, 2013]

25. Julien Riel-Salvatore, and Claudine Gravel-Miguel, "Upper Paleolithic Mortuary Practices in Eurasia: A Critical Look at the Burial Record", In *The Oxford Handbook of the Archaeology of Death and Burial*, edited by Sarah Tarlow and Liv Nilsson Stutz, Oxford: Oxford University Press, 2013, pp. 303~346.

26. Erik Trinkaus, Alexandra Buzhilova, Maria Mednikova, and Maria Dobrovolskaya, *The People of Sunghir: Burials, Bodies, and Behavior in the Early Upper Paleolithic*, Oxford: Oxford University Press, 2014.

27. Paul Pettitt, Michael Richards, Roberto Maggi, and Vincenzo Formicola, "The Gravettian Burial Known as the Prince ('Il Principe'): New Evidence for His Age and Diet", *Antiquity* 77, 2003, pp. 15~19.

28. 다음 자료도 참고할 것. Sarah Tarlow, and Liv Nilsson Stutz, eds, *The Oxford Handbook of the Archaeology of Death and Buria*, Oxford: Oxford University Press, 2013; Mike Parker Pearson, *The Archaeology of Death and Burial*, College Station: Texas A&M University Press, 2000. [마이크 파커 피어슨 지음, 이희준 옮김, 『죽음의 고고학』, 사회평론아카데미, 2017]

29. Paul H. G. M. Dirks, Lee R. Berger, Eric M. Roberts, et al, "Geological and Taphonomic Context for the New Hominin Species *Homo naledi* from the Dinaledi Chamber, South Africa", *eLife*, 2015. http://bit.ly/1QLswxK

30. http://reut.rs/1ZbdYML

31. http://to.pbs.org/1UHoT08
32. Michael Shermer, "Murder in the Cave: Did Homo naledi behave more like Homo homicidensis?", *Scientific American*, January 1, 2016.
33. 고인류학자는 다음 네 가지 가설을 거부한 후에 '의도적 시신 처리'가 이 발견 내용에 대한 가장 설득력 있는 설명이라고 결론 내렸다. '거주Occupation 가설' – 이 안에는 어떤 잔해도 남아 있지 않으며 너무 어두워서 이곳에 거주하려면 인공조명이 필요했을 텐데 그러한 증거는 존재하지 않는다. 이 동굴은 거의 접근이 불가능한 상태이고 쉽게 접근할 수 있었던 적이 한 번도 없던 것으로 보인다. '물 수송water transport 가설' – 침수되었던 동굴은 거친 입자로 구성된 퇴적층이 나타나는데 호모 날레디 표본이 출토된 '별들의 방Dinaledi Chamber'에는 이런 부분이 보이지 않는다. '포식자Predators' 가설 – 골격 유골에는 포식의 흔적이 보이지 않고 포식자의 화석도 보이지 않는다. '죽음의 덫Death trap' 가설 – 퇴적된 유해를 보면 화석들이 어떤 기간에 걸쳐 침전된 것으로 보인다. 따라서 재앙과도 같은 한 번의 사건에 의해 이런 일이 일어났을 가능성은 배제할 수 있고, 이곳이 거의 접근이 불가능한 점을 고려하면 개인이 추가적으로 들어와 죽었을 가능성도 크지 않다.


3장

1. http://bit.ly/1DMBgwJ
2. 다음 자료에서 인용. Levi A. Olan, *Judaism and Immortality*, New York: Union of American Hebrew Congregations, 66, 1971.
3. Robert H. Eisenman, and Michael Wise, *The Dead Sea Scrolls Uncovered*, Rockport: Element, 1992, p. 20.
4. David Noel Freedman, editor in chief, *The Anchor Bible Dictionary*, New York: Doubleday, vol. 3, 1992, pp. 90~93.
5. 같은 책, p. 93.
6. John Paul II, "General Audience", July21, 1999. http://bit.ly/29fK0G5
7. 이슬람교와 사후 세계에 대한 훌륭하고 간단명료한 논의는 다음의 자료를 참고할 것. Alan Segal, *Life After Death: A History of the Afterlife in Western Religion*, New York: Random House, 2004, pp. 639~695.
8. Ayaan Hirsi Ali, *Heretic: Why Islam Needs a Reformation Now*, New York: HarperCollins, 2015, p. 13. [이얀 히르시 알리 지음, 이정민 옮김, 『나는 왜 이슬람 개혁을 말하는가』, 책담, 2016]
9. Sachiko Murata, and William Chittick, *The Vision of Islam*, London: I.B. Tauris, 1998, pp. 167~168.
10. 같은 책, p. 169.
11. W. M. Watt, A. J. Wensinck, R. B. Winder, and D. A. King, "Makka", *Encyclopedia of Islam*, 2nd ed. Leiden: E. J. Brill, vol. 6, 2009, p. 144.
12. J. Edward Wright, *The Early History of Heaven*, New York: Oxford University Press, 2000.
13. Alister E. McGrath, *A Brief History of Heaven*, Oxford: Blackwell Publishing, 2003.
14. Jeffrey Burton Russell, *A History of Heaven: The Singing Silence*, Princeton, NJ: Princeton University Press, 1997.

15. Alan Segal, 앞의 책, 2004.

16. Colleen McDannell, and Bernhard Lang, *Heaven: A History*, New Haven: Yale University Press, 1988. 개념에 대해서는 다음의 자료를 참고할 것. Lisa Miller, *Heaven: Our Enduring Fascination with the Afterlife*, New York: Harper Collins, 2010. [리사 밀러 지음, 한세정 옮김, 『헤븐』, 21세기 북스, 2010]

17. 덤으로 다음의 자료를 참고하면 좋다. Alice K. Turner, *The History of Hell*, Elaine Pagels, The *Origin of Satan*, Alan Bernstein, *The Formation of Hell*, 사후에 오직 다른 사람만 갈 것이라 생각하는 다른 장소의 역사에 관해서라면 Jacques Le Goff, *The Birth of Purgatory* 역시 두 말 할 것없이 좋은 자료다. Alice K. Turner, *The History of Hell*, New York: Harcourt Brace, 1993; Elaine Pagels, *The Origin of Satan*, New York: Random House, 1995; Alan E. Bernstein, *The Formation of Hell: Death and Retribution in the Ancient and Early Christian Worlds*, Ithaca: Cornell University Press, 1993; Jacques Le Goff, *The Birth of Purgatory*, Chicago: University of Chicago Press, 1981. [일레인 페이절스 지음, 권영주 옮김, 『사탄의 탄생』, 루비박스, 2006; 자크 르 고프 지음, 최애리 옮김, 『연옥의 탄생』, 문학과지성사, 2000]

18. Alan Segal, 앞의 책, 2004, p. 698.

19. McDannell and Lang, xxii.

20. George, Jr. Gallup, and James Castelli, *The People's Religion: American Faith in the 90's*, New York: Macmillan, 1989.

21. "Many Americans Say Other Faiths Can Lead to Eternal Life", *Pew Forum*, December 18, 2008. http://pewrsr.ch/29dfI6M

22. Moses Maimonides, 1170~1180. "The Blissful State of the Soul", *Mishneh Torah: The Book of Knowledge*, Jerusalem: Boys Town Jerusalem Publishers, 1965, p. 367.

23. Julia Sweeney, *Letting Go of God*, 2006. http://bit.ly/1HgJnZ9

24. 다음 자료에서 인용. Stephen Cave, 앞의 책, 2012. pp. 60~61.

25. Brian Lamb, Interview with Christopher Hitchens and Andrew Sullivan. Genius.com, 2002. http://genius.com/1914401

26. Hasan Salim Patel, "Christopher Hitchens: A Life in Quotes", *Aljazeera*, December 16, 2011. http://bit.ly/1nqGTPS

27. Christopher Hitchens, "Is There an Afterlife?", *UCLA Debate*, February 15, 2011. 히친스는 삶의 마지막에 이렇게 생각했다. "나는 내가 지금 죽음의 유령과 벌이는 긴 논쟁에 대해 생각해 본다. 이 논의가 이어지는 동안 확실해질 부분이 있겠지만 누구도 이 논쟁에서 이기지는 못할 것이다. 적과 더 친해질수록 구원, 초자연적 구조 등에 대해 자신에게 유리한 주장만 하는 것이 내게는 예전보다 더 공허하고 작위적으로 보였다." 이 인용문은 2011년 Richard Dawkins Award 수락 연설에서 발췌한 것이다. Texas Freethought Convention(http://bit.ly/1VS6UVg)

28. 이 인용문은 우디 앨런보다는 덜 유명한 사람이 처음 시작한 것으로 보이지만, 다른 대부분의 인용문과 마찬가지로 이 말 역시 결국 그 말을 한 사람 중 가장 유명한 사람의 말로 기억된다. 이 말을 마지막으로 한 사람은 스티븐 호킹이었다. 이 말이 앨런이 한 것이라고 밝히기는 했지만 결국 사람들의 머릿속에 스티븐 호킹의 말로 기억되는 것은 시간문제다.

29. George Arthur Buttrick, ed, *The Interpreter's Bible: The Holy Scriptures in the King James and Revised Standard Versions with General Articles and Introduction, Exegesis, Exposition for Each Book of the Bible*, Nashville: Abingdon Press. vol. 5, 1957, p. 755.

4장

1. Maulana Jalal al-Din Rumi, *Selected Poems of Rumi*, Translated from Persian by Reynold A. Nicholson, New York: Dover, 43, 2011.

2. Paul Bloom, *Descartes' Baby: How the Science of Child Development Explains What Makes Us Human*, New York: Basic Books, 2004. [폴 블룸 지음, 곽미경 옮김, 『데카르트의 아기』, 소소, 2006]

3. Paul Bloom, and Dave Pizarro. "Homer's Soul", *The Psychology of the Simpsons*, Alan S. Brown, and Chris Logan, eds, Smart Pop, 1999, pp.65~73.

4. Paul Bloom, "Natural-Born Dualists", *Edge.org*, 2004. http://bit.ly/29Dm54Y

5. Howard Robinson, and Edward N. Zalta, "Dualism", *The Stanford Encyclopedia of Philosophy*, 2011. http://stanford.io/2ajlwKZ

6. Deepak Chopra, and Menas Kafatos, "Reality Gets an Unlikely Savior: Infinity", *San Francisco Gate*, July 3. 2016. http://bit.ly/29jezgN

7. Deepak Chopra, and Menas Kafatos, *You Are the Universe*, New York: Harmony Books, 2017. p. 249.

8. Pim van Lommel, *Consciousness Beyond Life: The Science of the Near-Death Experience*, New York: HarperCollins, 2010.

9. Edward F. Kelly, and Emily Williams Kelly, *Irreducible Mind: Toward a Psychology for the 21st Century*, Lanham, MD: Rowman and Littlefield, 28. 2009.

10. Michael Martin, and Keith Augustine, eds, *The Myth of an Afterlife: The Case against Life after Death*, Lanham, MD: Rowman and Littlefield, 2015.

11. E. J. Larson, and L. Witham. "Leading Scientists Still Reject God" *Nature* 394, 1998, p. 313.

12. 많은 사람이 20세기의 가장 영향력 있던 철학자라 생각하는 독일 철학자 루드비히 비트겐슈타인은 언어, 생각, 현실은 분리할 수 없다는 설득력 있는 논리를 펼쳤다. 혁신적인 1921년 작품 『논리철학논고』에서 비트겐슈타인은 "The world is everything that is the case"라는, 세계에 대한 사실은 생각, 그다음에는 명제, 마지막에는 언어로서 표상된다는 명제를 펼쳐 보였다. 우리가 세상에 대한 사실을 묘사하기 위해 사용하는 단어는 세상 그 자체를 생각하는 방식에 영향을 미치고, 심지어 결정하기까지 한다. 그는 그림은 실제의 모형이고, 그 그림은 언어로 기술된다고 적었다. 그리하여 비트겐슈타인은 다음과 같은 유명한 결론을 내렸다. "말할 수 없는 것에 관해서는 침묵해야 한다whereof one cannot speak, thereof one must be silent."

13. Gordon Pennycook, James Allan Cheyne, et al, "On the Reception and Detection of Pseudo-profound Bullshit", *Judgment and Decision Making* 10(6), 2015, pp. 549~563.

14. http://bit.ly/1PQqk6s

15. 개인적 서신 교환. 2016년 2월 22일.

16. E. S. Epel, E. Puterman, J. Lin, E. H. Blackburn, P. Y. Lum, N. D. Beckmann, J. Zhu, E. Lee, A. Gilbert, R. A. Rissman, R. E. Tanzi, and E. E. Schadt, "Meditation and vacation effects have an impact on disease-associated molecular phenotypes", *Translational Psychiatry* 6, e880, 2016. doi:10.1038/ tp.2016.164. www.nature.com/tp

17. 개인적 서신 교환. 2016년 9월 8일.

18. 이 연구는 초프라 센터에 등록한 30에서 80세 사이 남녀 참가자 119명을 대상으로 채식 식단, 명상, 요가, 마사지가 염증, 심혈관 질환 위험, 콜레스테롤 조절과 관련된 일련의 대사 지표에 미치는 영향을 연구한 2016년 두 번째 연구를 통해 추가적으로 힘을 얻었다. 6일 코스 프로그램

이전과 이후의 혈장 분석을 통해 이 프로그램에 참여했던 사람 중 절반이 염증 및 콜레스테롤 대사와 관련된 12종의 특정 세포막 화학물질에 측정 가능한 감소가 일어났음이 밝혀졌다. 염증과 콜레스테롤은 모두 중요한 심혈관 질환 예측 지표다.

역시나 여기서도 이런 유익한 효과를 이끌어 내는 것이 무엇인지 정확히 꼬집어 말하기 어렵다. (a) 식단, (b) 명상, (c) 요가, (d) 마사지, (e) 위의 것들 전부. 이 중 어느 것일까? 나는 (e) 가 정답이 아닐까 생각한다. 정신상태가 그 사람의 건강상태에 측정 가능한 효과를 나타낸다는 데는 의문의 여지가 없지만 어떻게 정의하고 측정한다고 해도 '의식'이 그 원동력이라는 주장에 대해 나는 여전히 회의적이다. Christine Tara Peterson; Joseph Lucas; Lisa St. John Williams; J. Will Thompson; M. Arthur Moseley; Sheila Patel; Scott Peterson; Valencia Porter; Eric E. Schadt; Paul J Mills; Rudolph E. Tanzi; P. Murali Doraiswamy; and Deepak Chopra, "Identification of Altered Metabolomic Profiles Following a Panchakarma-based Ayurvedic Intervention in Healthy Subjects", *Nature/ Scientific Reports* 6.32609. 2016. doi:10.1038/srep32609

19. Deepak Chopra, *The Human Universe*, 2015. http://bit.ly/1VSFaRA
20. Deepak Chopra, *Life After Death: The Burden of Proof*, New York: Harmony, 2006, pp. 26~27. [디팩 초프라 지음, 정경란 옮김, 『죽음 이후의 삶』, 행복우물, 2008]

## 5장

1. Milan Kundera, *Immortality*, New York: HarperCollins, 1990, p. 215. [밀란 쿤데라 지음, 김병욱 옮김, 『불멸』, 민음사, 2010]
2. FAQ International Association for Near Death Studies. http://bit.ly/1Z0LlkR
3. P. M. H. Atwater, "Is There a Hell? Surprising Observations about the Near-Death Experience", *Journal of Near-Death Studies* 10(3), 1992.
4. Fred Schoonmaker, "Denver Cardiologist Discloses Findings After 18 Years of Near-Death Research", *Anabiosis* 1:1-2, 1979.
5. George Jr. Gallup, *Adventures in Immortality*, New York: McGrawHill, 1982.
6. P. Van Lommel , R. V. Wees, V. Meyers, and I. Elfferich, "Near-Death Experience in Survivors of Cardiac Arrest: A Prospective Study in the Netherlands", *Lancet* 358(9298): 2039, 2001.
7. P. Van Lommel, *Consciousness Beyond Life: The Science of Near-Death Experience*, New York: HarperCollins, 2010.
8. 다음의 자료에 보고되어 있다. Janice Holden, Bruce Greyson, and Debbie James, *The Handbook of Near-Death Experiences: Thirty Years of Investigation*, Santa Barbara: Praeger, 2009.
9. David Hume, [1758]. *An Enquiry Concerning Human Understanding*, Great Books of the Western World. Chicago: University of Chicago Press, 1952, p. 491. [데이비드 흄 지음, 김혜술 옮김, 『인간의 이해력에 관한 탐구』, 지식을만드는지식, 2012]
10. Mark Woods, "The Boy Who Came Back from Heaven': Alex Malarkey says best-selling book is false", *Christianity Today*, January 15, 2015. http://bit .ly/1u6Dkke
11. Gideon Lichfield, "The Science of Near-Death Experiences", *Atlantic*, April, 2015. http://theatln.tc/21HeWmB

12. Van Lommel et al., 앞의 책, 2001.

13. Mark Crislip, "Near Death Experiences and the Medical Literature", *Skeptic* 14(2), 2008, pp.14~15. '뇌사'와 관련한 의학적 의미가 실제로 무엇인지 대부분 모른다. Crislip 박사는 뇌사를 이렇게 분명히 정의한다.
    — 환자는 신체 검사에서 뇌가 기능한다는 임상적 증거가 없어야 한다. 즉, 통증에 반응이 없어야 하고, 뇌신경 동공반응(동공이 고정됨), 눈머리반사(시선이 고정됨), 각막반사(자극해도 반사적으로 눈 깜박임이 일어나지 않음) 등 다양한 자율신경반사가 일어나지 않아야 하고, 자발적 호흡이 없어야 한다. 또한 며칠 동안은 뇌사를 흉내 낼 수 있는 모든 약물을 멀리해야 하고, 죽음과 비슷하게 보이는 대사 질환도 없어야 한다. 그리고 뇌사와 뇌사를 흉내 내는 상태, 그리고 benzo(바륨 비슷한 약물)나 narcotic을 투여받은 환자들과도 구분해야 한다. 적어도 24시간 이상의 간격으로 두 번에 걸쳐 flat line EEG가 나와야 한다는 것은 또 다른 기준이다. 바꿔 말하면 뇌사 판정은 오랜 시간이 걸리는 세밀한 과정이고, 또 마땅히 그래야 한다는 것이다.

14. Eben Alexander, *Proof of Heaven: A Neurosurgeon's Journey Into the Afterlife*, New York: Simon and Schuster, 2012; Eben Alexander, "Proof of Heaven: A Doctor's Experience with the Afterlife", *Newsweek*, October 8, 2012. http://bit.ly/1pCWqX5 [이븐 알렉산더 지음, 고미라 옮김, 『나는 천국을 보았다』, 김영사, 2013]

15. Sam Harris, *Waking Up: A Guide to Spirituality Without Religion*, New York: Simon and Schuster, 2014, pp. 3~5.

16. 다음 자료에서 인용. Michael Shermer, 앞의 책, 2011, p. 13.

17. 다음 자료에서 인용. Michael Pollan, "The Trip Treatment", *New Yorker*, February 9, 2015, p. 38.

18. Oliver Sacks, *On the Move: A Life*, New York: Random House, 2015, p.142. [올리버 색스 지음, 이민아 옮김, 『온 더 무브』, 알마, 2017]

19. 다음 자료에서 인용. Robert Gottlieb, "To Heaven and Back!", *New York Review of Books*, October 23, 2014. http://bit.ly/2hxkhen

20. Oliver Sacks, *Hallucinations*, New York: Alfred A. Knopf, 2012. [올리버 색스 지음, 김한영 옮김, 『환각』, 알마, 2013]

21. Oliver Sacks, "Seeing God in the Third Millennium", *Atlantic*, December 12, 2012. http://theatln.tc/1bP4lK4

22. Susan Blackmore, *Dying to Live: Near-Death Experiences*, Buffalo, NY: Prometheus Books, 1993.

23. Oliver Sacks, 앞의 책, 2012.

24. O. Blanke, S. Ortigue, T. Landis, and M. Seeck, "Neuropsychology: Stimulating Illusory Own-body Perceptions", *Nature* 419, September 19, 2002, pp. 269~270.

25. J. E. Whinnery, and A. M. Whinnery, "Acceleration-Induced Loss of Consciousness: A Review of 500 Episodes", *Archives of Neurology* 47, 1990, pp. 764~776.

26. J. E. Whinnery, "Technique for Simulating G-Induced Tunnel Vision", *Aviation and Space Environmental Medicine* 50, 1979, p. 1076.

27. Cory Markum, "Heaven Only Knows: Near-Death Experiences and the Problem of Account Incongruence", *Skeptic* 20(2), 2014, pp. 12~15.

28. *Bhagavad Gita*. Translated from the Sanskrit by Juan Mascaró, New York: Penguin, 10, 1962. [함석헌 옮김, 『바가바드 기타』, 한길사, 2003]

29. 같은 책, p. 11.

30. Bruce Goldberg, *Past Lives, Future Lives: A Hypnotherapist Shares His Most Astounding Case Histories*,

New York: Ballantine Books, 1982, p. 181.

31. Bruce Goldberg, "Time Travelers I Have Met", http://bit.ly/1WSuNOa
32. Elizabeth Loftus, and J. C. Palmer, "Reconstruction of Automobile Destruction: An Example of the Interaction between Language and Memory", *Journal of Verbal Learning and Verbal Behavior* 13, 1974, pp. 585~589.
33. Elizabeth Loftus, C. Manning, and S. J. Sherman, "Imagination Inflation: Imagining a Childhood Event Inflates Confidence That It Occurred", *Psychonomic Bulletin and Review* 3, 1996, pp. 208~214.
34. Nicholas Spanos, *Multiple Identities and False Memories: A Socio-cognitive Perspective*, Washington, DC: American Psychological Association, 1996, pp. 135~140.
35. Ian Stevenson, *Reincarnation and Biology*, 2 vols. Westport, CT: Praeger, 1997.
36. Leonard Angel, "Reincarnation All Over Again: Backwards Reasoning in Ian Stevenson's Reincarnation and Biology", *Skeptic* 9(3), 2003.
37. Paul Edwards, *Reincarnation: A Critical Examination*, Buffalo: Prometheus Books, 28, 1996, p. 255
38. 우리 모두가 출연했던 쇼는 *Lary King Live*였다. 이들의 사례를 다룬 책은 다음과 같다. Bruce Leininger, and Andrea Leininger, Ken Gross, *Soul Survivor: The Reincarnation of a World War II Fighter Pilot*, New York: Grand Central Publishing, 2009.
39. 2009년 12월 22일 자 *Lary King Live* 방송분 필사본. http://cnn.it/1UdkKNp
40. 다음 자료에서 인용. "The Past Life Memories of James Leininger", *Facts Are Facts*. http://bit.ly/1sG65nC
41. 다음 자료에서 인용. "Parents Think Boy Is Reincarnated Pilot", *ABC News*, June 30, 2015. http://abcn.ws/1qVGTs3
42. 다음 자료에서 인용. "The Past Life Memories of James Leininger", *Facts Are Facts*. http://bit.ly/1sG65nC
43. 다음 자료에서 인용. "Parents Think Boy Is Reincarnated Pilot", *ABC News*, June 30, 2015. http://abcn.ws/1qVGTs3
44. 다음 자료에서 인용. "The Past Life Memories of James Leininger", *Facts Are Facts*. http://bit.ly/1sG65nC
45. http://bit.ly/1TGXyrs
46. 보먼은 아동기에는 만 2~3세에서 만 6~7세까지 짧은 기간에만 열리는 시간의 창이 존재해서 이때는 전생의 기억이 떠오르지만 이후에는 사라져버린다는 주장으로 이 기억상실을 설명한다.

6장

1. Carl Sagan, *The Demon-Haunted World: Science as a Candle in the Dark*, New York: Random House, 1996, p. 203. [칼 세이건 지음, 이상헌 옮김, 『악령이 출몰하는 세상』, 김영사, 2001]
2. 다음의 자료에서 자세히 논의한다. Michael Shermer, 앞의 책, 1997: Michael Shermer, 앞의 책, 2011.
3. 다음 자료에서 인용. G. M. Woerlee, *Mortal Minds: The Biology of Near Death Experiences*, Buffalo, NY: Prometheus Books, 2005, pp. 95~96.

4. Jeffrey J. Kripal, "Visions of the Impossible", *The Chronicle of Higher Education*, March 31, 2014. http://bit.ly/2jVZHcq

5. Graham Reed, *The Psychology of Anomalous Experience*, Buffalo, NY: Prometheus Books, 1988.

6. Leonard Zusne, and Warren H. Jones, *Anomalistic Psychology: A Study of Magical Thinking*, New York: Lawrence Erlbaum Associates, 1989.

7. Etzel Cardena, Steven Jay Lynn, and Stanley Krippner, eds, *Varieties of Anomalous Experience: Examining the Scientific Evidence*, Washington, DC: American Psychological Association, 4, 2000.

8. James Van Praagh, *Growing Up in Heaven*, New York: Harper-One, 10, 2011.

9. 같은 책, p. 94.

10. 2002년 시애틀의 한 텔레비전 스튜디오에서 촬영. 여기서 볼 수 있다. http://bit.ly/2iUmST2

11. www.thecoldreadingconnection.com

12. Gary Schwartz, *The Afterlife Experiments: Breakthrough Scientific Evidence of Life After Death*, New York: Atria Books, 2002.

13. Marc Berard, "I See Dead People. Review of The Afterlife Experiments", *Skeptic* 9(3), 2003.

14. Ray Hyman, "How Not to Test Mediums: Critiquing the Afterlife Experiments", *Skeptical Inquirer* 27(1), January, 2003. http://bit.ly/2koCmPf

15. 다음의 자료를 참고할 것. Carol Tavris, and Elliot Aronson, *Mistakes Were Made (but Not by Me): Why We Justify Beliefs, Bad Decision, and Hurtful Acts*, New York: Houghton Mifflin, 2007. [엘리엇 에런슨, 캐럴 태브리스 지음, 박웅희 옮김, 『거짓말의 진화』, 추수밭, 2007]

16. Newberg, Andrew, and Eugene D'Aquili, *Why God Won't Go Away: Brain Science and the Biology of Belief*, New York: Random House, 2001; Newberg, Andrew, and Mark Robert Waldman, *Born to Believe: God, Science and the Origin of Ordinary and Extraordinary Beliefs*, New York: Free Press, 2006; Newberg, Andrew, and Mark Robert Waldman, *How God Changes Your Brain*, New York: Ballantine Books, 2009. [앤드류 뉴버그, 유진 다킬리, 빈 스라우즈 지음, 이충호 옮김, 『신은 왜 우리 곁을 떠나지 않는가』, 한울림, 2001]

17. Julio Fernando Peres, Alexander Moreira-Almeida, Leonardo Caixeta, Frederico Leao, and Andrew Newberg, "Neuroimaging during Trance State: A Contribution to the Study of Dissociation", *PLoS*, November 16, 2012. http://bit.ly/2jZZkgS

18. 다음의 자료도 참고할 것. Julio F. P. Peres, and Andrew Newberg, "Neuroimaging and Mediumship: A Promising Research Line", *Archives of Clinical Psychiatry* 40(6), 2013. http://bit.ly/2kKggYk

19. Harry Houdini, *A Magician Among the Spirits*, New York: Cambridge University Press, 1924/2011.

20. Michael Shermer, "Infrequencies", *Scientific American*, October, 2014. http://bit.ly/1rGc4qd

21. Carl Sagan, 앞의 책, 1996, p. 104.

22. Jerry Coyne, "Science Is Being Bashed by Academics Who Should Know Better", *New Republic*, April 3, 2014. http://bit.ly/2jVY3CT. Coyne의 비평에 대한 Kripal의 대응은 다음 자료를 참고할 것. "Embracing the Unexplained, Part 2", *The Chronicle of Higher Education*, April 8, 2014. http://bit.ly/2kkTeGt

23. 다음 자료에서 인용. James Gleick, *Genius: The Life and Science of Richard Feynman*, New York: Vintage, 1993, p. 93.

24. Kip Thorne, *The Science of Interstellar*, Los Angeles: Warner Brothers, 2014, p. 264. [킵 손 지음,

전대호 옮김, 『인터스텔라의 과학』, 까치, 2015]

7장

1. "Second Chances." *StarTrek, The Next Generation,* Episode150, May 24. 1993. 내용 요약은 http://bit.ly/1SdFwvv, 대본은 http://bit.ly/1RvhleL을 참고할 것.
2. Roderick M. Chisholm, *Person and Object: A Metaphysical Study,* London: Routledge, 2004, p. 89.
3. Melinda Wenner, "HumansCarryMoreBacterialCellsthanHuman Ones", *Scientific American,* November 30, 2007. http://bit.ly/1uhlM0s
4. Lynn Margulis, *Symbiotic Planet: A New Look at Evolution,* New York: Basic Books, 1998; Lynn Margulis, "Symbiogenesis. A new principle of evolution rediscovery of Boris Mikhaylovich Kozo-Polyansky (1890~1957)", *Paleontological Journal* 44(12), 2011, pp. 1525~1539.
5. L. Gordon, et al, "Neonatal DNA methylation profile in human twins is specified by a complex interplay between intrauterine environmental/ genetic factors subject to tissue-specific influence", *Genome Research* 22, 2012, pp. 1395~1406.
6. Michael A. Lodato, et al, "Somatic Mutation in Single Human Neurons Tracks Developmental and Transcriptional History", *Science* 350(6256), 2015. pp. 94~98. http://bit.ly/1U0XtCS
7. M. J. McConnell, et al, "Mosaic Copy Number Variation in Human Neurons", *Science* 342(6158), 2013, pp. 632~637. http://1.usa.gov/1NwnO5d
8. 다음 자료에 인용. Ed. Yong, "The Surprising Genealogy of Your Brain", *Atlantic,* October 1, 2015. http://theatln.tc/1YUtuOa
9. Owen Flanagan, *The Problem of the Soul: Two Visions of Mind and How to Reconcile Them,* New York: Basic Books, 2002.
10. 같은 책, pp. 165~166.
11. 같은 책, p. 164.
12. Robert Kurzban, *Why Everyone (Else) Is a Hypocrite,* Princeton, NJ: Princeton University Press, 2012
13. 인지심리학 연구도 이러한 명제를 뒷받침한다. 인지심리학자 Bruce Hood는 The Self Illusion에 서 이를 SF영화에 비유하며 우아하게 요약했다. "우리는 뇌 속에 실제 모형을 창조하기 위해 신 경계를 통해 바깥 세상을 처리한다. 영화 속의 매트릭스처럼 세상 만물이 눈에 보이는 그대로 는 아니다. 우리로 하여금 사물을 부정확하게 인지하게 만드는 착시의 힘을 잘 알고 있다. 하 지만 가장 강력한 착시는 바로 우리가 자신의 머릿속에 통합되고 일관성 있는 개인, 혹은 자아 로 존재한다는 그 생각이다." Bruce Hood, *The Self Illusion: How the Social Brain Creates Identity,* Oxford: Oxford University Press, 3, 2012. [브루스 후드 지음, 장호연 옮김, 『지금까지 알고 있던 내 모습이 모두 가짜라면?』, 중앙북스, 2012]
14. David Kestenbaum, "Atomic Tune-Up: How the Body Rejuvenates Itself", NPR, July 14, 2007. http://n.pr/1qbBP3a
15. Nicholas Wade, "Your Body Is Younger Than You Think", *New York Times,* August 2, 2005. http://nyti.ms/1pLXzC4
16. Ferris Jabr, "Know Your Neurons: What Is the Ratio of Glia to Neurons in the Brain?" *Scientific*

**432**     주석

*American*, June 13, 2012. http://bit.ly /1W3nJeF

17. Michael Shermer, "Exorcising Laplace's Demon: Chaos and Anti- chaos, History and Metahistory", *History and Theory* 34(1), 1995, pp. 59~83.

18. Frank J. Tipler, *The Physics of Immortality: Modern Cosmology, God, and the Resurrection of the Dead*, New York: Doubleday, 1994.

19. googolplex와 googleplex로 철자가 달라진 이유는 구글의 공동창립자 Larry Page의 말에 따르면 회사 이름을 지을 때 철자를 확인하지 않았기 때문이라고 한다.


8장

1. David Hochman, "Reinvent Yourself: The Playboy Interview with Ray Kurzweil", *Playboy*, April 19, 2016. http://bit.ly/1U6WcKL

2. 개인적 서신 교환. 2014년 7월 30일.

3. 개인적 서신 교환. 2013년 9월 26일.

4. 같은 글. 더 많은 내용은 www.merkle.com로 가 보기 바란다. 분자 나노기술에 대한 Merkle의 소개 동영상은 여기를 참조할 것. http://bit.ly/1MTXJCl

5. 개인적 서신 교환. 2013년 9월 24일.

6. Xavier Aaronson, Motherboard, *Frozen Faith: Cryonics and the Quest to Cheat Death*. Vice, Thobey Campion, executive producer, 2016. http://bit .ly/1TB47M7

7. http://bit.ly/2nVE1iI

8. Max More, and Natasha Vita-More, eds, *The Transhumanist Reader: Classical and Contemporary Essays on the Science, Technology, and Philosophy of the Human Future*, New York: Wiley-Blackwell, 4, 2013.

9. Anders Sandberg, "The Physics of Information Processing Super objects: Daily Life Among the Jupiter Brains", *Journal of Evolution and Technology* 5(1), 1999.

10. Mark Walker, "Personal Identity and Uploading", *Journal of Evolution and Technology* 22(1), 2011. http://bit.ly/1SAbXHB

11. http://bit.ly/1ULQv69

12. Nick Bostrom, "Are You Living in a Computer Simulation?", *Philosophical Quarterly* 43(211), 2003, pp. 243~255. http://bit.ly/19EKA6E

13. Frank J. Tipler, *The Physics of Immortality: Modern Cosmology, God, and the Resurrection of the Dead*, New York: Doubleday, 1994; Frank J. Tipler, *The Physics of Christianity*, New York: Doubleday, 2007.

14. Michael Shermer, 앞의 책, 1997.

15. 개인적 서신 교환. 1995년 9월 11일.

16. John Barrow, and Frank J. Tipler, *The Anthropic Cosmological Principle* Oxford: Oxford University Press, 1986, p.677.

17. Michael Shermer, 앞의 책, 1997, pp. 255~272.

18. Lawrence Krauss, "More Dangerous than Nonsense", *New Scientist*, May 12, 2007. http://bit. ly/1M7WsHw

19. Barry Ptolemy, *Transcendent Man*, 2009.

20. The Singularity Is Near. Questions and Answers. http://bit.ly/1EV4jk0

21. Ray Kurzweil, and Terry Grossman, *Transcend: Nine Steps to LivingWell Forever*, Rodale Press, 2009. p. xxv, [레이 커즈와일, 테리 그로스먼 지음, 김희원 옮김, 『영원히 사는 법』, 승산, 2011]

22. Ray Kurzweil, and Terry Grossman, *Fantastic Voyage: Live Long Enough to Live Forever*, Rodale Press, 2004. p. 3, [레이 커즈와일, 테리 그로스먼 지음, 정병선 옮김, 『노화와 질병』, 이미지박스, 2006]

23. David Hochman, 앞의 글, 2016.

24. Kyle Anderson, "Google's Larry Page and Sergey Brin Plan to Cure Aging with Biotech Venture", *Money Morning*, 2015. http://bit.ly/1djWZ7X

25. 기억이 정적인 시냅스 연결에 저장된다는 증거는 다음의 자료를 참고할 것. http://bit.ly/1Wgh1U8

26. 21세기메디슨 웹사이트. http://www.21cm.com/

27. 콩팥 이식 논문. http://1.usa.gov/1QqPwjN

28. 이들이 지금 하려는 일의 실체를 알고 나는 큰 충격을 받았다. 당시는 내가 *The Moral*에서 동물의 권리에 대한 장을 쓴지 얼마 지나지 않았을 때였다. 나는 도덕적으로 꺼림칙했지만 생의학은 적어도 한동안 모델 동물에 의지했으며, 이 동물은 연구에 필요하지 않았다면 아예 태어나지 않았으리라는 점을 스스로에게 상기시키며 참았다. 그래도 이 과학자들이 동물에게 친절하고 동물 복지에도 신경을 쓰고 있다는 점은 고무적이었다.

29. 이 전체 과정을 알데하이드 고정 냉동보존술Aldehyde-Stabilized Cryopreservation이라고 한다. 다음의 자료에 설명되어 있다. http://bit.ly/1XLsNER

30. 개인적 서신 교환. 2015년 11월 23일.

31. http://bit.ly/1XLsNER

32. 케네스 헤이워스는 이렇게 덧붙였다. "우리는 최고의 연구실 두 곳이 우리 상을 받기 위해 경쟁하는 행운을 누리고 있습니다. 지난해 양쪽 연구진에서 우리에게 X선과 전자현미경으로 평가를 받으려고 아주 많은 뇌 표본을 제출했어요. 그리고 양쪽 연구진 모두 피어 리뷰 과학학술지에 온전한 포유류의 뇌를 커넥톰 수준에서 보존하는 데 성공했다고 주장하는 논문을 발표했습니다. 여기 그 두 논문의 링크가 있습니다.
미쿨라(Mikula): http://bit.ly/1pmFABH
21세기메디슨: http://bit.ly/245ySQ9
최근까지도 어느 연구진이 수상하게 될지 정말 모르겠더군요. 요 몇 달 사이에 양쪽 연구진이 공식 평가를 받기 위해 온전한 뇌를 제출했습니다. 저는 상당한 시간을 들여 양쪽에서 제출한 표본을 영상으로 촬영했습니다. 미쿨라에서 기존에 제출했던 표본에서 보인 손상을 다루기 위해 설계해서 추가적으로 제출한 표본도 촬영했죠.
이 전자현미경 영상을 보여 주는 우리 웹사이트 링크는 다음과 같습니다.
미쿨라의 쥐 뇌 평가 영상: http://bit.ly/1Nn4I6M
21세기메디슨의 토끼 뇌 평가 영상: http://bit.ly/1U7LnrH
양쪽 표본 모두 질적으로 대단히 우수했지만 미쿨라의 표본은 뇌의 중앙 부위에 신경돌기에 약간의 손상이 관찰됐습니다. 이 중앙부위가 염색이 약하게 된 것을 보면 알 수 있듯이 화학적 침투에 문제가 있었던 것 같습니다. 일부 주변 겉질 영역에서도 작은 균열이 몇 개 보입니다. 대처하기 어려운 문제는 아닌 것으로 보입니다만 뇌의 커넥톰에는 분명한 손상이 가해진 것입니다. 우리의 규칙에 따르면 기준을 만족시키지 못한 것이죠. 반면 우리가 2D 전자현미경과 3DEM

볼륨 데이터셋 3개로 광범위하게 확인해 본 바에 따르면 21세기메디슨의 토끼 뇌의 커넥톰은 사실상 손상이 없는 것으로 보입니다. 양쪽 표본 모두에서 경미한 고정상의 오류가 보이기는 했지만 커넥톰의 추적 가능성이 훼손되지는 않는 것으로 보입니다." 소형 포유류 뇌 보존 상을 수상하고 얼마 되지 않아 Robert McIntyre와 Greg Fahy는 21세기메디슨을 떠나 독자적으로 알데히드 고정 냉동보존술을 개발하기 위해 Nectome이라는 신경과학 회사를 창업했다.

33. 개인적 서신 교환. 2015년 10월 28일. 이 장에 나온 헤이워스의 인용문은 모두 이 이메일에서 가져온 것이다.

34. B. J. Sullivan, L. N. Sekhar, D. H. Duong, G. Mergner, and D. Alyano "Profound Hypothermia and Circulatory Arrest with Skull Base Approaches for Treatment of Complex Posterior Circulation Aneurysms", *Acta Neurochir* 141, 1999, p. 1012.

35. S. G. Lomber, B. R. Payne, and J. A. Horel, "The Cryoloop: An Adaptable Reversible Cooling Deactivation Method for Behavioral or Electro-physiological Assessment of Neural Function", *Journal of Neuroscience Methods* 86, 1999, pp. 179~194.

36. C. H. Bailey, E. R. Kandel, and K. M. Harris, "Structural Components of Synaptic Plasticity and Memory Consolidation", *Cold Spring Harbor Perspectives in Biology*, 2015, pp.1~19.

37. S. Tonegawa, M. Pignatelli, D. S. Roy, and T. J. Ryan "Memory Engram Storage and Retrieval", *Current Opinion in Neurobiology* 35, 2015, pp. 101~109.

38. 이러한 원리는 이것을 처음 제안한 Donald Hebb의 이름을 따서 헤비안 이론Hebbian theory 라고 한다. Donald Hebb, *The Organization of Behavior,* New York: John Wiley and Sons, 1949; Siegrid Löwel, and W. Singer, "Selection of Intrinsic Horizontal Connections in the Visual Cortex by Correlated Neuronal Activity", *Science* 255, January 10, 1992, pp. 209~212; Donald Hebb, *The Organization of Behavior,* New York: John Wiley and Sons, 1949; Siegrid Löwel, and W. Singer, "Selection of Intrinsic Horizontal Connections in the Visual Cortex by Correlated Neuronal Activity", *Science* 255, January 10, 1992, pp. 209~212.

39. E. R. Kandel, et al, *Principles of Neural Science*, 5th ed. New York: McGraw-Hill, 2012. [에릭 R.캔델 지음, 강봉균 엮음, 『Kandel신경과학의 원리』, 범문에듀케이션, 2014]

40. Francis Crick, *The Astonishing Hypothesis: The Scientific Search for the Soul,* New York: Touchstone, 3. 1994. [프랜시스 크릭 지음, 김동광 옮김, 『놀라운 가설』, 궁리, 2015]

41. Derek Parfit, *Reason and Persons*, Oxford: Oxford University Press, 1984, pp. 254~255.

42. 철학자는 사고 실험을 좋아한다. 어찌나 좋아하는지 철학자 Daniel Dennett은 사고 실험을 자신의 'intuition pump' 공구상자에 포함시켰다. 사고 실험이 세상에 대한 우리의 직관에 의문을 제기하는 아이디어를 펌프질하는 데 도움이 되기 때문이다. 인지심리학자는 우리의 직관이 항상 믿을 만한 것은 아님을 입증해 보였다.

43. Ralph Merkle, "The State of the Art of Cryopreservation", Lecture at the 2009 Longevity Summit, 2009. http://bit.ly/1NuGBDh

44. Arthur Stanley Eddington, *The Nature of the Physical World,* New York: Macmillan, 1928.

45. 다음 자료에서 인용. Lisa Webster, "The Promise of Immortality in a Tech-Enhanced Heaven." Religion Dispatches, April 24, 2015. http://bit.ly/27SKSaE

9장

1. http://bit.ly/1PN6jxt
2. White House Office of the Press Secretary, "Remarks by President Obama in Address to the People of Europe. Hannover, Germany, April 25", 2016. http://bit.ly/1QwUKKA
3. 버락 오바마 미국 대통령의 UN 고별 연설. 2016년 9월 21일. http://ti.me/2cWA575
4. 그 사례로는 경제학자 Max Roser의 ourworldindata.org와 세계은행, UN, OECD, 유로스타트 등으로부터 수집한 humanprogress.org의 자료를 참고할 것. 다음의 자료도 참고할 것. Johan Norberg, *Progress: Ten Reasons to Look Forward to the Future,* London: OneWorld Publications, 2016; Peter Diamandis, and Steven Kotler, *Abundance: The Future Is Better than You Think,* New York: Free Press, 2012; Matt Ridley, *The Rational Optimist: How Prosperity Evolves,* New York: HarperCollins, 2011.; Steven Pinker, *The Better Angels of Our Nature,* New York: Penguin, 2011; Gregory Clark, *A Farewell to Alms: A Brief Economic History,* Princeton, NJ: Princeton University Press, 2007; Eric Beinhocker, *The Origin of Wealth: Evolution, Complexity, and the Radical Remaking of Economics* Cambridge, MA: Harvard Business School Press, 2006; Michael Shermer, *The Moral Arc: How Science and Reason Lead Humanity Toward Truth, Justice, and Freedom,* New York: Henry Holt, 2015. [스티븐 핑커 지음, 김명남 옮김, 『우리 본성의 선한 천사』, 사이언스북스, 2014; 그 레고리 클라크 지음, 이은주 옮김, 『맬서스, 산업혁명 그리고 이해할 수 없는 신세계』, 한즈미디 어, 2009; 에릭 바인하커 지음, 안현실, 정성철 옮김, 『부는 어디에서 오는가』, 알에이치코리아, 2015; 마이클 셔머 지음, 김명주 옮김, 『도덕의 궤적』, 바다출판사, 2018]
5. http://bit.ly/1eRbn2E
6. J. Bradford DeLong, "Cornucopia: The Pace of Economic Growth inthe Twentieth Century", Working Paper 7602. *National Bureau of Economic Research,* 2000. http://bit.ly/2fQxcXn
7. 인류의 포괄적인 경제사와 부가 지금의 모습으로 진화한 이유는 다음의 자료를 참고할 것. Eric Beinhocker, *The Origin of Wealth: Evolu- tion, Complexity, and the Radical Remaking of Economics,* Cambridge, MA: Harvard Business School Press, 2006
8. Gregory Clark, *A Farewell to Alms: A Brief Economic History,* Princeton, NJ: Princeton University Press, 2007. pp. 2~3.
9. 경제학자 Max Roser의 ourworldindata.org와 세계은행, UN, OECD, 유로스타트 등으로부터 수집한 humanprogress.org의 자료들, 그리고 'Data in Gapminder World'를 참고할 것. 'Data in Gapminder World'는 대부분 긍정적인 방향으로 일어나는 500개 이상의 변화 영역을 추적한 다. gapminder.org/data/
10. 자료 출처: 세계은행 Francois Bourguignon, and Christian Morrisson, "Inequality among World Citizens: 1820~1992", *American Economic Review* 92(4), 2002, pp. 727~744.
11. 다음 자료에 보고됨. Pete Etchells, "Declinism: Is the World Actually Getting Worse?", *Guardian,* January 16, 2015. http://bit.ly/2cWK1D7
12. John R. Chambers, Lawton K. Swan, and Martin Heesacker. "Better Off Than We Know: Distorted Perceptions of Incomes and Income Inequality in America," *Psychological Science,* 2013, pp. 1~6.
13. Michael Shermer, *The Mind of the Market: How Biology and Psychology Shape Our Economic Lives,* New York: Henry Holt, 2008. [마이클 셔머 지음, 박종성 옮김, 『경제학이 풀지 못한 시장의 비 밀』, 한국경제신문, 2013]

14. Curry Kirkpatrick, "Cool Warmup for Jimbo," *Sports Illustrated*, April 28, 1975.

15. http://imdb.to/2ehcqDH

16. Alex Gibney의 2013년작 〈*The Armstrong Lie*〉 시작 장면.

17. Thomas Gilovich, and Gary Belsky, *Why Smart People Make Big Money Mistakes and How to Correct Them, Lessons from the New Science of Behavioral Economics,*. New York: Fireside, 2000. [토마스 길로비치, 개리 벨스키 지음, 미래경제연구소 옮김, 『행동경제학 교과서』, 프로제, 2018]

18. Richard Thaler, "Toward a Positive Theory of Consumer Choice", *Journal of Economic Behavior and Organization*, reprinted in Breit and Hochman, eds. Readings in Microeconomics, 3rd ed, 1980.

19. 탈러 실험에 대해서는 다음을 참고할 것. Richard Thaler, Daniel Kahneman, and Jack Knetsch, "Experimental Tests of the Endowment Effect and the Coase Theorem", *Journal of Political Economy*, December, 1990. http://bit.ly/2fQwJEN

20. Richard Thaler, Daniel Kahneman, and Jack Knetsch, "Experimental Tests of the Endowment Effect and the Coase Theorem", *Journal of Political Economy*, December, 1990. http://bit.ly/2fQwJEN

21. Keith Chen, Venkat Lakshminarayanan, and Laurie Santos, "How Basic Are Behavioral Biases? Evidence from Capuchin-Monkey Trading Behavior", *Journal of Political Economy*, June. 2006.

22. Roy F. Baumeister, Ellen Bratslavsky, Catrin Finkenauer, and Kathleen D. Vohs, "Bad Is Stronger Than Good", *Review of General Psychology* 5(4), 2001, pp. 323~370.

23. A. N. Gilbert, A. J. Fridlund, and J. Sabini. "Hedonic and Social Determinants of Facial Displays to Odors." Chemical Senses 12, 23, 1987, pp.355~363; M. Rothbart, and B. Park, "On the confirm ability and disconfirmability of trait concepts", *Journal of Personality and Social Psychology* 50, 1986, pp. 131~142.

24. H. Bless, D. L. Hamilton, and D. M. Mackie, "Mood effects on the organization of person information", *European Journal of Social Psychology* 22: 1992, pp. 497~509; J. J. Skowronski, and D. E. Carlston, "Negativity and extremity biases in impression formation: A review of explanation", *Psychological Review* 105, 1989, pp. 131~142; E. K. Dreben, S. T. Fiske, and R. Hastie, "The independence of evaluative and item information: Impression and recall order effects in behavior based impression formation", *Journal of Personality and Social Psychology* 37, 1979, pp. 1758~1768.

25. T. A. Ito, J. T. Larsen, N. K. Smith, and J. T. Cacioppo, "Negative information weighs more heavily on the brain: The negativity bias in evaluative categorizations", *Journal of Personality and Social Psychology* 75, 1998, pp. 887~900.

26. J. M. Atthowe, "Types of conflict and their resolution: A reinterpre- tation", *Journal of Experimental Psychology* 59, 1960, pp. 1~9; Manne, S. L., K. L. Taylor, J. Dougherty, and N. Kemeny, "Supportive and negative responses in the partner relationship: Their association with psychological adjustment among individuals with cancer", *Journal of Behavioral Medicine* 20, 1997, pp. 101~125.

27. R. F. Baumeister, and K. J. Cairns. "Repression and self-presentation: When audiences interfere with self-deceptive strategies", *Journal of Personality and Social Psychology* 62, 1992, pp. 851~862.

28. J. P. David, P. J. Green, R. Martin, and J. Suls, "Differential roles of neuroticism, extraversion, and event desirability for mood in daily life: An integrative model of top-down and bottom-up influences", *Journal of Personality and Social Psychology* 73, 1997, pp. 149~159.

29. K. M. Sheldon, R. Ryan, and H. T. Reis, "Whatmakesforagoodday?: Competence and autonomy in the day and in the person", *Personality and Social Psychology Bulletin* 22, 1996, pp. 1270~1279.
30. P. Brickman, , D. Coates, and R. Janoff-Bulman. "Lottery winners and accident victims: Is happiness relative?", *Journal of Personality and Social Psychology* 36, 1978, pp. 917~927.
31. C. Cahill, S. P. Llewelyn, and C. Pearson. "Long-term effects of sexual abuse which occurred in childhood: A review", *British Journal of Clinical Psychology* 30, 1991, pp. 117~130.
32. E. B. Ebbesen, G. L. Kjos, and V. J. Konecni, "Spatial ecology: Its effects on the choice of friends and enemies", *Journal of Experimental Social Psychology* 12, 1976, pp. 505~518.
33. J. Czapinski, "Negativity Bias in Psychology: An Analysis of Polish Publications", *Polish Psychological Bulletin* 16, 1985, pp. 27~44.
34. 같은 글.
35. D. R. Riskey, and M. H. Birnbaum, "Compensatory effects in moral judgment: Two rights don't make up for a wrong", *Journal of Experimental Psychology* 103, 1974, pp. 171~173.
36. Baumeister et al., 2001, p. 355.
37. Paul Rozin, and Edward B. Royzman. "Negativity Bias, Negativity Dominance, and Contagion", *Personality and Social Psychology Review* 5(4), 2001, pp. 296~320.
38. C. H. Hansen, and R. D. Hansen. "Finding the Face in the Crowd: An Anger Superiority Effect", *Journal of Personality and Social Psychology* 54, 1988, pp. 917~924.
39. Arthur Scopenhauer, *The World as Will and Representation*, vol. 2. Translated by E.F.S. Payne, New York: Dover, 1844/1995. [로버트L.윅스 지음, 김효섭 옮김, 『쇼펜하우어의 〈의지의 표상으로서의 세계〉입문』, 서광사, 2014]
40. P. Rozin, L. Berman, and E. Royzman, *Posivity and Negativity Bias in Language: Evidence From 17 Languages* Unpublished manuscript, 2001.
41. N. H. Frijda, *The Emotions*, Cambridge: Cambridge University Press, 1986.
42. 이 원칙은 다음의 자료에서 유명해졌다. Jared Diamond, *Guns, Germs, and Steel* New York: W. W. Norton, 1996. [재레드 다이아몬드 지음, 김진준 옮김, 『총 균 쇠』, 문학과사상사, 2005]
43. R. A. Thompson, "Empathy and Emotional Understanding: The Early Development of Empathy", In N. Eisenberg and J. Strayer, eds. *Empathy and its Development,* New York: Cambridge University Press, 1987, pp. 119~146.
44. H. N. C. Stevenson, "Status Evaluation in the Hindu Caste System", *Journal of the Royal Anthropological Institute of Great Britain and Ireland*, 1954.
45. N. E. Miller, "Experimental studies of conflict", In J. McV. Hunt, ed, *Personality and the Behavior Disorders*, vol. 1, New York: Ronald Press, 1944, p. 435.
46. Rozin and Royzman, 2001, p. 306.
47. Steven Pinker, "The Second Law of Thermodynamics", *Edge.org, Annual Question: What Scientific Term or Concept Ought to Be More Widely Known?* 2017. http://bit.ly/2hr7P2J
48. Steven Pinker, *Enlightenment Now: The Case for Reason, Science, Humanism, and Progress*, New York: Penguin, 2018.
49. Michael Shermer, *The Believing Brain*, New York: Henry Holt, 2011.
50. Jared Diamond, *The World Until Yesterday: What Can We Learn from Traditional Societies?,* New York: Viking Press, 2012, pp. 243~275. [재레드 다이아몬드 지음, 강주헌 옮김, 『어제까지의 세계』, 김영사, 2013]

51. Richard P. Eibach, and Lisa K. Libby, "Ideology of the Good Old Days: Exaggerated Perceptions of Moral Decline and Conservative Politics", *In Social and Psychological Biases of Ideology and System Justification*, edited by J.T. Jost, A.C. Kay, and H. Thorisdottir, New York: Oxford University Press. 2009, pp. 402~423.

52. E. C. Ladd, *The Ladd Report*, New York: Free Press, 1999.

53. G. LaFree, "Declining Violent Crime Rates in the 1990s: Predicting Crime Booms and Busts." *Annual Review of Sociology* 25, 1999, pp. 145~168.

54. L. C. Sayer, S. M. Bianchi, and J. P. Robinson, "Are Parents Investing Less in Children? Trends in Mothers' and Fathers' Time with Children", *American Journal of Sociology* 110, 2004, pp. 1~43.

55. National Campaign to Prevent Teen Pregnancy 2003. With One Voice 2003: "America's Adults and Teens Sound Off about Teen Pregnancy" Washington DC.

56. Robert Bork, *Slouching Towards Gomorrah: Modern Liberalism and American Decline* New York: HarperCollins, 1996.

57. A. R. Murphy, "Augustine and the Rhetoric of Roman Decline." *History of Political Thought* 26: 2005, pp. 586~606.

58. Thomas Hobbes, *Leviathan: Or the Matter, Forme, and Power of a Commonwealth Ecclesiasticall and Civil*, edited by Michael Oakeshott, New York: Simon and Schuster, 1651/1997, p. 81. [토마스 홉스 지음. 최공웅, 최진원 옮김, 『리바이어던』, 동서문화동판, 2009]

59. Tina Dupuy, "Once Upon a Time." *Skeptic* 21(2), 2016, pp. 51~53.


10장

1. E. M. Cioran, *History and Utopia*, Translated by Richard Howard, Chicago: University of Chicago Press, 1960/1987, p. 81.

2. Umberto Eco, *The Book of Legendary Lands*, New York: Rizzoli Ex Libris, 2013.

3. http://1.usa.gov/1SgZNFq

4. 시대를 통틀어 몇 편만 이름을 대 보면 다음과 같다. Plato의 *The Republic*(기원전 360), 키케로Cicero의 *De Republica*, Augustine의 *The City of God*(기원후 426), Al-Farabi의 *The Virtuous City* (기원후 874~950), Thomas More의 *Utopia*(1516), Tommaso Campanella 의 *The City of the Sun*(1623), Francis Bacon의 *New Atlantis*(1627), James Harrington의 *Commonwealth of Oceana*(1656), Gabriel de Foigny의 *The Southern Land* (1676), Daniel Defoe 의 *Robinson Crusoe*(1719), Jonathan Swift의 *Gulliver's Travels*(1726), Edward Bellamy의 *Looking Backward*(1888), Theodor Hertzka의 *Freeland*(1890), H. G. Wells의 *The Time Machine* (1895), *A Modern Utopia*(1905), *Men Like Gods*(1923), Charlotte Perkins Gilman의 *Herland*(1915), B. F. Skinner의 *Walden Two*(1948), Arthur C. Clarke의 *Childhood's End*(1954), Ayn Rand의 *Anthem*(1938), *Atlas Shrugged*(1957), Ursula K. Le Guin의 *The Lathe of Heaven*(1971), Kim Stanley Robinson의 *The Mars* 3부작(1992~96)과 *Neanderthal Parallax* 3부작(호미니드, 인간, 혼혈 2002~2003)

5. 그 사례로는 다음의 자료를 참고할 것. J. C. Davis, *Utopia and the Ideal Society: A Study of English Utopian Writing 1516-1700*, New York: Cambridge University Press, 1981.

6. L. Sprague De Camp, *Lost Continent: The Atlantis Theme in History, Science, and Literature,* New York: Dover, 1970. 다음 자료도 참고할 것. Richard Ellis, *Imagining Atlantis,* New York: Alfred A. Knopf, 1998; Kenneth L Feder, *Frauds, Myths, and Mysteries: Science and Pseudoscience in Archaeology,* New York: McGraw- Hill/Mayfield, 2001; Paul Jordan, *The Atlantis Syndrome,* London: Sutton, 2002.

7. Andrea Albini, *Atlantis: In the Textual Sea,* 2012. http://bit.ly/2gVXKKz

8. 유토피아. 디스토피아. *Oxford English Dictionary*(옥스퍼드대학교 출판부). 이 장르는 사회의 붕괴를 야기할 수 있는 다양한 소재를 다룬다. 종교(Margaret Atwood의 *The Handmaid's Tale*), 정치(Ray Bradbury의 *Fahrenheit 451* ; 조지 오웰George Orwell의 *Animal Farm*과 1984), 경제 (Any Rand의 *Anthem*과 *Atlas Shrugged*), 이데올로기(Yevgeny Zamyatin의 *We,* Franz Kafka의 *The Trial, Fritz Lang*의 Metropolis , Aldous Huxley의 Brave New World , Arthur Koestler의 Darkness at Noon , William Golding의 Lord of the Flies), 그리고 특히나 과학과 기술(Philip K. Dick의 *Minority Report*와 *Do Androids Dream of Electric Sheep?* , Anthony Burgess의 *A Clockwork Orange*와 *Planet of the Apes,* Stanislaw Lem의 *The Magellanic Cloud,* Suzanne Collins의 The Hunger Games).

9. Howard P. Segal, *Utopias: A Brief History from Ancient Writings to Virtual Communities,* Malden, MA: Wiley-Blackwell, 2012, p. 5.

10. 하워드 시걸은 『*Utopias*』에서 이렇게 이야기하고 있다. 같은 책, p.5.

11. John Gray, *Black Mass: Apocalyptic Religion and the Death of Utopia,* New York: Farrar, Straus and Giroux, 2007.

12. Ralph Waldo Emerson, "Historic Notes of Life and Letters in New England", *The Works of Ralph Waldo Emerson: Lectures and Biographical Sketches,* vol. 10, Boston: Adamant Media Corporation, 1883, p. 327.

13. http://bit.ly/2nFQNgx

14. 다음 자료에서 인용. Lee Tusman, ed, *Really Free Culture: Anarchist Communities, Radical Movements, and Public Practices,* p.104. http://bit.ly/2mK3AiG

15. Alexa Clay "Utopia Inc", *Aeon,* February 28, 2017. http://bit.ly/2llj4Yo

16. 에살렌의 역사는 다음 자료를 참고할 것. Jeffrey Kripal, *Esalen: America and the Religion of No Religion,* Chicago: University of Chicago Press, 2007

17. Jim Jones, Transcript of Suicide Tape, 1978. http://bit.ly/Ptom3S

18. Leon Trotsky, "Literature and Revolution", 1924. http://bit.ly/2g2CqPi

19. Kirill Rossiianov, "Beyond Species: Ilya Ivanov and His Experiments on Cross-Breeding Humans with Anthropoid Apes", *In Science in Context,* New York: Cambridge University Press, 2002, pp. 277~316.

20. John J. Walters, "Communism Killed 94M in 20th Century, Feels Need to Kill Again", *Reason,* March 13, 2013. http://bit.ly/1nmmRkA

21. Daniel Chirot, and Clark McCauley, *Why Not Kill Them All?: The Logic and Prevention of Political Murder,* Princeton, NJ: Princeton University Press, 2006, pp. 143~144.

22. 사례는 다음의 자료를 참고할 것. Frances Fitzgerald, *Cities on a Hill: A Journey Through Contemporary American Cultures,* New York: Simon and Schuster, 1981, p. 23.

23. 19세기 미국 유토피아 공동체에 대한 긍정적인 평가는 다음 자료를 참고할 것. Mark Holloway, *Utopian Communities in America 1680-1880,* New York: Dover, pp. 222~229.

24. 개인주의적 무정부주의자 Josiah Warren은 '1856 Periodical Letter II'에서 '새로운 조화'의 실패에 대해 기술했다. 다음 자료에 인용됨. Susan Love Brown, ed, *Intentional Community: Anthropological Perspective*, Albany, NY: State University of New York Press, 2002, p. 156.

25. Barry Goldwater, *Acceptance Speech at the 28th Republican National Convention*, Arizona Historical Foundation, 1964. http://wapo.st/29RiHiq

26. George Orwell, "Review of *Mein Kampf (unabridged translation)*", New English Weekly, March 21, 1940, Sonia Orwell, and Ian Angus, eds, *Orwell: My Country Right or Left, 1940-1943*, Boston: Nonpareil Books, 1968, pp. 12~14.

27. Phillipa Foot, "The Problem of Abortion and the Doctrine of Double Effect", Oxford Review 5, 1967, pp.5~15. 트롤리 자동차 시나리오 이용에 대한 광범위한 연구는 많은 작품에 요약되어 있다. 최근작은 다음 자료를 참고할 것. David Edmonds, *Would You Kill the Fat Man?*, Princeton, NJ: Prince ton University Press, 2013.

28. Thomas Paine, *Dissertation on First Principles of Government*, 1795. 다음 자료에서 확인 가능하다. http://bit.ly/2qK9Tlr

29. J. B. Bury, *The Idea of Progress: An Inquiry into Its Growth and Origin*, New York: Dover, 1920/1932, pp.1~2.

30. Robert Nisbet, *History of the Idea of Progress*, New York: Basic Books, 1980, pp. 8~9.

31. Kevin Kelly, "Protopia", KK.org, May 19. 2011. http://bit.ly/2h0jdSC

32. Michael Shermer, 앞의 책, 2015, p. 399.

33. M. Vollers, *Lone Wolf. Eric Rudolph: Murder, Myth and the Pursuit of an American Outlaw*, New York: HarperCollins, 2006 p. 302.

34. M. Isikoff, "Flushed From the Woods", *Newsweek*, June 9, 2003, p. 35.

35. 에릭 루돌프의 성명서 전문은 여기에 나와 있다. http://bit.ly/2fDFS6y

36. Theodore J. Kaczynski, "*Industrial Society and Its Future*", New York Times and Washington Post, September 19, 1995.

37. 같은 책. 다음의 자료도 참고할 것. Theodore J. Kaczynski, *The Road to Revolution*, Switzerland: Xenia, 2009.

38. Paul Kennedy, *The Rise and Fall of the Great Powers*, New York: Random House, xvi. 1987.

39. 내가 Alex Grobman과 함께 쓴 *Denying History: Who Says the Holocaust Never Happened and Why Do They Say It?*의 2판 '신역사수정주의The New Revisionism'에 관한 장에서 이 부분을 더욱 깊이 다룬다. Michael Shermer, and Alex Grobman, "The New Revisionism: Race, Politics, and the Unnecessary Good War", In *Denying History*, 2nd ed, Berkeley: University of California Press, 2009, pp. 257~269.

40. Arthur Herman, *The Idea of Decline in Western History*, New York: Free Press, 1997.

41. Ben Kiernan, *Blood and Soil: A World History of Genocide and Extermination from Sparta to Darfur* New Haven: Yale University Press, 2009. 다음 자료도 참고할 것. Claudia Koonz, *The Nazi Conscience, Cambridge*, MA: Harvard University Press, 2005.

42. Karl Marx, and Friedrich Engels, *Manifesto of the Communist Party*, 1851. 온라인에서 확인 가능하다. http://bit.ly/1DLXo9b

43. Arthur Gobineau, *The Essay on the Inequality of the Human Races*, London: William Heinemann, 1853/1915. 전문과 검색 가능 온라인은 다음을 참고할 것. http://bit.ly/2fwVLrq

44. George W. Stocking, *Victorian Anthropology*, New York: Free Press, 1987, p. 67.

45. Arthur Gobineau, 1853, pp. 206~211.

46. Geoffrey Field *The Evangelist of Race: The Germanic Vision of Houston Stewart Chamberlain*, New York: Columbia University Press, 1981, p. 421.

47. R. Stackelberg, and S. A. Winkle, *The Nazi Germany Sourcebook: An Anthology of Texts*, London: Routledge, 2002, pp. 84~85.

48. Carl Pletsch, *Young Nietzsche: Becoming a Genius*, New York: FreePress, 1992, p. 97.

49. Friedrich Nietzsche, *The Anti-Christ*, Translated by R. J. Hollingdale, New York: Penguin Books, 1895/1968, p. 127. [프리드리히 니체 지음, 박찬국 옮김, 『안티크리스트』, 아카넷, 2013]

50. Friedrich Nietzsche, *Will to Power*, Translated by Walter Kauffman, New York: Random House, 1901/1968 p. 30. [프리드리히 니체 지음, 김세영, 정명진 옮김, 『권력의지』, 부글북스, 2018]

51. Friedrich Nietzsche, *On the Genealogy of Morals*, Translated by Walter Kauffman, New York: Random House, 1887/1969, p. 44. [프리드리히 니체 지음, 홍성광 옮김, 『도덕의 계보학』, 연암서가, 2011]

52. Nietzsche, *The Anti-Christ*, p. 186.

53. Oswald Spengler, *Decline of the West*, Translated by C. F. Atkinson, vol.1, New York: Alfred A. Knopf, p. 21. [오스발트A.G. 슈펭글러 지음, 양해림 옮김, 『서구의 몰락』, 책세상, 2008]

54. Herman, 앞의 책, p. 252.

55. Adolf Hitler, *Mein Kampf*, Translated by R. Manheim, New York: Houghton Mifflin, 1925/1962, pp. 289~290.

56. 다음 자료에서 인용. Josh Hafner, "For the Record: For Trump, Everything's Going to be Alt-Right", *USA Today*, August 26, 2016. http://usat.ly/2bU000L 배넌은 다음의 내용에 대해 이렇게 선언했다. Sarah Posner, "How Donald Trump's New Campaign Chief Created an Online Haven for White Nationalists", *Mother Jones* August 22, 2016. http://bit.ly/2bH0DK0

57. 다음 자료에서 인용. Daniel Lombroso, and Yoni Appelbaum, "'Hail Trump!' White Nationalists Salute the President-Elect." *Atlantic*, November 21, 2016. http://theatln.tc/2gbDPXY

58. 국가정책연구소의 홍보 동영상. "Who Are We?" NPIAmerica.org/WhoAreWe

59. 다음 자료에서 인용. Marin Cogan, "The Alt-Right Gives a Press Conference", *New York Magazine*, September 11, 2016. http://nym.ag/2cRj4QY

60. George Michael, "The Rise of the Alt-Right and the Politics of Polarization in America", *eSkeptic*, February 1, 2017. http://bit.ly/2kUVyRR

61. Alan Yuhas, "'Cuckservative': The Internet's Latest Republican Insult Hits Where It Hurts", *Guardian*, August 13, 2015. http://bit.ly/2l35 HzB

62. John Undonne, "What is the Alt Right?", *AlternativeRight.com*, February 1, 2017.

63. 같은 글.

64. 같은 글.

65. Christopher Barron, "Donald Trump will be a friend, an ally and an advocate for the LGBT community", *Fox News*, November 15, 2016. http://fxn.ws/2fvOwDH

66. 내가 홀로코스트의 부정과 이런 형태의 역사수정주의에 대해, 특히 내가 참가했던 이 학회와 그와 비슷한 다른 많은 학회에 대해 펴낸 책이 있다.Michael Shermer and Alex Grobman, *Denying History: Who Says the Holocaust Never Happened and Why Do They Say It?*, 2nd ed, Berkeley: University of California Press, 2009.

67. Richard Evans, *Lying about Hitler: History, Holocaust, and the David Irving Trial*, New York: Basic

Books, 2001.

68. Carole Cadwalladr, "Antisemite, Holocaust denier…yet David Irving Claims Fresh Support", *Guardian*, January 14, 2017. http://bit.ly /2jxjM55

69. 특집 기사, "Irving Taught his nine-month-old daughter racist ditty, libel trial told", *Guardian*, February 2, 2000. http://bit.ly/2kvHBKy

70. 데이비드 어빙에 관해 히친스가 언급한 내용의 전문과 위의 인용문의 참고 문헌은 2004년 Nation Books에서 출판한 그의 책, *Love, Poverty, and War*에서 그의 에세이 "The Strange Case of David Irving"을 참조하라.

71. George Michael, "David Lane and the Fourteen Words", *Totalitarian Movements and Political Religions* 10(1), 2009, pp. 41~59.

72. Caleb Downs, "For white nationalists, Trump win a dream come true, says alt-right leader from Dallas", *Dallas News,* November 16, 2016. http:// bit.ly/2fJ34xE

73. Walter Russell Mead, "The Jacksonian Revolt", *Foreign Affairs*, January 20, 2017. http://fam. ag/2jhYnfB

74. Ahmari Sohrab, *The New Philistines: How Identity Politics Disfigure the Arts*, London: Biteback Publishing, 2016.


11장

1. W. Samuelson, and R. J. Zeckhauser, "Status Quo Bias in Decision Making", *Journal of Risk and Uncertainty* 1, 1988, pp. 7~59.

2. "Living to 120 and Beyond: Americans' Views on Aging, Medical Advances and Radical Life Extension." Pew Research Center, August 6, 2013. http://pewrsr.ch/1ZsCUPR

3. Christopher Hitchens, "Topic of Cancer", *Vanity Fair*, August, 2010. http:// bit.ly/1UaIZA3

4. Amos Tversky, and Daniel Kahneman, "Availability: A Heuristic for Judging Frequency and Probability", *Cognitive Psychology* 5, 1973, pp. 207~232.

5. Barry Glassner, *The Culture of Fear: Why Americans Are Afraid of the Wrong Things*, New York: Basic Books, 1999. [배리 글래스너 지음, 연진희 옮김, 『공포의 문화』, 부광, 2005]

6. http://bit.ly/1c9a3vO

7. 미국의 사망 관련 자료는 다음의 자료를 참고할 것. Final Data for 2013, CDC, vol. 64, no. 2, 10, 2016. http://1.usa.gov/1GEJ0TN

8. J. Nielsen et al, "Eye lens radiocarbon reveals centuries of longevity in the Greenland shark (*Somniosus microcephalus*)", *Science* 353, 2016, pp. 702~704.

9. Matteo Tosato, Valentina Zamboni, Alessandro Ferrini, and Matteo Cesari, "The Aging Process and Potential Interventions to Extend Life Expectancy", *Clinical Interventions in Aging* 2(3), 2007, pp. 401~412. http://bit.ly/21uJquc

10. Leonard Hayflick "The Future of Aging", *Nature* 408, 2000. pp. 267~269.

11. Peter Medawar, *An Unsolved Problem of Biology* Published for the College by H. K. Lewis, 1952. http://bit.ly/2auTYTu

12. Leonard Hayflick, "Biological Aging is No Longer an Unsolved Problem", *Annals of the New York*

*Academy of Sciences*, April, 2007. http://bit.ly/1MaUe81

13. M. R. McCall, and B. Frei, "Can Antioxidant Vitamins Materially Reduce Oxidative Damage in Humans?", *Free Radical Biological Medicine* 26, 1999, pp. 1034~1053.

14. L. N. Trut, "Domestication of the Fox: Roots and Effects", *Scientifur* 19, 1995, pp. 11~18.

15. G. C. Williams, "Pleiotropy, Natural Selection, and the Evolution of Senescence", *Evolution* 11, 1957, pp. 398~411. 다음의 자료도 참고할 것. S. G. Eaton, et al,. "Women's Reproductive Cancers in Evolutionary Context", *Quarterly Review of Biology* 69: 1994, pp. 353~367.

16. Leonard Hayflick, "The Limited in Vitro Lifetime of Human Diploid Cell Strains", *Experimental Cell Research* 37, 1965, pp. 614~636.

17. M. Fossel, "Telomerase and the Aging Cell: Implications for Human Health", *JAMA* 279, 1998, pp. 1732~1735.

18. J. W. Shay, and W. E. Wright, "Telomerase Activity in Human Cancer", *Current Opinion in Oncology* 8, 1996, pp. 66~71.

19. W. D. Funk, C. K. Wang, et al, "Telomerase Expression Restores Dermal Integrity to In Vitro – Aged Fibroblasts in a Reconstituted Skin Model", *Experimental Cell Research* 258, 2000, pp. 270~278.

20. T. M. Bryan, A. Englezou, et al, "Telomere Elongation in Immortal Human Cells without Detectable Telomerase Activity", *EMBO J*, 14, 1995, pp. 4240~4248.

21. Dean Ornish, Jue Lin, June M. Chan, et al, "Effect of Comprehensive Lifestyle Changes on Telomerase Activity and Telomere Length in Men with Biopsy–Proven Low–Risk Prostate Cancer: 5–Year Follow–Up of a Descriptive Pilot Study", *The Lancet Oncology* 14/11, 2013, pp. 1112~1120.

22. Elizabeth Blackburn and Elissa Epel, *The Telomere Effect*, New York: Grand Central Publishing, 2017. [엘리자베스 블랙번, 엘리사 에펠 지음, 이한음 옮김, 『늙지 않는 비밀』, 알에이치코리아, 2018]

23. Aubrey De Grey, and Michael Rae, *Ending Aging: The Rejuvenation Breakthroughs that Could Reverse Human Aging in Our Lifetime*, New York: St. Martin's Press, 2008. 다음도 참고할 것. Aubrey De Grey, *The Mitochondrial Free Radical Theory of Aging*, New York: Cambridge University Press, 1999.

24. 텔레비전 쇼에 나와서 한 말. Aux Frontieres de I'mmortalite, Gerald Calliat(director), November 16, 2008.

25. Ben Best "Interview with Aubrey de Grey, Ph.D", *Life Extension Magazine*, 2013.

26. SENS 연구재단 웹사이트에서 일곱 가지 노화 관련 문제를 여기에 잘 요약해 놓았다. http://bit.ly/1bt48uG

27. "Is Defeating Aging Only a Dream?", *Technology Review*, 2012.

28. H. Warner, J. Anderson, S. Austad, et al, "ScienceFactandtheSENS Agenda: What Can We Reasonably Expect from Aging Research?", *EMBO Reports*, November, 2005, pp.1006~1008.

29. 다음 자료에 인용됨. SENS 연구재단 FAQ 코너. 흥미롭게도 이 글은 다음의 글로 대체되었다. "현재 가용한 의학적 치료나 선택 가능한 생활 방식에서 기본적인 인간의 노화 과정에 영향을 미칠 수 있음이 입증된 것은 없다." http://bit.ly/29XWBj4

30. Bill Gifford, "Is 100 the New 80?", *Scientific American*, December, 2016. http://bit.ly/2gUANqB

31. Karen Weintraub, "Aging Is Reversible – at Least in Human Cells and Live Mice", *Scientific*

*American,* December 15, 2016.

32. S. Jay Olshansky, Leonard Hayflick, and Bruce A. Carnes, "No Truth to the Fountain of Youth", *Scientific American,* June, 2002.

33. G. De Gaetano, S. Costanzo, et al, "Effects of Moderate Beer Con- sumption on Health and Disease: A Consensus Document", *Nutrition Metabolism Cardiovascular Disease,* June, 2016, pp. 443~467. 저자들은 맥주 폭음은 여기에 해당하지 않는다고 경고한다. 맥주 폭음은 인체에 해로운 영향을 미쳐 여러 장기에서 질병의 위험이 증가하고, 중독, 사고, 폭력, 범죄 등 중요한 사회적 문제도 야기할 수 있다.

34. Sherwin B. Nuland, 앞의 책, 1993, p. 267.

35. Thomas B. Kirkwood, "Evolution of Aging", Nature 270, 1977, pp. 301~304.

36. S. N. Austad, "Retarded Senescence in an Insular Population of Virginia Opossums (*Dipelphis virginiana*)." *Journal of Zoology* 229, 1993, pp. 695~708.

37. Richard G. Bribiescas, *How Men Age: What Evolution Reveals about Male Health and Mortality,* Princeton, NJ: Princeton University Press, 2016, p. 25.

38. T. C. Goldsmith, "Aging, Evolvability, and the Individual Benefit Requirement: Medical Implications of Aging Theory Controversies", *Journal of Theoretical Biology* 252, 2008, pp. 764~768.

39. Daniel Fabian, and Thomas Flatt, "The Evolution of Aging", *Nature Education Knowledge* 3(10), 2011, p.9. http://go.nature.com/1S3DAVZ

40. Richard Dawkins, *The Selfish Gene,* New York: Oxford University Press, 1976. [리처드 도킨스 지음, 홍영남, 이상임 옮김, 『이기적 유전자』, 을유문화사, 2018]

41. 도킨스는 그의 유명한 저서 제목을 *The Selfish Gene* 대신 *The Immortal Gene*으로 고려했었다고 말했다.

42. http://bit.ly/2ddwzaQ

43. Lee Smolin, *The Life of the Cosmos,* New York: Oxford University Press, 1997; Andrew Liddle, and Jon Loveday, *The Oxford Companion to Cosmology,* New York: Oxford University Press, 2009; Stephen Weinberg, *Cosmology* New York: Oxford University Press, 2008.

44. Freeman Dyson, "Time Without End: Physics and Biology in an Open Universe", *Reviews of Modern Physics* 51(3), July, 1979. http://bit.ly/2rqneTo

45. James Pollack, and Carl Sagan, "Planetary Engineering", In *Resources of Near Earth Space,* Lewis, J., M. Matthews, and M. Guerreri (eds.), Tucson: University of Arizona Press, 1993; Larry Niven, *Ringworld,* New York: Ballantine, 1990; Olaf Stapledon, *The Starmaker*, New York: Dover, 1968.

46. 나는 다음의 자료에서 이 개념을 처음 제안했다. Michael Shermer, "Shermer's Last Law", *Scientific American,* January, 2002, p. 33. 나는 내 책 *The Believing Brain*에서 이 부분을 더 발전시켜 보았다. 이 내용은 아서 클라크의 '제3법칙', '충분히 발전한 기술은 마법과 구분이 불가능하다'에서 따온 것이다. 나의 주장은 세 가지 관찰과 네 가지 추론을 바탕으로 하고 있다. 네 번째 것은 머나먼 미래의 인간에 관한 것인데 여기에 처음으로 추가되었다.

관찰 I: 생물학적 진화는 문화와 기술의 진화에 비하면 엄청나게 느리다.

관찰 II: 우주는 아주 크고 그 공간은 대부분 비어 있기 때문에 지적 외계생명체와 접촉할 확률은 대단히 낮다.

추론 I: 우리보다 아주 살짝 발전했거나 아주 살짝 뒤처진 지적 외계생명체와 접촉할 확률은 사실상 0에 가깝다. 우리가 접촉하게 될 지적 외계생명체는 우리보다 크게 뒤져 있거나, 우리보다 훨씬 앞서 있을 것이다.

관찰 III: 지난 한 세기 동안 과학과 기술은 우리 세계를 지난 수백 세기 동안 변한 것보다 더 크게 변화시켜 놓았다. 컴퓨터의 성능이 12개월마다 2배로 늘어난다고 한 Moore's Law은 수십 가지 다른 기술에도 마찬가지로 해당된다. 만약 이 속도가 계속 이어진다면 세계는 기존의 수천 세기 동안의 변화보다 다음 한 세기 동안에 더 크게 변할 것이다.

추론 II: 이런 경향을 수만 년, 수십만 년, 아예 수백만 년 단위로 적용해 보자(이 정도도 진화의 시간 단위에 비하면 눈 깜짝할 시간이다). 그럼 지적 외계생명체가 얼마나 발전되어 있을지 현실적으로 추론해 볼 수 있다.

추론 III: 오늘날 우리는 겨우 지난 50년 동안 발전시킨 과학기술로 유전자를 조작하고, 포유류를 클론 복제하고, 줄기세포를 조작할 수 있게 되었다. 그럼 과학과 기술 분야에서 같은 속도로 5만 년 동안 발전을 이룬 지적 외계생명체가 어떤 일을 할 수 있을지 생각해 보자. 우리보다 백만 년 앞서 있는 지적 외계생명체라면 공학으로 행성과 항성을 만들어 내는 것도 가능해질지 모른다. 그리고 우주가 블랙홀의 충돌로 만들어지는 것이라면(일부 우주론자들은 이것이 가능하다고 생각한다) 충분히 발전한 지적 외계생명체는 블랙홀 속에서 항성들의 붕괴를 촉발시켜 우주를 만들어 낼 수 있을 거라 생각하는 것도 무리는 아니다.

추론 IV: 이 모든 추론은 머나먼 미래의 인류, 특히 일단 기술적 특이점technological singularity에 도달한 인류에게 적용된다.

47. Ernst Mayr, "Species Concepts and Definitions", in *The Species Problem*, Washington D.C.: Amer. Assoc. Adv. Sci. Publ., no. 50, 1957. 다음 자료도 참고할 것. Ernst Mayr, *Toward a New Philosophy of Biology*, Cambridge, MA: Harvard University Press, 1988.

48. Leopold Henrik Stanislaus Mechelin, *Finland in the Nineteenth Century*, Helsingfors: F. Tilgmann, 1894, p. 274.

## 12장

1. Salman Rushdie, "Imagine No Heaven", *Guardian*, October 15, 1999. http://bit.ly/1SKoeGF
2. Stephen Crane, No Title, In *War Is Kind and Other Lines*, 1899. http://bit .ly/28CXuTC
3. Diana Nyad on Oprah Winfrey's *Super Soul Sunday*, October 6, 2013. http://bit.ly/1UiKUof
4. Piercarlo Valdesolo, and Jesse Graham, "Awe, Uncertainty, and Agency Detection", *Psychological Science*, November 18, 2013. http://bit.ly/1YBosGK
5. 개인적 서신 교환. 2013년 12월 13일.
6. 4장과 5장에 나오는 패턴성과 행위자성에 대한 전체적인 설명은 다음의 자료를 참고할 것. Michael Shermer, 앞의 책, 2011.
7. 개인적 서신 교환. 2013년 12월 7일.
8. Diana Nyad, *Find a Way: One Wild and Precious Life*, New York: Alfred A. Knopf, 2015, p. 239.
9. Lawrence Krauss나 Neil deGrasse Tyson 같은 현대의 천문학자와 과학저술가들은 우리가 'star stuff', 'star dust'로 이루어졌다고 즐겨 말한다. 대다수 사람은 이런 표현이 전 시대를 통틀어 가장 위대한 과학자 겸 과학저술가 중 한 명인 Carl Sagan으로부터 나왔다고 생각하지만, 그의 미망인 Ann Druyan이 내게 알려 준 바로는 이 표현을 처음 사용한 사람은 Harlow Shapley라고

한다. 전화 인터뷰 2014년 6월 11일.

10. John Tooby, Leda Cosmides, and H. Clark Harrett, "The Second Law of Thermodynamics Is the First Law of Psychology", *Psychological Bulletin* 129(6), 2003, pp. 858~865.

11. Omar Khayyám, *The Rubaiyat,* 5th e,. Translated by Edward FitzGerald, Oxford: Oxford University Press, 1120/2009, p. 30.

12. William Shakespeare, *Hamlet,* Act1, scene3, 1603. http://bit.ly/2661T2P [윌리엄 셰익스피어 지음, 설준규 옮김, 『햄릿』, 창비, 2016]

13. Roy F. Baumeister, Kathleen D. Vohs, Jennifer Aaker, and Emily N. Garbinsky. "Some Key Differences between a Happy Life and a Meaningful Life", *Journal of Positive Psychology* 8(6), 2013, pp. 505~516.

14. Roy Baumeister, "The Meanings of Life", *Aeon,* 2013. http://bit.ly/2lnSuzv

15. Viktor E. Frankl, *Man's Search for Meaning,* Boston: Beacon, 1946, pp. 37~38. [빅터 프랭클 지음, 이시형 옮김, 『죽음의 수용소에서』, 청아출판사, 2017]

16. Kenneth E. Vail, and Jacob Juhl. "An Appreciative View of the Brighter Side of Terror Management Processes", Social Sciences 4, 2015, pp. 1020~1045. http://bit.ly/2lwe7A2

17. 같은 글.

18. 다음의 자료도 참고할 것. Kenneth E. Vail, Jacob Juhl, Jamie Arndt, Matthew Vess, Clay Routledge, and Bastiaan T. Rutjens, "When Death Is Good for Life: Considering the Positive Trajectories of Terror Management", *rsonality and Social Psychology Review* 16(4), 2012. http://bit.ly/2lRhZJ1

이 책의 삽화를 일부 맡아 주었고, 사반세기 넘게 나와 우정을 나누고 회의주의에서 전문가 동업자로 역할 해 준 팻 린스Pat Linse에게 감사드린다.

편집장 서리나 존스Serena Jones, 편집보조 매들린 존스Madeline Jones, 제작편집자 몰리 블룸Molly Bloom과 올리비아 크룸Olivia Croom, 교열 담당자 에밀리 데허프Emily DeHuff에게 나의 언어를 잘 다듬어지고 일관성 있는 책으로 엮어 준 데 감사드린다. 그리고 폴 골롭Paul Golob, 매기 리처즈Maggie Richards, 캐롤린 오키프Carolyn O'Keefe, 제시카 와이너Jessica Wiener 등 이 책이 세상에 나갈 수 있게 해 준 헨리 홀트맥밀런 제작진의 모든 분들에게도 감사드린다.

내 에이전트 캐틴카 맷슨Katinka Matson, 존 브록먼John Brockman, 맥스 브록먼Max Brockman, 러셀 와인버거Russell Weinberger와 브록먼 에이전시의 직원 여러분께 감사드린다. 이들은 세계에서 가장 큰 과학저술가 집단을 관리하고 있을 뿐 아니라 과학자, 철학자, 학자 들이 Edge.org 웹 커뮤니티를 통해 자신의 생각을 사람들과 공유하고, 가장 흥미로운 주제에 대해 새로운 개념을 만들어 내는 고무적인 온라인 모임에 자양분을 공급하고 있다.

우리 과학 살롱의 멋진 동영상 제작과 강력한 시각 매체를 통해 과학과 회의주의를 전달하는 단편영화 제작을 담당하고 있는 존 라엘John Rael과 랜디 올슨Randy Olson에게도 감사드린다.

새로운 소셜미디어뿐만 아니라 유럽 곳곳으로 우리의 지평선을 넓혀 주고 이제는 사반세기나 된 조직에 새롭고 신선한 개념들을 주입해 준 알렉산더 피에트루스라즈만Alexander Pietrus-Rajman에게 감사드린다.

제이디 러벌Jayde Lovell과 레베카 길Rebecca Gill 그리고 리에이전시 퍼블릭 릴레이션스Reagency Public Relations에도 감사드린다. 이들은 스켑틱스협회와 《스켑틱》 매거진을 시작하고 새로운 경지로 끌어올리는 데 도움을 주어 현대 세계를 이끄는 두 개의 엔진인 과학과 회의주의를 고취해 주었다.

이 책의 상당 부분은 내 사무실에서 썼다. 그래서 니콜 맥컬로Nicole McCullough, 프리실라 로켈라노Priscilla Loquellano, 대니얼 록스턴Daniel Loxton, 윌리엄 불William Bull, 제르 프리드먼Jerry Friedman 그리고 특히 나의 파트너 팻 린스 등 스켑틱스협회와 《스켑틱》 매거진에서 일하거나, 그와 관련된 많은 분들에게도 감사의 뜻을 전하고 싶다. 우리 조직이 매끄럽게 운영되도록 도운 수많은 자원봉사자 여러분도 감사를 받을 자격이 있다. 편집차장 프랭크 밀Frank Miele, 수석과학자 데이비드 나이디치David Naiditch, 버나드 레이킨드Bernard Leikind, 리엄 맥데이드Liam McDaid, 클라우디오 맥콘Claudio Maccone, 토머스 맥도너프Thomas McDonough, 객원편집자 팀 캘러헌Tim Callahan, 해리엇 홀Harriet

Hall, 캐롤 패브리스Carol Tavris, 편집자 세라 메릭Sara Meric, 사진작가 데이비드 패턴David Patton, 영상기사 브래드 데이비스Brad Davies, 그리고 클리프 캐플란Cliff Caplan, 마이클 길모어Michael Gilmore, 다이안 크넛슨 Diane Knudtson 등 많은 자원봉사자들께 감사드린다.

우리 과학살롱에 집을 개방해서 수많은 사람이 과학과 회의주의에 관해 토론을 벌일 아름다운 환경을 제공해 준 데이비드 나아디치, 재키 나이디치Jackie Naiditch 부부에게 감사드린다.

순회강연을 통해 과학과 회의주의를 전파할 수 있게 도와준 내 강의 에이전트 울프만 프로덕션스Wolfman Productions의 스콧 울프먼Scott Wolfman과 다이앤 톰슨Diane Thompson에게 감사드린다.

내 동료 겸 친구 아노다 사이데Anondah Saide와 케빈 맥카프리Kevin McCaffree에 감사드린다. 이들은 1장에 나온 사형수 수감자들의 최후 진술을 분석하는 데 큰 도움을 주었다.

채프먼대학교 총장 대니얼 스트루파Danielle Struppa에게 감사드린다. 그는 열린 대화를 나눌 풍요로운 환경을 제공하고, 이 멋진 캠퍼스에서 진행되는 모든 형태의 자유발언을 보호해 주고, 내가 1학년 학생을 대상으로 회의주의 개론을 통해 비판적으로 사고하는 방법을 가르칠 수 있게 해 주었다.

미국 역사상 가장 오랫동안 끊이지 않고 출판된 잡지 《사이언티픽 아메리칸》의 편집부와 미술부에 감사드린다. 덕분에 나는 2001년 4월 이후로 매월 글을 실을 수 있었다. 매러어트 디크리스티나 Mariette DiChristina, 프레드 거털Fred Guterl, 마이클 레모닉Michael Lemonick, 크리스티 켈러Christi Keller, 에런 샤턱Aaron Shattuck, 마이클 므라크Michael

Mrak, 그리고 특히 내 언어를 멋진 시각적 이미지로 바꿔 준 이즈하르 코헨Izhar Cohen에게 감사드린다.

내 딸 데빈에게 언제나 사랑하는 마음으로 감사의 뜻을 전한다.

그리고 내 아내 제니퍼에게 모든 것에 대해 영원한 감사의 마음을 전한다. 그리고 내 아들 빈센트 리처드 월터 셔머에게 이 책을 바친다.

# 찾아보기

# 천국의 발명

사후 세계, 영생, 유토피아에 대한 과학적 접근

1판 1쇄 발행 2019년 2월 20일
1판 2쇄 발행 2019년 3월 18일

지은이 마이클 셔머
옮긴이 김성훈
펴낸이 김영곤
펴낸곳 아르테

미디어사업본부 본부장 신우섭
인문교양팀 장미희 전민지 박병익 책임편집 김지은 교정교열 임승현 디자인 박대성
영업 권장규 오서영 마케팅 김한성 정지연 김종민 해외기획 임세은 장수연 이윤경 제작 이영민

출판등록 2000년 5월 6일 제406-2003-061호
주소 (10881) 경기도 파주시 회동길 201(문발동)
대표전화 031-955-2100 팩스 031-955-2151 이메일 book21@book21.co.kr

ISBN 978-89-509-7967-6 03400
아르테는 (주)북이십일의 문학·교양 브랜드입니다.

**(주)북이십일 경계를 허무는 콘텐츠 리더**

아르테 채널에서 도서 정보와 다양한 영상자료, 이벤트를 만나세요!
방학 없는 어른이를 위한 오디오클립 〈역사탐구생활〉
페이스북 facebook.com/21arte 블로그 arte.kro.kr
인스타그램 instagram.com/21_arte 홈페이지 arte.book21.com